はじめての制御工学

A 1st Course
in Control
Engineering

制御工学

改訂第2版

2nd edition

佐藤和也
平元和彦
平田研二／著

Kazuya Sato
Kazuhiko Hiramoto
Kenji Hirata

講談社

【カバーのオブジェについて】

　富田勉氏に創作していただいた．18世紀にワットが考案した蒸気機関にガバナ（自動速度調節器）が取りつけられ，このガバナがフィードバック制御の源といわれている．蒸気機関からイメージを膨らませて創作された立体的な紙製のオブジェが，フィードバック制御の源と，それからの拡がりを連想させてくれる．また，背景の平面図は「馬のパワーを如何にすれば機関に反映できるのか？」という設計者の苦悶をイメージされたそうである．まさに，人類が動物からではなく人工的に得たパワーにより産業を転換させた歴史に制御工学が大きく関わったことを連想させてくれる．

カバーオブジェ●富田　勉
カバー・本文デザイン● WORKS　若菜　啓
本文イラスト●小林　たけひろ
本文図版●アート工房

改訂第 2 版によせて

初版から 8 年が経ち，幸いにも数多くの好評をいただいた．初版では「ラプラス変換，伝達関数の必然性がスムーズに理解できる」，「極と応答の関係を理解しやすくする」，「周波数特性を考える意味と解析・設計法がスムーズに理解できる」ことを目指して執筆した．幸いにも「基礎から丁寧に説明されている」，「難解なイメージが払拭できた」などのコメントをいただいている．

一方，高校までのカラー印刷の教科書に馴染んだ学生が，大学での教科書の多くがモノクロ印刷であることに戸惑うと聞くことがある．さらに講義の際に提示する資料はカラーであるため，教科書もカラー化した方が，より直感的に理解しやすくなると考え，改訂版はカラー化することにした．本文において，**最重要の専門用語やポイントとなる文章をゴシック体の赤字，重要な式には黄色下地，重要な説明には赤下線を引いている**．さらにグラフにおいても，複数の線がある場合は色を分けることで，パラメータの変化に対する応答の変化を直感的に理解しやすくすることを意図した．このカラー化により，**本書をめくるだけでポイントとなる箇所が目に留まる**ことを期待している．

ゴシック体の赤字	最重要の専門用語・ポイント
黄色下地	重要な式
赤下線	重要な説明
青下線	赤下線のつぎに重要な説明

また，本書を教科書として採用いただいている先生方から「ラプラス変換の導入をより丁寧にするため，部分積分の計算に馴染めるようにしたい」，「ブロック線図の変換についてより理解を深められるようにしたい」といった意見をいただいた．そこで，14 回の講義スタイルに分けた本書の構成を堅持したうえで，これらの内容を加筆修正した．

さらに，制御工学を学ぶうえで見失いがちな「実際のモノを対象にしている」ことを忘れないために，「コーヒーの温度制御」，「船の速度制御」，「ダンプトラックの積荷増加に伴う力の変化」など，具体的なモノの状態量を制御していることを意識した演習問題を増やした．その結果，初版では各講義の演

習問題が 5 問以内であったところを，改訂版では 10 問程度に増やした（一部，小問を含む）．その結果，**改訂版では初版に比べて 60 問以上，演習問題が増える**こととなり，実際に問題を解きながら古典制御の内容の理解が深まるように工夫した．さらに演習問題の解答についても，初版と同様に詳しく記載している．

そして，代表的な制御系 CAD である MATLAB®，近年注目を集めている Python を使って，本書に含まれる**ほぼすべての図を再現できるコードを Web にて公開**する．実際にパラメータを変えたりするなどシミュレーションすることにより，理解が深まれば幸いである．

https://www.kspub.co.jp/book/detail/5137475.html

本改訂により，読者の方々の制御工学の基礎に関する理解がますます深まることを期待している．著者らの筆力不足で，まだまだ読みにくい部分も多く残っていると思うが，今後ご指摘をいただき，さらなるフィードバックにいかせれば幸いである．

本改訂において，実際にご自身の講義において本書を教科書として採用していただき，受講生が戸惑うことが多い事項をご教示いただいた，つぎの先生方に感謝いたします．
- 福岡大学 岩村 誠人先生
- 崇城大学 平 雄一郎先生
- 京都大学 桜間 一徳先生（前勤務の鳥取大学にてご採用）

また，電気通信大学 小木曽 公尚先生には日頃から制御工学の教育方法などをディスカッションしていただくとともに，本改訂の際の打ち合わせ場所を提供いただきました．ここに記すとともに感謝いたします．

最後に，本改訂版の企画から出版にたどり着くまで多大なご尽力をいただいた，講談社サイエンティフィクの横山 真吾氏，ならびに著者らの家族に感謝いたします．

酷暑の 2018 年夏　　　　　　　　　佐藤 和也，平元 和彦，平田 研二

まえがき

「ロボットを作りたい」という学生の声をよく聞く．近年では気軽にロボットを製作してラジコン操作で動かすことは可能であるが，それだけでは用途に限界がある．ロボットが自動的に動き，実世界で役立つためにはかならず制御工学の知識が必要となる．制御工学の適用範囲は非常に幅広く，「工学において制御を必要としない分野はない」といっても過言ではない．さらには医学，経済の分野においても制御工学の考え方が重要になりつつある．すなわち，制御工学をマスターしておけばさまざまな分野で活躍できるかもしれない．

ところが，制御工学の知識を必要とするにも関わらず，「難しい」，「イメージが掴みにくい」という声を，学生のみならず企業技術者の方々から聞くことがある．確かに，制御工学はその適用範囲の広さゆえ，具体的な対象物を特定しないことが多く，初学の際に理解しにくい内容もある．

そこで，浅学ながら著者らが制御工学，とりわけ古典制御の内容について，初学者が理解しやすくなるように心がけて本書を執筆した．特に，制御工学を理解するための数式の読みとり方，意味などの説明に重点をおいた．

本書の内容はこれまでに出版された制御工学の良書に比べて，質や内容で至らない点があるかもしれないが，初学者が「ひとまずこれだけのポイントは理解できた」と感じてもらうことを意識して執筆している．制御工学に対して少しでも興味がわき，「卒業研究や大学院での研究にとり組んでみよう」という学生が 1 人でも増えることを期待している．

本書は講義で使われることを意識して，「章」ではなく「講義」として内容を 14 回に区切った．古典制御の内容は「動的システムそのものの解析」，「フィードバック制御系の解析と設計」に大きく分けることができる．また，それぞれの内容ごとに「時間軸」と「周波数軸」での考え方がある．これらの分類と，本書の内容のつながりを図 1 に示す．旗の番号が講義番号に対応している．講義番号順でもよいし，図中の矢印にしたがって本書を読み進めることも可能である．

著者らの筆力不足で，読みにくい部分も多く残っていると思うが，今後ご指摘をいただき，フィードバックにいかせれば幸いである．

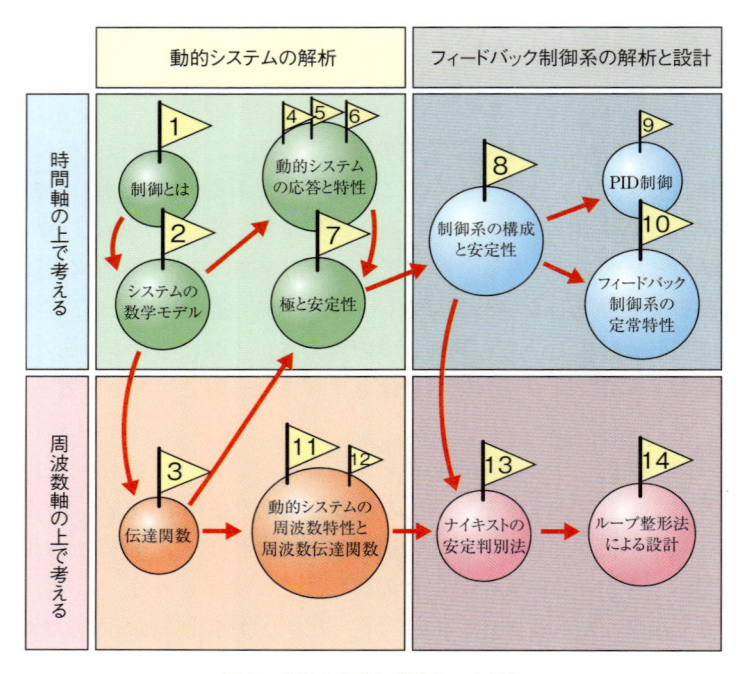

図1　本書の内容と講義のつながり

　出版に際して多くの方にお世話になりました．これまでご指導いただいた多くの先生方に感謝いたします．特に，著者らが制御工学について初学の頃よりご指導いただいた，九州工業大学 小林敏弘名誉教授，名古屋大学 大日方五郎教授，東京工業大学 藤田政之教授，九州工業大学 大屋勝敬教授に深謝いたします．また，原稿に対する意見やミスなどを指摘してくれた著者らの研究室の諸君にも感謝します．最後に出版の機会を与えてくださり，多大なご尽力をいただいた講談社サイエンティフィクの横山真吾氏，ならびに著者らの家族に感謝いたします．

　猛暑の 2010 年夏

佐藤 和也，平元 和彦，平田 研二

コラム一覧

ギリシャ文字

大文字	小文字	読み
A	α	アルファ
B	β	ベータ
Γ	γ	ガンマ
Δ	δ	デルタ
E	ε, ϵ	イプシロン
Z	ζ	ゼータ
H	η	イータ
Θ	θ, ϑ	シータ
I	ι	イオタ
K	κ	カッパ
Λ	λ	ラムダ
M	μ	ミュー
N	ν	ニュー
Ξ	ξ	グザイ
O	o	オミクロン
Π	π	パイ
P	ρ	ロー
Σ	σ	シグマ
T	τ	タウ
Υ	υ	ユプシロン
Φ	ϕ, φ	ファイ
X	χ	カイ
Ψ	ψ	プサイ
Ω	ω	オメガ

講義 *01*

制御とは　〜微分方程式とのつながり〜

　「制御」とは何か？　モノを動かしたり，操ることという意味はなんとなくわかるが…．「制御」を工学的に取り扱ううえで非常に重要となるのは，モノの動きを表す「微分方程式」である．本講では最初に微分の定義について振り返ったうえで「制御」とは何かについて学ぼう．この部分がわかりにくく，つまずくポイントになりやすいので，頑張って読んでほしい．

> **【講義 01 のポイント】**
> ・位置，速度と微分のつながりを理解しよう．
> ・工学系分野での微分の標記に慣れよう．
> ・微分方程式の意味を理解しよう．
> ・指数関数について理解しよう．
> ・制御とは何か，制御方法の違いについて理解しよう．

⚙ 1.1　位置，速度，加速度の関係

　モノの動きを表すには，その位置や速度についてどのように表すのかを決めておく必要がある．基礎的なことであるが，確認のため見直そう．直線上の点の位置を座標 x で表す．時間が経つとともに点が動くとすれば，座標 x は時間 t の関数となるので $x(t)$ と表せる．時間 t とそれから微小時間 Δt だけ過ぎた時間 $t + \Delta t$ での点の位置をそれぞれ $x(t)$, $x(t + \Delta t)$ とする．点が微小時間 Δt の間に動いた距離は $\Delta x = x(t + \Delta t) - x(t)$ であるので，微小時間 Δt の間に点が位置を変える平均の変化率 $\overline{v}$ は

$$\overline{v} = \frac{x(t + \Delta t) - x(t)}{(t + \Delta t) - t} = \frac{\Delta x}{\Delta t} \tag{1.1}$$

となる．これを微小時間 Δt の間の点の平均速度 $\overline{v}$ という．(1.1) 式より微小時間 Δt の大きさのとり方によって平均速度 $\overline{v}$ が変わることがわかる．

　たとえば，自宅から学校までの 10 km の道のりが車で 20 分かかったとす

れば，平均速度は $\overline{v} = 30\,\mathrm{km/h}$ となる．20分が微小時間であるかどうかは別として，車で常に $30\,\mathrm{km/h}$ で走ることはあまり現実的ではなく，走っている瞬間にスピードメータを見ると $40 \sim 50\,\mathrm{km/h}$ のときもあるであろう．

この「瞬間」という意味で微小時間 Δt の 0 への極限値をとる．すなわち，

$$v = \lim_{\Delta t \to 0} \overline{v} = \lim_{\Delta t \to 0} \frac{\Delta x}{\Delta t} \tag{1.2}$$

と書いて，$\overline{v}$ の極限値 v を時間 t における点の**速度** v（v は velocity の頭文字）という．速度 v が時間によって変わる場合は，時間 t の関数として $v(t)$ と表す．

また，速度の時間変化率を**加速度** a（a は acceleration の頭文字）といい，位置の変化率から速度を導出したのと同様に，

$$a = \lim_{\Delta t \to 0} \frac{v(t + \Delta t) - v(t)}{(t + \Delta t) - t} = \lim_{\Delta t \to 0} \frac{\Delta v}{\Delta t} \tag{1.3}$$

で定義される．加速度 a も時間によって変わる場合は，時間 t の関数として $a(t)$ と表す．

⚙ 1.2　微分とは

微分積分で習う**導関数**について見直そう．図 1.1 の青線で表される変数 x の関数 $y = f(x)$ の導関数 $f'(x)$ はつぎで定義される [1]．

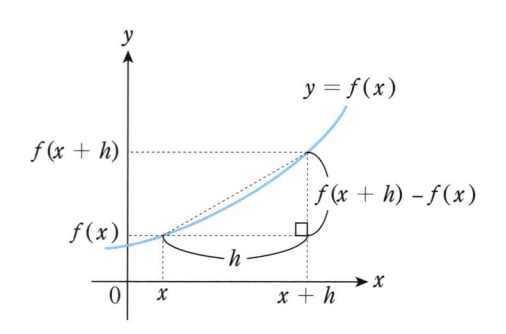

図 1.1　$y = f(x)$ の微分について

1）導関数は分数ではないので，「ディーワイ，ディーエックス」のように上にある要素から呼ぶ．ここで，$f(x)$ の x を**独立変数**（independent variable）と呼ぶ．

$$f'(x) = \frac{\mathrm{d}y}{\mathrm{d}x} = \lim_{h \to 0} \frac{f(x+h) - f(x)}{(x+h) - x} = \lim_{h \to 0} \frac{f(x+h) - f(x)}{h} \quad (1.4)$$

(1.4) 式は「x が $x + h$ に変化する際の $f(x)$ の変化の傾き」を表している が，「x の変化にともなう $f(x)$ の変化の割合」とも解釈できる．また，(1.1) 式 に示した平均の変化率から (1.2) 式に示した速度 v を表しているのと同じ関 係であることがわかる．

一般に，導関数を計算することを「微分する (differentiate)」といい，数学 の世界では，微分する関数は $f(x) = 2x^3 + 4x$ や $f(x) = \sin x$ のようにあらか じめ与えられることが多い．

工学の世界では，物体の状態 (位置，回転角，流量，温度など) が時間と ともにどのように変化するのかを調べることが多く，状態の変化の様子を微 分を使って表す．すなわち，独立変数は時間 t であり，物体の状態の値は $y(t)$ と表される[2]．

また，工学では数学の例にならって $y = f(t)$ とはせずに，直接 $y(t)$ と書く ことが普通である．変数 $y(t)$ は時間 t に依存して (時間の関数として) 変化 するということを意識して $y(t)$ と書き，**時間変数** (time variable) または**時 間関数** (time function) と呼ぶ．このとき，変数 $y(t)$ の微分は「時間 t の変化 にともなう $y(t)$ の変化の割合」となるので，

$$y'(t) = \frac{\mathrm{d}y(t)}{\mathrm{d}t} = \lim_{h \to 0} \frac{y(t+h) - y(t)}{h} \quad (1.5)$$

と書くことができる．

工学では数学とは違って微分する関数 (変数) の形があらかじめ与えられる ことはまれである．もちろん，与えられた関数を微分することもあるが，1.3 節で扱う「変数の変化の様子があらかじめ与えられる」ことの方が多い．ま た，工学では微分 (導関数) の記号として $\dot{y}(t)$ や $\frac{\mathrm{d}y(t)}{\mathrm{d}t}$ を使うことが多い． 本書ではどの記号で書かれても戸惑うことなく理解できるようになるため， あえて微分の記号の使い分けを行わず，混在させて記述する．

---

[2] もちろん $y(t)$ だけでなく $x(t)$，$z(t)$，$v(t)$ など文字を変えてもよい．

⚙ 1.3 微分方程式とは

微分方程式（differential equation）について見直そう. 微分方程式とは「導関数が変数の関数で表される」, すなわち変数の変化の割合の関係式を与えている. 微分方程式を解けば「時間 t の変化にともなう時間変数 $y(t)$ の変化の様子」がわかる. いいかえると, 微分方程式は変数の変化の割合を表したものであり, 微分方程式を解くことで, 時間変数 $y(t)$ がわかる, すなわち**変数 $y(t)$ が具体的にどのように変化するのかがわかる**. 関数の導関数を計算すると関数の変化の割合がわかる, ということとの違いを理解してほしい.

簡単な例としてつぎの微分方程式を考える.

$$\frac{\mathrm{d}y(t)}{\mathrm{d}t} = ay(t) \tag{1.6}$$

この微分方程式は非常に簡単であるが, いろいろな物理現象が (1.6) 式で表されることが知られている[3]. (1.6) 式を変数分離形といい, つぎのとおり解くことができる.

$$\frac{\mathrm{d}y(t)}{\mathrm{d}t} = ay(t)$$

① $y(t)$ を左辺へ, $\mathrm{d}t$ を右辺へ分離する

---

3) 人口の推移（マルサスの法則）, 物体が冷えていく様子（ニュートンの冷却法則, ただし右辺に定数が加わる）, 放射性物質の減衰などは (1.6) 式で表される.

$$\frac{\mathrm{d}y(t)}{y(t)} = a\mathrm{d}t$$

②両辺を積分する．つぎの積分公式を使う

$$\int \frac{1}{y(t)}\,\mathrm{d}y(t) = \log|y(t)| + C$$

$$\log|y(t)| = at + C \quad (C：積分定数)$$

$$y(t) = \pm e^{at+C} = C_0 e^{at}, \quad (C_0 = \pm e^{C}) \tag{1.7}$$

これより，独立変数 t の値の変化（時間の経過）に応じて $y(t)$ の値は指数関数的に変化することがわかる．また，C_0 は $y(t)$ の初期値 $y(0)$ によって決まる値であり，e^{at} は指数関数で $\exp(at)$ と書くこともある．

⚙ 1.4 指数関数の性質

高校で習う**指数関数**（exponential function）といえば $y = a^x$ であり，a を底，x を**べき指数**（exponent）と呼んだ．本書では微分方程式を考える場合，底として e を用いる．底 e はネイピア数と呼ばれ，e = 2.71828⋯である．数学の世界では $y = e^x$ と書くことが多いが，工学の世界では $y(t) = e^t$ と書くことが多い．指数関数の性質としては，つぎがよく知られている．

- 🔴 $e^0 = 1$
- 🔴 $\dfrac{\mathrm{d}e^t}{\mathrm{d}t} = e^t$

この性質より，微分方程式

$$\frac{\mathrm{d}y(t)}{\mathrm{d}t} = y(t) \tag{1.8}$$

の $y(0) = 1$ とした解は $y(t) = e^t$ である．ここで e > 1 であるので，$y(t) = e^t$ のグラフは図 1.2 となる．数学の世界では t を負の値まで考えていたが，工学の世界では時間は正のみを考えるのがほとんどなので，$t \geq 0$ の状況を考えておけばよい．

つぎに，制御工学を学ぶうえで重要となる $y(t) = e^{at}$ のグラフについて考えよう．微分方程式

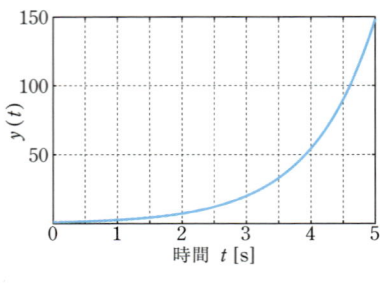
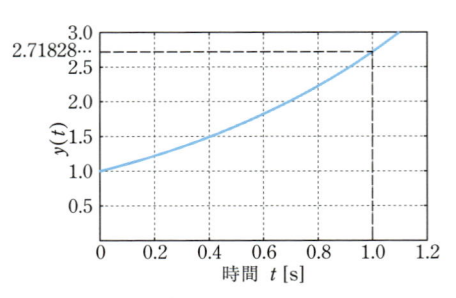

図 1.2　$y(t) = e^t$ のグラフ　　図 1.3　$y(t) = e^t$ のグラフ：$0 \sim 1.2$ [s] の部分

$$\frac{\mathrm{d}y(t)}{\mathrm{d}t} = ay(t) \tag{1.9}$$

の $y(0) = 1$（すなわち $C_0 = 1$）の解が $y(t) = e^{at}$ であることは 1.3 節で述べた．指数関数の性質と図 1.2（$a = 1$ の場合）からわかるように，(1.9) 式の a が正の値の場合，時間が経てば（$t \to \infty$），$y(t)$ の値は無限大に発散する．また，(1.9) 式の a が負の値の場合，指数関数の性質からつぎが成り立つ．

$$\lim_{t \to \infty} y(t) = \lim_{t \to \infty} e^{at} = 0 \tag{1.10}$$

すなわち，(1.9) 式の a が負の値の場合，時間が経てば（$t \to \infty$），$y(t)$ の値は 0 に収束する．また，指数関数の性質より a の値が負側に大きいほど，$y(t)$ の値は早く 0 に収束する．(1.9) 式において，$a = -0.1$，-1.0，-5.0 の場合の $y(t)$ のグラフを図 1.4 に示す．

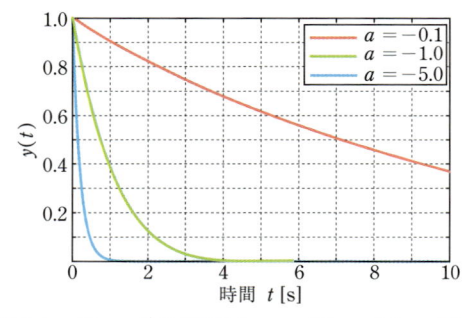

図 1.4　$y(t) = e^{at}$ のグラフ：$a = -0.1$，-1.0，-5.0 の場合

✿ 1.5　制御とは

　それでは制御工学と微分方程式とのつながりについて考えてみよう．具体的な例として，カップに入れた温かいコーヒーが冷める様子を微分方程式で表し，その意味を考える（図1.5）．

図1.5　コーヒーが冷める様子を微分方程式で表す

　普通の状況を考えれば，外部から操作を加えない限り（氷を入れたり，温めたり），時間が経てばコーヒーの温度は気温と一致する．この変化の様子を数式を使って表してみよう．

　ニュートンの冷却法則によれば，つぎのことが知られている．

🔴 **物体が大気中で冷却される速さ（変化の割合）は物体の温度と気温の差に比例する**

この法則を数式で表してみよう．いま，コーヒーの温度を $y(t)$，気温を K（一定とする），a を物理定数（カップの性質などにより異なる正の定数）とすると，つぎの微分方程式が得られる．

$$\frac{dy(t)}{dt} = -a(y(t) - K) \tag{1.11}$$

（1.11）式の左辺は温度の変化の割合，右辺のカッコ内は温度と気温の差を表す．普通，温かいコーヒーの温度は気温より高いので $y(t) \geq K$ となり，（1.11）式の右辺は必ず負の値をとる．導関数の定義や微分を使った関数の増減を調べたときのことを思い出すと，（1.11）式の右辺が必ず負の値になるということは $y(t)$ の値が減少することを意味している．（1.6）式の解法にならっ

て，この微分方程式を解くとつぎが得られる．

$$y(t) = K + Ce^{-at} \qquad (1.12)$$

ここで，C は積分定数でコーヒーの初期温度により決定される．1.4 節で説明した指数関数の性質によれば，時間 t が経てば $(t \to \infty)$ e^{-at} の項は 0 に収束する．よって，コーヒーの温度 $y(t)$ は時間が経つほど，気温 K に近づくことがわかり，(1.11) 式はコーヒーが冷める様子を表した数式であることがわかる．

　つぎに，ただコーヒーが冷めていくのを眺めるのではなく，熱を加えて冷めないようにすることを考える．そのためには外部から操作を加える必要がある．これは $y(t)$ の変化の割合を変えることに相当するので，(1.11) 式の右辺に**操作を加える**という意味で $u(t)$ を加えると，

$$\frac{\mathrm{d}y(t)}{\mathrm{d}t} = -a(y(t) - K) + bu(t) \qquad (1.13)$$

となる．ここで，$u(t)$ は時間 t でコーヒーに加える熱量であり，b は比例定数（温度変化速度／熱量）である．$u(t)$ を適切に選ぶことにより (1.13) 式の右辺を正の値にすることができ，その結果 $y(t)$ の変化の割合が正，すなわちコーヒーの温度が上がる．当然，$u(t)$ を時々刻々変化させれば，$y(t)$ をある一定の温度（飲みやすい温度）に保つこともできる．

　上記例のように自然界の法則にしたがって変化するもの（(1.11) 式）に対し，外部から操作（**入力** (input)）を加えること（(1.13) 式）によって変化の割合を変え，変化する値（**出力** (output)）を人為的に変えることを「**制御する**」という．また日本工業規格（JIS 規格：JIS Z8116）では，**制御とは「ある目的に適合するように，対象となっているものに所要の操作を加えること」**と定められており，上記例のイメージと合致する．ここで，制御したい対象（外部からの操作に応じて出力が変化する）を「**制御対象** (controlled system, plant)」と呼ぶ．制御対象となるものには必ず制御したい出力（上記例での温度であり，一般に「**制御量** (controlled variable)」と呼ぶ）と外部からの入力（「**操作量** (control input)」）がなければならない．制御対象，操作量，制御量の関係を図 1.6 に示す．

　さて，(1.13) 式のコーヒーの例を見ると，やみくもに熱を加えてもコーヒーが温まりすぎたり，逆に思いのほか冷めてしまう，といったことが想像でき

図 1.6 制御対象と操作量，制御量の関係

る．すなわち，

(1) コーヒーの現在の温度（制御量）はどのくらいか

(2) コーヒーはどのくらいの速度で冷めるのか，物理定数 a の値

(3) 気温 K は何℃か

といったことを知ったうえで操作量 $u(t)$ を決める必要があることがわかる．実際に人間が操作量を調節して温める場合でも，80℃や85℃といったある決められた温度に保とうとすると，(1) の情報がないとなすすべはない．

つぎに，人間が操作するのではなく，自動的にコーヒーの温度を保つ装置を作ることを考えよう．このときは (1) の情報が必要なことは明らかであろう．また (1) の情報はなくても，たとえば 5 分間温めて，3 分間温めるのをやめて，という操作を繰り返せばある程度の温度を保つことはできるだろうが，適切な温度を常に維持するのは難しい．また，(1) の情報は入手できたとしても，(2) の情報を知らずに，ただやみくもに温めたり，温めるのをやめるだけでは効率のよい方法とはいえず，やはり (2) や (3) の情報を入手した方が，より効率的にコーヒーの温度を保つことができるはずである．

このように，制御対象の制御量を思い通りの値に動かすためには，ただやみくもに入力を加えるのではなく，

● **制御対象の変化の様子を微分方程式で表す**

● **物理定数の値を知る**

ことをしたうえで，微分方程式を使って入力の加え方をあらかじめ検討することが非常に重要となる．

⚙ 1.6 システムとモデル

工学において，注目する値は現象の様子であるが，単体の現象のみを調べることはまれで，普通は複数の現象が重なり合った結果を調べることが多い．このとき，**ある目的を行うために互いに作用しながら働く機能の組み合わせ**の総称を**システム**（system：系）と呼ぶ[4]．制御対象はまさにシステムであ

---

4) 太陽系の「系」もシステムの意味である．

り，「制御システム」あるいはただ単に「システム」と呼ぶことが多い．

　コーヒーの温度変化を表す (1.13) 式でも示したように，工学では「システムの中で注目する時間変数 $y(t)$ の値が時間 t の進行にともない変化する様子」を調べるために微分方程式が使われることが多い．それは，常に実際のシステムを動かしてその様子を探ることは難しいし，場合によっては壊れることも想定されるためである．したがって，注目するシステムの値の変化の様子を微分方程式で表現し，その数式の性質を調べることで実際の動きの様子を探ることが多い．

　実際のシステムの動きをできるだけ正確に数式で表すことを「システムの**モデル化** (modeling)」と呼び，その数式を「システムの**数学モデル** (mathematical model)」と呼ぶ．正確な数学モデルができれば，システムの変化の様子は数式を解く（解析する）ことにより知ることができる．得られた数学モデルに基づいて，システムの変化の様子を調べ，システムを分析することを**シミュレーション** (simulation) といい，「模擬実験」とも呼ばれる．車や電車を運転するゲームなどがリアルに感じられるのは，まさにそれらの動きが比較的正確に数学モデルによりモデル化され，コンピュータによりシミュレーションが行われているためである．

⚙ 1.7　手動制御と自動制御

　1.6 節で示したように，制御とは制御対象（システム）の制御量（出力）を思い通りに動かすために操作量（入力）を加えることである．その操作量の加え方は 2 種類ある．人間が制御対象の制御量を監視し，操作量を加えることを**手動制御** (manual control) と呼ぶ．これに対して，人間が監視を行わなくても自動的に操作量が決定されて制御量が目的の値になる場合を**自動制御** (automatic control) と呼ぶ．身近な例では，水洗トイレのタンクは自動制御により水位が保たれている．手動制御と自動制御の違いは図 1.7 で表される．

　現在の自動制御では，制御対象の制御量はセンサにより観測され，その情報をもとにコンピュータによって操作量が決定されることが一般的となっている．

　また，**シーケンス制御** (sequence control) と呼ばれる手法もあり，「あらかじめ定められた順序にしたがって制御対象の制御量を監視することなく，制

手動制御 　　　　　　　　　　　　　　　自動制御

温度計を見ながら，手で火力を調整し，　　　　自動的に 90℃ のお湯を沸かしてくれる
90℃ のお湯を沸かす

図 1.7　手動制御と自動制御

御の各段階を実行する手法」と説明できる．自動販売機，券売機，エレベータなどはシーケンス制御により動作している．

⚙ 1.8　フィードフォワード制御とフィードバック制御

　制御対象への操作量（入力）の加え方には手動制御，自動制御の 2 種類があるが，入力の決定方法にも**フィードフォワード制御**（feedforward control）と**フィードバック制御**（feedback control）の 2 種類がある．たとえば，まっすぐ歩くことを考えてみよう．普段はなにげなくまっすぐ歩けるが，目をつむるとまっすぐ歩くのは難しくなる．実は，人間は目から入ってくる情報に基づき，無意識に歩く方向を補正しながら歩いている．いいかえると，自分と周りとの状況を目で観測して，その情報をもとに補正している．すなわち，足の運びや体の向きを変えているのである．

　目から得られた情報は脳の中でイメージとなり，まっすぐ歩くのであればある基準となる線を想定，もしくは現実の線をたどるように歩く指令を脳が筋肉に出していると考えて差し支えない．ここで脳の中では基準となる線と現在の体の状況を比較し，誤差を少なくするように筋肉に指令を出す．すなわち，図 1.8 は図 1.9 のように描き直すことができる．

　このとき，「動作の指令を出す部分」が脳などにあたり，「動作をする部分」が筋肉や体の構造に対応する．「動作をする部分」の結果は何らかの形で状況を表す信号に変換され，目標値と比較されて誤差が明らかになる．誤差に基

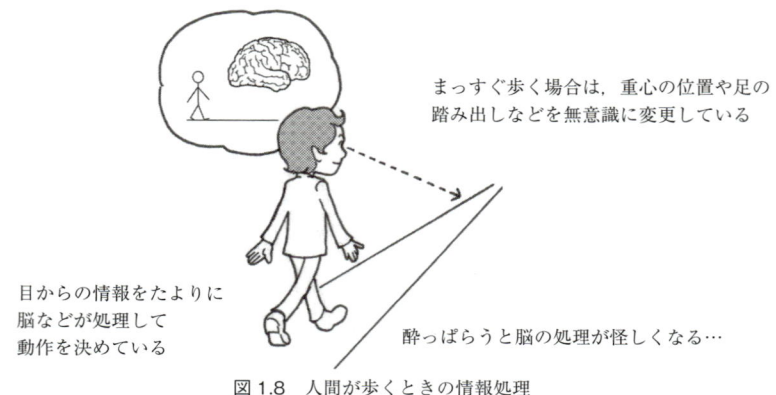

まっすぐ歩く場合は，重心の位置や足の
踏み出しなどを無意識に変更している

目からの情報をたよりに
脳などが処理して
動作を決めている

酔っぱらうと脳の処理が怪しくなる…

図 1.8　人間が歩くときの情報処理

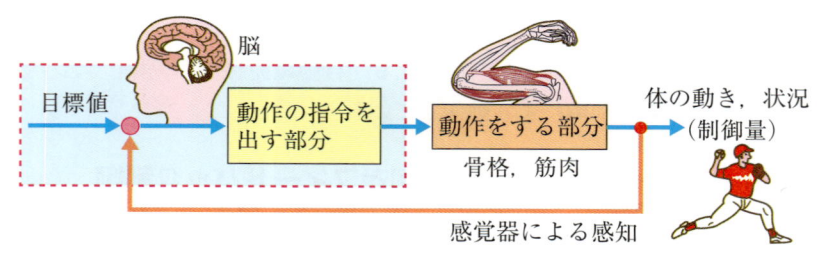

脳

目標値　　動作の指令を
出す部分

動作をする部分

体の動き，状況
（制御量）

骨格，筋肉

感覚器による感知

図 1.9　人間の情報処理：フィードバック制御系

づいて「動作の指令を出す部分」が適切な入力を発生し，指令を出していると
解釈できる．また「動作をする部分」は図 1.6 で示した「制御対象」に相当し，
「動作の指令を出す部分」は誤差信号に応じて，制御対象の制御量を思い通り
に動かすための操作量を発生する部分であり「コントローラ（controller）」と
呼ばれる．制御量と目標値を比較し，誤差に基づいて制御対象への指令をコ
ントローラが発生する構造をフィードバック制御系（feedback control
system）と呼ぶ．制御量から目標値との比較をする部分につながる信号のこ
とをフィードバック信号（feedback signal）と呼ぶ．目をつむるとまっすぐ歩
けないのは，現在の体の状況が把握できず，脳の中の基準となる線と比較で
きないためである．これはフィードバック信号がない場合に相当し，図 1.10
のように描くことができる．このような構造をフィードフォワード制御系
（feedforward control system）と呼ぶ．フィードフォワード制御の場合も，
制御量の値を思い通りにするためにはコントローラが必要となることは明ら

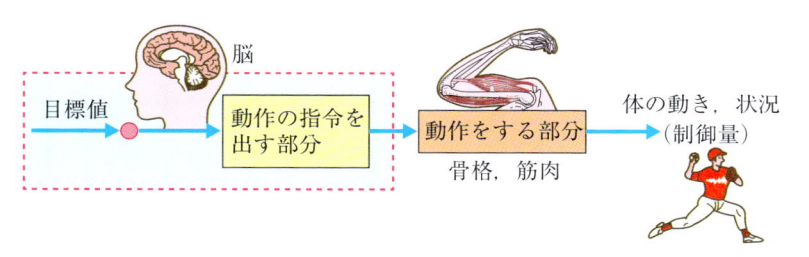

図 1.10　人間の情報処理：フィードフォワード制御系

かであろう．どのような操作を加えれば制御量がどのように動くのかが明確にわかる場合は，フィードフォワード制御で制御量を操ることができる．しかし，ほとんどの場合はフィードバック制御を用いないと制御量を望ましく操ることができない．

　我々が便利な現代生活を享受できるのも，制御工学，特にフィードバック制御の成果の1つであるといっても過言ではない．制御工学が大きく貢献している分野としてはつぎが挙げられる．

- 製造業（製鉄所，化学プラント，位置決め装置，機械加工装置）
- エネルギー（発電所や製鉄所などの効率運転，スマートグリッド）
- 家電製品（DVD，Blu-ray プレーヤー，エアコン，炊飯器）
- 自動車（エンジン，変速機，駆動・制動，ハイブリッド車，電気自動車）
- 航空・宇宙（飛行機のオートパイロット，人工衛星）
- 鉄道（新幹線や特急などの乗り心地，駆動・制動）

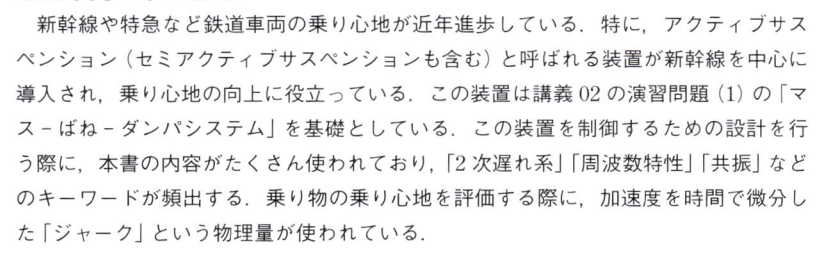

鉄道車両の乗り心地

　新幹線や特急など鉄道車両の乗り心地が近年進歩している．特に，アクティブサスペンション（セミアクティブサスペンションも含む）と呼ばれる装置が新幹線を中心に導入され，乗り心地の向上に役立っている．この装置は講義 02 の演習問題 (1) の「マス−ばね−ダンパシステム」を基礎としている．この装置を制御するための設計を行う際に，本書の内容がたくさん使われており，「2 次遅れ系」「周波数特性」「共振」などのキーワードが頻出する．乗り物の乗り心地を評価する際に，加速度を時間で微分した「ジャーク」という物理量が使われている．

積分範囲が有限でない定積分

これから制御工学を学ぶ上で，

$$\int_0^\infty f(t)\,\mathrm{d}t \tag{1.14}$$

なる積分が出てくることがある．これは積分範囲の上限が無限大（∞）となっているので，積分範囲は有限ではない．この積分の計算を行う際は注意が必要で，数学的にはつぎのように考える．$f(t)$ が $[0,+\infty)$ で連続であるとき，任意の $a(a \geq 0)$ に対して $\int_0^a f(t)\,\mathrm{d}t$ は存在する．もし $\lim_{a\to\infty}\int_0^a f(t)\,\mathrm{d}t$ が存在すれば，この極限値を (1.14) 式で定義し，「$\int_0^\infty f(t)\,\mathrm{d}t$ は収束する」という．数学的に厳密に考えると $f(t)$ によっては，

$$\lim_{a\to\infty}\int_0^a f(t)\,\mathrm{d}t = \lim_{a\to\infty}[F(t)]_0^a \tag{1.15}$$

の極限値が存在しない場合もある（$F(t)$ は $f(t)$ の原始関数）．

本書のような制御工学の基礎的な内容において扱う関数は，(1.15) 式において極限値が存在するので，特に難しく考えずに

$$\int_0^\infty f(t)\,\mathrm{d}t = [F(t)]_0^\infty$$

のように計算してよい．

【講義 01 のまとめ】

・位置 x の時間的変化を $x(t)$ で表すと，その変化率が速度 $v(t)$ となる．

・工学での微分は $\dfrac{\mathrm{d}y(t)}{\mathrm{d}t}$ や $\dot{x}(t)$ で表すことが多い．

・微分方程式は注目している変数の変化の様子を表す式である．

・べき指数（e^{at} の a）の値によって，指数関数の変化が異なる．

・制御とは，対象に操作を加えて思い通りに動かすことである．

演習問題

(1) 平均速度や速度を表す (1.1)，(1.2) 式と時間変数の微分を表す (1.5) 式より，速度 $v(t)$ を位置 $x(t)$ の導関数で，(1.3) 式の加速度 $a(t)$ を速度 $v(t)$ の導関数で表せ．

(2) 微分方程式 $\dfrac{\mathrm{d}y(t)}{\mathrm{d}t} = 2y(t)$，$y(0) = 3$ を解け．

(3) 関数 $y(t) = e^{at}$ において，$a = -0.5$，-2.0 の場合のグラフはどのようになるか？ 図 1.4 をもとに示せ．

(4) (1.11) 式を解いて (1.12) 式となることを確かめよ（K は定数なので，カッコ内全体を割る）．

(5) 温かいコーヒーを紙コップに入れた場合と，ステンレス製のマグカップに入れた場合で冷め方が違うが，それは (1.11) 式の a が違うことによる．紙コップの場合（a_p としよう）とマグカップの場合（a_m としよう）の値の大小関係を求めよ．

(6) 自転車に乗ることを例にして，フィードバック制御とは何かを説明せよ．

　つぎからの問題は制御工学（特に講義 03）を学ぶ上で重要となる部分積分の計算の復習である．

　部分積分：$f'(t)$，$g'(t)$ がともに $[a, b]$ で積分可能ならば，つぎが成り立つ．

$$\int_a^b f'(t)\, g(t)\, \mathrm{d}t = \left[f(t)\, g(t) \right]_a^b - \int_a^b f(t)\, g'(t)\, \mathrm{d}t \tag{1.16}$$

(7) つぎの定積分を計算せよ（部分積分は使わない）．

$$\int_0^\infty e^{-at}\, \mathrm{d}t, \, a > 0$$

(8) つぎの定積分を計算せよ（部分積分を使う）．

$$\int_0^\infty t\, e^{-at}\, \mathrm{d}t$$

(9) つぎの不定積分を計算せよ（部分積分を使う）．

$$\int e^t \sin t\, \mathrm{d}t$$

(10) つぎの不定積分を計算せよ（部分積分を使う）．

$$\int e^t \cos t\, \mathrm{d}t$$

講義 *02*

システムの数学モデル

講義 01 で述べたように制御工学の対象となるものは，外部から操作を加えると変化の様子が変わるものであった．本講では制御対象（システム）の変化の様子を数式で表現した「数学モデル」について説明をした後，制御工学で重要となる「動的システム」について説明し，それらの扱い方を学ぶ．

【講義 02 のポイント】

・静的システムを理解しよう．
・動的システムを理解しよう．
・機械系，電気系のモデルの表し方に慣れよう．

⚙ 2.1 静的システム

外部から操作を加えて変化の様子が具体的に観察できる例として，ばねの特性について考えよう．ばね定数が K [N/m] で質量が無視できるばねを考える．ばねに加える力を f [N]，ばねの自然長からの伸びを x [m] とすると，フックの法則からつぎの関係式が成り立つ．

$$f = Kx \tag{2.1}$$

ここで，時間ごとに加える力を変えることを考える．このとき，力 f は時間 t ごとに違う値をとることになり，時間に依存した関数として $f(t)$ と表し，**時間変数**または**時間関数**と呼んだ．いま (2.1) 式より，加える力に応じてばねの伸びも変わるので，変位 x を $x(t)$ と表そう．さらに，入力（操作量）として力 $f(t)$ を加え，その結果としてばねの伸び $x(t)$（これを制御量，すなわち出力と呼ぶ）が変化したと考えれば，(2.1) 式はつぎのように書き換えることができる（図 2.1）．

$$x(t) = \frac{1}{K} f(t) \tag{2.2}$$

ここで，**基本的には入力に関する変数を右辺に書く**ことに注意する．ばねに

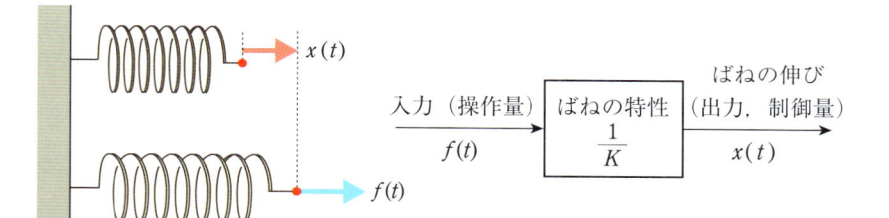

図2.1　ばねの伸び

ついての関係式 (2.1)，(2.2) 式のいずれも，いま加えた力 f または $f(t)$ に対応したばねの伸び x または $x(t)$ が得られるだけで，いまより前にどのような力を加えたのか，または，いまより前にばねの伸びがいくつだったのか，ということは関係ない．このように，時間 t での入力の値 $f(t)$ だけで出力 $x(t)$ の値が決まるものを**静的システム** (static system) と呼ぶ．

⚙ 2.2　動的システム

2.1 節で述べた静的システムは時間 t の入力だけで出力が決まるものであった．本節で学ぶ**動的システム** (dynamical system) とは，入力と出力の関係式において変数を微分したものが含まれるシステムである．ここでは，工学の基本となる物理システムである機械系と電気系のモデルの記述方法を示す．

2.2.1　機械系のモデル

(1) 平面上の物体の直線運動

ニュートンの運動の第 2 法則によれば，ある平面上にある質量 M [kg] の物体が力 $f(t)$ [N] を受けると，物体にはその力の働く方向に加速度 $a(t)$ [m/s^2] が生じ，物体は直線運動する．このときの運動方程式はつぎで表される．

$$Ma(t) = f(t) \tag{2.3}$$

ここで，加える力 $f(t)$ が時間に応じて変化すると，加速度も変化するので時間変数を意識して $a(t)$ と記している．また，加速度 $a(t)$ は物体の変位（位置）$x(t)$ [m] を使って $a(t) = \ddot{x}(t) = \dfrac{\mathrm{d}^2 x(t)}{\mathrm{d}t^2}$ と表されるので，(2.3) 式は

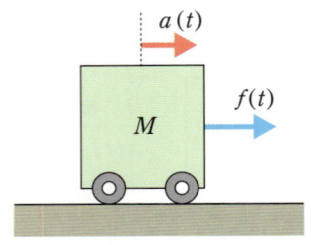

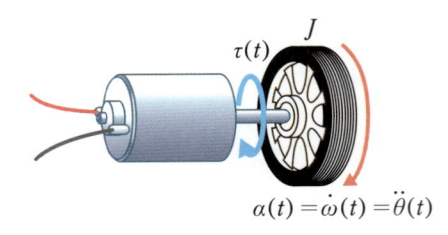

$\alpha(t) = \dot{\omega}(t) = \ddot{\theta}(t)$

図 2.2 物体の直線運動　　　　図 2.3 物体の回転運動

$$M\ddot{x}(t) = f(t) \text{ または } M\frac{\mathrm{d}^2 x(t)}{\mathrm{d}t^2} = f(t) \tag{2.4}$$

と表すこともできる.

　このとき, 入力を $f(t)$, 出力を物体の位置 $x(t)$ とすると, **システムである物体の入力と出力の関係が微分方程式で記述される**ことがわかる. これより, (2.4) 式は**動的システム**と呼ばれる. 微分と積分の関係より, (2.4) 式において, 入力 $f(t)$ を時間 0 から t まで積分した値が出力 $x(t)$ に影響を及ぼす. したがって, 時間 0 から現在の時間 t までの入力 $f(t)$ の時間変化が物体の位置 $x(t)$ に影響を及ぼす. これより, **動的システムは静的システムと違い, 現在の出力の値が過去の入力の時間変化の影響を受けている**ことがわかる.

(2) 平面上の剛体の回転運動

　トルク $\tau(t)$ [N·m] が働くと慣性モーメント J [kg·m^2] の物体は回転角加速度 $\alpha(t)$ [rad/s^2] を得て回転運動し, 運動方程式はつぎで表される [1].

$$J\alpha(t) = \tau(t) \tag{2.5}$$

運動の様子を図 2.3 に示す. 角加速度 $\alpha(t)$ は物体の回転角速度 $\omega(t)$ [rad/s], 回転角 $\theta(t)$ [rad] を使って, $\alpha(t) = \dot{\omega}(t) = \ddot{\theta}(t) = \dfrac{\mathrm{d}^2 \theta(t)}{\mathrm{d}t^2}$ と表されるので,

$$J\ddot{\theta}(t) = \tau(t) \text{ または } J\frac{\mathrm{d}^2 \theta(t)}{\mathrm{d}t^2} = \tau(t) \tag{2.6}$$

となる関係式が得られる. このとき, 入力を $\tau(t)$, 出力を $\theta(t)$ とすると, 制御対象である物体の入力と出力の関係が微分方程式で記述されることがわかる. したがって, 回転運動は直線運動と同様に動的システムである. また

---

1) τ, α, ω, θ はギリシャ文字で, 順に「タウ」,「アルファ」,「オメガ」,「シータ」と読む. その他のギリシャ文字については xii ページを参照.

（2.4）式と（2.6）式を比較すると，<u>直線運動と回転運動の動的システムは記号が違うだけで微分方程式の型は同じであることがわかる</u>[2]．

　より複雑な制御対象の変化の様子を表現するために，さまざまな力，トルクについて説明する．

（3）変位により発生する力

　物体の変位に対して，変位とは反対の向きに力を発生する要素として，**ばね**（spring），**ダンパ**（damper），**粘性摩擦力**（viscous friction）が知られている．

　直線運動におけるばねにおいて，ばねが自然長から $x(t)$ [m] だけ縮んでいるとすると，ばねは復元力 $f_s(t)$ [N] を発生し，その関係式はつぎで表される．

$$f_s(t) = -Kx(t) \tag{2.7}$$

ここで，K [N/m] はばね定数である．運動の様子を図 2.4 に示す．（2.7）式より，ばねは $x(t)$ とは反対方向の力を発生している．すなわち，（2.7）式はばねが伸びる様子を数式で表していることがわかる．また，（2.7）式の関係は静的システムであることに注意する．

　一端を壁面に固定し，他端の速度が $\dot{x}(t)$ [m/s] となっているダンパの直線運動において，ダンパは粘性減衰力 $f_d(t)$ [N] を発生し，その関係式はつぎで表される．

$$f_d(t) = -D\dot{x}(t) \tag{2.8}$$

ここで D [N·s/m] はダンパの粘性減衰係数とする．運動の様子を図 2.5 に表す．ダンパは $\dot{x}(t)$ とは反対方向の力を発生していることがわかる．ダンパは液体の粘性抵抗を利用しているので，一般的にその抵抗力は速度に比例する．

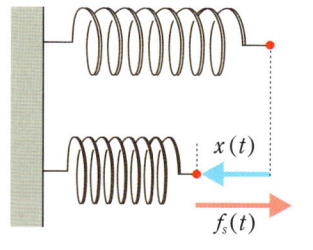

図 2.4　ばねの復元力

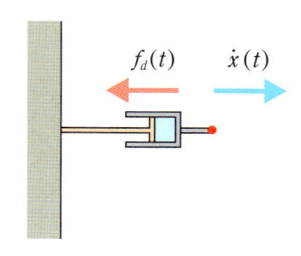

図 2.5　ダンパの粘性減衰力

2）これを**物理システムのアナロジー**と呼び，詳しくは講義 03 で説明する．

物体の直線運動において，物体と接触している部分に働く摩擦力は粘性摩擦力とクーロン摩擦力の和で表されるが，ここでは，クーロン摩擦力は無視できると仮定しよう [3]．物体が速度 $\dot{x}(t)$ [m/s] で運動しているとすると，粘性摩擦力により力 $f_v(t)$ [N] が発生し，その関係式はつぎで表される．

$$f_v(t) = -c_v \dot{x}(t) \tag{2.9}$$

ここで，c_v [N·s/m] は粘性摩擦係数とする．運動の様子を図 2.6 に示す．(2.9) 式より，粘性摩擦力は $\dot{x}(t)$ とは反対方向の力を発生していることがわかる．

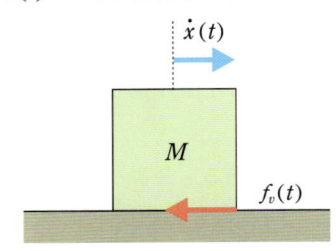

図 2.6　摩擦をともなう物体の直線運動

　質量 M の物体が力 $f(t)$ の働きにより床面を直線運動する際，物体と床面との粘性摩擦力を考慮した場合の運動方程式を導出しよう．摩擦を考慮しない場合の物体の直線運動は，つぎで表される（➡ (2.4) 式）．

$$M\ddot{x}(t) = f(t) \text{ または } M\frac{\mathrm{d}^2 x(t)}{\mathrm{d}t^2} = f(t)$$

このとき，力 $f(t)$ により加速度 $\ddot{x}(t)$ が発生するが，同時に速度 $\dot{x}(t)$ も発生しており，粘性摩擦力 $f_v(t) = -c_v \dot{x}(t)$ が発生する．よって，これらの関係は，

$$M\ddot{x}(t) = f(t) + f_v(t) \tag{2.10}$$

となる．ここで，粘性摩擦力 $f_v(t)$ の向きは力 $f(t)$ とは逆向きなので，(2.10) 式の右辺では $f(t)$ に $f_v(t)$ を足していることに注意する．さらに (2.9) 式を (2.10) 式に代入して，つぎの運動方程式が得られる．

$$M\ddot{x}(t) + c_v \dot{x}(t) = f(t) \tag{2.11}$$

---

[3] 接触面に何らかの潤滑がある場合は，このように仮定できる．

2.2.2　電気系のモデル

　電気回路に電圧を加え，ある端子間の電流の変化の様子を調べたり，制御する必要がある．電気系の基本素子としては，**抵抗** R（R は resistance の頭文字），**コンデンサ** C（C は capacitor の頭文字），**コイル** L（L は coil の L をとったという説がある）の 3 つが知られている．各基本素子の両端の電圧（単位は [V]）と素子に流れる電流（単位は [A]）をそれぞれ $v_R(t)$，$v_C(t)$，$v_L(t)$，$i_R(t)$，$i_C(t)$，$i_L(t)$ とすると，つぎの関係式が成り立つ．

$$\text{抵抗}：v_R(t) = Ri_R(t) \tag{2.12}$$

$$\text{コンデンサ}：v_C(t) = \frac{1}{C}\int_0^t i_C(\tau)\,\mathrm{d}\tau \tag{2.13}$$

$$\text{コイル}：v_L(t) = L\frac{\mathrm{d}}{\mathrm{d}t}i_L(t) \tag{2.14}$$

ここで，R [Ω] は抵抗，C [F] は静電容量，L [H] はインダクタンスである．また，各基本素子は図 2.7 の記号で描く．

　抵抗の関係式（(2.12) 式）は静的システムであることがわかる．コンデンサの関係式（(2.13) 式）は変数の微分が直接現れていないが，両辺を微分するとつぎの関係が成り立つ．

$$\frac{\mathrm{d}v_C(t)}{\mathrm{d}t} = \frac{1}{C}i_C(t) \tag{2.15}$$

よって，コンデンサの両端の電圧 $v_C(t)$ の時間変化（微分）とコンデンサに流れる電流 $i_C(t)$ の関係は動的システムとなる．また，コイルの関係式（(2.14) 式）においても，コイルの両端の電圧 $v_L(t)$ とコイルに流れる電流 $i_L(t)$ の関係は動的システムとなる．つぎに，電気回路で代表的な基本素子の回路接続におけるモデルを求める．

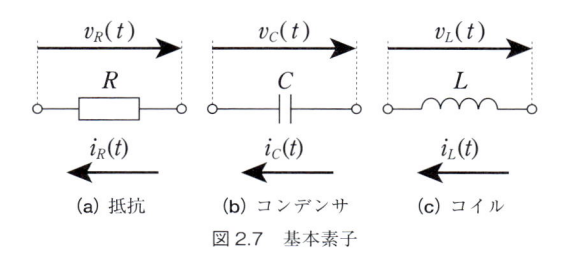

図 2.7　基本素子

(1) *RL* 回路

　図 2.8 に示す *RL* 回路において，端子間に電圧 $v_\mathrm{in}(t)$ を加えたときに回路に流れる電流 $i(t)$ の変化の様子を数式で表してみる．この場合，各素子に流れる電流の値は $i(t)$ であり，各素子の両端の電圧を足したものが入力電圧 $v_\mathrm{in}(t)$ と等しくなる（キルヒホッフの第 2 法則）．よって，(2.12)，(2.14) 式より，$v_R(t) + v_L(t) = v_\mathrm{in}(t)$ となるのでつぎの関係式が成り立つ．

$$L\frac{\mathrm{d}i(t)}{\mathrm{d}t} + Ri(t) = v_\mathrm{in}(t) \tag{2.16}$$

となる．このとき，入力を $v_\mathrm{in}(t)$，出力を $i(t)$ とすると，**RL 回路は動的システムとなり，入力と出力の関係が微分方程式で記述される**．例 2.1（➡ 20 ページ）で扱った床面との摩擦を考慮した直線運動のモデルの関係式（➡ (2.11) 式）と (2.16) 式を比較すると，微分方程式が 2 階と 1 階の違い（注目する変数を何回微分しているか）はあるものの，**直線運動の変化も電気回路内の電流の変化も微分方程式で表されることに注目する**．

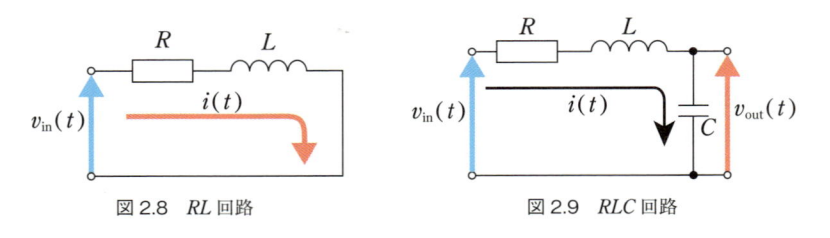

図 2.8　*RL* 回路　　　　　　図 2.9　*RLC* 回路

(2) *RLC* 回路

　図 2.9 に示す *RLC* 回路において，回路に加える電圧を $v_\mathrm{in}(t)$ としたときに，コンデンサの両端の電圧 $v_\mathrm{out}(t)$ の変化の様子を数式で表してみる．この場合も *RL* 回路と同様に考えると，つぎの関係式が成り立つ．

$$Ri(t) + L\frac{\mathrm{d}i(t)}{\mathrm{d}t} + \frac{1}{C}\int_0^t i(\tau)\,\mathrm{d}\tau = v_\mathrm{in}(t) \tag{2.17}$$

$$v_\mathrm{out}(t) = \frac{1}{C}\int_0^t i(\tau)\,\mathrm{d}\tau \tag{2.18}$$

(2.15) 式と同様に (2.18) 式の両辺を微分すると，(2.17) 式はつぎのとおり書き換えることができる．

$$LC\frac{\mathrm{d}^2 v_{\mathrm{out}}(t)}{\mathrm{d}t^2} + RC\frac{\mathrm{d}v_{\mathrm{out}}(t)}{\mathrm{d}t} + v_{\mathrm{out}}(t) = v_{\mathrm{in}}(t) \qquad (2.19)$$

RL 回路と同様に RLC 回路においても，入力を $v_{\mathrm{in}}(t)$，出力を $v_{\mathrm{out}}(t)$ とする と，RLC 回路は動的システムとなり，入力と出力の関係が微分方程式で記述される．

⚙ 2.3 直流モータのモデル

　ここでは，制御工学の適用例としてよく用いられる直流（DC：Direct Current）モータのモデルを導出することで，数学モデルの構築方法を示し，またその問題点について明らかにする．

　一般に直流モータは，電機子コイルと呼ばれる鉄心のまわりに数百回巻かれたコイルに電流を流し，それを固定子（コイルを取り囲む部分で磁石）が発生する磁界の中におく．すると，フレミングの左手の法則に基づく電磁力が電機子コイルを回転させ，その回転力（トルク）を得る構造となっている．したがって，電機子コイルに電圧を加えて電流を発生させる電機子回路の部分（電気系のモデル）と，その電流をもとにトルクを発生する回転運動の部分（機械系のモデル）とに分けることができ，電気系と機械系が混在したシステムとなっている．

　直流モータの等価回路は図 2.10 のように表される．電機子回路の部分は RL 回路と等価であるので，回路内の抵抗を R_a [Ω]，インダクタンスを L_a [H]，回路に加える電圧を $v_a(t)$，回路内を流れる電流を $i_a(t)$ とすると，(2.16) 式よりつぎで表される．

$$L_a\frac{\mathrm{d}i_a(t)}{\mathrm{d}t} + R_a\, i_a(t) = v_a(t) - v_b(t) \qquad (2.20)$$

ここで，(2.20) 式の右辺第 2 項の $v_b(t)$ は，磁界の中でコイルが動くことによ

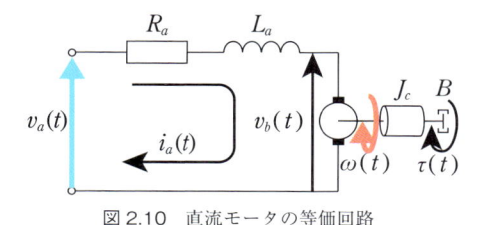

図 2.10　直流モータの等価回路

りフレミングの右手の法則に基づいて発生する誘導起電圧（逆起電力）であり，入力電圧 $v_a(t)$ と逆向きの電圧となり，つぎで表される．

$$v_b(t) = K_b \omega(t) \tag{2.21}$$

$$\omega(t) = \frac{\mathrm{d}\theta(t)}{\mathrm{d}t} \tag{2.22}$$

ここで，K_b [V·s/rad] は逆起電力定数，$\omega(t)$ [rad/s] は電機子コイルの回転角速度，$\theta(t)$ [rad] は電機子コイルの回転角である．したがって，誘導起電圧 $v_b(t)$ は電機子コイルの回転角速度に応じて変化することがわかる．

　一般に直流モータの固定子は永久磁石であることが多く，固定子が発生する磁界は磁束が一定であることがほとんどなので，電機子コイルの回転運動に作用するトルク $\tau(t)$ はつぎで表される．

$$\tau(t) = K_\tau i_a(t) \tag{2.23}$$

ここで，K_τ [N·m/A] はトルク定数である．したがって，電機子コイルへのトルク $\tau(t)$ は電機子回路内を流れる電流 $i_a(t)$ に比例することがわかる．

　電機子コイルへのトルク $\tau(t)$ によって電機子コイルが回転するので，その運動方程式を表そう．物体の回転運動のモデル（➡ (2.6) 式）に注意し，電機子コイルの慣性モーメントを J_c [kg·m^2]，直流モータのブラシなどによる粘性摩擦係数を B [N·m·s/rad] とすると，つぎで表される．

$$J_c \frac{\mathrm{d}\omega(t)}{\mathrm{d}t} + B\omega(t) = \tau(t) \tag{2.24}$$

以上より，直流モータに電圧 $v_a(t)$ を加え，最終的に電機子コイルの発生トルク $\tau(t)$ により電機子コイルが回転角速度 $\omega(t)$ で回転運動をすることがわかった．ここで，直流モータへの入力として電圧 $v_a(t)$ を変化させると，(2.20) 式にしたがって回路内の電流 $i_a(t)$ が変化し，それにともない (2.23) 式によりトルク $\tau(t)$ が変化し，(2.24) 式にしたがって出力とする回転角速度 $\omega(t)$ が変化することがわかる．したがって，入力 $v_a(t)$ に応じて具体的にどのように $\omega(t)$ が変化するのかを知るには，2 つの微分方程式 [(2.20) 式と (2.24) 式] とを連立させ，その解を知る必要があるが，少し複雑となる．

　このように，一見簡単そうに見える直流モータを制御対象とし，回転角速度 $\omega(t)$ を制御しようとしても，その数学モデルは複雑な構成となる．しかし，実世界では直流モータの回転角速度 $\omega(t)$ が自動的に制御され，さまざ

まなところで活用されている．そこで，講義 03 では微分方程式などを解く際に便利なラプラス変換と伝達関数について説明する．ラプラス変換を行うことにより，微分方程式が伝達関数に変換され，複雑な数学モデルの入力と出力との関係が明確になる．また，入力に応じて出力がどのように変化するのかの関係がわかり，制御することを考えるうえで役に立つのである．

【講義 02 のまとめ】
・静的システムは時間 t での入力のみで出力が決定される．
・動的システムは入力と出力の関係が微分方程式で表される．
・機械系，電気系のモデルは考える要素，組み合わせによって形が変わる．

演習問題

(1) 粘性減衰係数 D のダンパが図 2.11 のように質量 M の物体と接続されている場合（「マス−ダンパシステム」と呼ぶ）の運動方程式を導出せよ．ただし，物体と床面との間の摩擦は無視できるとする．

(2) 直線運動において，質量 M の物体とダンパとばねが図 2.12 のように接続されているとする（「マス−ばね−ダンパシステム」と呼ぶ）．力 $f(t)$ の働きにより物体の位置 $x(t)$ がどのように変化するかを調べるために運動方程式を表せ．ここで，ばね定数を K，ダンパの粘性減衰係数を D とし，物体と床面との間の摩擦は無視できるとする．

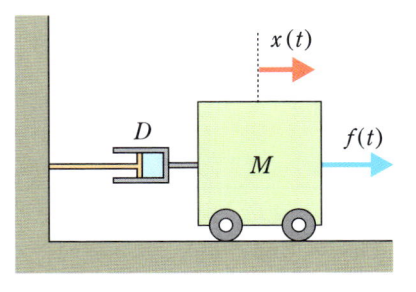
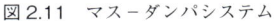

図 2.11　マス−ダンパシステム

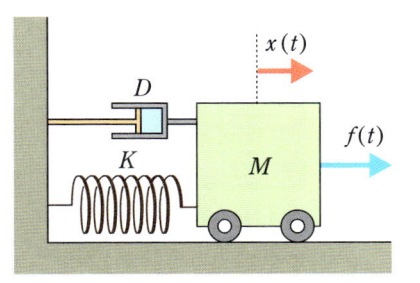

図 2.12　マス−ばね−ダンパシステム

(3) (2.6) 式を用いて，トルク $\tau(t)$ と回転角速度 $\omega(t)$ の関係式を求めよ．

(4) 図 2.13 に示す RC 回路において，入力 $u(t) = v_{\text{in}}(t)$，出力 $y(t) = v_{\text{out}}(t)$ とした場合の関係式を求めよ．

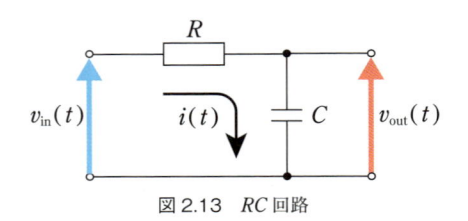

図 2.13　*RC* 回路

(5) (4) において出力 $y(t) = i(t)$ に変更した場合の関係式を求めよ.

(6) 図 2.14 に示す容器内の液体を電熱器で熱した際の液温の温度変化を考える. 電熱器により加えられる熱 $q(t)$ [J/s] は, 液温 $\theta(t)$ [℃] の上昇に費やされる熱と外部へ逃げる熱との和につり合う. ここで, 上昇に費やされる熱は $\dfrac{\mathrm{d}\theta(t)}{\mathrm{d}t}$ に比例し, 外部へ逃げる熱は $\theta(t)$ に比例する. このとき, 液温の温度変化を表す微分方程式を求めよ. ただし, 液体の熱容量を C [J/℃], 比例定数を k [J/(s·℃)] とする.

(7) 図 2.15 に示す機械式振動計を考える. 振動計に加えられる振動の変位を $x(t)$, 振動計の中でばねとダンパによって支えられている質量 M の物体と振動計の相対変位を $y(t)$ とする. この力学系の運動方程式を求めよ. ただし, ばね定数を K, ダンパの粘性減衰係数を D とする.

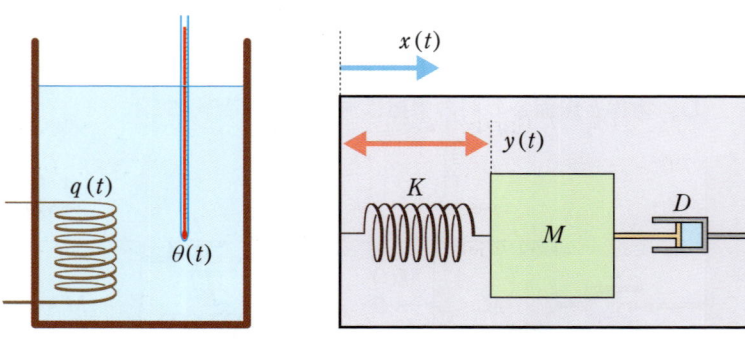

図 2.14　液温の温度変化　　　　図 2.15　機械式振動計

(8) 図 2.16 に示すタンクシステムを考える. $q_i(t)$ [m³/s] は流入流量, $q_o(t)$ [m³/s] は流出流量, C[m²] はタンクの断面積, $h(t)$ [m] は水位, R [s/m²] は出口抵抗である. このとき, タンクの水位変化を表す微分方程式はつぎで表される.

$$C\frac{\mathrm{d}h(t)}{\mathrm{d}t} = q_i(t) - q_o(t)$$

ここで，$q_o(t) = \dfrac{1}{R}h(t)$ とし，入力 $u(t) = q_i(t)$，出力 $y(t) = h(t)$ とした場合の関係式を求めよ.

(9) 図 2.17 に示す 2 個のタンクが結合したシステムを考える．$q_i(t)$ [m³/s] は流入流量，$q_o(t)$ [m³/s] は流出流量，C [m²] はタンクの断面積，$h(t)$ [m] は水位，R [s/m²] は出口抵抗であり，右下添字の数字は各タンクごとに付けられた番号である．このとき，各タンクの水位 $h_1(t)$, $h_2(t)$ がどのように変化するのかを調べるための微分方程式を求めよ.

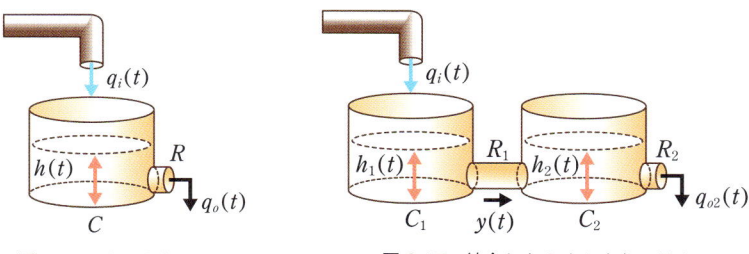

図 2.16　タンクシステム　　　　　図 2.17　結合した 2 タンクシステム

(10) 図 2.18 に示す 2 慣性システムを考える．トルク $\tau_1(t)$ [N·m] によってモータが回転角速度 $\omega_1(t)$ で回転し，ねじりばね定数 K で表される装置を介して負荷を回転角速度 $\omega_2(t)$ で回転させている．ここで，$\theta(t)$ [rad] はねじれ角，J_1 [kg·m²] はモータの慣性モーメント，J_2 [kg·m²] は負荷の慣性モーメント，B_1 [kg·m²/s] はモータの粘性摩擦係数，B_2 [kg·m²/s] は負荷の粘性摩擦係数とする．このとき，$\theta(t)$，$\omega_1(t)$，$\omega_2(t)$ がどのように変化するのかを調べるための運動方程式を求めよ.

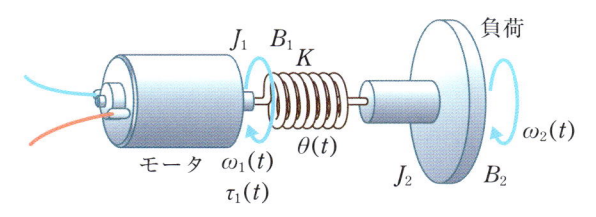

図 2.18　2 慣性システム

講義 03

伝達関数の役割

　動的システムの数学モデルが微分方程式によって表される場合，それを解いて挙動を調べることは一般に難しい．そこで，特性を表した方程式をラプラス変換することで，数学モデルの入力と出力の関係が代数方程式で表され，解析が簡単になる．本講ではラプラス変換の基本的な考え方，方法を述べた後，システムの「伝達関数」について説明する．

【講義 03 のポイント】
・ラプラス変換の概念を理解しよう．
・動的システムの伝達関数を理解しよう．
・システムのアナロジーを理解しよう．

⚙ 3.1　ラプラス変換の概念

　ラプラス変換（Laplace transform）について数学上の定義はあるが，ここでは実用上重要となる概念のみを説明する（数学的説明は 3.5 節で行う）．

　ラプラス変換の利点の 1 つとして，微分方程式をラプラス変換すると，簡単な代数方程式（1 次，2 次方程式など）に変換され非常に解きやすくなることが挙げられる．まず，本節ではラプラス変換を使って簡単な微分方程式を解くことで，その概念をつかんでもらいたい．

　時間変数 $x(t)$ をラプラス変換するとつぎで表される．

　🔴　**時間変数 $x(t)$ のラプラス変換：**

$$\mathcal{L}\,[x(t)] = X(s) \tag{3.1}$$

すなわち，ラプラス変換により，独立変数 t による時間変数 $x(t)$ が独立変数 s による変数 $X(s)$ に変わる．また，$\mathcal{L}$ は角カッコ内の時間変数をラプラス変換するという意味の記号で，本書ではラプラス変換した後の変数は変換前と区別するために原則的に大文字で書く[1]．重要なのは丸カッコの中身である．

時間変数 $x(t)$ を微分，積分したものをラプラス変換するとつぎとなる．

● **時間変数 $x(t)$ の時間微分 $\dfrac{\mathrm{d}x(t)}{\mathrm{d}t}$ のラプラス変換：**

$$\mathcal{L}\left[\frac{\mathrm{d}x(t)}{\mathrm{d}t}\right] = sX(s) - x(0) \text{ または } \mathcal{L}\left[\dot{x}(t)\right] = sX(s) - x(0) \quad (3.2)$$

● **時間変数 $x(t)$ の時間積分 $\displaystyle\int_0^t x(\tau)\,\mathrm{d}\tau$ のラプラス変換：**

$$\mathcal{L}\left[\int_0^t x(\tau)\mathrm{d}\tau\right] = \frac{1}{s}X(s) \tag{3.3}$$

ここで，(3.2) 式の $x(0)$ は時間変数 $x(t)$ の初期値，すなわち $t = 0$ の値であり定数である．(3.2) 式より，時間変数 $x(t)$ の時間微分をラプラス変換すると，変数 $X(s)$ に「s をかけた」ものに変換される．このとき s はただの変数として方程式の中で扱えることになる．また，ラプラス変換の重要な性質としてつぎがある．

● **ラプラス変換の線形性：**

$$\mathcal{L}[a_1 x_1(t) + \cdots + a_k x_k(t)] = a_1 \mathcal{L}[x_1(t)] + \cdots + a_k \mathcal{L}[x_k(t)]$$
$$= a_1 X_1(s) + \cdots + a_k X_k(s) \tag{3.4}$$

ここで，a_i は任意の定数，$x_i(t)$ は任意の時間変数である（$i = 1, ..., k$）．この性質より，時間変数 $x_i(t)$ が足し合わさった式のラプラス変換はそれぞれの時間変数に対応したラプラス変換を行えばよいことがわかる．また，ラプラス変換は時間変数に対して行われる変換であるので，定数をラプラス変換しても定数のままとなることに注意する．

さて，(1.6) 式で表される微分方程式をラプラス変換を使って解いてみよう．(1.6) 式はつぎであった．

$$\frac{\mathrm{d}y(t)}{\mathrm{d}t} = ay(t) \tag{1.6}$$

この両辺をそれぞれラプラス変換すると，(3.1)，(3.2) 式より，

$$sY(s) - y(0) = aY(s) \tag{3.5}$$

---

1) ギリシャ文字を変数にした場合は小文字のままにすることが多い．また $x(s)$ とする場合もある．

となる．(3.5) 式において，左辺の s は単なる変数，$y(0)$ は時間変数 $y(t)$ の初期値，右辺の a は定数である．また，(3.5) 式の両辺の $Y(s)$ をまとめるとつぎとなる．

$$(s - a) Y(s) = y(0) \tag{3.6}$$

ここで，(3.6) 式は $Y(s)$ に関しての方程式であり，s は単なる変数として取り扱ってよいので，両辺を $(s - a)$ で割ると，

$$Y(s) = \frac{1}{s - a} y(0) \tag{3.7}$$

となる．さて，いま知りたいのは微分方程式 (1.6) 式の解，すなわち $y(t)$ がどのような関数になるかである．時間変数 $y(t)$ のラプラス変換が $Y(s)$ であるので，その逆，すなわち $Y(s)$ を $y(t)$ の形に変換する逆ラプラス変換 (inverse Laplace transform) ついて説明する．まず，つぎの関係が成り立つ．

🔴 $X(s)$ の逆ラプラス変換：

$$\mathcal{L}^{-1}\left[X(s)\right] = x(t) \tag{3.8}$$

これは (3.1) 式を逆にした形である．$\mathcal{L}^{-1}$ は角カッコ内の変数を逆ラプラス変換するという意味の記号である．また，つぎの関係も成り立つ．

🔴 $\dfrac{1}{s - a}$ の逆ラプラス変換：

$$\mathcal{L}^{-1}\left[\frac{1}{s - a}\right] = \mathrm{e}^{at} \tag{3.9}$$

すなわち，$\dfrac{1}{s - a}$ の逆ラプラス変換は指数関数となる．

これらより $y(0)$ が定数であることに注意して，(3.7) 式の両辺を逆ラプラス変換すると，

$$(3.7)\ 式の左辺 = \mathcal{L}^{-1}[Y(s)] = y(t) \tag{3.10}$$

$$(3.7)\ 式の右辺 = \mathcal{L}^{-1}\left[\frac{1}{s - a} y(0)\right] = \mathcal{L}^{-1}\left[\frac{1}{s - a}\right] y(0)$$

$$= \mathrm{e}^{at} y(0) \tag{3.11}$$

$$(3.10)\ 式 = (3.11)\ 式 \Rightarrow y(t) = \mathrm{e}^{at} y(0) \tag{3.12}$$

となることがわかる．これは (1.6) 式の解

$$y(t) = C_0\, \mathrm{e}^{at}$$

と同じである（C_0 は $y(t)$ の初期値 $y(0)$ によって決まる値であったことに注意する）．以上より，ラプラス変換と逆ラプラス変換を知っていれば微分方程式が簡単に解けることがわかった．

[補足] 時間微分のラプラス変換

時間変数 $x(t)$ の時間微分のラプラス変換について補足する．ここでは各時間変数の初期値とそれらの高階の導関数のすべての初期値が 0，すなわち $x(0) = 0$，$\dot{x}(0) = 0, ..., \dfrac{\mathrm{d}^{n-1}x(0)}{\mathrm{d}t^{n-1}} = 0$ とする．

- 時間変数 $x(t)$ の 2 階微分 $\dfrac{\mathrm{d}^2 x(t)}{\mathrm{d}t^2}$ のラプラス変換：

$$\mathcal{L}\left[\frac{\mathrm{d}^2 x(t)}{\mathrm{d}t^2}\right] = s^2 X(s) \ \text{または} \ \mathcal{L}\left[\ddot{x}(t)\right] = s^2 X(s) \tag{3.13}$$

- 時間変数 $x(t)$ の n 階微分 $\dfrac{\mathrm{d}^n x(t)}{\mathrm{d}t^n}$ のラプラス変換：

$$\mathcal{L}\left[\frac{\mathrm{d}^n x(t)}{\mathrm{d}t^n}\right] = s^n X(s) \ \text{または} \ \mathcal{L}\left[x^{(n)}(t)\right] = s^n X(s) \tag{3.14}$$

(3.2)，(3.13)，(3.14) 式からわかるように，時間変数 $x(t)$ を n 回微分することは，ラプラス変換後に s を n 回かけることに対応する．

⚙ 3.2　伝達関数とは

本節では制御工学を学ぶうえで非常に重要となる**伝達関数**（transfer function）について説明する．まず，(2.11) 式と (2.24) 式を例に考えよう．

$$M\ddot{x}(t) + c_v \dot{x}(t) = f(t) \tag{2.11}$$

$$J_c \frac{\mathrm{d}\omega(t)}{\mathrm{d}t} + B\omega(t) = \tau(t) \tag{2.24}$$

ここで，(2.11) 式において，物体に加える力 $f(t)$ を**入力**，その力により物体が動いた距離 $x(t)$ を**出力**とすると，入力によって物体の動きを制御することができる．よって，制御対象は物体となり，物体の変化の様子が数学モデル

として微分方程式（動的システム）で表される．(2.24) 式においても，電機子コイルに作用するトルク $\tau(t)$ を **入力**，電機子コイルの回転角速度 $\omega(t)$ を **出力** とすると，制御対象は電機子コイルとなる．

3.1 節にしたがって (2.11) 式と (2.24) 式の両辺をラプラス変換すると，つぎで表される（(3.4) 式のラプラス変換の線形性を使い，またすべての初期値を 0 とする）．

$$Ms^2 X(s) + c_v s X(s) = F(s) \tag{3.15}$$

$$J_c s\omega(s) + B\omega(s) = \tau(s) \tag{3.16}$$

(3.15)，(3.16) 式の左辺において，$X(s)$，$\omega(s)$ でまとめるとつぎが得られる．

$$X(s) = \frac{1}{Ms^2 + c_v s} F(s) \tag{3.17}$$

$$\omega(s) = \frac{1}{J_c s + B} \tau(s) \tag{3.18}$$

ここで，(3.17) 式右辺の $F(s)$ が入力，左辺の $X(s)$ が出力とみなせる．また，入力 $F(s)$ に $\dfrac{1}{Ms^2 + c_v s}$ をかけると出力 $X(s)$ が得られることが数式より理解できる．(3.18) 式でも同様に入力 $\tau(s)$ に $\dfrac{1}{J_c s + B}$ をかけると出力 $\omega(s)$ が得られる．1.5 節でも説明したように，微分方程式は入力を加えた際の出力の変化の様子を表す式であり，その変化の様子は (2.11) 式では M と c_v，(2.24) 式では J_c と B によって決まる．このように，入力と出力の橋渡しをする

$$\frac{1}{Ms^2 + c_v s} \tag{3.19}$$

$$\frac{1}{J_c s + B} \tag{3.20}$$

を **伝達関数** と呼ぶ．すなわち，伝達関数とは，動的システムの特性において，すべての初期値を 0 とした特性の別表現であるといえる．ここで，(2.11) 式は 2 階微分方程式であるので (3.19) 式の分母は s に関して 2 次多項式，(2.24) 式は 1 階微分方程式であるので (3.20) 式の分母は s に関して 1 次多項

式となることは，(3.14) 式より時間変数 $x(t)$ を n 回微分したもののラプラス変換が $s^n X(s)$ となることからも類推できるであろう．制御対象の伝達関数の分母が s に関して 1 次多項式となる場合，その対象を **1 次遅れ系**（first order system），2 次多項式となる場合，その対象を **2 次遅れ系**（second order system）と呼ぶ [2]．また，「入力から出力までの伝達関数は…」という表現を使うことが多い．

⚙ 3.3　伝達関数とブロック線図

3.3.1　基本概念

本節では，なぜ微分方程式を伝達関数の形に変換するのかについて示す．2.3 節の最後で述べたように，動的システムの入力から出力までの特性が複数個の微分方程式によって表される場合，その特性をすぐに理解することは難しい．しかし，伝達関数を用いることで，その特性が理解しやすくなる．

2.3 節に示した直流モータの特性より伝達関数の利点を説明しよう．直流モータの特性はつぎの式で表された（➠ 23 ～ 24 ページ）．

$$L_a \frac{\mathrm{d}i_a(t)}{\mathrm{d}t} + R_a\, i_a(t) = v_a(t) - v_b(t), \quad v_b(t) = K_b\, \omega(t)$$

$$\omega(t) = \frac{\mathrm{d}\theta(t)}{\mathrm{d}t}, \quad \tau(t) = K_\tau\, i_a(t), \quad J_c \frac{\mathrm{d}\omega(t)}{\mathrm{d}t} + B\omega(t) = \tau(t)$$

これらの両辺をすべての初期値を 0 としてそれぞれラプラス変換すると，つぎで表される．

$$I_a(s) = \frac{1}{L_a s + R_a}\, (V_a(s) - V_b(s)) \tag{3.21}$$

$$V_b(s) = K_b\, \omega(s) \tag{3.22}$$

$$\omega(s) = s\theta(s) \tag{3.23}$$

$$\tau(s) = K_\tau I_a(s) \tag{3.24}$$

$$\omega(s) = \frac{1}{J_c s + B}\, \tau(s) \tag{3.25}$$

直流モータの特性において，変数同士の関係が微分方程式で表される場合は

---

[2]　出力が n 階の微分方程式にしたがって入力より遅れて現れる現象を「n 次遅れ」と呼び，この要素を「n 次遅れ系」と呼ぶ．

(3.21), (3.25) 式のとおり伝達関数は分母が s の多項式の形となる．また，(3.22), (3.24) 式は右辺の $\omega(s)$, $I_a(s)$ がそれぞれ左辺の $V_b(s)$, $\tau(s)$ と比例関係であることを，(3.23) 式は $\theta(s)$ を微分したものが $\omega(s)$ であることを意味している．このとき，K_b, K_τ, s もそれぞれ伝達関数である．

ここで，(3.24) 式の $I_a(s)$ に (3.21) 式を代入し，さらに (3.24) 式の $\tau(s)$ を (3.25) 式に代入すると，

$$\omega(s) = \frac{1}{J_c s + B} K_\tau \frac{1}{L_a s + R_a} \left(V_a(s) - V_b(s) \right) \tag{3.26}$$

となることがわかる．これより，モータへの入力である変数 $v_a(t)$ と出力である変数 $\omega(t)$ の関係が 2 つの微分方程式 (2.20), (2.24) 式を介しているのに対し，(3.26) 式ではラプラス変換を介しているものの 1 つの等式（代数方程式）で表せていることに注意しよう．

しかしながら，これでもまだ入力と出力の関係はつかみにくい．そこで，(3.21), (3.22), (3.24), (3.25) 式の関係をブロック線図 (block diagram) と呼ばれる図で表すことを考える．ブロック線図とは (3.21) 式から (3.25) 式のように時間変数同士の関係（比例関係や微分方程式で表現）をラプラス変換した後に，各変数間の関係をブロックと矢印で書き表したものである．(3.25) 式のブロック線図は図 3.1 のように描ける．また，比例関係もそのまま表すことができ，たとえば (3.22) 式は図 3.2 のように描ける．

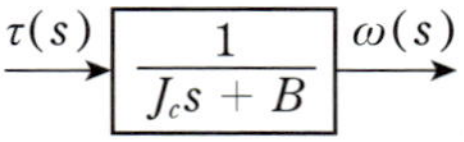

図 3.1　(3.25) 式のブロック線図表現

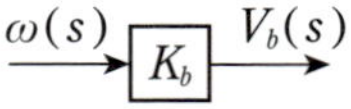

図 3.2　(3.22) 式のブロック線図表現

ブロックに入る矢印を表す変数を入力，ブロックから出る矢印を表す変数を出力とみなせば，数式の説明とブロック線図の対応づけがわかる．これは比例関係の場合にも同様に成り立つ．また，これらのブロック線図の表現の根本に立ち返ってみると，図 3.1, 3.2 の入力はそれぞれトルク，回転角速度であり，出力はそれぞれ回転角速度，電圧である．このようにブロック線図で表した場合，入出力の単位はバラバラであるが，図としては同一の表現が可能となる．そこで，ブロック線図における矢印を一般に，ブロックへの入力信号 (input signal)，出力信号 (output signal) と呼ぶことが多い．

ブロック線図の基本要素について説明する．図 3.1, 3.2 のように要素が入

力，出力とブロックによって構成されるものを一般に図3.3と表す．

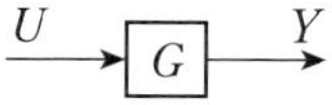

$$U \longrightarrow \boxed{G} \longrightarrow Y$$

図3.3　ブロック線図の基本要素

ここで，図3.3の要素は数式では，

$$Y = GU \tag{3.27}$$

と表される．また，ブロックの中身 G を $G(s)$ と書くこともある．

3.3.2　ブロック線図の結合と変換

本節では，複数のブロックや矢印の結合，位置変更，それに伴う等価なブロック線図への変換について説明する．

矢印の足し合わせについて，図3.4の状況を考える．図3.4の場合，各変数はつぎの数式で表される．

$$Y = U \pm W \tag{3.28}$$

図3.4に示したように，足し合わせについては必ず「白丸」で表し，「足す」のか「引く」のかを演算記号で表すことに注意する．

矢印の引き出しについて，図3.5の状況を考える．図3.5の場合，各変数はつぎの数式で表される．

$$Y = U,\ Z = U \text{すなわち} Y = Z = U \tag{3.29}$$

図3.5に示したように，引き出しについては必ず「黒丸」で表す．

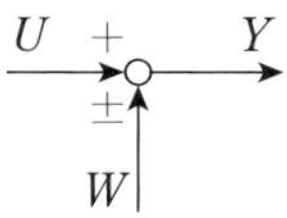

図3.4　ブロック線図の基本要素：足し合わせ 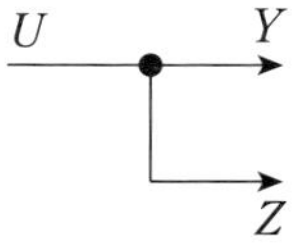　　図3.5　ブロック線図の基本要素：引き出し

ブロック線図の合成について考えてみよう．2つのブロックが直列につながっている図3.6の状況を考える．図3.6の要素は数式では，

$$Y_1 = G_1 U,\ Y_2 = G_2 Y_1 \tag{3.30}$$

と表されるので，U と Y_2 との関係式を求めると，

$$Y_2 = G_2 G_1 U \tag{3.31}$$

となることがわかる．したがって，要素 G_1 と G_2 が直列につながっているブロックは図 3.7 のように表すことができる．

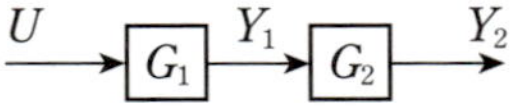

図 3.6　ブロック線図：直列結合

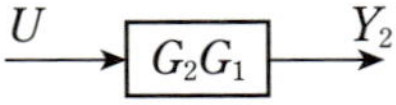

図 3.7　ブロック線図の変換：直列結合の変換

2 つのブロックが並列につながっている図 3.8 の状況を考える．図 3.8 の要素は数式では，

$$Y_1 = G_1 U,\ \ Y_2 = G_2 U,\ \ Y = Y_1 \pm Y_2 \tag{3.32}$$

と表されるので，U と Y との関係式を求めると，

$$Y = G_1 U \pm G_2 U \tag{3.33}$$

となることがわかる．したがって，要素 G_1 と G_2 が並列につながっているブロックは図 3.9 のように表すことができる．

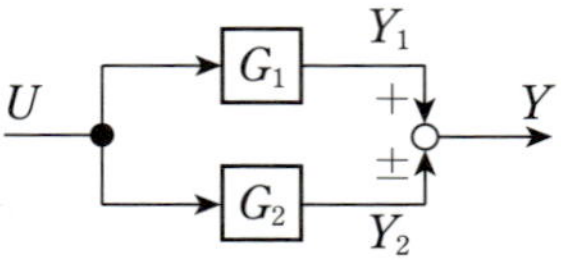

図 3.8　ブロック線図：並列結合

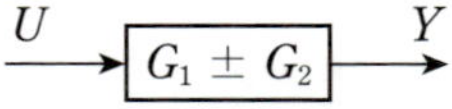

図 3.9　ブロック線図の変換：並列結合の変換

2 つのブロックが図 3.10 のようにつながっている状況を考える．この接続の状況を**フィードバック結合**（feedback connection）と呼ぶ．ここでは，図 3.10 (a) の状況を考えよう．この状況は数式ではつぎで表される．

$$Y_1 = G_1(U - Y_2),\ \ Y_2 = G_2 Y_1 \tag{3.34}$$

そこで，U と Y_1 との関係式を求めると，

ネガティブフィードバック　　ポジティブフィードバック $\frac{G_1 U}{1 - G_1 G_2}$

$$Y_1 = \frac{G_1}{1 + G_1 G_2} U \tag{3.35}$$

となる．したがって，図 3.10 (a) は図 3.11 のように表すことができる．

ここで，図 3.10 の足し合わせ点において，マイナス（−）とした場合（図 3.10 (a)）を**ネガティブフィードバック**（negative feedback），プラス（＋）とした場合（図 3.10 (b)）を**ポジティブフィードバック**（positive feedback）と呼ぶ．また，図 3.10 (a) のような複数のブロックや矢印の結合をまとめ，図 3.11 のように 1 つのブロックに対する入力と出力の形式に変換することが多い．たとえば，図 3.10 (a) のシステムにおいて，入力 U から出力 Y_1 までの伝達関数は，ブロック線図の変換により $\dfrac{G_1}{1 + G_1 G_2}$ と求めることができる．

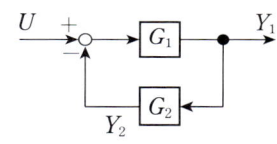
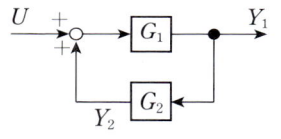

(a) ネガティブフィードバック   (b) ポジティブフィードバック

図 3.10 ブロック線図：フィードバック結合

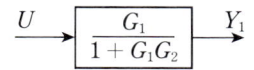

図 3.11 ブロック線図の変換：フィードバック結合の変換（ネガティブフィードバック）

例 3.1

図 3.12 のブロック線図で表されたシステムにおいて，U から Y までの伝達関数を求めよう [3]．図 3.12 において，G_2 と G_3 は直列結合であり，図 3.10 (a) と対応づけると Y からのフィードバック信号におけるブロックは 1 であると考えてよいので，図 3.12 は図 3.13 に変換できる．さらに，図 3.13 の G_1 と $\dfrac{G_3 G_2}{1 + G_3 G_2}$ のブロックは直列結合であるので，図 3.12 は最終的に図 3.14 となる．よって，U から Y までの伝達関数は $\dfrac{G_3 G_2 G_1}{1 + G_3 G_2}$ となる．

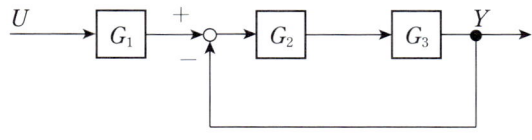

図 3.12 フィードバック結合しているシステムの例

---

3) このシステムは「2 自由度制御系」と呼ばれる制御系の構成の 1 つである．詳細は本書の範囲を超えるので，たとえば参考文献 [1], [2], [7] などを参照のこと．

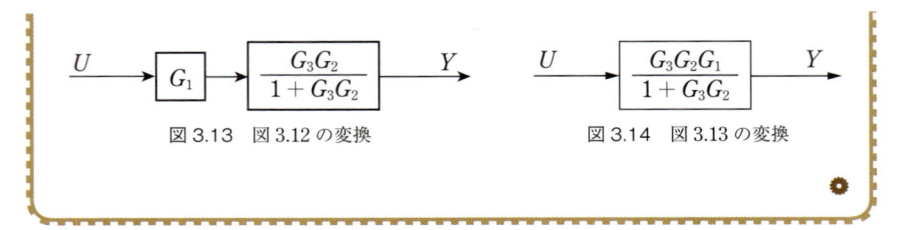

図 3.13　図 3.12 の変換

図 3.14　図 3.13 の変換

　ブロック線図の結合，矢印の位置変更など複雑なブロック線図を変換するための代表的な例を図 3.15 に示す．

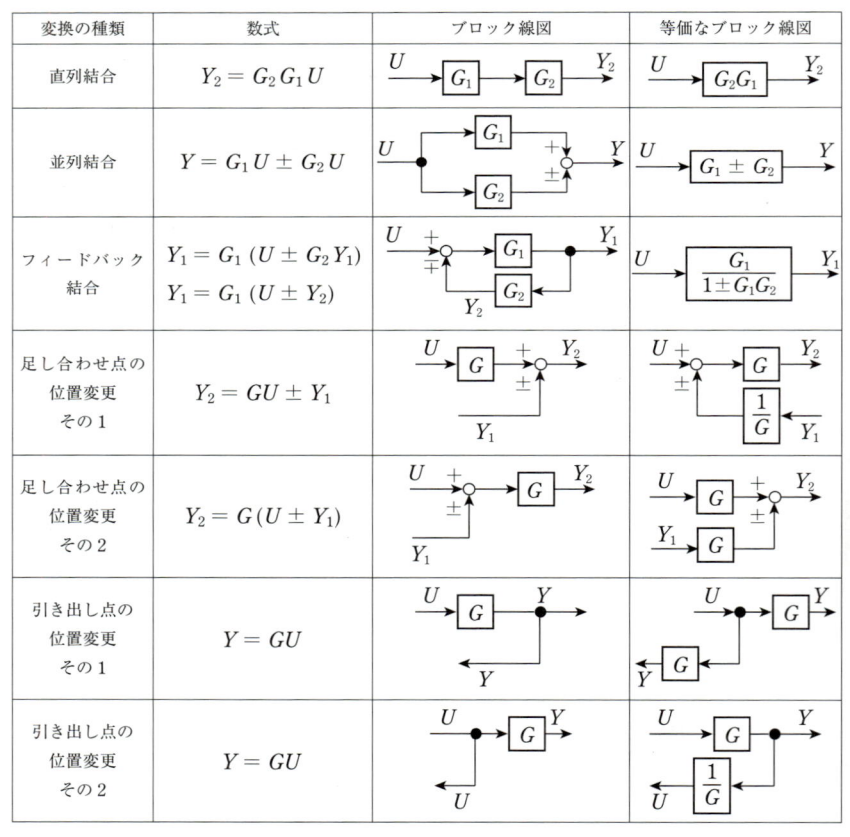

変換の種類	数式	ブロック線図	等価なブロック線図
直列結合	$Y_2 = G_2 G_1 U$		
並列結合	$Y = G_1 U \pm G_2 U$		
フィードバック結合	$Y_1 = G_1 (U \pm G_2 Y_1)$ $Y_1 = G_1 (U \pm Y_2)$		
足し合わせ点の位置変更 その 1	$Y_2 = GU \pm Y_1$		
足し合わせ点の位置変更 その 2	$Y_2 = G (U \pm Y_1)$		
引き出し点の位置変更 その 1	$Y = GU$		
引き出し点の位置変更 その 2	$Y = GU$		

図 3.15　ブロック線図の代表的な変換

3.3.3 ブロック線図の扱いの具体例

具体的な例を通じてブロック線図の扱い方（考え方）を身につけよう．まず，システムの微分方程式（運動方程式）をブロック線図で表すことから考える．

2.2節に示した平面上の物体の直線運動の式は

$$M\ddot{x}(t) = f(t) \Rightarrow Ms^2 X(s) = F(s) \Rightarrow s^2 X(s) = \frac{1}{M} F(s) \qquad (3.36)$$

で表された（ラプラス変換において，すべての初期値を0としている）．ここで，(3.36) 式の一番右の数式を図示すると図3.16(a) のブロック線図となる．ラプラス変換において，変数 s は独立変数として扱えることに注意すると，図3.16(a) は (b)，そして (c) のブロック線図で表すことができる．

図3.16 (c) のブロック線図において，$\frac{1}{M}$ のブロック以降に注目すると図3.17 となる．図3.17 より，変数を積分する（すなわち，$\frac{1}{s}$ をかける）ことで，加速度 ($s^2 X(s)$) が速度 ($sX(s)$)，さらに位置 ($X(s)$) に変換されることがわかる．図3.16 (c) のブロック線図を変換すると，入力を $F(s)$，出力を $X(s)$ とする伝達関数は $\frac{1}{Ms^2}$ となることがわかる．

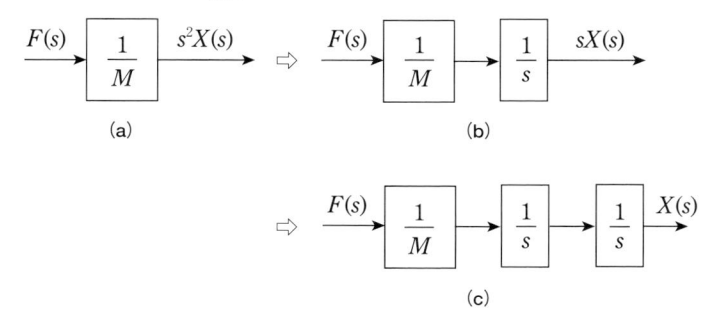

図3.16　微分方程式からブロック線図へ

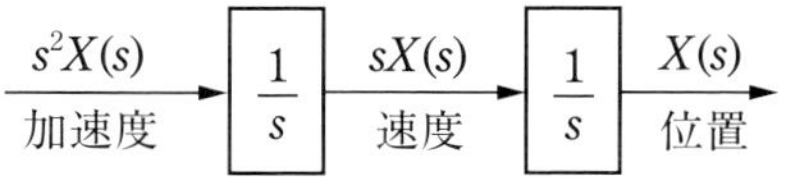

図3.17　変数間の関係

また例2.1 で考えた物体と床面との粘性摩擦力を考慮した場合の運動方程式は

$$M\ddot{x}(t) + c_v \dot{x}(t) = f(t) \Rightarrow X(s) = \frac{1}{Ms^2} (F(s) - c_v sX(s)) \qquad (3.37)$$

で表された（ラプラス変換においては，すべての初期値を 0 としている）．ここで，ブロック線図で表すと図 3.18 (a) となる．図 3.18 (a) のブロック線図に対して，図 3.10 (a) のネガティブフィードバックのフィードバック結合の変換をすると，図 3.18 (b) のブロック線図となる．これより，入力を $F(s)$，出力を $X(s)$ とする伝達関数は $\dfrac{1}{Ms^2 + c_v s}$ となることがわかる．

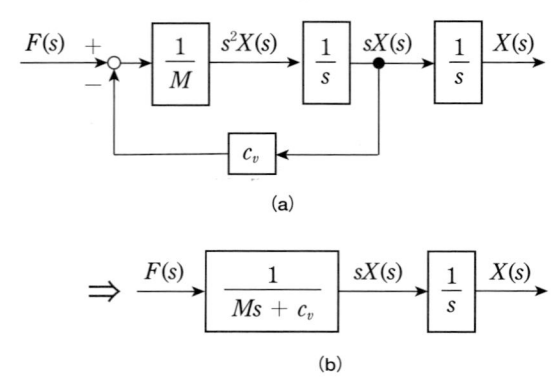

(a)

(b)

図 3.18　(3.37) 式のブロック線図

　これまでに示したとおり，システムの特性を表す微分方程式（運動方程式）からブロック線図を描き，変換することにより伝達関数を求めることもできる．しかし，システムの特性が複数の微分方程式により表される場合は，あらかじめ微分方程式をラプラス変換してある程度変数をまとめ，システムの入力と出力の関係をブロック線図で表すことが多い．

　それでは，(3.26) 式をブロック線図で表そう．式の導出と同様に，(3.21)式 ⇨ (3.24) 式 ⇨ (3.25) 式と順番に変数（信号）を対応づけてブロック線図で表すと図 3.19 となる．

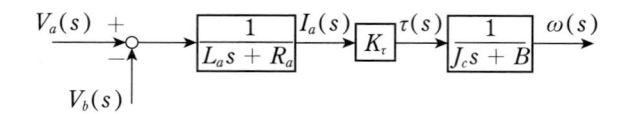

図 3.19　(3.26) 式のブロック線図

ここで，

$$V_b(s) = K_b \omega(s)$$

の関係に注意すると（➡ (3.22) 式），図 3.19 は図 3.20 (a) の構成となる．では，図 3.20 (a) の構成から図 3.20 (c) の構成までたどることにより，$V_a(s)$ と $\omega(s)$ の関係を求めよう．

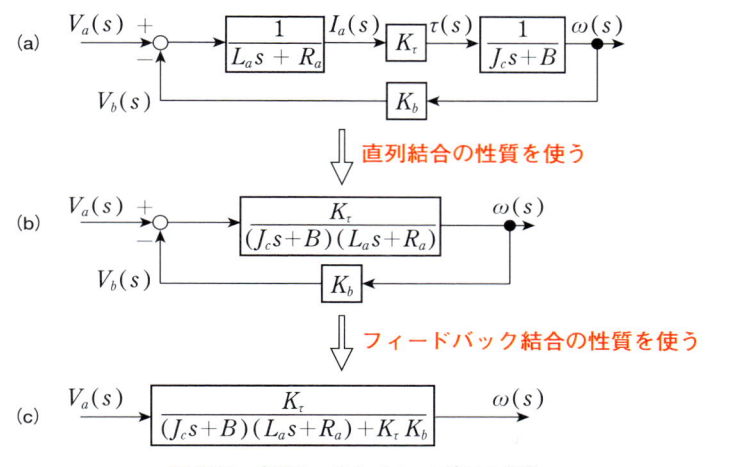

図 3.20　直流モータのブロック線図の変換

(1)　ブロック線図の直列結合の性質を使うと，図 3.20 (a) は図 3.20 (b) の構成となる．

(2)　ブロック線図のフィードバック結合の性質を使うと，図 3.20 (b) の構成は図 3.20 (c) の構成となる．

したがって，モータへの入力 $V_a(s)$ と出力 $\omega(s)$ との関係はつぎの数式で表されることがわかる．

$$\omega(s) = \frac{K_\tau}{(J_c s + B)(L_a s + R_a) + K_\tau K_b} V_a(s) \tag{3.38}$$

(3.38) 式より，モータの入力 $V_a(s)$ から出力 $\omega(s)$ までの伝達関数は

$$\frac{K_\tau}{(J_c s + B)(L_a s + R_a) + K_\tau K_b}$$

となり，2 次遅れ系となっていることがわかる．

さらに，モータの出力を回転角 $\theta(s)$ とした場合，(3.23) 式の関係からブロック線図は図 3.21 となる．図 3.21 より，モータの入力 $V_a(s)$ から出力 $\theta(s)$ までの伝達関数は 3 次遅れ系となっていることがわかる．

以上より，入力と出力の変数が複数個の微分方程式によって表される動的

システムの数学モデルも，微分方程式をラプラス変換し，ブロック線図の変換などにより入力から出力までの特性が簡単に得られることがわかった．

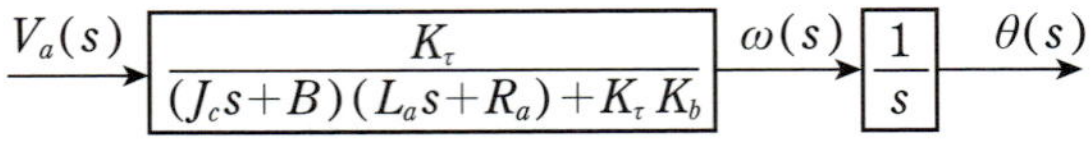

$$V_a(s) \longrightarrow \boxed{\frac{K_\tau}{(J_c s + B)(L_a s + R_a) + K_\tau K_b}} \xrightarrow{\omega(s)} \boxed{\frac{1}{s}} \xrightarrow{\theta(s)}$$

図 3.21　出力を回転角 θ とした場合のブロック線図

⚙ 3.4　システムのアナロジー

機械系のモデルでの直線運動に関する (2.4) 式と回転運動に関する (2.6) 式はともに 2 階微分方程式であり，すべての初期値を 0 とおいてラプラス変換すると，

$$X(s) = \frac{1}{Ms^2} F(s) \tag{3.39}$$

$$\theta(s) = \frac{1}{Js^2} \tau(s) \tag{3.40}$$

となる．ここで，伝達関数の分母はともに s に関する 2 次多項式であり，係数が違うだけである．

また，電機子回路内を流れる電流 $i_a(t)$ に関する (2.20) 式（電気系のモデル）と電機子コイルの回転角速度 $\omega(t)$ に関する (2.24) 式（機械系のモデル）はともに 1 階微分方程式であり，すべての初期値を 0 とおいてラプラス変換すると，

$$I_a(s) = \frac{1}{L_a s + R_a} (V_a(s) - V_b(s)) \tag{3.41}$$

$$\omega(s) = \frac{1}{J_c s + B} \tau(s) \tag{3.42}$$

となる．ここで，伝達関数の分母はともに s に関する 1 次多項式であり，係数が違うだけである [4]．

いま，(3.41)，(3.42) 式において，入力はそれぞれ $V_a(s) - V_b(s)$，$\tau(s)$ であり，出力はそれぞれ $I_a(s)$，$\omega(s)$ である．そこで入力を $U(s)$，出力を $Y(s)$ とおき，伝達関数部分の各係数を適切に置き換えれば，(3.41)，(3.42)

---

[4]　(3.41) 式では入力が $V_a(s) - V_b(s)$ と 2 つの変数の差であるが，システムの入力としては 1 つの変数が入力されることと同じである．

式はいずれもつぎで表される.

$$Y(s) = \frac{K}{Ts + 1} U(s) \tag{3.43}$$

同様に, (3.39), (3.40) 式はいずれもつぎで表される.

$$Y(s) = \frac{1}{Ts^2} U(s) \tag{3.44}$$

(3.43), (3.44) 式より, **機械系のモデルでも電気系のモデルでも微分方程式が同じ形式であれば, 伝達関数は同じ形式となる**ことがわかる. **このような性質を, 機械系と電気系の類似 (アナロジー:analogy) という.** もとのモデルの違いは係数 T と K の値が違うのみで, 伝達関数の形は同じになる. したがって, モデルの違いによらず一般形 (たとえば (3.43) 式) でシステムの特性を理解しておけば, 類似したモデルであれば一般形で得られた知識が使える. システムのモデル化の流れを図 3.22 に示す.

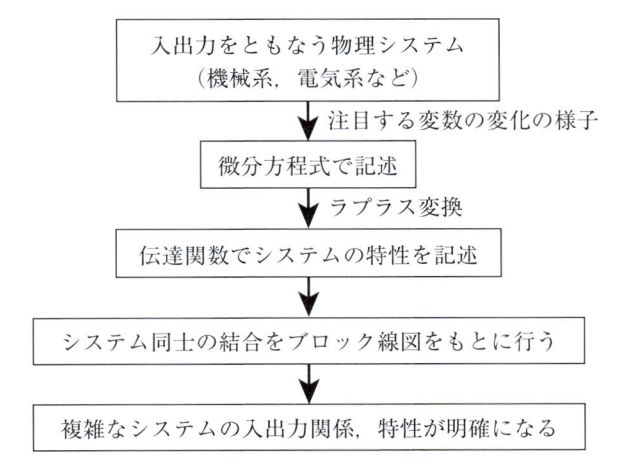

図 3.22　システムのモデル化の流れ

制御工学の適用範囲は工学全般に渡るため, アナロジーの性質は非常に重要である. いいかえると, 機械系の制御, 電気電子系の制御ではなく, 一般形としての制御工学があり, **その中身を理解しておけばどのような種類のシ**

1 次遅れ系の一般形の伝達関数

RL 回路の数学モデル：(2.16)式
$$L\frac{\mathrm{d}i(t)}{\mathrm{d}t} + Ri(t) = v_{\mathrm{in}}(t)$$
$v_{\mathrm{in}}(t)$：入力　$i(t)$：出力

電機子コイルの数学モデル：(2.24)式
$$J_c\frac{\mathrm{d}\omega(t)}{\mathrm{d}t} + B\omega(t) = \tau(t)$$
$\tau(t)$：入力　$\omega(t)$：出力

⇩ ラプラス変換

⇩ ラプラス変換

$$I(s) = \frac{1}{Ls+R} V_{\mathrm{in}}(s)$$
伝達関数

$$\omega(s) = \frac{1}{J_c s+B} \tau(s)$$
伝達関数

$$T = \frac{L}{R}$$
$$K = \frac{1}{R}$$

1 次遅れ系の一般形
$$Y(s) = \frac{K}{Ts+1} U(s)$$

$$T = \frac{J_c}{B}$$
$$K = \frac{1}{B}$$

(Point) 物理システムの違いは T, K の値の違いに現れる

システムのアナロジー

機械系（直線運動と回転運動），電気系，熱系のアナロジーを表 3.1 にまとめる．

1 次遅れ系の一般形の伝達関数での比較からもわかるとおり，粘性摩擦係数 B と抵抗 R はシステムの中で同じ働きをしていることがわかる．したがって，特定のシステムを意識せずに，一般形で解析をしておけば，対応づけだけでどのシステムにもその考え方が適用できる．

表 3.1　システムのアナロジー

機械系（直線運動）	機械系（回転運動）	電気系	熱系
力 f [N]	トルク τ [N·m]	電圧 v [V]	温度 θ [K]
位置 x [m]	回転角 θ [rad]	電荷 q [C]	熱量 Q [J]
速度 v [m/s]	回転角速度 ω [rad/s]	電流 i [A]	熱流量 q [J/s]
質量 M [kg]	慣性モーメント J [kg·m²]	インダクタンス L [H]	——
粘性減衰係数 D [N·s/m]	粘性摩擦係数 B [N·m·s/rad]	抵抗 R [Ω]	熱抵抗 R [K·s/J]
ばね定数 K [N/m]	ばね定数 K [N·m/rad]	静電容量 C [F]	熱容量 C [J/K]

ステムでも関係なく，制御工学の知識が適用可能である．

　以後，本書では特別な例をのぞいて具体的な物理システムの例を使って制御工学の説明が行われることはない．しかしながら，さまざまな物理システムは適切な置き換えにより一般形に置き換えることができることを思い出してほしい．

⚙ 3.5　ラプラス変換

　3.1 節で示したラプラス変換について，その定義とともに追加の説明を行う．

3.5.1　ラプラス変換の定義式

　時間 $t \geq 0$ で定義された実数値関数 $f(t)$ においてつぎの積分を考える．

$$\int_0^\infty f(t)\,\mathrm{e}^{-st}\,\mathrm{d}t \tag{3.45}$$

ここで，s は複素数とする．この積分値を $f(t)$ のラプラス変換

$$F(s) = \mathcal{L}[f(t)] = \int_0^\infty f(t)\,\mathrm{e}^{-st}\,\mathrm{d}t \tag{3.46}$$

と定義する[5]．要するに，「時間 t で変化する関数 $f(t)$ を複素数 s で変化する関数 $F(s)$ に変換する」ということである．(3.46) 式は通常

$$F(s) = \mathcal{L}[f(t)] \tag{3.47}$$

と略記する．ラプラス変換後の関数の記号は大文字を使うことが多いが，特に誤解のない場合やギリシャ文字の場合は小文字のまま表すことがある．

3.5.2　ラプラス変換の性質

　つぎの基本的な性質が重要となる（微分の記号が混在しているので注意すること）[6]．

LT1　線形性：29 ページの (3.4) 式を参照．

LT2　t 領域での微分：

$$\mathcal{L}[f'(t)] = sF(s) - f(0) \tag{3.48}$$

5）「積分値がある s について収束するとき」ラプラス変換が定義できるが，通常はあまり気にしなくてよい．

6）4 ページの「微分の記号」を参照．

$$\mathcal{L}[f^{(n)}(t)] = s^n F(s) - s^{n-1}f(0) - s^{n-2}\dot{f}(0) - \cdots - f^{(n-1)}(0) \tag{3.49}$$

ここで，$\dot{f}(t)$ と $f^{(n)}(t)$ はそれぞれ $f(t)$ の 1 階微分および n 階微分を表す．

LT3 t 領域での積分：

$$\mathcal{L}\left[\int_0^t f(\tau)\,\mathrm{d}\tau\right] = \frac{1}{s}F(s) \tag{3.50}$$

LT4 s 領域での推移：

$$\mathcal{L}[\mathrm{e}^{at}f(t)] = F(s - a) \tag{3.51}$$

LT5 t 領域での推移：

$$\mathcal{L}[f(t - a)] = \mathrm{e}^{-as}F(s),\ ただし，\ f(t - a) = 0\,(0 < t < a) \tag{3.52}$$

LT6 最終値定理（final value theorem）：

$$\lim_{t \to \infty} f(t) = \lim_{s \to 0} sF(s) \tag{3.53}$$

LT6 は $sF(s)$ が安定（「分母多項式」＝ 0 とする方程式の根の実部が負となること．詳しくは 7.2 節）の場合にのみ成り立つことに注意する．

LT7 合成積（convolution）：

$$\mathcal{L}\left[\int_0^t f(t - \tau)\,g(\tau)\,\mathrm{d}\tau\right] = F(s)\,G(s) \tag{3.54}$$

ラプラス変換の効用については 3.1 節以降で述べたとおりである．つぎに，いくつかの性質について証明を行う．

LT2 の証明

以下の部分積分の性質を使う [7]．

$$\int_a^b f'(x)\,g(x)\,\mathrm{d}x = [f(x)\,g(x)]_a^b - \int_a^b f(x)\,g'(x)\,\mathrm{d}x \tag{3.55}$$

$$\mathcal{L}[f'(t)] = \int_0^\infty f'(t)\,\mathrm{e}^{-st}\,\mathrm{d}t = [f(t)\,\mathrm{e}^{-st}]_0^\infty + \int_0^\infty f(t)\,s\mathrm{e}^{-st}\,\mathrm{d}t$$

$$= f(\infty)\,\mathrm{e}^{-s \times \infty} - f(0)\,\mathrm{e}^{-s \times 0} + s\int_0^\infty f(t)\,\mathrm{e}^{-st}\,\mathrm{d}t$$

$$= -f(0) + sF(s) \tag{3.56}$$

---

[7] 部分積分の式は積の導関数 $\{f(x)g(x)\}' = f'(x)g(x) + f(x)g'(x)$ から得られる．

ここで，(3.56) 式の第 1 式から第 2 式において部分積分の性質を使った.
た第 2 式から第 3 式は定積分の計算と，s は積分変数 t と無関係なので積分の
外に出した．第 3 式から第 4 式は $\mathrm{e}^{-s \times \infty} \to 0$（➡ 6 ページ）となること，$\mathrm{e}^0$
＝ 1 となることを利用した．また，第 3 式の最後の積分式はラプラス変換の
定義式 (3.46) 式そのものである.

LT3 の証明

$h(t) = \displaystyle\int_0^t f(\tau)\,\mathrm{d}\tau$ とおく．両辺を微分すると $\dot{h}(t) = f(t)$ となり，また $h(0)$
＝ 0 となる．$\dot{h}(t)$ をラプラス変換すると，つぎの 2 つが考えられる.

$$\mathcal{L}[\dot{h}(t)] = sH(s) - h(0) = sH(s) \tag{3.57}$$

$$\mathcal{L}[\dot{h}(t)] = \mathcal{L}[f(t)] = F(s) \tag{3.58}$$

ここからさきの導出は演習問題 (6) とする.

その他の性質も積分と指数関数の性質を使って証明できる（➡参考文献 [2]）.

3.5.3 基本的な関数のラプラス変換

制御工学を学ぶうえで頻出する関数のラプラス変換を表 3.2 に示す．いく
つか重要な関数のラプラス変換を導出してみよう.

デルタ関数（delta function）$\delta(t)$ は講義 04 のインパルス応答で用いる関
数で，

$$\int_{-\infty}^{\infty} \delta(t)\,\mathrm{d}t = 1, \quad \delta(t) = 0 \ (t \neq 0) \tag{3.59}$$

かつ任意の連続関数 $g(t)$ に対してつぎが成り立つものである（➡図 4.2 の右

表 3.2　基本的な関数のラプラス変換表

$f(t)$	$\mathcal{L}[f(t)] = F(s)$	$f(t)$	$\mathcal{L}[f(t)] = F(s)$
$\delta(t)$	1	$\sin \omega t$	$\dfrac{\omega}{s^2 + \omega^2}$
$u_s(t) = 1$	$\dfrac{1}{s}$	$\cos \omega t$	$\dfrac{s}{s^2 + \omega^2}$
$u_l(t) = t$	$\dfrac{1}{s^2}$	$\mathrm{e}^{-at} \sin \omega t$	$\dfrac{\omega}{(s + a)^2 + \omega^2}$
e^{-at}	$\dfrac{1}{s + a}$	$\mathrm{e}^{-at} \cos \omega t$	$\dfrac{s + a}{(s + a)^2 + \omega^2}$
te^{-at}	$\dfrac{1}{(s + a)^2}$	$\dfrac{t^n}{n!}$	$\dfrac{1}{s^{n+1}}$

端が $\delta(t)$ の概形).

$$\int_{-\infty}^{\infty} g(t)\,\delta(t)\,\mathrm{d}t = g(0) \tag{3.60}$$

よって，$g(t) = \mathrm{e}^{-st}$ とおけば，定義式 (3.46) 式よりつぎで表される．

$$\mathcal{L}[\delta(t)] = \int_0^{\infty} \delta(t)\,\mathrm{e}^{-st}\,\mathrm{d}t = \mathrm{e}^0 = 1 \tag{3.61}$$

単位ステップ関数（信号）（unit step function (signal)）$u_s(t) = 1$ は講義 04 のステップ応答で用いる関数で，つぎで表される．

$$u_s(t) = \begin{cases} 1 & (t \geq 0) \\ 0 & (t < 0) \end{cases} \tag{3.62}$$

$u_s(t)$ は $t \geq 0$ では値が 1 となる関数である（図 3.23）．そのラプラス変換は定義式 (3.46) 式よりつぎで表される．

$$\mathcal{L}[u_s(t)] = \int_0^{\infty} 1 \times \mathrm{e}^{-st}\,\mathrm{d}t = \int_0^{\infty} \mathrm{e}^{-st}\,\mathrm{d}t = \left[-\frac{1}{s}\,\mathrm{e}^{-st}\right]_0^{\infty} = \frac{1}{s} \tag{3.63}$$

単位ランプ関数（信号）（unit Ramp function (signal)）$u_l(t) = t$ も重要となる（図 3.24）．そのラプラス変換は定義式 (3.46) 式よりつぎで表される．

$$\begin{aligned}
\mathcal{L}[u_l(t)] = \mathcal{L}[t] &= \int_0^{\infty} t\mathrm{e}^{-st}\,\mathrm{d}t = \int_0^{\infty} t\left(-\frac{1}{s}\,\mathrm{e}^{-st}\right)'\mathrm{d}t \\
&= \left[-\frac{1}{s}\,t\mathrm{e}^{-st}\right]_0^{\infty} - \int_0^{\infty}\left(-\frac{1}{s}\,\mathrm{e}^{-st}\right)\mathrm{d}t = \int_0^{\infty}\left(\frac{1}{s}\,\mathrm{e}^{-st}\right)\mathrm{d}t \\
&= \left[-\frac{1}{s^2}\,\mathrm{e}^{-st}\right]_0^{\infty} = \frac{1}{s^2} \tag{3.64}
\end{aligned}$$

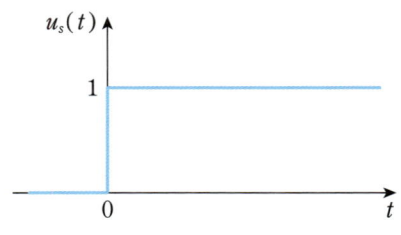

図 3.23 単位ステップ信号 $u_s(t)$ のグラフ

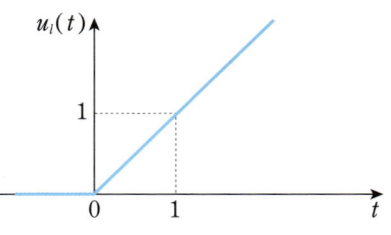

図 3.24 単位ランプ信号 $u_l(t)$ のグラフ

指数関数（exponential function）e^{-at} はおもに 1 次遅れ系の応答を求める際に用いる．指数関数の性質 $e^r \times e^s = e^{r+s}$ を使うことにより，そのラプラス変換は定義式 (3.46) 式を用いて計算できる（➡演習問題 (4)）.

　正弦関数（sine function）$\sin \omega t$ $(t \geq 0)$ のラプラス変換を求めてみよう．この場合，ラプラス変換は定義式 (3.46) 式の $f(t)$ に正弦関数を直接代入するのではなく，オイラーの公式

$$\begin{cases} e^{j\omega t} = \cos \omega t + j\sin \omega t \\ e^{-j\omega t} = \cos \omega t - j\sin \omega t \end{cases} \tag{3.65}$$

を使うと簡単に計算できる．ここで j は虚数単位とする[8]．(3.65) 式の両辺をそれぞれ引くとつぎが得られる．

$$e^{j\omega t} - e^{-j\omega t} = j2\sin \omega t \tag{3.66}$$

したがって，

$$\sin \omega t = \frac{e^{j\omega t} - e^{-j\omega t}}{j2} \tag{3.67}$$

となる．また，(3.65) 式の両辺をそれぞれ足すとつぎが得られる．

$$e^{j\omega t} + e^{-j\omega t} = 2\cos \omega t \tag{3.68}$$

したがって，

$$\cos \omega t = \frac{e^{j\omega t} + e^{-j\omega t}}{2} \tag{3.69}$$

となる．この関係を使うことにより正弦関数，**余弦関数**（cosine function）のラプラス変換を計算できる（➡演習問題 (5)）.

3.5.4　逆ラプラス変換

　時間 t を独立変数とする関数 $f(t)$ をラプラス変換し，$F(s)$ で考えると便利であることを説明した．しかし，現実の世界では時間 t に対しての変化を知りたいので，$F(s)$ を $f(t)$ に変換し直す必要がある．これを**逆ラプラス変換**と呼び，つぎで表される．

$$f(t) = \mathcal{L}^{-1}[F(s)] \tag{3.70}$$

具体的には講義 04 で説明するが，表 3.2 より簡単に求められる．

8）虚数や複素数については講義 11 の【補足】を参照.

制御工学を学ぶ上でのラプラス変換の位置付け

　本講の後半では $\sin \omega t$ などのラプラス変換が出てくるが，その計算が煩雑なことから「制御工学が理解できないのではないか？」と思ってしまうことがあるかもしれない．初学の段階では $\sin \omega t$ などのラプラス変換を，自らによって計算できる能力を身につけることと，どのような形に変換されるのかを理解することは重要である（専門的な内容を勉強するということは，難しいと感じることをやることも含んでいる）．

　しかし，ラプラス変換の計算をすることが制御工学の本質ではない．むしろ，微分方程式をラプラス変換して得られる伝達関数をもとに，システムの応答や特性を調べる方法を理解することが重要である．

　講義 04 以降では具体的なラプラス変換の計算はほぼ出てくることはなく，ラプラス変換表（47 ページ）を読み取れることが重要となる．よってラプラス変換の計算が苦手であるからといって，本書の内容が理解できないのではないか？という恐れは不要である．

【講義 03 のまとめ】

・ラプラス変換により微分方程式が変数 s に関する代数方程式になり，解きやすくなる．

・伝達関数とは動的（静的）システムの入力と出力の関係を表したものである．

・機械系や電気系のようにまったく異なるシステムでも，数学モデルとして同じ形の微分方程式で表されれば，数式として両者は類似（アナロジー）している．

・物理システムの特性の違いは伝達関数の係数（(3.43) 式の 1 次遅れ系では T と K）に現れるので，物理システムの違いを意識することなく一般形（例えば (3.43) 式の 1 次遅れ系）の性質を考えておけばよい．

演習問題

(1)　講義 02 の演習問題 (2) に示したマス−ばね−ダンパシステムにおいて，力 $f(t)$ を入力，位置 $x(t)$ を出力としたときの伝達関数を求めよ．

(2)　図 2.13 に示す RC 回路において，入力 $u(t) = v_{\text{in}}(t)$，出力 $y(t) = v_{\text{out}}(t)$ としたとき，入力から出力までの伝達関数を求めよ．また，出力

を $y(t) = i(t)$ とした場合の伝達関数を求めよ.

(3) 図 3.10 (a) のネガティブフィードバックにおいて，(3.35) 式が成り立つことを示せ．また，図 3.10 (b) のポジティブフィードバックの場合の U から Y_1 までの伝達関数を求めよ．

(4) $\mathcal{L}[\mathrm{e}^{-at}] = \dfrac{1}{s + a}$ となることを計算により確かめよ．

(5) $\mathcal{L}[\sin \omega t] = \dfrac{\omega}{s^2 + \omega^2}$，$\mathcal{L}[\cos \omega t] = \dfrac{s}{s^2 + \omega^2}$ となることを計算により確かめよ．

(6) (3.57)，(3.58) 式より **LT3** を証明せよ．

(7) 講義 02 の演習問題 (6) において，電熱器により加えられる熱 $q(t)$ を入力，液温 $\theta(t)$ を出力とした場合の伝達関数を求めよ．

(8) 講義 02 の演習問題 (7) において，振動計に加えられる振動の変位 $x(t)$ を入力，質量 M の物体と振動計の相対変位 $y(t)$ を出力とした場合の伝達関数を求めよ．

(9) 図 3.25 のブロック線図を変換し R から Y までを 1 つのブロックで表せ．

(10) 図 3.26 のブロック線図を変換し R から Y までを 1 つのブロックで表せ．

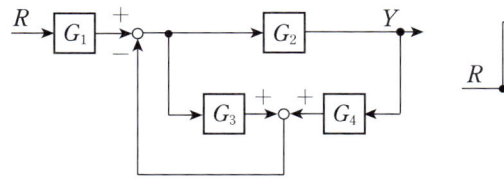
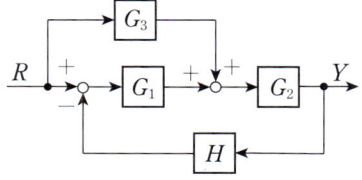

図 3.25　問題 (9) のブロック線図　　　　図 3.26　問題 (10) のブロック線図

(11) 講義 02 の演習問題 (10) において，モータのトルク $\tau_1(t)$ を入力，負荷の回転角速度 $\omega_2(t)$ を出力とする．まず，運動方程式をラプラス変換し，その結果をもとにブロック線図を描け．つぎに，ブロック線図の等価変換を用いて入力から出力までを 1 つのブロックで表せ．また，ラプラス変換した運動方程式をもとに，数式変形により入力から出力までの伝達関数を求めよ．

動的システムの応答

　動的システムである制御対象の出力（制御量）を思い通りの値にするためには，適切な入力をシステムに加える必要がある．そのためにはシステムの特性を知ることが重要となる．システムに試験信号と呼ばれる信号を入力したときの制御量を知ることで，制御対象の特性を知ることができる．本講では，システムの特性を調べるためにしばしば用いられるインパルス信号，ステップ信号に対する応答（それぞれ，インパルス応答，ステップ応答という）の意味やその計算法について述べる．

> **【講義 04 のポイント】**
> ・動的システムの応答とは何かを理解しよう．
> ・インパルス応答とその求め方を理解しよう．
> ・ステップ応答とその求め方を理解しよう．

⚙ 4.1　動的システムの応答とは

　本講以降において動的システムの**応答**（response）という言葉が頻出する．システムの応答とはシステムに何かしらの入力を加えた際に，入力の時間変化に応じたシステムの出力の変化の様子である．システムへの入力に対する応答がわかれば，何らかのシステムの特性がわかるはずである．システムの特性がよくわかれば，出力（制御量）を思い通りの値にするための入力（操作量）が決定しやすくなる[1]．

⚙ 4.2　インパルス応答とその計算法

　特性がよくわからないシステムを制御する場合，どの程度の大きさの入力を加えればシステムが動作するのかは不明である．たとえば，図 2.6 の物体

---

[1]　これは，相手のことをよりよく知れば，円滑なコミュニケーションをとることができる人間関係にも似ている．

に力を加えて動かすことを考えよう．物体の重さや物体と床面との摩擦がどの程度かまったく不明であれば，それを動かす適切な力がどの程度かはわからない．実際のシステムをハンマーで叩けば，対象に一瞬だけ入力を加えた場合の応答が得られる．このとき，実際のシステムは少しだけ動くであろうが，力が加わり続けなければシステムの動きは止まってしまう（図 4.1）[2].

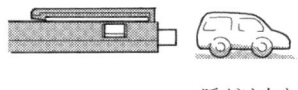

一瞬だけ力を与える→インパルス入力を与える

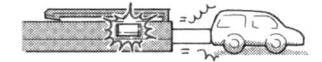

消しゴムの動きがインパルス応答

図 4.1　インパルス応答のイメージ

　一方，ハンマーで叩くことによりシステムが壊れる可能性もあるので，システムの数学モデルを用いて，システムに一瞬だけ入力を加えた場合の応答を計算することを考えよう．そのためには一瞬だけ発生する信号の具体的な数式表現が必要になる．

　いま，図 4.2 の左端の図を考えよう．信号 $u_r(t)$ は，高さ $h = \dfrac{1}{w}$ の大きさが $t = 0$ から時間幅 $w\,(> 0)$ だけ続き，$t = w$ 以後は 0 となる．このとき，$u_r(t)$ は (4.1) 式で表される．

$$u_r(t) = \begin{cases} h = \dfrac{1}{w} \ (0 \le t \le w) \\ 0 \qquad (t > w) \end{cases} \tag{4.1}$$

ここで，斜線部の面積 S が 1 となっていること，信号の高さ $h = \dfrac{1}{w}$ は信号の時間幅 w に反比例していることに注意しよう．(4.1) 式は，対象をハンマーで叩いた瞬間を $t = 0$ とし，時間 w だけハンマーが対象に一定の力 $u_r(t) = h = \dfrac{1}{w}$ で接触し，その後離れる（$u_r(t) = 0$）という状況を意味している．つぎに，信号の時間幅 w をどんどん小さくすることを考える．この様子は図 4.2

2）消しゴムをボールペンではじくことを考えてみよう．

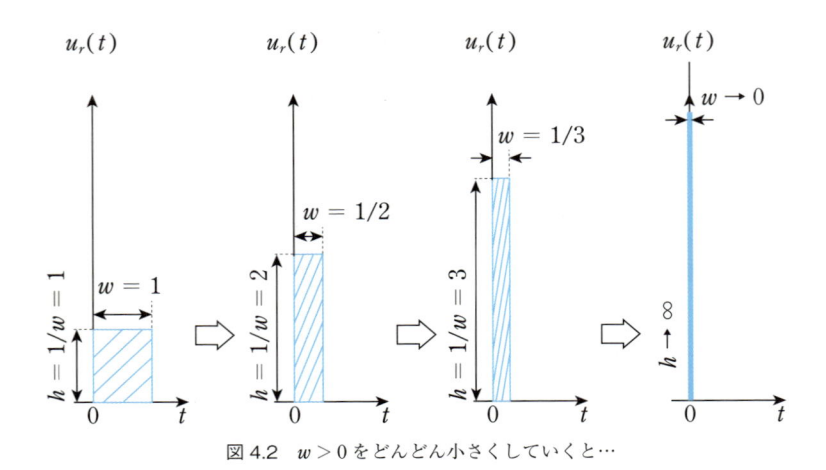

図 4.2　$w > 0$ をどんどん小さくしていくと…

に示すように，時間幅 w が小さくなるにしたがい信号の高さ $h = \dfrac{1}{w}$ は大きくなる．すなわち，信号 $u_r(t)$ は瞬間的に大きな値をとり，$w \to 0$ の極限では時間幅は 0，$h = \displaystyle\lim_{w \to 0} \dfrac{1}{w} = \infty$ となる．これが**インパルス信号** (impulse signal) である．インパルス信号は，47 ページで定義したデルタ関数 $\delta(t)$ であり，つぎで表される [3]．

$$\delta(t) = \begin{cases} \infty & (t = 0) \\ 0 & (t \neq 0) \end{cases} \tag{4.2}$$

47，48 ページでも示したように，デルタ関数 $\delta(t)$ にはつぎの性質がある．

$$\int_{-\infty}^{\infty} \delta(t)\,\mathrm{d}t = 1 \tag{4.3}$$

$$\int_{-\infty}^{\infty} g(t)\,\delta(t)\,\mathrm{d}t = g(0)，\ (g(t) \text{ は任意の連続関数}) \tag{4.4}$$

(4.4) 式の性質は，4.3 節のインパルス応答の計算で用いられる．

---

[3]　実際には無限大の入力を加えることはできないが，数式上ではこのように考えてよい．

✿ 4.3 インパルス応答：微分方程式から

(4.2) 式で得られたインパルス信号の数式表現を使い，微分方程式の入力信号の項（RL 回路では $v_{in}(t)$）に $\delta(t)$ を代入して，式を解くことによりインパルス応答（RL 回路では電流 $i(t)$ の応答）を求めよう．

(2.16) 式の RL 回路の特性を一般化したつぎの微分方程式を考える[4]．

$$\frac{\mathrm{d}y(t)}{\mathrm{d}t} + ay(t) = bu(t) \tag{4.5}$$

(4.5) 式における各変数，定数は，RL 回路では $u(t) = v_{in}(t)$，$y(t) = i(t)$，$a = \dfrac{R}{L}$，$b = \dfrac{1}{L}$ である．まず，$u(t)$ をインパルス信号と特定せずに (4.5) 式を解いてみる．(4.5) 式の両辺に，指数関数 e^{at} をかけると，つぎが得られる．

$$\mathrm{e}^{at}\frac{\mathrm{d}y(t)}{\mathrm{d}t} + \mathrm{e}^{at}ay(t) = \mathrm{e}^{at}bu(t) \tag{4.6}$$

ここで，指数関数の微分公式より $\dfrac{\mathrm{d}\mathrm{e}^{at}}{\mathrm{d}t} = a\mathrm{e}^{at} = \mathrm{e}^{at}a$ となることにも注意し，つぎの積の微分公式

$$\frac{\mathrm{d}}{\mathrm{d}t}(p(t)q(t)) = \dot{p}(t)q(t) + p(t)\dot{q}(t) = p(t)\dot{q}(t) + \dot{p}(t)q(t) \tag{4.7}$$

を (4.6) 式に使うことを考える．(4.7) 式で，$p(t) = \mathrm{e}^{at}$，$q(t) = y(t)$ とすると，(4.6) 式の左辺は，

$$\mathrm{e}^{at}\frac{\mathrm{d}y(t)}{\mathrm{d}t} + \mathrm{e}^{at}ay(t) = \underbrace{\mathrm{e}^{at}}_{p(t)}\underbrace{\frac{\mathrm{d}y(t)}{\mathrm{d}t}}_{\dot{q}(t)} + \underbrace{\frac{\mathrm{d}\mathrm{e}^{at}}{\mathrm{d}t}}_{\dot{p}(t)}\underbrace{y(t)}_{q(t)} = \frac{\mathrm{d}}{\mathrm{d}t}\underbrace{(\mathrm{e}^{at}y(t))}_{p(t)q(t)} \tag{4.8}$$

となるので，(4.6) 式はつぎとなる．

$$\frac{\mathrm{d}}{\mathrm{d}t}(\mathrm{e}^{at}y(t)) = \mathrm{e}^{at}bu(t) \tag{4.9}$$

(4.9) 式の両辺を区間 0 から t で積分すると，

$$\mathrm{e}^{at}y(t) = \int_0^t \mathrm{e}^{a\tau}bu(\tau)\,\mathrm{d}\tau + C \tag{4.10}$$

となる．ここで C は初期条件に対処するための積分定数である[5]．(4.10) 式

---

[4] (2.24) 式の回転運動の特性も同様となる．

の両辺に e^{-at} をかけると，解 $y(t)$ はつぎで表される．

$$y(t) = e^{-at} \left\{ \int_0^t e^{a\tau} bu(\tau)\,d\tau + C \right\} = \int_0^t e^{-a(t-\tau)} bu(\tau)\,d\tau + e^{-at} C$$

$$(4.11)$$

ここで得られた解 $y(t)$ の第 1 項は入力 $u(t)$ の影響を受ける応答であり，一般に**入力応答**（input response）と呼ばれる．いま，簡単のため初期条件（$t = 0$）で $y(0) = 0$ とすると $C = 0$ となり，入力 $u(t)$ に対する出力 $y(t)$ はつぎで表される．

$$y(t) = \int_0^t e^{-a(t-\tau)} bu(\tau)\,d\tau \qquad\qquad (4.12)$$

したがって，入力 $u(t)$ をインパルス信号 $\delta(t)$ としたときの応答は

$$y(t) = \int_0^t e^{-a(t-\tau)} b\delta(\tau)\,d\tau \qquad\qquad (4.13)$$

となることがわかる．ここで，先ほど示したデルタ関数の性質（(4.4) 式）を用いると，システム (4.5) 式のインパルス応答 $y(t)$ はつぎで表される．

$$y(t) = \int_0^t e^{-a(t-\tau)} b\delta(\tau)\,d\tau = e^{-a(t-0)} b = e^{-at} b = be^{-at} \qquad (4.14)$$

⚙ 4.4　インパルス応答：伝達関数から

つぎに，微分方程式ではなく，伝達関数を用いてインパルス応答を求めてみよう．4.3 節と同じ (4.5) 式の微分方程式で表されるシステムを考える．(2.24) 式を (3.16) 式のように表すことによって伝達関数を求めた方法（➡ 31 ～ 32 ページ）と同様にして，(4.5) 式の両辺を各時間変数の初期値をすべて 0 としてラプラス変換すると，つぎが得られる [6]．

$$(s + a)\,Y(s) = bU(s) \qquad\qquad (4.15)$$

ここで，$U(s)$ と $Y(s)$ は，それぞれ $u(t)$，$y(t)$ のラプラス変換（$U(s) =$

---

5)　右辺を積分する際，積分定数と積分区間の上端の記号（t）が一致することを避けるため，積分変数を t から τ に変更していることに注意する．

6)　(2.24) 式は回転運動を表す式であるが，各変数・定数を置き換えると (4.5) 式となる（システムのアナロジー）．

$\mathcal{L}[u(t)]$, $Y(s) = \mathcal{L}[y(t)]$) である. (4.15) 式より, $U(s)$ を入力信号, $Y(s)$ を出力信号としたとき, つぎの関係式が成り立つ.

$$Y(s) = G(s)\,U(s),\ G(s) = \frac{b}{s+a} \tag{4.16}$$

$G(s)$ はシステムの伝達関数である[7].

49 ページの (3.70) 式で示したとおり, 逆ラプラス変換によって独立変数 s の関数を時間変数 t の関数に戻すことができる. よって, (4.16) 式において出力の時間変数 $y(t)$ はつぎで表される.

$$y(t) = \mathcal{L}^{-1}[Y(s)] = \mathcal{L}^{-1}[G(s)\,U(s)] \tag{4.17}$$

(4.17) 式は,「システムの時間応答は,伝達関数 $G(s)$ と入力信号のラプラス変換 $U(s)$ の積を逆ラプラス変換することで求められる」ことを示している. また, $G(s)$ や入力信号 $U(s)$ を特定していないので, 1 次遅れ系のインパルス応答の計算以外でも成り立つことに注意する.

47 ページのラプラス変換表を用いると, インパルス信号のラプラス変換は, $U(s) = \mathcal{L}[\delta(t)] = 1$ となる. よって, (4.17) 式の $y(t)$ は,

$$y(t) = \mathcal{L}^{-1}[G(s)\,U(s)] = \mathcal{L}^{-1}\!\left[\frac{b}{s+a} \times 1\right]$$

$$= b\mathcal{L}^{-1}\!\left[\frac{1}{s+a}\right] = b\mathrm{e}^{-at} \tag{4.18}$$

となることがわかる. この結果は, 微分方程式により求めた結果 ((4.14) 式) と同じになり, しかも煩雑な積分計算を行う必要がない (個人の感覚の差もあるであろうが…). また, (4.18) 式より, インパルス応答を求めるときは伝達関数そのものを逆ラプラス変換すればよいことがわかる[8].

伝達関数は, 微分方程式をラプラス変換した後, 入力と出力の関係を表現しなおしたものである. したがって, システムのインパルス応答はいずれの表現から求めても同じ結果となる.

以上より, ラプラス変換表を使えば伝達関数を用いた方が簡単に応答が計

---

7) システムの出力のラプラス変換 $Y(s)$ は伝達関数とシステムへの入力のラプラス変換 $U(s)$ の積となる.

8) これは制御対象が 1 次遅れ系でない場合にも成り立つことに注意しよう.

算できることわかった．このように，システムの入力応答がラプラス変換を介して簡単に得られることも，システムの伝達関数表現の利点である．

⚙ 4.5　ステップ応答とは

システムの特性を調べるための試験信号として，インパルス信号のほかに，ステップ信号が知られている．ステップ信号とは，ある時刻で階段状にその値を一度だけ変え，そのあと一定値をとる信号である．制御工学では，特につぎで表される**単位ステップ信号**（unit step signal）が，試験信号としてよく用いられる．

$$u_s(t) = \begin{cases} 1 & (t \geq 0) \\ 0 & (t < 0) \end{cases} \tag{4.19}$$

(4.19) 式を図で表すと図 4.3 となる．単位ステップ信号を入力信号としたシステムの応答を**単位ステップ応答**（unit step response）と呼ぶ[9]．

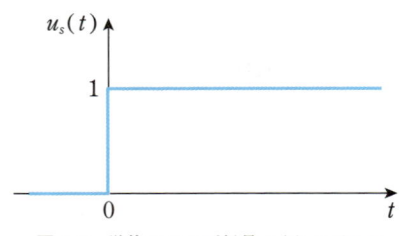

図 4.3　単位ステップ信号 $u_s(t)$ のグラフ

（単位）ステップ応答の物理的イメージはつぎのように説明できる．たとえば，図 2.2 の物体の直線運動（数学モデルは (2.4) 式）において，単位ステップ信号は，物体に $t = 0\,\mathrm{s}$ で，$f(t) = 1\,\mathrm{N}$ の力を与え（正確には，$f(t)$ を $0\,\mathrm{N}$ から $1\,\mathrm{N}$ に $0\,\mathrm{s}$ 間で切替える），その後も一定の力 $1\,\mathrm{N}$ を与え続けることに相当する．このときの物体の運動の様子が，物体系の単位ステップ応答になる．

⚙ 4.6　ステップ応答の計算法

単位ステップ応答は，初期条件 $(t = 0)$ で $y(0) = 0$ とすると (4.12) 式において $u(t) = u_s(t) = 1$ であるので，つぎで表される．

---

[9] 単位とは，入力信号の高さが 1 であることを意味し，高さが 1 以外のステップ信号に対するシステムの応答は，単にステップ応答と呼ばれている．

$$y(t) = \int_0^t e^{-a(t-\tau)} b \times u_s(\tau)\, d\tau = \frac{b}{a}(1 - e^{-at}) \tag{4.20}$$

この積分計算はそれほど難しくないが，ここでは，伝達関数を用いて単位ステップ応答を求めてみよう．

(4.17) 式の関係は入力信号の形には依存しないので，単位ステップ信号 $u_s(t) = 1$ のラプラス変換，$U(s) = \mathcal{L}[u_s(t)] = \dfrac{1}{s}$ を使ってつぎで表される．

$$y(t) = \mathcal{L}^{-1}\left[G(s) \times \frac{1}{s}\right] = \mathcal{L}^{-1}\left[\frac{b}{s(s+a)}\right] \tag{4.21}$$

47 ページのラプラス変換表からは，$\dfrac{b}{s(s+a)}$ そのものを逆ラプラス変換できないので，変形することを考えよう．ラプラス変換表によれば $\dfrac{1}{s+a}$ や $\dfrac{1}{s}$ の逆ラプラス変換を求めることはできる．そこで，$\dfrac{b}{s(s+a)}$ を，つぎのとおり展開する [10]．

$$\frac{b}{s(s+a)} = \frac{k_1}{s} + \frac{k_2}{s+a} \tag{4.22}$$

ここで，k_1, k_2 は定数である．つぎに，(4.22) 式が成り立つように定数 k_1, k_2 の値を求めよう．(4.22) 式の右辺を再びまとめると（今度は分数同士の足し算），つぎが得られる．

$$\frac{b}{s(s+a)} = \frac{k_1}{s} + \frac{k_2}{s+a} = \frac{k_1(s+a)+k_2 s}{s(s+a)} = \frac{(k_1+k_2)s+k_1 a}{s(s+a)} \tag{4.23}$$

したがって，(4.23) 式の両端の係数を比較すると，等式が成り立つ条件は，つぎで表される．

$$k_1 + k_2 = 0, \quad k_1 a = b \tag{4.24}$$

(4.24) 式を k_1, k_2 について解くと，$k_1 = \dfrac{b}{a}$，$k_2 = -k_1 = -\dfrac{b}{a}$ となる．したがって，(4.22) 式はつぎとなる．

$$\frac{b}{s(s+a)} = \frac{b}{a}\left(\frac{1}{s} - \frac{1}{s+a}\right) \tag{4.25}$$

最終的に，単位ステップ応答 $y(t)$ はラプラス変換表（➡ 47 ページ）とラプラス変換の線形性（➡ 29 ページ）を用いて，つぎのように求められる [11]．

---

10) このような操作を部分分数展開といい，分数同士の足し算の逆となる．数学では「分解」と表現することが多いが，制御工学では「展開」と表現することが多い．

$$y(t) = \mathcal{L}^{-1}\left[\frac{b}{s(s+a)}\right] = \mathcal{L}^{-1}\left[\frac{b}{a}\left(\frac{1}{s} - \frac{1}{s+a}\right)\right]$$

$$= \frac{b}{a}\left\{\mathcal{L}^{-1}\left[\frac{1}{s}\right] - \mathcal{L}^{-1}\left[\frac{1}{s+a}\right]\right\} = \frac{b}{a}\left(1 - e^{-at}\right) \tag{4.26}$$

以上より，システムの伝達関数表現を用いることで，単位ステップ応答が簡単に計算できることがわかった．システムに加える試験信号には，このほかに単位ランプ信号（$u_l(t) = t$，$U(s) = \dfrac{1}{s^2}$）や，正弦波信号（$u(t) = A\sin\omega t$，$U(s) = \dfrac{A\omega}{s^2 + \omega^2}$）も用いられる．特に，正弦波信号を用いると，本講のように時間応答を求める方法とは異なる観点からシステムの性質を調べることができる．詳しくは講義 11 以降で述べる．

実際の物理システムと数学モデルの関係

　本講の最初に「制御対象の特性がよくわからない場合に，試験信号を加えることを考える」として，インパルス応答やステップ応答を数学モデルを使って求める方法を示した．しかし，物理システムの数学モデルは (4.5) 式で与えられるとしているので，それであればシステムの特性はわかっているのではないか？　と思われた読者もおられるであろう．実際のシステムを見れば，RL 回路や回転運動系の特性を持つことはわかるが，回路内の抵抗やインダクタンスの値，慣性モーメントや摩擦係数の値は未知であることが多い．よって，システムの数学モデルとしてわかるのは，その特性を表す微分方程式の形（(4.5) 式）のみであり，微分方程式内の係数（a, b の値）は未知であることが普通である．そのために，本講で学んだインパルス信号，ステップ信号などの試験信号をシステムに加えて，その応答からシステムの特性を知ることが必要となる．a, b の値の違いによってシステムの応答がどのように違うのかについては講義 05 で学ぶ．

---

11)　入力であるステップ信号の大きさが 1 でなく，たとえば h（h：定数）となる場合のステップ応答は，ラプラス変換の線形性から，得られる単位ステップ応答を h 倍すればよい．

> **【講義 04 のまとめ】**
>
> ・システムの応答とは，システムに何かしらの入力を加えた際に，入力の時間変化に応じた出力の変化の様子である．試験信号としてインパルス信号やステップ信号が多く用いられ，それぞれの応答は，インパルス応答，ステップ応答と呼ばれる．
>
> インパルス応答はシステムに一瞬だけ入力を加える応答である．
>
> ステップ応答はシステムに一定の大きさの入力を加える応答である．
>
> ・インパルス応答やステップ応答は，伝達関数 $G(s)$ と入力信号のラプラス変換 $U(s)$ の積を逆ラプラス変換することで求められる．
>
> ・1 次遅れ系 $G(s) = \dfrac{b}{s+a}$ の応答
>
> インパルス応答：$y(t) = be^{-at}$，ステップ応答：$y(t) = \dfrac{b}{a}(1 - e^{-at})$

演習問題

(1) システムの数学モデルが $\dot{y}(t) = -2y(t) + 2u(t)$，$y(0) = 0$ で与えられた場合のインパルス応答を求めよ．

(2) (4.5) 式の伝達関数が $G(s) = \dfrac{b}{s+a}$ となることを確かめ，(3.43) 式の伝達関数の T，K と a，b との対応関係を求めよ．また (4.5) 式の応答が (4.11) 式で与えられることから，(3.43) 式の応答が $y(t) = e^{-\frac{1}{T}t}y(0) + \displaystyle\int_0^t e^{-\frac{1}{T}(t-\tau)} \dfrac{K}{T}u(\tau)\,d\tau$ と表されることを示せ．

(3) (1) の数学モデルの伝達関数を求め，インパルス応答，単位ステップ応答を求めよ．

(4) (4.26) 式の導出にしたがい，高さが h のステップ信号に対する応答を求めよ．

(5) 物体の動きを表した数学モデル（➡ (2.11) 式）において，速度 $v(t)$ に注目した式に変形すると $M\dot{v}(t) + c_v v(t) = f(t)$ となる．入力 $f(t)$ をインパルス信号としたときの現象を説明せよ．

(6) 図 4.4 に示すように，固定された壁にばね定数 k [N/m] のばねと粘性減衰係数 d [N·s/m] のダンパを並列接続したばね–ダンパシステムを考える．ばね，ダンパの一端に力 $f(t)$ [N] を加えたときのばねとダンパの変

位を $x(t)$ [m] とすると，力のつり合いの関係は，つぎのようになる．

$$kx(t) + d\dot{x}(t) = f(t) \tag{4.27}$$

つぎの問いに答えよ．

i) 初期時刻を 0 s とする．$x(0) = 0$ m として微分方程式 (4.27) の両辺をラプラス変換し，入力を $F(s) = \mathcal{L}[f(t)]$，出力を $X(s) = \mathcal{L}[x(t)]$ とする伝達関数 $G(s)$ を求めよ．

ii) 衝撃的な力が作用したときの変位を見積もるため，$f(t) = \delta(t)$ としたときの $x(t)$（インパルス応答）を求めよ．

iii) 一定の大きさの力が作用したときの変位を見積もるため，このシステムの単位ステップ応答を求めよ．

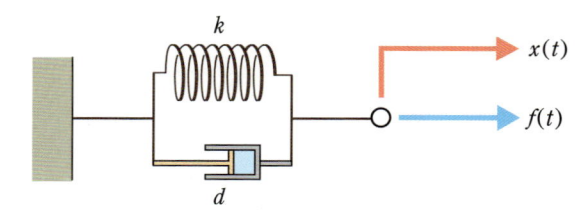

図 4.4 ばね－ダンパシステム 1

(7) 図 4.5 に示すように，固定された壁にばね定数 k [N/m] のばねと粘性減衰係数 d [N·s/m] のダンパを直列接続したばね－ダンパシステムを考える．ばね，ダンパの一端に力 $f(t)$ [N] を加えたときのダンパ右端と壁との相対変位を $x(t)$ [m] とすると，力のつり合いの関係は，

$$kx_1(t) = d\dot{x}_2(t) = f(t)$$

となる．これより，つぎの等式が得られる．

$$x_1(t) = \frac{1}{k}f(t), \ \ \dot{x}_2(t) = \frac{1}{d}f(t)$$

一方，ばねの変位，ダンパの変位をそれぞれ $x_1(t), x_2(t)$ [m] とすると，

$$x(t) = x_1(t) + x_2(t)$$

が成立する．両辺の時間微分をとると $\dot{x}(t) = \dot{x}_1(t) + \dot{x}_2(t)$ となり，$\dot{x}_1(t) = \frac{1}{k}\dot{f}(t)$ となることを考慮すると，$x(t)$ と $f(t)$ の関係は，

$$\dot{x}(t) = \frac{1}{k}\dot{f}(t) + \frac{1}{d}f(t) \tag{4.28}$$

で与えられる．つぎの問いに答えよ．

i) 初期時刻を $0\,\mathrm{s}$ とする．$x(0) = 0\,\mathrm{m}$，$f(0) = 0\,\mathrm{N}$ として微分方程式
（4.28）の両辺をラプラス変換し，入力を $X(s) = \mathcal{L}[x(t)]$，出力を
$F(s) = \mathcal{L}[f(t)]$ とする伝達関数 $G(s)$ を求めよ．

ii) このシステムの単位ステップ応答を求めよ．

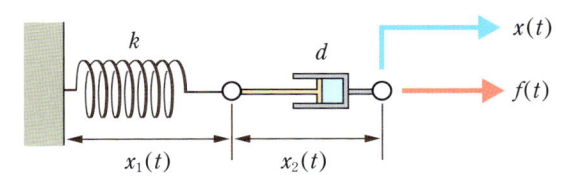

図 4.5　ばね−ダンパシステム 2

(8) 図 4.6 に示すように，質量 $m\,\mathrm{[kg]}$ の船が速度 $v(t)\,\mathrm{[m/s]}$ で航行してい
る．船の推力 $T(t)\,\mathrm{[N]}$ は，プロペラの回転によって得られる．プロペラ
の回転角速度 $\omega(t)\,\mathrm{[rad/s]}$ は，エンジンのスロットルレバーを動かすこ
とで瞬時に変わる（「遅れがない」という）とする．$\omega(t)$ と $T(t)$ との間
には，$T(t) = b\omega(t)$ の関係があると仮定する．ここで，$b\,\mathrm{[N \cdot s]}$ は比例
定数である [12]．また，航行中に船が受ける水からの抵抗力 $R(t)\,\mathrm{[N]}$ は，
速度 $v(t)$ を用いて $R(t) = cv(t)$ と近似する．ここで，$c\,\mathrm{[N \cdot s/m]}$ は比
例定数である．このとき，船の運動方程式は，

$$m\dot{v}(t) = T(t) - R(t) = b\omega(t) - cv(t) \ \Rightarrow\ m\dot{v}(t) + cv(t) = b\omega(t) \tag{4.29}$$

と与えられる．つぎの問いに答えよ．

i) 初期時刻を $0\,\mathrm{s}$ とする．$v(0) = 0\,\mathrm{m/s}$ として運動方程式（4.29）の
両辺をラプラス変換し，入力を $\omega(s) = \mathcal{L}[\omega(t)]$，出力を $V(s) = \mathcal{L}[v(t)]$ とする伝達関数 $G(s)$ を求めよ．

ii) プロペラの回転角速度 $\omega(t)$ を高さ W_0 のステップ信号の形で変化さ
せたとき，船の速度 $v(t)$ を求めよ．

---

[12]　定数 b は，（力）／（角速度）の次元を持つ．その単位は $\dfrac{\mathrm{N}}{\dfrac{\mathrm{rad}}{\mathrm{s}}} = \mathrm{N \cdot s}$（rad は無次元）となる．

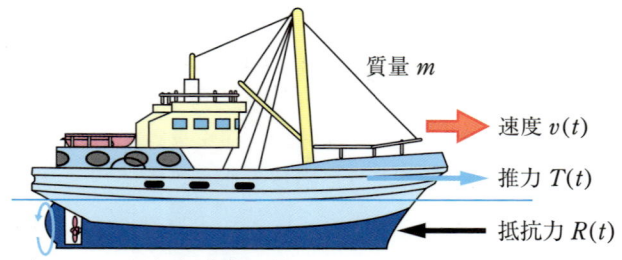

図4.6　速度 $v(t)$ で航行する船

(9) 1.5節で述べたニュートンの冷却法則にしたがって冷めていくコーヒーに，冷めないようにヒーターによって熱を加えることを考慮した次式を考える．

$$\dot{y}(t) = -a(y(t) - K) + bu(t) \qquad (4.30)$$

ここで，$y(t)$ [K] はコーヒーの温度，K [K] は気温，$u(t)$ [J] はヒーターがコーヒーに加える熱量，a（>0）[1/s]，b（>0）[K/(J·s)] は比例定数である．初期時刻を 0 s，$y(0) = T_0$ とする．$U(s) = \mathcal{L}[u(t)]$ と $Y(s) = \mathcal{L}[y(t)]$ の関係を求め，そのステップ応答（ステップ信号の大きさを d とする）を求めよ．ステップ応答の形から，時間が十分経過した後（$t \to \infty$ と考える）でのコーヒーの温度 y_∞ を求めよ．

※ヒント：初期条件が 0 でない場合のラプラス変換は，(3.2) 式から得られる．

講義 *05*
システムの応答特性

　動的システムの特性を調べるため，システムの伝達関数 $G(s)$ と入力信号のラプラス変換 $U(s)$ より，インパルス応答やステップ応答を求めることを講義 04 で述べた．本講では得られた応答からシステムの特性を調べるためのいくつかの指標，システムの特性を応答から決定する方法について説明する．

【講義 05 のポイント】
- ・過渡特性，定常特性の意味を理解しよう．
- ・1 次遅れ系のインパルス応答やステップ応答から，システムの過渡特性や定常特性を調べる方法を理解しよう．
- ・システムの極とは何か？　また，その求め方を理解しよう．

⚙ 5.1　過渡特性・定常特性とは

　ある動的システムの単位ステップ応答を図 5.1 に示す．応答 $y(t)$ はすぐに一定値になることなく，振動しながらある一定値に収束している．ステップ応答（またはインパルス応答）から，システムのさまざまな特性を調べることが可能であるが，制御工学においては，時間が充分経過した後，応答が一定値に収束するかどうかということ[1]と，（収束するかしないかに関わらず）システムの応答がどのような過程を経て最終的な状態に至るかという 2 つの特性に着目することが一般的である．

　システムの応答 $y(t)$ が，時間が充分経過した後にある一定値付近に収束するかしないか，また収束する場合にはどのような値に収束するかということは，システム自体に備わっている特性から決定され，その特性はシステムの**定常特性**（steady state characteristic）と呼ばれる．一方，初期値である $y(0)$ から定常値に至る過程の波形も，システム自体の特性から決定され，そ

---

1)　どのようなシステムでも，図 5.1 のように単位ステップ応答が一定値に収束するとは限らない．

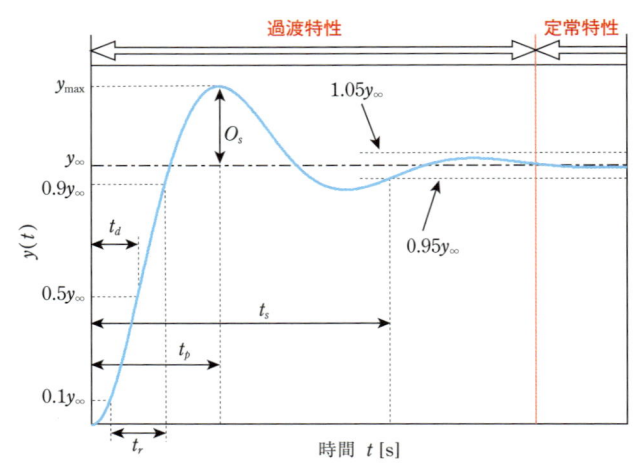

図 5.1　ある動的システムの単位ステップ応答

の特性はシステムの**過渡特性**（transient characteristic）と呼ばれる．厳密には，システムの**定常値**（steady-state value）は $t \to \infty$ での $y(t)$ の極限値で与えられるが，定常特性は応答がある値（ここでは y_∞）付近に収束している図5.1 の「定常特性」と示した部分を表しているとしてよい．

　応答の形状から，システムのいろいろな性質を知ることができる．単位ステップ応答の概形においては，図5.1 に示すいくつかの指標が定量化されており，制御工学において慣習的に使用されている．つぎでそれらを説明する．

定常値 y_∞：ステップ入力に対する応答 $y(t)$ が最終的に収束する値．一般に値は1とはならず（なる場合もあり，値はシステムの特性に依存する），また一定値に収束せず発散することもある [2]．

立ち上がり時間（rise time）t_r：応答 $y(t)$ が定常値 y_∞ の 10%から 90%に達するまでの時間．立ち上がり時間 t_r は，応答 $y(t)$ が初期値0から定常値 y_∞ に向かう傾きを与える．つまり，立ち上がり時間 t_r が小さければグラフの傾きは大きく，応答 $y(t)$ はより早く定常値に向かい，またその逆も成り立つ．立ち上がり時間 t_r は，システムの**速応性**（入力値の変化に反応して，出力がどの程度早く反応するか）を評価する指標である．

遅れ時間（delay time）t_d：応答 $y(t)$ が初期値0から定常値 y_∞ の 50%に達するまでの時間．遅れ時間は立ち上がり時間とほぼ同義である．

2）発散する場合は，定常値という言葉は用いないのが一般的である．

オーバーシュート（overshoot）（**行き過ぎ量**）O_s：応答 $y(t)$ の最大値 y_{max} と定常値 y_∞ の差をとり，定常値との百分率で表し，つぎで与えられる．

$$O_s = \frac{y_{max} - y_\infty}{y_\infty} \times 100\ \%\qquad(5.1)$$

また，$y(t) = y_{max}$ となる時間 t_p を**行き過ぎ時間**（peak time）と呼ぶ．一般にオーバーシュートが大きいと，応答 $y(t)$ が定常値 y_∞ に収束するまでに振動現象が長く続き，定常値に収束するまでに時間がかかる．よって，

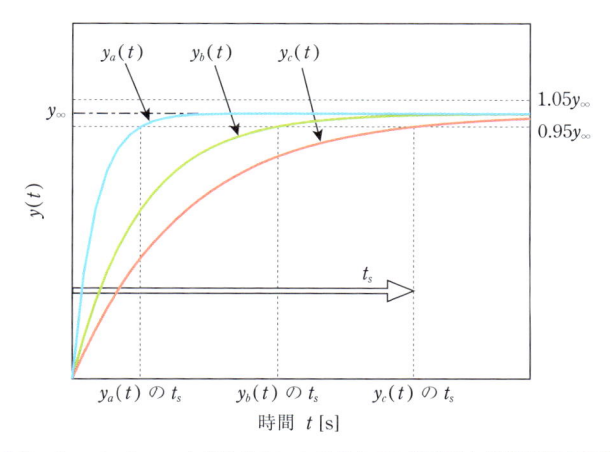

図 5.2　オーバーシュートが生じないシステムでの速応性と整定時間の関係

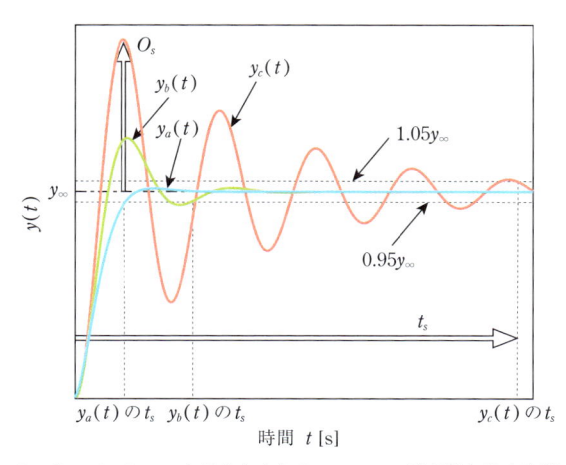

図 5.3　オーバーシュートが大きくなるシステムの減衰性と整定時間の関係

オーバーシュートはシステムの**減衰性**（入力値の変化に対応して発生する振動現象の収束度合）を評価するための指標である．すべてのシステムにおいてオーバーシュートが発生するわけではないことに注意する．

整定時間（settling time）t_s：応答 $y(t)$ が定常値 y_∞ の $\pm 5\%$ 以内（$0.95y_\infty \leq y(t) \leq 1.05y_\infty$）に収まり（応答が振動するにせよしないにせよ），その後その区間からはみ出さなくなる時間．整定時間は，速応性と減衰性の両方に関連した指標であり，オーバーシュートが生じないシステムでは速応性が低ければ応答は遅く，整定時間も遅い（図 5.2）．また速応性が高くてもオーバーシュートが過大な場合は振動が収まりにくく，整定時間が遅い（図 5.3）．

⚙ 5.2 　1 次遅れ系の応答

本節では 1 次遅れ系のインパルス応答と単位ステップ応答を計算する．システムの数学モデルが伝達関数 $G(s)$ の形で与えられている場合，応答は講義 04 に示したようにつぎの手順で計算できる．

(1) ラプラス変換表から，入力信号 $U(s) = \mathcal{L}[u(t)]$ を求め，出力信号 $Y(s)$ を伝達関数 $G(s)$ と入力信号 $U(s)$ の積 $Y(s) = G(s)U(s)$ で表す

(2) $y(t) = \mathcal{L}^{-1}[G(s)U(s)]$ を求める（$G(s)U(s)$ の逆ラプラス変換を計算する）

以下では，上記の手順にしたがって，インパルス応答と単位ステップ応答を求める．1 次遅れ系の一般形の伝達関数 $G(s)$ は (4.16) 式で与えられたが，ここではつぎで書き換えた (5.2) 式を考える．

$$G(s) = \frac{b}{s + a} = \frac{K}{Ts + 1}, \quad \left(T = \frac{1}{a} > 0, \quad K = \frac{b}{a} > 0 \right) \quad (5.2)$$

これは (3.43) 式の伝達関数と同じであり，変数を置き換えただけであるが，システムの応答を考える際には $G(s) = \dfrac{K}{Ts + 1}$ の表現を使った方が都合がよい．

5.2.1 　インパルス応答

インパルス信号 $u(t) = \delta(t)$ をラプラス変換すると $U(s) = 1$ となるので，

1 次遅れ系 (5.2) 式のインパルス応答はつぎで求められる.

$$y(t) = \mathcal{L}^{-1}[G(s) \times 1] = \mathcal{L}^{-1}\left[\frac{K}{Ts + 1}\right] = \mathcal{L}^{-1}\left[\frac{\dfrac{K}{T}}{s + \dfrac{1}{T}}\right] = \frac{K}{T}\,\mathrm{e}^{-\frac{1}{T}t} \quad (5.3)$$

逆ラプラス変換の計算には，ラプラス変換表の $\mathcal{L}^{-1}\left[\dfrac{1}{s + a}\right] = \mathrm{e}^{-at}$ を用いた．指数関数の性質により，$y(t)$ の初期値 ($t = 0$ のときの値) は，$y(0) = \dfrac{K}{T}$ である．また $T > 0$ であるので，指数関数のべき指数の部分 $-\dfrac{1}{T}t$ は必ず負の値となる．したがって，時間 t の経過とともに (t が大きくなるにつれて)，応答 $y(t)$ は初期値から値が減少し，$t \to \infty$ で $y(t) \to 0\,(\lim\limits_{t\to\infty} y(t) = 0)$ となる．

$T\ (> 0)$ の値の違いにより[3]，インパルス応答が定性的にどのように変わるのかを調べよう．比較を簡単にするために，T の値が変わっても初期値が $y(0) = 1$ となるように $K = T$ とする．まず，指数関数である $\mathrm{e}^{-\frac{1}{T}t}$ の部分と図 1.4 (➡ 6 ページ) を比較して考える．いま，図 1.4 では $y(t) = \mathrm{e}^{at}$ としていたので，$a = -\dfrac{1}{T}$ の関係に注意しよう．a と T の関係がわかれば，$T(> 0)$ の値を変化させたときのインパルス応答 $y(t) = \mathrm{e}^{-\frac{1}{T}t}$ のグラフが図 5.4 となることは明らかであろう．図 5.4 より，T が大きくなるにしたがい，インパルス応答が 0 に収束するのに時間がかかることがわかる.

システムの特性が 1 次遅れ系で表されるものに RL 回路があった．(2.16) 式

05

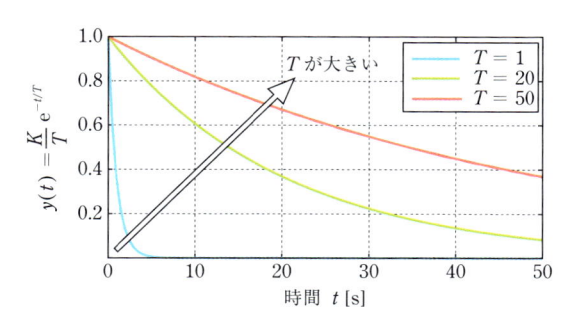

図 5.4　1 次遅れ系 $\dfrac{K}{Ts + 1}$ のインパルス応答 ($K = T$ の場合)

---

3) システムの特性が異なることに対応する.

（➡ 22 ページ）において，入力を $v_{\text{in}}(t)$，出力を $i(t)$ とした場合の伝達関数はつぎで表される．

$$G(s) = \frac{1}{Ls + R} \tag{5.4}$$

これと 1 次遅れ系の伝達関数の一般形 (5.2) 式を比較すると，

$$T = \frac{L}{R}, \quad K = \frac{1}{R}$$

となる．したがって，RL 回路では抵抗 R の値が大きければ（またはインダクタンス L の値が小さければ），T の値も小さくなる．すなわち，入力 $v_{\text{in}}(t)$ として瞬間的に電圧を加える（インパルス入力とみなす）と回路内に電流が流れるが，その影響はすぐになくなり電流値は 0 となることがわかる．また，抵抗 R の値が小さければ（またはインダクタンス L の値が大きければ）T の値も大きくなり，インパルス応答では回路内を流れる電流値が 0 になるまでに時間がかかることがわかる．このように，実際のシステムの変数に置き換えて 1 次遅れ系の応答を理解しておくことは非常に重要である．

5.2.2　単位ステップ応答

単位ステップ信号 $u(t) = 1$ をラプラス変換すると $U(s) = \dfrac{1}{s}$ となるので，1 次遅れ系 (5.2) 式の単位ステップ応答はつぎで求められる．

$$y(t) = \mathcal{L}^{-1}\left[G(s)\frac{1}{s}\right] = \mathcal{L}^{-1}\left[\frac{K}{s(Ts + 1)}\right] \tag{5.5}$$

$\dfrac{K}{s(Ts + 1)}$ はラプラス変換表にはない形であるため，講義 04 と同様に部分分数展開することで，単位ステップ応答はつぎで求められる．

$$y(t) = \mathcal{L}^{-1}\left[\frac{K}{s(Ts + 1)}\right] = K\mathcal{L}^{-1}\left[\frac{1}{s} - \frac{T}{Ts + 1}\right]$$

$$= K\left\{\mathcal{L}^{-1}\left[\frac{1}{s}\right] - \mathcal{L}^{-1}\left[\frac{T}{Ts + 1}\right]\right\} = K\left(1 - \mathrm{e}^{-\frac{1}{T}t}\right) \tag{5.6}$$

(5.6) 式の単位ステップ応答 $y(t)$ がどのような値をとるかを考えよう．(5.6) 式の最後の等式のカッコ内は

$$1 - \mathrm{e}^{-\frac{1}{T}t} \tag{5.7}$$

であるので，時間 t とともに変化するのは $\mathrm{e}^{-\frac{1}{T}t}$ の部分である．これは 1 次遅

れ系のインパルス応答（➡（5.3）式）において $K = T$ としたものと同じである．指数関数の性質より $\mathrm{e}^{-\frac{1}{T}t}$ の初期値は 1 であるので，単位ステップ応答の初期値は $y(0) = 0$ となる．また $T > 0$ であるので，指数関数のべき指数の部分 $-\frac{1}{T}t$ は必ず負の値となる．さらに，時間 t の経過とともに（t が大きくなるにつれて），$\mathrm{e}^{-\frac{1}{T}t}$ の値は 0 に収束するので（5.7）式の値は 1 に収束する．よって，<u>単位ステップ応答の値は K に収束する</u>ことがわかる．

　つぎに $K = 1$ として，T の値を $T = 1,\ 5,\ 10$ と変化させたときの単位ステップ応答を考えよう．T の値の変化は $\mathrm{e}^{-\frac{1}{T}t}$ の値の変化に影響を及ぼす．すなわち，インパルス応答の変化の様子と結びつければよい．図 5.4 より，T の値が大きくなるにつれてインパルス応答は 0 に収束するまでの時間が長くなるので，同様に（5.7）式の値は 1 に収束するまでに時間がかかる．よって，<u>1 次遅れ系の単位ステップ信号は，最終的に K に収束すること（定常値 $y_\infty =$</u> <u>K），また，T の値が大きくなるにしたがい，定常値に収束するまでに時間がかかることがわかる</u> [4]．この様子を図 5.5 に示す．まとめると，<u>1 次遅れ系で</u> <u>表される動的システムの速応性は，伝達関数の定数 T の値に支配される</u>．

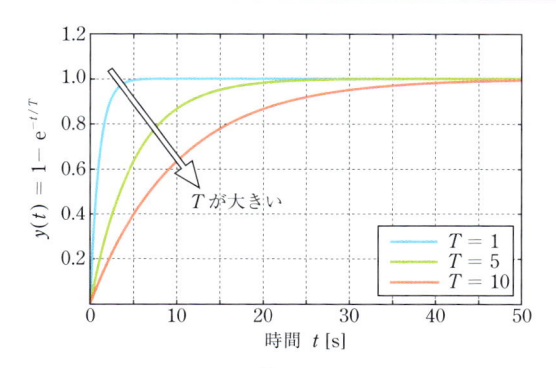

図 5.5　1 次遅れ系 $\dfrac{K}{Ts + 1}$ の単位ステップ応答（$K = 1$）

例 5.1

　2.3 節の電機子コイルの数学モデルは（2.24）式で与えられ，入力をトルク $\tau(t)$，出力を回転角速度 $\omega(t)$ として伝達関数を求めるとつぎで表される．

4）両方の特徴を（5.6）式の形から読みとれるようになってほしい．

$$\omega(s) = \frac{1}{J_c s + B}\tau(s) \tag{5.8}$$

これと1次遅れ系の伝達関数の一般形 (5.2) 式を比較すると，

$$T = \frac{J_c}{B}, \quad K = \frac{1}{B}$$

となる．したがって，電機子コイルの慣性モーメント J_c の値が小さければ T の値も小さくなる，すなわち入力 $\tau(t)$ として一定値のトルクを加える（ステップ入力とみなす）とコイルは回転し，すぐに一定の回転角速度になることがわかる．また慣性モーメント J_c の値が大きければ T の値も大きくなり，コイルの回転角速度が一定になるには時間がかかることがわかる．

　実際のシステムの応答のイメージと1次遅れ系の応答が結びついていれば，1次遅れ系の伝達関数の一般形 (5.2) 式のみを考えることで，さまざまなシステムにもこの考え方が適用できる．

　特に，(5.2) 式の定数 T には**時定数**（time constant）という名前がつけられており，1次遅れ系の単位ステップ応答が，最終値の 63.2% に達する時間を表している．これは，(5.6) 式において，$t = T$ としたとき $K\left(1 - \mathrm{e}^{-\frac{1}{T}T}\right) = K(1 - \mathrm{e}^{-1}) \fallingdotseq 0.632\,K$ となることから得ることができる．最終値の 63.2% とは，いかにも中途半端な値ではあるが，講義11では時定数 T が，より明確な意味を持つことになる．この結果を使った，つぎの例 5.2 を考えよう．

例 5.2

　22 ページの RL 回路に対し，抵抗値 $R = 100\,\Omega$ が既知で，コイルのインダクタンス $L\,[\mathrm{H}]$ が未知の場合に，単位ステップ応答から L の値を求めよう．$v_{\mathrm{in}}(t) = 1\,\mathrm{V}, \; t \geq 0$ としたときの単位ステップ応答 $i(t)$ が，図 5.6 で与えられたとする．5.2.1 項で示したとおり，RL 回路の $V_{\mathrm{in}}(s) = \mathcal{L}[v_{\mathrm{in}}(t)]$ から $I(s) = \mathcal{L}[i(t)]$ までの伝達関数 $G(s)$ はつぎで表される．

$$G(s) = \frac{1}{Ls + R} = \frac{\dfrac{1}{R}}{\dfrac{L}{R}s + 1} \tag{5.9}$$

この $G(s)$ と1次遅れ系の伝達関数の一般形 (5.2) 式を比較すると，

$$T = \frac{L}{R} = \frac{L}{100}, \quad K = \frac{1}{R} = 0.01$$

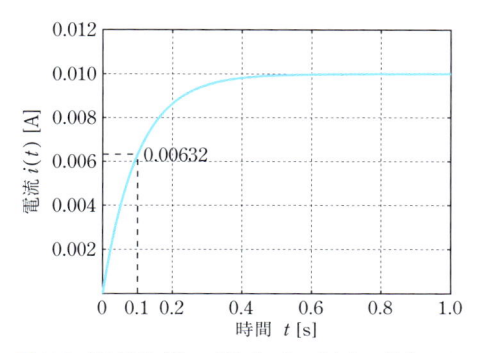

図 5.6　RL 回路（$R = 100\,\Omega$，L：未知）の単位ステップ応答

となる．図 5.6 から，$i(t)$ の定常値は約 0.01 A，定常値の 63.2％である 0.00632 A に達する時間（時定数 T）は約 0.1 s と読みとることができる．したがって，コイルのインダクタンス L は，

$$L = RT = 100 \times 0.1 = 10\,\text{H}$$

と（近似的に）求めることができる．

⚙ 5.3　システムの極

1 次遅れ系

$$G(s) = \frac{b}{s + a} = \frac{K}{Ts + 1} \tag{5.10}$$

のインパルス応答，単位ステップ応答はそれぞれ

$$y(t) = \frac{K}{T}\,\mathrm{e}^{-\frac{1}{T}t}, \quad y(t) = K\!\left(1 - \mathrm{e}^{-\frac{1}{T}t}\right)$$

で表され，時定数 T の値に応じて応答 $y(t)$ の収束時間が変わることが図 5.4，5.5 よりわかった．また両応答において，時間 t の変化に応じて値が変わる部分は指数関数で表される項である（$\mathrm{e}^{-\frac{1}{T}t}$）．ここで，指数関数のべき指数である $-\dfrac{1}{T}t$ において，t は時間変数であるので，指数関数の値の違いは $-\dfrac{1}{T}$ の部分の値，すなわち T の値の違いによる．T の値は制御対象となるシステムの特性の違いであり，たとえば電機子コイルであれば，慣性モーメント J_c や粘性摩擦係数 B の値が変われば T の値も変わる．システムの特性は数学モ

デルである微分方程式や伝達関数にも現れているので，応答の特性と指数関数のべき指数の部分に何か関係がありそうである．

いま，(5.2) 式と (5.3) 式を見比べてみる．(5.2) 式の分母を

$$Ts + 1 = 0 \tag{5.11}$$

として，s について解くと

$$s = -\frac{1}{T} \tag{5.12}$$

となる．これは，(5.3) 式の指数関数のべき指数の t を除いた部分である $-\frac{1}{T}$ と等しく，(5.6) 式のステップ応答の指数関数のべき指数も同様である．すなわち，システムの特性の違いは伝達関数 (5.2) 式の分母に現れており，「分母」= 0 として s について解いた答えが応答の特性を表していることになる．ここで，伝達関数の分母は s に関しての多項式となっており，特別に**分母多項式** (denominator polynomial) と呼ぶ．また，「分母多項式 = 0」で定義される方程式の根 [5] を**極** (pole) と呼ぶ．講義 06 以降，伝達関数の分母多項式が 2 次式以上の場合について考えるが，**極がシステムの応答に影響を及ぼしている**ことを理解することは重要である．

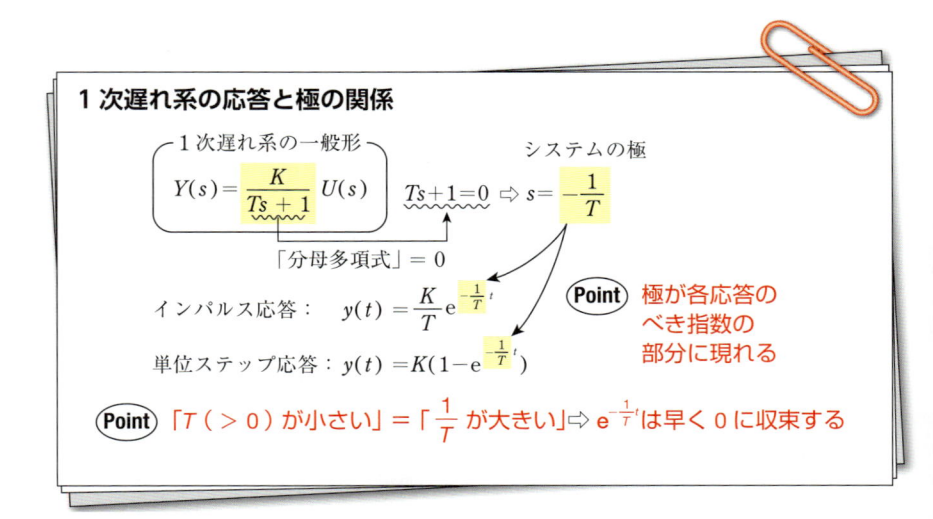

1 次遅れ系の応答と極の関係

1 次遅れ系の一般形

$$Y(s) = \frac{K}{Ts + 1} U(s)$$

システムの極

$$Ts + 1 = 0 \Rightarrow s = -\frac{1}{T}$$

「分母多項式」= 0

インパルス応答： $y(t) = \dfrac{K}{T} e^{-\frac{1}{T}t}$

単位ステップ応答： $y(t) = K(1 - e^{-\frac{1}{T}t})$

(Point) 極が各応答のべき指数の部分に現れる

(Point) 「$T (> 0)$ が小さい」=「$\dfrac{1}{T}$ が大きい」$\Rightarrow e^{-\frac{1}{T}t}$ は早く 0 に収束する

---

5) 方程式の答えのことを根と呼ぶ．

05

演習問題

(1) 電機子コイルにおいてトルクを一瞬だけ加えると（インパルス入力とみなす），コイルは少しだけ回転して止まる．コイルの特性を数学モデル (2.24) 式で表し，入力をトルク $\tau(t)$，出力を回転角速度 $\omega(t)$ として伝達関数を求め，慣性モーメント J_c，粘性摩擦係数 B の値の大きさとインパルス応答の関係を説明せよ．

(2) (2.11) 式で表される物体の動きは，$v(t) = \dot{x}(t)$ とすると，$M\dot{v}(t) + c_v v(t) = f(t)$ にしたがう．いま，$f(t) = 1$，$t \geq 0$ としたときの応答（単位ステップ応答）$v(t)$ を求め，その結果から質量 M，減衰係数 c_v を変化させた場合の応答の変化を，過渡特性と定常特性の両方の観点から説明せよ．

(3) 1 次遅れ系 $G(s) = \dfrac{T}{Ts + 1}$ において，$T = 10$，$T = 30$ のときの $G(s)$ の極を求めた後，そのインパルス応答を計算し，その概形を図 5.4 に描け．

(4) (3) と同様に，1 次遅れ系 $G(s) = \dfrac{1}{Ts + 1}$ の単位ステップ応答を，$T = 2$，20 のときに計算し，その概形を図 5.5 に描け．

(5) 1 次遅れ系 $G(s) = \dfrac{K}{Ts + 1}$ のインパルス応答を $y_i(t)$，単位ステップ応答を $y_s(t)$ とするとき，$y_i(t) = \dfrac{dy_s(t)}{dt}$ であることを示せ．

(6) 講義 04 の演習問題 (6) のばね − ダンパシステムにおいて，入力を $F(s)$ $= \mathcal{L}[f(t)]$，出力を $X(s) = \mathcal{L}[x(t)]$ とする伝達関数 $G(s)$ は，

$$G(s) = \frac{1}{ds + k} = \frac{K}{Ts + 1}, \quad T = \frac{d}{k}, K = \frac{1}{k}$$

となる．このシステムの単位ステップ応答 $x(t)$ から，$k = 100$ N/m の とき，$t \to \infty$ での $x(t)$ の最終値 x_∞ と $x(0.1) = 0.9x_\infty$ となるようなダンパの粘性減衰係数 d [N·s/m] を求めよ．

(7) 講義 04 の演習問題 (7) のばね − ダンパシステムにおいて，入力を $X(s)$ $= \mathcal{L}[x(t)]$，出力を $F(s) = \mathcal{L}[f(t)]$ とする伝達関数 $G(s)$ は，

$$G(s) = \frac{dks}{ds + k} = \frac{Ks}{Ts + 1}, \quad T = \frac{d}{k}, K = d$$

となる．このシステムの単位ステップ応答 $f(t)$ を求めよ．また，$k =$ 1000 N/m，$d = 100$ N·s/m のとき，$f(t) = 0.01f(0)$ となる時間 t [s] を求めよ．

(8) 講義 04 の演習問題 (8) において，船のプロペラの回転角速度 $\omega(t)$ [rad/s] から速度 $v(t)$ [m/s] までの伝達関数は，

$$G(s) = \frac{b}{ms + c} = \frac{K}{Ts + 1}, \quad T = \frac{m}{c}, K = \frac{b}{c}$$

のような 1 次遅れ系となる．このシステムの高さ W_0 のステップ信号に 対する応答から，$t \to \infty$ での速度 v_∞ [m/s] を目標速度 v_r [m/s] にする ために必要なプロペラの回転角速度 W_0 [rad/s] を求めよ．また，このシ ステムの整定時間 t_s [s] を求めよ．これらの結果から，ステップ応答と 船の設計の間の関係について説明せよ．

(9) 講義 03 の演習問題 (2) の RC 回路において，入力を $u(t) = v_{\text{in}}$ [V]，出 力を $y(t) = v_{\text{out}}$ [V] としたときの伝達関数は，

$$G(s) = \frac{1}{Ts + 1}, \quad T = RC$$

となる．この回路に，図 5.7 に示されるような入力電圧を与えたときの 出力の応答 $v_{\text{out}}(t)$ を求めよ．

※ヒント：46 ページのラプラス変換の性質 **LT5** と 47 ページのラプラス 変換表より，$v_{\text{in}}(t) = u_s(t) - u_s(t - L)$ と表される．なお， $u_s(t - L) = 0$，$(0 \leq t < L)$ である．

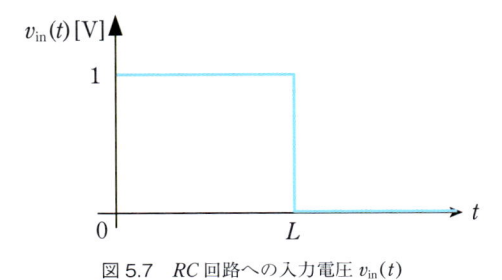

図 5.7　*RC* 回路への入力電圧 $v_{\text{in}}(t)$

講義 06

2 次遅れ系の応答

　1 次遅れ系の応答に続き，2 次遅れ系の応答について説明する．特に，システムのパラメータの値と応答の関係および伝達関数の極と応答の関係について述べる．

【講義 06 のポイント】
・2 次遅れ系のインパルス応答やステップ応答を求めよう．
・2 次遅れ系の過渡特性の形が，システムのパラメータの違いによってどのように異なるかを理解しよう．
・極と過渡特性の関係について理解しよう．

⚙ 6.1　2 次遅れ系のインパルス応答

6.1.1　インパルス応答の計算

　2 次遅れ系の例として 32 ページの (3.17) 式を示したが，2 次遅れ系の伝達関数の一般形はつぎで表される[1]．

$$G(s) = \frac{K\omega_n^2}{s^2 + 2\zeta\omega_n s + \omega_n^2}, \quad (\zeta > 0, \ \omega_n > 0, \ K : 定数) \quad (6.1)$$

2 次遅れ系では，1 次遅れ系の場合と異なり伝達関数 $G(s)$ の分母が s に関して 2 次多項式であるため，応答の計算には注意する必要がある．

　インパルス応答は 1 次遅れ系の場合と同様に，伝達関数 $G(s)$ を逆ラプラス変換して求める．(6.1) 式をつぎのとおり部分分数展開する．

$$\frac{K\omega_n^2}{s^2 + 2\zeta\omega_n s + \omega_n^2} = \frac{K\omega_n^2}{(s - \alpha)(s - \beta)} = K\left(\frac{k_1}{s - \alpha} + \frac{k_2}{s - \beta}\right) \quad (6.2)$$

(6.2) 式より，α, β は方程式 $s^2 + 2\zeta\omega_n s + \omega_n^2 = 0$（$G(s)$ の「分母多項式」$= 0$）

---

[1] 振動工学の分野では，ω_n, ζ は，それぞれ固有角周波数，減衰比と呼ばれている．

の根，すなわち極であることがわかる．方程式を解くと，

$$\alpha, \beta = -\zeta\omega_n \pm \sqrt{\zeta^2\omega_n^2 - \omega_n^2} = -\zeta\omega_n \pm \sqrt{\zeta^2 - 1}\,\omega_n \tag{6.3}$$

となる．根 α, β は，$\zeta\,(>0)$ がとる値によって，つぎの3つに分類できる．

- $0 < \zeta < 1$ の場合：α, β は**共役複素根**
- $\zeta = 1$ の場合：$\alpha = \beta$ となる**重根**（実数）
- $\zeta > 1$ の場合：α, β は異なる2つの**実数根**

したがって，ζ の値により場合分けをして考える必要がある．まず，それぞれの場合のインパルス応答を計算し，極と応答の関係を考えよう．

(1) $0 < \zeta < 1$ の場合

このとき，α と β は (6.3) 式と同じになるが，平方根内は負の値となるので，2次遅れ系の極は，

$$\alpha, \beta = -\zeta\omega_n \pm j\sqrt{1 - \zeta^2}\,\omega_n \tag{6.4}$$

となる共役複素根で与えられる[2]．

(6.2) 式の部分分数展開による方法を用いてインパルス応答を計算することもできるが，ここでは別の方法で計算しよう．

まず，$G(s)$ はつぎのとおり変形できる．

$$
\begin{aligned}
G(s) &= \frac{K\omega_n^2}{s^2 + 2\zeta\omega_n s + \omega_n^2} = \frac{K\omega_n^2}{(s + \zeta\omega_n)^2 - \zeta^2\omega_n^2 + \omega_n^2} \\
&= \frac{K\omega_n^2}{(s + \zeta\omega_n)^2 + (1 - \zeta^2)\omega_n^2} \\
&= \frac{K\omega_n}{\sqrt{1 - \zeta^2}}\,\frac{\sqrt{1 - \zeta^2}\,\omega_n}{(s + \zeta\omega_n)^2 + \left(\sqrt{1 - \zeta^2}\,\omega_n\right)^2}
\end{aligned}
\tag{6.5}
$$

最後の変形は，47ページのラプラス変換表の結果（$\mathcal{L}[e^{-at}\sin\omega t] = \dfrac{\omega}{(s + a)^2 + \omega^2}$）を使うための便宜的なものである．(6.5) 式を逆ラプラス変換すると，インパルス応答 $y(t)$ はつぎで表される．

---

[2] j は虚数単位（詳しくは講義11の【補足】を参照）．

$$y(t) = \mathcal{L}^{-1}\left[\frac{K\omega_n}{\sqrt{1-\zeta^2}}\frac{\sqrt{1-\zeta^2}\,\omega_n}{(s+\zeta\omega_n)^2+\left(\sqrt{1-\zeta^2}\,\omega_n\right)^2}\right]$$

$$= \frac{K\omega_n}{\sqrt{1-\zeta^2}}\,e^{-\zeta\omega_n t}\sin\sqrt{1-\zeta^2}\,\omega_n t \tag{6.6}$$

(6.4) 式と (6.6) 式を比較すると，極の実部 $(-\zeta\omega_n)$ が指数関数のべき指数の部分に，虚部 $(\sqrt{1-\zeta^2}\,\omega_n)$ が正弦関数の角周波数[3]の部分に対応していることがわかる．

(2) $\zeta = 1$ の場合

このとき，$G(s)$ はつぎで表される．

$$G(s) = \frac{K\omega_n^2}{s^2+2\omega_n s+\omega_n^2} = \frac{K\omega_n^2}{(s+\omega_n)^2} \tag{6.7}$$

したがって，2 次遅れ系の極は，$\alpha = \beta = -\omega_n$ となる実数の重根で与えられる．ラプラス変換表よりインパルス応答 $y(t)$ はつぎで表される[4]．

$$y(t) = \mathcal{L}^{-1}\left[\frac{K\omega_n^2}{(s+\omega_n)^2}\right] = K\omega_n^2 t e^{-\omega_n t} \tag{6.8}$$

この場合も，極 $-\omega_n$ が指数関数のべき指数の部分に現れていることに注意しよう．

(3) $\zeta > 1$ の場合

このとき $\zeta^2 - 1 > 0$ となるので，2 次遅れ系の極は異なる 2 つの実数根で与えられる．いま，$\alpha = -\zeta\omega_n + \sqrt{\zeta^2-1}\,\omega_n$，$\beta = -\zeta\omega_n - \sqrt{\zeta^2-1}\,\omega_n$ とすると，(6.2) 式はつぎで表される．

$$\frac{K\omega_n^2}{s^2+2\zeta\omega_n s+\omega_n^2}$$

$$= K\left(\frac{k_1}{s+\zeta\omega_n-\sqrt{\zeta^2-1}\,\omega_n}+\frac{k_2}{s+\zeta\omega_n+\sqrt{\zeta^2-1}\,\omega_n}\right) \tag{6.9}$$

右辺を通分すると (6.9) 式はつぎとなる．

3）角周波数については 92 ページの「正弦波の式とそのグラフ」を参照．

4）$\mathcal{L}\left[te^{-at}\right] = \dfrac{1}{(s+a)^2}$ を使えばよい．

$$\frac{K\omega_n^2}{s^2 + 2\zeta\omega_n s + \omega_n^2}$$

$$= \frac{K\left\{k_1\left(s + \zeta\omega_n + \sqrt{\zeta^2 - 1}\,\omega_n\right) + k_2\left(s + \zeta\omega_n - \sqrt{\zeta^2 - 1}\,\omega_n\right)\right\}}{s^2 + 2\zeta\omega_n s + \omega_n^2}$$

$$= \frac{K\left\{(k_1 + k_2)s + k_1\left(\zeta\omega_n + \sqrt{\zeta^2 - 1}\,\omega_n\right) + k_2\left(\zeta\omega_n - \sqrt{\zeta^2 - 1}\,\omega_n\right)\right\}}{s^2 + 2\zeta\omega_n s + \omega_n^2}$$

$$\tag{6.10}$$

これより，未知定数 k_1 と k_2 に関する連立方程式はつぎとなる．

$$\begin{cases} k_1 + k_2 = 0 \\ k_1\left(\zeta + \sqrt{\zeta^2 - 1}\right) + k_2\left(\zeta - \sqrt{\zeta^2 - 1}\right) = \omega_n \end{cases} \tag{6.11}$$

よって，

$$k_1 = \frac{\omega_n}{2\sqrt{\zeta^2 - 1}}, \quad k_2 = -k_1 = -\frac{\omega_n}{2\sqrt{\zeta^2 - 1}} \tag{6.12}$$

となるので，インパルス応答 $y(t)$ はつぎで表される．

$$y(t) = \frac{K\omega_n}{2\sqrt{\zeta^2 - 1}}\left\{\mathrm{e}^{\left(-\zeta\omega_n + \sqrt{\zeta^2 - 1}\,\omega_n\right)t} - \mathrm{e}^{\left(-\zeta\omega_n - \sqrt{\zeta^2 - 1}\,\omega_n\right)t}\right\} \tag{6.13}$$

(6.13) 式において，指数関数のべき指数の部分が極 α, β と等しいことに注意しよう．なお，ある $G(s)$ に対して上記の計算を行ってインパルス応答を求める演習問題 (1) があるので，ぜひ解いておこう．

6.1.2 インパルス応答の解析

(6.1) 式にも示したとおり，ここで考えるのは $\zeta > 0$，$\omega_n > 0$ の場合であり，(6.6)，(6.8)，(6.13) 式のいずれの場合も指数関数のべき指数の部分は必ず負となり，インパルス応答は必ず 0 に収束することがわかる．では，パラメータ ζ の値の違いによるインパルス応答の違いについて考えよう．例として，$\zeta = 0.1$ $(0 < \zeta < 1)$，$\zeta = 1$ および $\zeta = 2$ $(\zeta > 1)$ とし，$\omega_n = 1$，$K = 1$ とした場合のインパルス応答を図 6.1 に示す．

(1) $0 < \zeta < 1$ の場合

$0 < \zeta < 1$ の場合は (6.6) 式よりインパルス応答には指数関数と正弦関数の

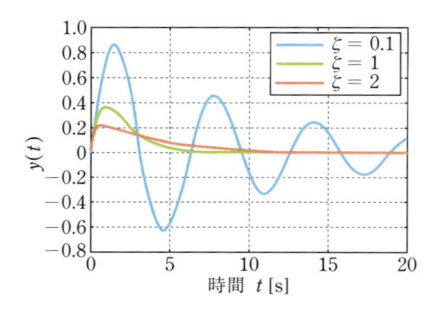

図6.1　2次遅れ系のインパルス応答（$\omega_n = 1,\ K = 1$）

積の項が現れている．図6.1の $\zeta = 0.1$ での応答波形より，インパルス応答は振動しながら時間の経過とともに振幅が減少し，最終的には 0 に収束する．$0 < \zeta < 1$ の場合を**不足減衰**（under-damping）と呼ぶ．(6.6) 式からも明らかなように，極の実部が指数関数のべき指数の部分に現れ，虚部が正弦関数の角周波数の部分に現れる．ここでは $\zeta > 0,\ \omega_n > 0$ の場合を考えているので，極の実部は必ず負の値となり，指数関数の部分は時間の経過とともに 0 に収束する．また，虚部が大きくなると応答の振動周期が短くなることもわかる．

(2) $\zeta = 1$ の場合

　$\zeta = 1$ の場合は，(6.8) 式より，インパルス応答は時間変数 t と指数関数 $e^{-\omega_n t}$ の積で構成され，振動する要素は存在しない．t が大きくなるにつれて指数関数は 0 に近づくが，応答は指数関数の部分が支配的になる[5]．図6.1 の $\zeta = 1$ での応答波形のとおり，いったん正の方向（インパルス信号の方向）に増加し，振動せずに 0 に収束する．$\zeta = 1$ の場合は，後の $\zeta > 1$ と $0 < \zeta < 1$ の場合との境目（応答が振動するかしないかの境目）であり，**臨界減衰**（critical damping）と呼ぶ．極 $\alpha = \beta = -\omega_n$（重根）は，(6.8) 式の指数関数のべき指数の部分 $e^{-\omega_n t}$ に現れている．

(3) $\zeta > 1$ の場合

　$\zeta > 1$ の場合は，(6.13) 式よりインパルス応答はべき指数の部分が負となる指数関数の和となり，振動しない．図6.1 の $\zeta = 2$ での応答波形より，概形は臨界減衰（$\zeta = 1$）の場合と本質的な差異はないが，臨界減衰の場合と比べ

5）もう少し数学的に厳密な議論が必要であるが，ここではイメージさえつかめればよい．

て0に収束する時間は遅くなっている．$\zeta > 1$の場合を**過減衰**（over-damping）と呼ぶ．臨界減衰の場合と同様に，極 α, β が，(6.13) 式の指数関数のべき指数の部分に現れている．

　つぎに，不足減衰と過減衰の場合において，2次遅れ系のパラメータ（ω_n と ζ）が変化すると，インパルス応答がどのように変化するかについて考える．ここでは，どちらか一方のパラメータを固定して，もう一方を変化させることを考える．

　不足減衰の場合，ω_n を大きくすると応答が0に収束する時間が早くなり，振動周期も短くなる（図6.2）．一方，ζ（< 1）を大きくすると，振動周期には大きな変化は見られないが，応答が0に収束する時間は早くなる（図6.3）．

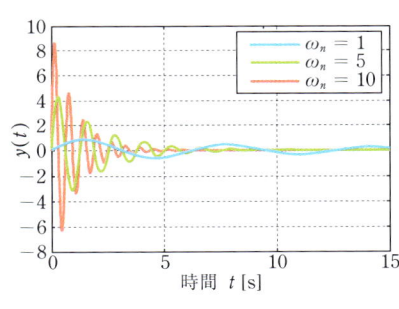

図 6.2　不足減衰時に ω_n を変化させたときのインパルス応答（$\zeta = 0.1$，$K = 1$）

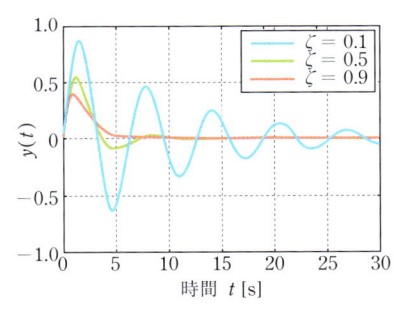

図 6.3　不足減衰時に ζ を変化させたときのインパルス応答（$\omega_n = 1$，$K = 1$）

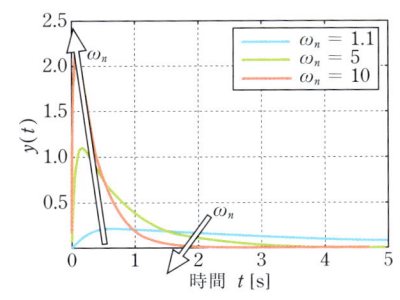

図 6.4　過減衰時に ω_n を変化させたときのインパルス応答（$\zeta = 2$，$K = 1$）

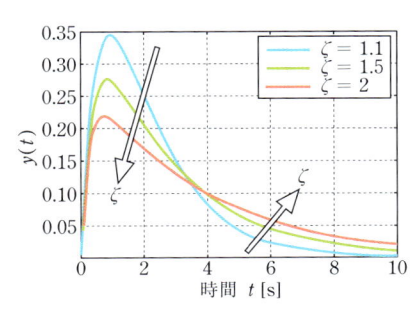

図 6.5　過減衰時に ζ を変化させたときのインパルス応答（$\omega_n = 1$，$K = 1$）

特に，臨界減衰 ($\zeta = 1$) に近い $\zeta = 0.9$ においては，振動的な応答はほとんど現れないことがわかる．過減衰の場合，ω_n を大きくすると過渡状態の振幅は大きくなるが，応答が 0 に収束する時間は早くなる（図 6.4）[6]．一方，ζ（> 1）を大きくすると過渡状態の振幅は小さくなるが，応答が 0 に収束する時間は遅くなる（図 6.5）．

⚙ 6.2 2 次遅れ系のステップ応答

6.2.1 単位ステップ応答の計算

2 次遅れ系の単位ステップ応答は，つぎの逆ラプラス変換で計算できる．

$$y(t) = \mathcal{L}^{-1}\left[G(s)\frac{1}{s}\right] = \mathcal{L}^{-1}\left[\frac{K\omega_n^2}{s(s^2 + 2\zeta\omega_n s + \omega_n^2)}\right] \tag{6.14}$$

ラプラス変換表に (6.14) 式の最右辺角カッコ内そのものはなく，直接逆ラプラス変換できない．そこで，つぎのとおり部分分数展開する．

$$\frac{K\omega_n^2}{s(s^2 + 2\zeta\omega_n s + \omega_n^2)} = \frac{K\omega_n^2}{s(s-\alpha)(s-\beta)} = K\left(\frac{k_1}{s} + \frac{k_2}{s-\alpha} + \frac{k_3}{s-\beta}\right) \tag{6.15}$$

α と β は (6.3) 式で与えられ，インパルス応答の場合と同じで，$\alpha = -\zeta\omega_n + \sqrt{\zeta^2 - 1}\,\omega_n$，$\beta = -\zeta\omega_n - \sqrt{\zeta^2 - 1}\,\omega_n$ である．この展開によりラプラス変換表を用いて，(6.15) 式を逆ラプラス変換すると，単位ステップ応答はつぎで表される．

$$y(t) = \mathcal{L}^{-1}\left[K\left(\frac{k_1}{s} + \frac{k_2}{s-\alpha} + \frac{k_3}{s-\beta}\right)\right] = K(k_1 + k_2\,\mathrm{e}^{\alpha t} + k_3\,\mathrm{e}^{\beta t}) \tag{6.16}$$

以下では，インパルス応答を計算した場合と同様に，ζ の値に応じて場合分けして単位ステップ応答を計算し，極と応答の関係を考えよう．

(1) $0 < \zeta < 1$（不足減衰）の場合

このとき，$\alpha, \beta = -\zeta\omega_n \pm j\sqrt{1 - \zeta^2}\,\omega_n$ であり，

---

6) 臨界減衰 ($\zeta = 1$) においても同様の現象が起こる．

$$k_1 = 1, \quad k_2 = -\frac{\zeta + j\sqrt{1-\zeta^2}}{j2\sqrt{1-\zeta^2}}, \quad k_3 = \frac{\zeta - j\sqrt{1-\zeta^2}}{j2\sqrt{1-\zeta^2}} \qquad (6.17)$$

となる.(6.16) 式に (6.17) 式を代入することにより,単位ステップ応答はつぎで表される[7].

$$y(t) = K\left\{1 - \frac{1}{\sqrt{1-\zeta^2}}\,e^{-\zeta\omega_n t}\sin\left(\sqrt{1-\zeta^2}\,\omega_n t + \phi\right)\right\},$$

$$\phi = \tan^{-1}\frac{\sqrt{1-\zeta^2}}{\zeta} \qquad (6.18)$$

インパルス応答の場合と同様に極の実部 $(-\zeta\omega_n)$ が指数関数のべき指数の部分に,虚部 $(\sqrt{1-\zeta^2}\,\omega_n)$ が正弦関数の角周波数の部分に対応していることがわかる.

(2) $\zeta = 1$ (臨界減衰) の場合

このとき,$\alpha = \beta = -\omega_n$ であり,$G(s)\dfrac{1}{s}$ をつぎのとおり部分分数展開する.

$$\frac{K\omega_n^2}{s(s^2 + 2\omega_n s + \omega_n^2)} = \frac{K\omega_n^2}{s(s+\omega_n)^2} = K\left\{\frac{k_1}{s} + \frac{k_2 s + k_3}{(s+\omega_n)^2}\right\} (6.19)$$

インパルス応答の場合と同様の計算により,つぎが得られる.

$$k_1 = 1, \quad k_2 = -k_1 = -1, \quad k_3 = -2k_1\omega_n = -2\omega_n \qquad (6.20)$$

よって,(6.19) 式に代入すると単位ステップ応答はつぎで表される.

$$y(t) = \mathcal{L}^{-1}\left[\frac{K\omega_n^2}{s(s+\omega_n)^2}\right] = K\mathcal{L}^{-1}\left[\frac{1}{s} - \frac{s + 2\omega_n}{(s+\omega_n)^2}\right]$$

$$= K\mathcal{L}^{-1}\left[\frac{1}{s} - \frac{(s+\omega_n) + \omega_n}{(s+\omega_n)^2}\right]$$

$$= K\mathcal{L}^{-1}\left[\frac{1}{s} - \frac{1}{s+\omega_n} - \frac{\omega_n}{(s+\omega_n)^2}\right]$$

$$= K(1 - e^{-\omega_n t} - \omega_n t\,e^{-\omega_n t}) = K\{1 - (1 + \omega_n t)\,e^{-\omega_n t}\} \, (6.21)$$

インパルス応答の場合と同様に,この場合も極 $-\omega_n$ が応答の指数関数のべき指数の部分に現れていることに注意しよう.

---

[7] オイラーの公式 $(e^{j\theta} = \cos\theta + j\sin\theta)$ や三角関数と指数関数の性質を使うと導出できる.

(3) $\zeta > 1$（過減衰）の場合

このとき，$\alpha = -\zeta\omega_n + \sqrt{\zeta^2 - 1}\,\omega_n$，$\beta = -\zeta\omega_n - \sqrt{\zeta^2 - 1}\,\omega_n$ となる．部分分数展開の形は (6.15) 式と同じであり，さらに同様の計算により，

$$k_1 = 1, \quad k_2 = -\frac{\zeta + \sqrt{\zeta^2 - 1}}{2\sqrt{\zeta^2 - 1}}, \quad k_3 = \frac{\zeta - \sqrt{\zeta^2 - 1}}{2\sqrt{\zeta^2 - 1}} \tag{6.22}$$

となる．(6.16) 式に (6.22) 式を代入すると単位ステップ応答はつぎで表される．

$$\begin{aligned}
y(t) &= K(k_1 + k_2\,\mathrm{e}^{\alpha t} + k_3\,\mathrm{e}^{\beta t}) \\
&= K\left\{ 1 - \frac{\zeta + \sqrt{\zeta^2 - 1}}{2\sqrt{\zeta^2 - 1}}\,\mathrm{e}^{\left(-\zeta\omega_n + \sqrt{\zeta^2 - 1}\,\omega_n\right)t} + \frac{\zeta - \sqrt{\zeta^2 - 1}}{2\sqrt{\zeta^2 - 1}}\,\mathrm{e}^{\left(-\zeta\omega_n - \sqrt{\zeta^2 - 1}\,\omega_n\right)t} \right\}
\end{aligned}$$
$$\tag{6.23}$$

この場合も，インパルス応答の場合と同様に，極 $-\zeta\omega_n \pm \sqrt{\zeta^2 - 1}\,\omega_n$ が応答の指数関数のべき指数の部分に現れている．単位ステップ応答の場合も，上記の手順にしたがって応答を計算する演習問題 (2) がある．インパルス応答と合わせて，こちらもぜひ解いておこう．

6.2.2 単位ステップ応答の解析

不足減衰（$\zeta = 0.1$），臨界減衰（$\zeta = 1$），過減衰（$\zeta = 2$）それぞれの場合の単位ステップ応答を図 6.6 に示す（$\omega_n = 1$，$K = 1$ とする）．それぞれの場合において，応答の式を用いて考察すると，(6.18)，(6.21)，(6.23) 式より，インパルス応答の場合と同様に $\zeta > 0$，$\omega_n > 0$ の場合では，指数関数のべき指数の部分は必ず負となり，時間の経過とともに 0 に近づく．したがって，

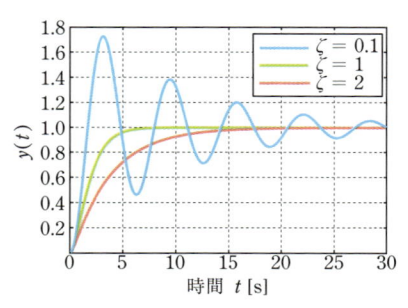

図 6.6　2 次遅れ系の単位ステップ応答（$\omega_n = 1$，$K = 1$）

単位ステップ応答 $y(t)$ は K（ここでは 1）に収束することがわかる．定常値 K に収束するまでの ζ の値による違いは，インパルス応答の場合と基本的に同様であるが，不足減衰（$0 < \zeta < 1$）の場合は，振動的な応答成分は単位ステップ応答のオーバーシュートとして現れ，臨界減衰・過減衰（$\zeta \geq 1$）の場合は，応答に振動的な要素がないためオーバーシュートは生じないことに注意する．また，不足減衰におけるオーバーシュートの大きさ（ζ の値による）は，講義 12 で説明するボード線図における「共振」と関係することに注意しよう．

つぎに，不足減衰と過減衰の場合において，2 次遅れ系のパラメータ（ζ と ω_n）が変化すると，単位ステップ応答がどのように変化するのかについて考えよう（インパルス応答の場合と同様にどちらかのパラメータを固定する）．

不足減衰の場合，ω_n を大きくすると速応性が向上する（図 6.7）．また，ζ

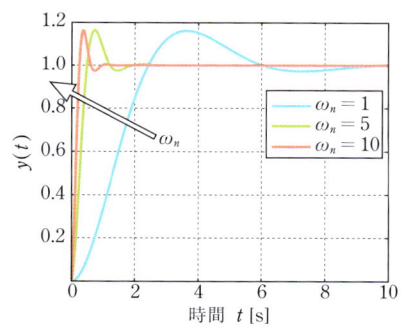

図6.7　不足減衰時に ω_n を変化させたときの単位ステップ応答（$\zeta = 0.5$, $K = 1$）

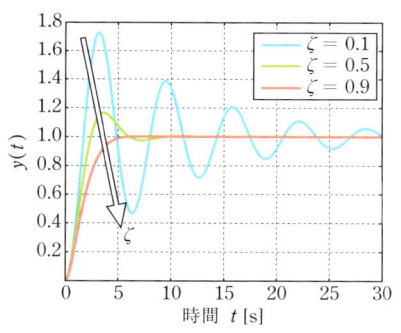

図6.8　不足減衰時に ζ を変化させたときの単位ステップ応答（$\omega_n = 1$, $K = 1$）

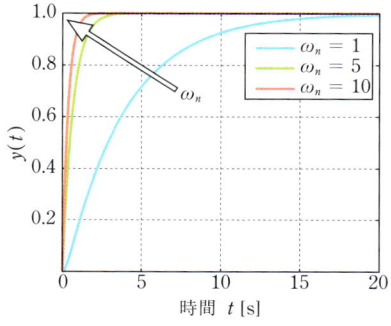

図6.9　過減衰時に ω_n を変化させたときの単位ステップ応答（$\zeta = 2$, $K = 1$）

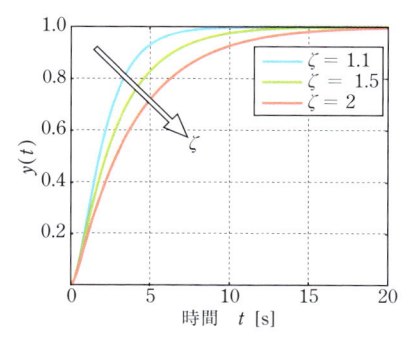

図6.10　過減衰時に ζ を変化させたときの単位ステップ応答（$\omega_n = 1$, $K = 1$）

2 次遅れ系の応答のまとめ

● 2 次遅れ系の伝達関数：

$$G(s) = \frac{K\omega_n^2}{s^2 + 2\zeta\omega_n s + \omega_n^2}, \quad (\zeta > 0, \ \omega_n > 0, \ K：定数)$$

● $G(s)$ の極：

$$\alpha = -\zeta\omega_n + \sqrt{\zeta^2 - 1}\,\omega_n, \quad \beta = -\zeta\omega_n - \sqrt{\zeta^2 - 1}\,\omega_n$$

根号内の正負により応答を分類

① 不足減衰：

$$\zeta^2 - 1 < 0 \Rightarrow 0 < \zeta < 1 \Rightarrow$$

$$\alpha = -\zeta\omega_n + j\sqrt{1 - \zeta^2}\,\omega_n, \quad \beta = -\zeta\omega_n - j\sqrt{1 - \zeta^2}\,\omega_n \quad \textbf{（共役複素根）}$$

・インパルス応答： $y(t) = \dfrac{K\omega_n}{\sqrt{1 - \zeta^2}}\, \mathrm{e}^{-\zeta\omega_n t} \sin\sqrt{1 - \zeta^2}\,\omega_n t$

・単位ステップ応答：

$\alpha, \ \beta$ の実部　　$\alpha, \ \beta$ の虚部

$$y(t) = K\left\{ 1 - \frac{1}{\sqrt{1 - \zeta^2}}\, \mathrm{e}^{-\zeta\omega_n t} \sin\left(\sqrt{1 - \zeta^2}\,\omega_n t + \phi\right) \right\}, \quad \phi = \tan^{-1}\frac{\sqrt{1 - \zeta^2}}{\zeta}$$

・インパルス応答： $\lim\limits_{t \to \infty} y(t) = 0 \Rightarrow$ 振動しながら 0 （$\sqrt{1 - \zeta^2}\,\omega_n$ が大）

・単位ステップ応答： $\lim\limits_{t \to \infty} y(t) = K \Rightarrow$ 振動しながら K （$\sqrt{1 - \zeta^2}\,\omega_n$ が大）

② 臨界減衰： $\zeta^2 - 1 = 0 \Rightarrow \zeta = 1 \Rightarrow \alpha = \beta = -\omega_n$ **（重根）**

・インパルス応答： $y(t) = K\omega_n^2 t\mathrm{e}^{-\omega_n t} \Rightarrow \lim\limits_{t \to \infty} y(t) = 0 \ (\omega_n > 0)$

・単位ステップ応答： $y(t) = K\{1 - (1 + \omega_n t)\,\mathrm{e}^{-\omega_n t}\} \Rightarrow \lim\limits_{t \to \infty} y(t) = K \ (\omega_n > 0)$

③ 過減衰：

$$\zeta^2 - 1 > 0 \Rightarrow \zeta > 1 \Rightarrow \alpha = -\zeta\omega_n + \sqrt{\zeta^2 - 1}\,\omega_n, \quad \beta = -\zeta\omega_n - \sqrt{\zeta^2 - 1}\,\omega_n$$

（異なる 2 つの実数根）

・インパルス応答： $y(t) = \dfrac{K\omega_n}{2\sqrt{\zeta^2 - 1}}\, (\mathrm{e}^{\alpha t} - \mathrm{e}^{\beta t}) \Rightarrow \lim\limits_{t \to \infty} y(t) = 0 \ (\alpha, \ \beta \text{ ともに負})$

・単位ステップ応答： $y(t) = K(1 - A\mathrm{e}^{\alpha t} + B\mathrm{e}^{\beta t})$,

$$A = \frac{\zeta + \sqrt{\zeta^2 - 1}}{2\sqrt{\zeta^2 - 1}}, \quad B = \frac{\zeta - \sqrt{\zeta^2 - 1}}{2\sqrt{\zeta^2 - 1}} \Rightarrow \lim\limits_{t \to \infty} y(t) = K \ (\alpha, \ \beta \text{ ともに負})$$

が小さいほどオーバーシュートが大きくなり減衰性が低くなる．ζ を大きくするにしたがい減衰性は向上し，オーバーシュートは小さくなり，過減衰や臨界減衰の応答と違いが小さくなる．また，ζ の増大にともない，立ち上がり時間や遅れ時間がやや大きくなり，速応性はやや低下する（図 6.8）.

一方，過減衰の場合は，ω_n を大きくすると速応性が向上し（図 6.9），ζ を大きくすると速応性が低下する（図 6.10）.

⚙ 6.3 応答と極の関係

講義 05 の 1 次遅れ系の応答，本講の 2 次遅れ系の応答より，システムの応答はその伝達関数の極によって様子が変わることがわかった．またいずれの場合でも，「極の実数部分は指数関数のべき指数の部分」となり，「極の虚数部分は正弦関数の角周波数の部分」になることがわかった．さらに，1 次遅れ系の場合は実数根のみ，2 次遅れ系の場合は 2 つの異なる実数根，重根，共役複素根の場合があることがわかった．システムの応答と極の関係をより明確に理解するために，つぎの例を考える．

06

例 6.1

図 6.4，6.5 の過減衰の場合について，応答と極の関係について考える．比較のため以下の 3 つの場合で，極 $\alpha = -\zeta\omega_n + \sqrt{\zeta^2-1}\,\omega_n$，$\beta = -\zeta\omega_n - \sqrt{\zeta^2-1}\,\omega_n$ のおおよその値を求めるとつぎが得られる[8].

$\zeta = 2$，$\omega_n = 1$ の場合：$\alpha = -0.3$，$\beta = -3.7$

$\zeta = 2$，$\omega_n = 10$ の場合：$\alpha = -3$，$\beta = -37$

$\zeta = 1.1$，$\omega_n = 1$ の場合：$\alpha = -0.7$，$\beta = -1.6$

これより，(6.13) 式において，両応答の指数関数のべき指数の部分の値が異なることがわかる．よって $\alpha > \beta$ の場合（両者とも負の値であることに注意しよう），$e^{\beta t}$ の方が $e^{\alpha t}$ より早く 0 に収束する．すなわち，時間が経過しても $e^{\alpha t}$ の値の影響が応答に残ることになる．これに注目すると，$\zeta = 2$，$\omega_n = 1$ の場合に $\alpha = -0.3$ であるので，他の場合と比べて，この項の影響によりインパルス応答では 0 に収束するまでに時間がかかり，単位ステップ応答では定常値 K に収束するまでに時間がかかることになる． ⚙

例 6.1 で示したように，システムの応答と極には密接な関係がある．システムが 2 つ以上の極を持つ場合（ただし，すべての極の実部は負と仮定），そ

8）平方根の計算が必要になるが値の大小関係さえ見失わなければよい．

の実部がより原点に近い極のことを**代表極**（dominant pole）または**主要極**と呼ぶ．例 6.1 でも考察したように，システムの応答は代表極による影響が一番大きい．インパルス応答に限って，応答と極の関係を図示すると図 6.11 で表すことができる．ここで図中の Re は実軸，Im は虚軸を表し，＊や×印は極の位置を表している．

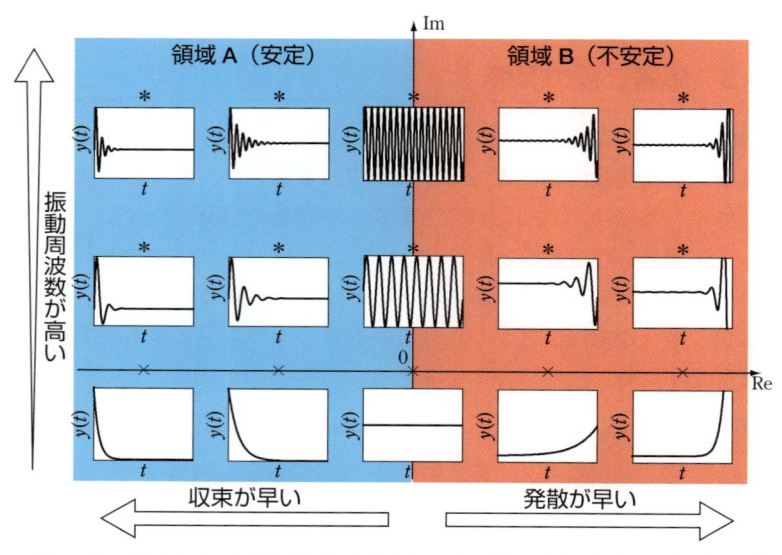

図 6.11　インパルス応答と代表極の配置の関係（×，＊：極の位置，各極の下は応答の概形）

　代表極が実数であれば，図 6.11 の実軸上での応答がインパルス応答の概形になる．たとえば，2 次遅れ系の過減衰（$\zeta > 1$）の場合，(6.2)，(6.9) 式より，$\alpha = -\zeta\omega_n + \sqrt{\zeta^2 - 1}\,\omega_n$，$\beta = -\zeta\omega_n - \sqrt{\zeta^2 - 1}\,\omega_n$ となり，インパルス応答は，

$$y(t) = \mathcal{L}^{-1}\left[K\left(\frac{k_1}{s - \alpha} + \frac{k_2}{s - \beta}\right)\right] = \mathcal{L}^{-1}\left[\frac{Kk_1}{s - \alpha}\right] + \mathcal{L}^{-1}\left[\frac{Kk_2}{s - \beta}\right]$$

$$= y_1(t) + y_2(t), \quad y_1(t) = Kk_1 e^{\alpha t}, \quad y_2(t) = Kk_2 e^{\beta t} \tag{6.24}$$

となる．$\alpha, \beta < 0$ であるから，$t \to \infty$ としたとき，2 つの項 $y_1(t) = Kk_1 e^{\alpha t}$ および $y_2(t) = Kk_2 e^{\beta t}$ の両方が 0 に収束する．収束までの過程も考えると，講義 1 の指数関数の性質（図 1.4）より，2 つの項 $y_1(t)$，$y_2(t)$ のうち，α, β の値

がより大きい（原点に近い）方の項の収束が遅くなる．言い換えると，α, β の
うちより大きい方の項の応答（$y_1(t), y_2(t)$ のどちらか）が2次遅れ系全体の応
答 $y(t)$ により長い時間残ることになる．これが，（実部の）値が最大である[9]
代表極が，システムの応答にもっとも強い影響を及ぼす理由である．

　2次遅れ系の臨界減衰の場合は，2つの極はともに $\alpha = \beta = -\omega_n < 0$ であ
り，インパルス応答は，(6.8) 式から，

$$y(t) = \mathcal{L}^{-1}\left[\frac{K\alpha^2}{(s-\alpha)^2}\right] = K\alpha^2 t\mathrm{e}^{\alpha t} \tag{6.25}$$

となり，$y(t)$ が0に収束する速さは，$\alpha < 0$ の大きさだけで決まる．

　これに対し，2次遅れ系の不足減衰の場合は，(6.4) 式より，極は，
$s = a \pm j\omega$ のような，実部 $a = -\zeta\omega_n < 0$，虚部 $\omega = \sqrt{1-\zeta^2}\,\omega_n$ の共役複
素数対になる．このとき，(6.5) 式は，

$$G(s) = \frac{K\omega_n^2}{s^2 + 2\zeta\omega_n + \omega_n^2} = \frac{K\omega_n}{\sqrt{1-\zeta^2}}\frac{\sqrt{1-\zeta^2}\,\omega_n}{(s+\zeta\omega_n)^2 + \left(\sqrt{1-\zeta^2}\,\omega_n\right)^2}$$

$$= \frac{K\omega_n}{\sqrt{1-\zeta^2}}\frac{\omega}{(s+a)^2 + \omega^2} \tag{6.26}$$

となるから，(6.6) 式と同じ計算により，インパルス応答 $y(t)$ は，

$$y(t) = \mathcal{L}^{-1}\left[\frac{K\omega_n}{\sqrt{1-\zeta^2}}\frac{\omega}{(s+a)^2 + \omega^2}\right] = \frac{K\omega_n}{\sqrt{1-\zeta^2}}\mathrm{e}^{-at}\sin\omega t \tag{6.27}$$

となる．これより，不足減衰の場合は，1対の共役複素数である2つの極に
よって1つのインパルス応答が定まることになる．インパルス応答 $y(t)$ は，
単調に減少する指数関数 $\mathrm{e}^{at} = \mathrm{e}^{-\zeta\omega_n t}$（$a = -\zeta\omega_n < 0$）に，振幅 $\dfrac{K\omega_n}{\sqrt{1-\zeta^2}}$，
角周波数 $\omega = \sqrt{1-\zeta^2}\,\omega_n$ の正弦波 $\dfrac{K\omega_n}{\sqrt{1-\zeta^2}}\sin\sqrt{1-\zeta^2}\,\omega_n t$ をかけたもの
になり，振幅の大きさを単調に減少しながら（$t \to \infty$ で0に収束する）振動す
る波形となる．これが図 6.11 の虚部が0でない代表極を持つシステムのイン
パルス応答の概形になる．さらに，極の実部 $a = -\zeta\omega_n$ が小さくなると，
$y(t)$ がより速く0に収束するように応答は変化（領域Aの左側に向かう）し，
極の虚部の大きさ $\omega = \sqrt{1-\zeta^2}\,\omega_n$ が大きくなると，角周波数が大きくなる

---

9) 今は，すべての極の実部が負（領域A）である伝達関数について考えている．

ため，周期 $\dfrac{2\pi}{\omega} = \dfrac{2\pi}{\sqrt{1-\zeta^2}\,\omega_n}$ が小さくなるように応答は変化（領域 A の上側に向かう）する．

　図 6.11 に示すとおり，複素平面上でのシステムの極の位置とインパルス応答の概形の関係を理解することはとても大切である（ステップ応答も類推できる）．また，図中の領域 B に極が存在する場合，応答が無限大に発散しているが，このことについては講義 07 で説明する．

正弦波の式とそのグラフ

　時間 t を変数とした正弦波 $x(t)$ は，つぎで与えられる．

$$x(t) = A\sin(\omega t + \phi) \tag{6.28}$$

このとき，A を振幅（amplitude），ω [rad/s] を角周波数（angular frequency），ϕ [°] を位相（phase）（または初期位相，位相差）という．$x(t)$ のグラフを図 6.12 に示す．図において，$\dfrac{2\pi}{\omega}$ は周期（period）である．また，角周波数 ω が大きくなると，$x(t)$ は図 6.13 のように波形が変化し，単位時間当たりに振動する回数が増える．

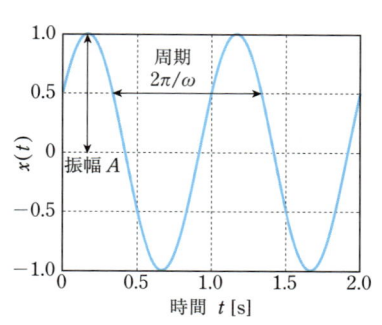

図 6.12　正弦波 $x(t) = A\sin(\omega t + \phi)$ のグラフ（$A = 1$，$\phi = \dfrac{\pi}{6}$，$\omega = 2\pi$）

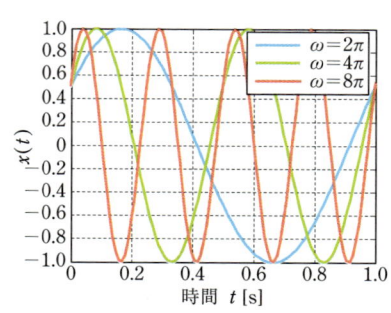

図 6.13　正弦波 $x(t) = A\sin(\omega t + \phi)$ のグラフ（$A = 1$，$\phi = \dfrac{\pi}{6}$，$\omega = 2\pi,\ 4\pi,\ 8\pi$）

【講義 06 のまとめ】

- 2 次遅れ系の応答の違いは，システムの極の値に対応している．
- 極が実数のみの場合は応答は振動しない．虚部が存在する場合は，応答は振動的になる．
- 負である極の実部がより小さくなる（実部の絶対値が大きくなる）と，応答の収束はより早くなる．
- 極の虚部の絶対値が大きくなると，応答の振動周波数は高くなる．
- すべての極の実部が負の場合，システムのインパルス応答やステップ応答には，極の実部がもっとも原点に近い代表極が大きな影響を及ぼし，システムの応答は，おおむね代表極に対応したものになると考えてよい．

06

演習問題

(1) つぎの 2 次遅れ系の伝達関数 $G(s)$ に対して，分母多項式を $s^2 + 2\zeta\omega_n s + \omega_n^2$ と表したときの ζ，ω_n をそれぞれ求めた後，そのインパルス応答を計算せよ．

    i) $\quad G(s) = \dfrac{8}{s^2 + 4s + 8}$

   ii) $\quad G(s) = \dfrac{4}{s^2 + 4s + 4}$

  iii) $\quad G(s) = \dfrac{2}{s^2 + 4s + 2}$

(2) (1) i)，ii)，iii) に対して，同様の手順で単位ステップ応答を計算せよ．

(3) 図 2.12 のマス－ばね－ダンパシステムについて，つぎの問いに答えよ．

    i) 　力 $f(t)$ のラプラス変換 $F(s)$ を入力，台車位置 $x(t)$ のラプラス変換 $X(s)$ を出力とした伝達関数を求めよ（➡講義 03 の演習問題 (1) と同じ問題）．

   ii) 　$M = 1$ kg，$D = 5$ N·s/m，$K = 6$ N/m および $M = 1$ kg，$D = 2$ N·s/m，$K = 6$ N/m の場合において，$f(t) = \delta(t)$ としたときの $x(t)$（インパルス応答）を求めよ．

  iii) 　ii) と同様の場合に，$f(t) = 1$，$t \geq 0$ としたときの $x(t)$（単位ステップ応答）を求めよ．

(4) 不足減衰時での2次遅れ系の単位ステップ応答 (6.18) 式を導出せよ.

(5) (6.1) 式の2次遅れ系のインパルス応答を $y_i(t)$, 単位ステップ応答を $y_s(t)$ とするとき，88ページの2次遅れ系の応答のまとめを用いて，

$$y_i(t) = \frac{\mathrm{d}y_s(t)}{\mathrm{d}t}$$ であることを不足減衰の場合に示せ.

(6) 図 2.9 の RLC 回路において，(2.19) 式が成り立っている. つぎの問いに答えよ.

   i) 入力を $V_{\mathrm{in}}(s) = \mathcal{L}[v_{\mathrm{in}}(t)]$, 出力を $V_{\mathrm{out}}(s) = \mathcal{L}[v_{\mathrm{out}}(t)]$ とする伝達関数 $G(s)$ を，(6.1) 式の形で求め，ζ, ω_n, K を抵抗 $R[\Omega]$, コンデンサの静電容量 $C[\mathrm{F}]$, コイルのインダクタンス $L[\mathrm{H}]$ を用いて表せ.

   ii) このシステムの単位ステップ応答にオーバーシュートが生じる条件を R, C, L を用いて表せ. またオーバーシュートの大きさを示せ.

(7) 2.3 節，3.3 節で扱われた直流モータに慣性モーメント $J_l\,[\mathrm{kg\cdot m^2}]$ の回転負荷をつけたモデルの微分方程式は，つぎのようになる.

$$L_a \frac{\mathrm{d}i_a(t)}{\mathrm{d}t} + R_a\,i_a(t) = v_a(t) - v_b(t), \quad v_b(t) = K_b\omega(t),$$

$$\tau(t) = K_\tau i_a(t), \quad J\frac{\mathrm{d}^2\theta(t)}{\mathrm{d}t^2} + B\frac{\mathrm{d}\theta(t)}{\mathrm{d}t} = \tau(t), \quad \omega(t) = \frac{\mathrm{d}\theta(t)}{\mathrm{d}t}$$

ここで，$J = J_c + J_l\,[\mathrm{kg\cdot m^2}]$ は電機子コイルと負荷の慣性モーメントの和であり，他の記号は 2.3 節の直流モータのモデルと同じである. つぎの問いに答えよ.

   i) $V_a(s) = \mathcal{L}[v_a(t)]$ から $\omega(s) = \mathcal{L}[\omega(t)]$ までの伝達関数 $G(s)$ を (6.1) 式の形で求め，ω_n, ζ, K を上記の物理パラメータで表せ.

   ii) $L_a = 1\,\mathrm{mH}$, $R_a = 1\,\Omega$, $K_b = 0.5\,\mathrm{V\cdot s}$, $K_\tau = 0.5\,\mathrm{N\cdot m/A}$, $J_c = 5 \times 10^{-4}\,\mathrm{kg\cdot m^2}$, $B = 0.1\,\mathrm{N\cdot m\cdot s}$ とする. 単位ステップ応答にオーバーシュートが生じない負荷の慣性モーメントの最小値 $(J_l)_{\mathrm{min}}\,[\mathrm{kg\cdot m^2}]$ を求めよ. また，そのときの単位ステップ応答を求めて，概形を描け.

(8) 講義 04 の演習問題 (8) において船の運動方程式は，

$$m\dot{v}(t) = T(t) - R(t) \Rightarrow m\dot{v}(t) + cv(t) = b\omega(t)$$

で表される（各記号は該当問題を参照）. 推力 $T(t) = b\omega(t)\,(\omega(t)$:プロペラの回転角速度 $[\mathrm{rad/s}]$）において，講義 04 の演習問題 (8) では，$\omega(t)$ はスロットルレバーで直接変更可能と仮定していたが，実際には，

エンジンの特性によりスロットルレバーの操作量 $\theta(t)$ に対して $\omega(t)$ は遅れて変化する．この遅れを，$\theta(s) = \mathcal{L}[\theta(t)]$ を入力，$\omega(s) = \mathcal{L}[\omega(t)]$ を出力とする，つぎのような1次遅れ系でモデル化する．

$$\omega(s) = \frac{K_d}{T_d s + 1}\theta(s),\ 時定数 T_d > 0,\ K_d > 0$$

このとき，$\theta(s)$ から $V(s) = \mathcal{L}[v(t)]$ までの伝達関数を求め，スロットルレバーの入力を高さ θ_s のステップ信号に対する応答を求めよ．

(9) 図 6.14 に示すような土砂を運搬するダンプトラックの荷台にショベルで土砂を積み込むことを考える．荷台を含むダンプトラックを図 6.14 のようなマス−ばね−ダンパシステムとしてモデル化する（m_d [kg] はダンプトラックの質量，d [N·s/m]，k [N/m] はサスペンションなどの粘性減衰係数およびばね定数）．このとき，運動方程式は，

$$m_d \ddot{x}(t) + d\dot{x}(t) + kx(t) = f(t)$$

となる．ここで，$x(t)$ [m] は荷台の変位であり，$f(t)$ [N] は土砂を積み込むことによって荷台に加わる荷重である．土砂の質量を m_s [kg] とし，土砂が積み込まれる状況を，マス−ばね−ダンパシステムに高さ $m_s g$ のステップ入力が作用したとしてモデル化する．ここで，g は重力加速度である．土砂を積み込んだ際地面に伝わる力を $f_g(t)$ とするとき，つぎの問いに答えよ．

i) $F(s) = \mathcal{L}[f(t)]$ を入力とし，$X(s) = \mathcal{L}[x(t)]$ を出力とする伝達関数 $G(s)$ を (6.1) 式の形で求めよ．

ii) 前問の結果を用いて，$F(s) = \mathcal{L}[f(t)]$ を入力とし，$F_g(s) = \mathcal{L}[f_g(t)]$ を出力とする伝達関数 $H(s)$ を求め，ステップ応答 $f_g(t)$ を求めよ．ただし，$\zeta < 1$ とする．

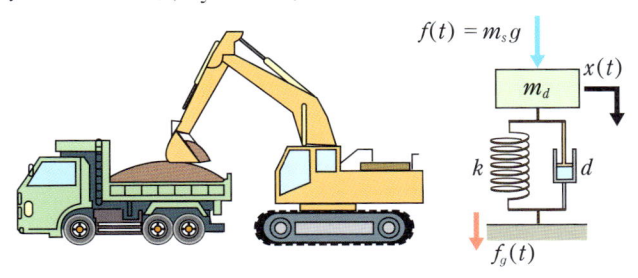

図 6.14　ダンプトラックへの土砂の積み込み

講義 *07*

極と安定性

講義 06 ではシステムの応答と極の関係について述べた．本講では制御工学でもっとも重要となる安定性について説明する．

【講義 07 のポイント】
・システムの定常特性と，最終値定理を用いた定常値の求め方を理解しよう．
・極と過渡特性の関係を調べ，システムの安定性を理解しよう．
・ラウスの安定判別法を使えるようになろう．

⚙ 7.1 定常特性

講義 05 では，充分時間が経過した後のシステムの応答が一定値となるとき，この一定値を**定常値**と呼ぶことを述べた．制御の目的は，最終結果としてシステムの出力である制御量をある望ましい値にすることである．よって，定常値がどのような値になるかを調べることは重要である．ここでは，システムの伝達関数より定常値を計算する方法について説明する．

定常値は，数学的にはシステムの応答 $y(t)$ の $t \to \infty$ での極限値であり，$\lim_{t \to \infty} y(t)$ で計算できる．現実には，$t \to \infty$ まで応答を待つことはできないので，応答が充分一定値とみなせるところで，その値を定常値とする．

> **例 7.1**
>
> 1 次遅れ系の単位ステップ応答の定常値 y_∞ は，70 ページの (5.6) 式より，
>
> $$y_\infty = \lim_{t \to \infty} y(t) = \lim_{t \to \infty} K\left(1 - \mathrm{e}^{-\frac{t}{T}}\right) = K \tag{7.1}$$
>
> となる．

このようにシステムの応答の数式が得られれば，定常値は計算できる．また，**システムの極の実部がすべて負であれば**[1]，ラプラス変換の性質を使う

ことにより，応答計算を行わずに定常値を求めることができる.

システムの伝達関数を $G(s)$，応答を $y(t)$，入力を $u(t)$ として，それぞれのラプラス変換を $Y(s) = \mathcal{L}[y(t)]$，$U(s) = \mathcal{L}[u(t)]$ とする．このとき，46ページの (3.53) 式の $f(t)$ を $y(t)$ に置き換えると，つぎで表される.

$$\lim_{t \to \infty} y(t) = \lim_{s \to 0} s Y(s) = \lim_{s \to 0} s G(s) U(s) \tag{7.2}$$

この性質は**最終値定理**と呼ばれる（➡ラプラス変換の性質**LT6**）．(7.2) 式の最後の等式は，伝達関数を用いた動的システムの入出力の関係式 $Y(s) = G(s)U(s)$ を用いた.

例7.2

1 次遅れ系の単位ステップ応答において，(7.1) 式で求めた定常値を最終値定理を用いて求めてみよう．$G(s) = \dfrac{K}{Ts + 1}$ ($T > 0$ とする)，$U(s) = \mathcal{L}[1] = \dfrac{1}{s}$ から，最終値定理を用いると，定常値 y_∞ は，

$$y_\infty = \lim_{t \to \infty} y(t) = \lim_{s \to 0} s Y(s) = \lim_{s \to 0} s \frac{K}{Ts + 1} \frac{1}{s} = \lim_{s \to 0} \frac{K}{Ts + 1} = K \tag{7.3}$$

となり，(7.1) 式で $t \to \infty$ の極限値を求めた場合と y_∞ の値が一致する． ✿

例7.3

2 次遅れ系の単位ステップ応答において，(6.18) 式で求めた不足減衰の場合の定常値を求めてみよう．(6.18) 式から極限値を求めると，$\displaystyle \lim_{t \to \infty} e^{-\zeta \omega_n t} = 0$ よりつぎが得られる.

$$y_\infty = \lim_{t \to \infty} y(t) = \lim_{t \to \infty} K \left\{ 1 - \frac{e^{-\zeta \omega_n t}}{\sqrt{1 - \zeta^2}} \sin\left(\sqrt{1 - \zeta^2}\, \omega_n t + \phi\right) \right\} = K \tag{7.4}$$

一方，$G(s) = \dfrac{K \omega_n^2}{s^2 + 2\zeta \omega_n s + \omega_n^2}$ ($\zeta > 0$，$\omega_n > 0$ とする)，$U(s) = \dfrac{1}{s}$ であるので，最終値定理を用いると，定常値 y_∞ は，

$$y_\infty = \lim_{t \to \infty} y(t) = \lim_{s \to 0} s Y(s) = \lim_{s \to 0} s \frac{K \omega_n^2}{s^2 + 2\zeta \omega_n s + \omega_n^2} \frac{1}{s} = K \tag{7.5}$$

となり，やはり $t \to \infty$ での極限値と一致する． ✿

最終値定理より，(7.2) 式において最終値定理が使える条件は，システム $sY(s) = sG(s)U(s)$ の極の実部がすべて負となることである．システムへの

---

1) これは後の安定性と密接な関係がある.

入力 $u(t)$ を単位ステップ信号とおくと，$U(s) = \mathcal{L}[1] = \dfrac{1}{s}$ より $sG(s)U(s)$ $= sG(s)\dfrac{1}{s} = G(s)$ となる．したがって，最終値定理が使える条件は，$G(s)$ そのものの極の実部がすべて負となることである．このとき，単位ステップ応答の定常値 y_∞ は，つぎのように計算できる．

$$y_\infty = \lim_{t \to \infty} y(t) = \lim_{s \to 0} sG(s)\,U(s) = \lim_{s \to 0} G(s) \tag{7.6}$$

例 7.2，例 7.3 では，システムの伝達関数の分母多項式は s に関して 1 次または 2 次式であり，極の値は 1 次または 2 次方程式を解いて求めることができる（講義 06 までの内容と同様である）．しかも，システムの極の実部はともに負であり，最終値定理と応答計算より求めた定常値は一致する．

それでは，$G(s)$ の分母多項式がより高次になり，簡単に極を求めることができない場合，極の値を確認しないで最終値定理を適用するとどのようなことが起こるかを，つぎの 2 つの例で考えてみよう．

例 7.4

つぎの伝達関数 $G(s)$ の単位ステップ応答を考える．

$$G(s) = \frac{s + 2}{s^3 + 2s^2 + s + 1} \tag{7.7}$$

この単位ステップ応答を制御系 CAD[2] を使って計算すると図 7.1 となり，応答は一定値に収束し，定常値は 2 となる．このシステムに対して，最終値定理を用いて単位ステップ応答の定常値 y_∞ を計算すると，

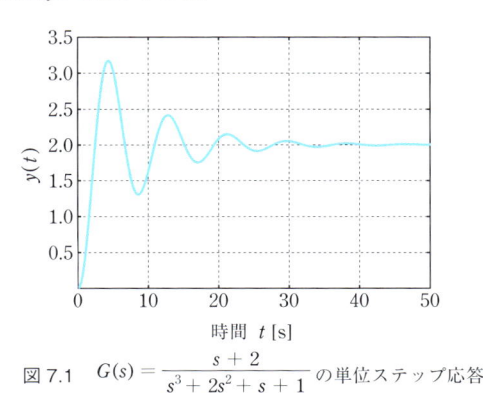

図 7.1　$G(s) = \dfrac{s + 2}{s^3 + 2s^2 + s + 1}$ の単位ステップ応答

2）Computer Aided Design（コンピュータ援用設計）の略．機械設計，電気回路設計をはじめ，種々の設計に用いられており，制御系の解析や設計においても多く用いられている．

$$y_\infty = \lim_{t \to \infty} y(t) = \lim_{s \to 0} sY(s) = \lim_{s \to 0} s \frac{s+2}{s^3 + 2s^2 + s + 1} \frac{1}{s} = 2 \tag{7.8}$$

となり，図 7.1 の結果と一致し，最終値定理が有効であることがわかる．

つぎの伝達関数 $G_u(s)$ の単位ステップ応答の定常値を，最終値定理を用いて求めよう．

$$G_u(s) = \frac{s+2}{s^3 + 2s^2 + s + 3} \tag{7.9}$$

$G_u(s)$ は，(7.7) 式の $G(s)$ の分母多項式の定数項を 1 から 3 に変えただけである．よって，最終値定理を適用すると，つぎが得られる．

$$y_\infty = \lim_{t \to \infty} y(t) = \lim_{s \to 0} sY(s) = \lim_{s \to 0} s \frac{s+2}{s^3 + 2s^2 + s + 3} \frac{1}{s} = \frac{2}{3} \tag{7.10}$$

定常値は $\frac{2}{3}$ と計算できるが，この単位ステップ応答を制御系 CAD を使って計算すると図 7.2 となり，振動しながら振幅が大きくなり，やがて値は無限大に発散する．したがって，最終値定理を用いて求めた定常値と一致しないことがわかる．

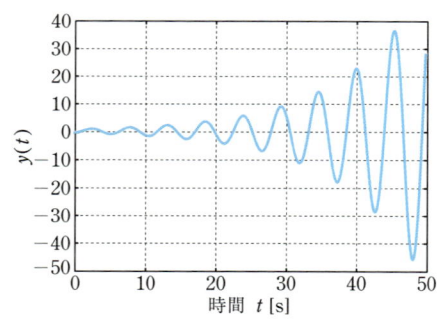

図 7.2　$G_u(s) = \dfrac{s+2}{s^3 + 2s^2 + s + 3}$ の単位ステップ応答

　例 7.4，例 7.5 では，システムの伝達関数の分母多項式が s の 3 次式であり，極の値を求めるには 3 次方程式を解く必要がある．これらの 2 つの例において，例 7.4 では最終値定理と応答計算より求めた定常値は一致するが，例 7.5 では一致しない．

　では，例 7.5 において，最終値定理と応答計算より求めた定常値が異なる

理由は何であろうか？　システムが最終値定理を用いて定常値を計算できる条件を満たしていない，すなわちシステムの極の実部が負ではないということが考えられる．システムの伝達関数の分母多項式が s の 1 次または 2 次式の場合，最終値定理が適用できるかどうかは，システムの極を手計算することによって確認できる．しかし，一般のシステムでは上記例のように分母多項式が 3 次もしくはそれ以上の次数となる（➡図 3.21）．この場合，システムの極を手計算で求めることは容易ではなく，最終値定理が適用できるかどうかは，現時点においては例 7.4，例 7.5 のように制御系 CAD のシミュレーションなどで確認するしかない．さらに，そもそも分母多項式の次数が 3 次以上の場合も，「極の実部が負であればシステムの応答が定常値に収束するのか？」という問題を考える必要がある．

⚙ 7.2　過渡特性と安定性

7.2.1　安定性とは

　7.1 節で，伝達関数の分母多項式が少し変わるだけで，応答の様子がまったく異なることがわかった．この違いはなぜ起こるのであろうか？　ここで，システムの**安定性**（stability）の概念を導入する．

> **システムの安定性**
>
> 有界な[3]すべての（種類の）入力に対して，システムの応答が発散しない（応答が有界）場合，「**安定**（stable）である」と呼び，そうではない場合を「**不安定**（unstable）である」と呼ぶ．

よって，(7.7) 式の $G(s)$ は安定となり，(7.9) 式の $G_u(s)$ は不安定となる．なお，本書で扱うシステムの範囲では，実は単位ステップ応答が有界であれば，システムが安定であることが知られている[4]．

7.2.2　システムの安定性の判定：単位ステップ応答の計算から

　1 次遅れ系や 2 次遅れ系を含む一般的なシステムの安定性をシミュレーションを用いずに判定する方法を考えよう．まず，一般的なシステムの伝達

3）　信号の大きさが常にある有限値以下になっていること．
4）　本書で扱う動的システムは，**線形時不変システム**（linear time invariant system）と呼ばれる．

関数の表し方を示す．一般的な動的システムはつぎの微分方程式で表される．

$$\frac{\mathrm{d}^n y(t)}{\mathrm{d}t^n} + a_{n-1}\frac{\mathrm{d}^{n-1} y(t)}{\mathrm{d}t^{n-1}} + a_{n-2}\frac{\mathrm{d}^{n-2} y(t)}{\mathrm{d}t^{n-2}} + \cdots + a_1\frac{\mathrm{d}y(t)}{\mathrm{d}t} + a_0 y(t)$$

$$= b_m\frac{\mathrm{d}^m u(t)}{\mathrm{d}t^m} + b_{m-1}\frac{\mathrm{d}^{m-1} u(t)}{\mathrm{d}t^{m-1}} + b_{m-2}\frac{\mathrm{d}^{m-2} u(t)}{\mathrm{d}t^{m-2}} + \cdots + b_1\frac{\mathrm{d}u(t)}{\mathrm{d}t} + b_0 u(t)$$

$$(7.11)$$

システムの伝達関数は，システムの特性を表す微分方程式のすべての初期値を 0 として，両辺をラプラス変換すればよい．$U(s) = \mathcal{L}[u(t)]$，$Y(s) = \mathcal{L}[y(t)]$ とすると，ラプラス変換の性質 **LT2** ($\mathcal{L}[f^{(n)}(t)] = s^n F(s)$) から，(7.11) 式の両辺をラプラス変換するとつぎが得られる．

$$(s^n + a_{n-1}s^{n-1} + \cdots + a_1 s + a_0)\, Y(s)$$
$$= (b_m s^m + b_{m-1}s^{m-1} + \cdots + b_1 s + b_0)\, U(s) \tag{7.12}$$

よって，一般的な動的システムの伝達関数 $G(s)$ は

$$G(s) = \frac{Y(s)}{U(s)} = \frac{b_m s^m + b_{m-1}s^{m-1} + \cdots + b_1 s + b_0}{s^n + a_{n-1}s^{n-1} + a_{n-2}s^{n-2} + \cdots + a_1 s + a_0} \tag{7.13}$$

と表される．(7.11) 式は一見複雑に見えるが，対象とする動的システムの変化の様子が，出力 $y(t)$ の $0, 1, ..., n$ 階微分，入力 $u(t)$ の $0, 1, ..., m$ 階微分それぞれの線形和で表現されているにすぎない．

例 7.6

(7.11) 式において $n = 1$，$m = 0$ とすれば，

$$\frac{\mathrm{d}y(t)}{\mathrm{d}t} + a_0 y(t) = b_0 u(t) \tag{7.14}$$

となり，これは 1 次遅れ系である．すべての初期値を 0 として両辺をラプラス変換すると，$(s + a_0)Y(s) = b_0 U(s)$ となるので，伝達関数はつぎで表される．

$$G(s) = \frac{b_0}{s + a_0} = \frac{K}{Ts + 1}, \quad \left(T = \frac{1}{a_0}, \quad K = \frac{b_0}{a_0}\right) \tag{7.15}$$

また，(7.11) 式において $n = 2$，$m = 0$ とすれば，

$$\frac{\mathrm{d}^2 y(t)}{\mathrm{d}t^2} + a_1\frac{\mathrm{d}y(t)}{\mathrm{d}t} + a_0 y(t) = b_0 u(t) \tag{7.16}$$

となり，これは2次遅れ系であり，伝達関数はつぎで表される．

$$G(s) = \frac{b_0}{s^2 + a_1 s + a_0} = \frac{K\omega_n^2}{s^2 + 2\zeta\omega_n s + \omega_n^2},$$

$$\left(\omega_n = \sqrt{a_0},\ \zeta = \frac{a_1}{2\omega_n} = \frac{a_1}{2\sqrt{a_0}},\ K = \frac{b_0}{\omega_n^2} = \frac{b_0}{a_0}\right) \tag{7.17}$$

例 7.6 に示すとおり，一般的な伝達関数は (7.13) 式で表されると考えてよい．またこれまでの例からわかるように，制御工学で扱うほとんどのシステムでは，(7.11)，(7.13) 式において $n \geq m$ の関係が満たされている[5]．すなわち，一般的な伝達関数 (7.13) 式では分母多項式の方が分子多項式より s に関して高次の多項式になる．$n \geq m$ のとき，システムは**プロパー** (proper) であるといい，$n > m$ のとき，システムは**厳密にプロパー** (strictly proper) であるという[6]．

つぎに，(7.13) 式の安定性を調べるために単位ステップ応答 $y(t)$ を求める．単位ステップ応答は $y(t) = \mathcal{L}^{-1}\left[G(s)\frac{1}{s}\right]$ で求められるので，$G(s)\frac{1}{s}$ を部分分数展開するとつぎで表される．

$$
\begin{aligned}
G(s)\frac{1}{s} &= \frac{b_m s^m + b_{m-1} s^{m-1} + \cdots + b_1 s + b_0}{s(s^n + a_{n-1} s^{n-1} + a_{n-2} s^{n-2} + \cdots + a_1 s + a_0)} \\[2mm]
&= \frac{b_m s^m + b_{m-1} s^{m-1} + \cdots + b_1 s + b_0}{s(s-\alpha_1)\cdots(s-\alpha_q)\{(s-\beta_1)^2 + \omega_1^2\}\cdots\{(s-\beta_r)^2 + \omega_r^2\}} \\[2mm]
&= \frac{c_0}{s} + \frac{d_1}{s-\alpha_1} + \cdots + \frac{d_q}{s-\alpha_q} \\[2mm]
&\quad + \frac{e_1 s + f_1}{(s-\beta_1)^2 + \omega_1^2} + \cdots + \frac{e_r s + f_r}{(s-\beta_r)^2 + \omega_r^2} \\[2mm]
&= \frac{c_0}{s} + \sum_{i=1}^{q} \frac{d_i}{s-\alpha_i} + \sum_{l=1}^{r}\left[\frac{g_l \omega_l}{(s-\beta_l)^2 + \omega_l^2} + \frac{h_l(s-\beta_l)}{(s-\beta_l)^2 + \omega_l^2}\right]
\end{aligned}
$$

$$\tag{7.18}$$

---

5) 特別なシステムにおいては $n < m$ となることもあるが，より高度な内容となるので説明は省く．
6) 「因果律を満たしている」ともいう．

7.2　過渡特性と安定性·········103

ここで，$\alpha_i\ (i = 1, ..., q)$，$\beta_l$，$\omega_l\ (l = 1, ..., r)$ は定数であり，$\omega_l > 0$ である．この部分分数展開は，α_i，β_l，ω_l が，**それぞれすべて相異なる場合**は常に得ることができる[7]．よって，一般的な伝達関数 (7.13) 式の分母多項式は s に関して 1 次の項 $(s,\ s - \alpha_i)$ と 2 次の項 $((s - \beta_l)^2 + \omega_l^2)$ に因数分解できる．すなわち，伝達関数の極は，実極 $\alpha_i\ (i = 1, ..., q)$ と共役複素極 $\beta_l \pm j\omega_l\ (l = 1, ..., r)$ となる．また，c_0，$d_i\ (i = 1, ..., q)$，e_l，f_l，g_l，$h_l\ (l = 1, ..., r)$ は，部分分数展開する際に決まる定数である．ここで，システムの伝達関数 (7.13) 式は一般形であるので，講義 06 までのように極の実部 α_i と β_l は負の値になるとは限らないことに注意しよう．

(7.18) 式の逆ラプラス変換を行うと，単位ステップ応答 $y(t)$ はつぎで表される．

時間 t に無関係の項：一定値　　$\beta_l < 0$ ならば 0 に収束する部分

$$y(t) = c_0 + \sum_{i=1}^{q} d_i \mathrm{e}^{\alpha_i t} + \sum_{l=1}^{r} \mathrm{e}^{\beta_l t} \left(g_l \sin \omega_l t + h_l \cos \omega_l t \right)$$

$\alpha_i < 0$ ならば 0 に収束する項　　角周波数 ω_l で単振動する部分

$$(7.19)$$

ここで，6.2.1 項で示したとおり，s に関して 2 次の項，すなわち 2 次遅れ系のシステムの極 $\beta_l \pm j\omega_l$ の実部が指数関数のべき指数の部分に，虚部が正弦関数の角周波数の部分に現れていることがわかる．

つぎに，(7.19) 式の単位ステップ応答 $y(t)$ が時間 $t \to \infty$ で有界な値に収束するのか，無限大に発散するのかを調べる．

第 1 項の c_0 は時間 t に関係ない一定値である．いいかえると，一定値 c_0 の項は，$y(t)$ が $t \to \infty$ で一定値に収束するかどうかには何も影響しない．この項は，(7.18) 式中の $\dfrac{c_0}{s}$ の項を逆ラプラス変換したもので，入力 $u(t) = 1$ により現れる項である．

つぎに，第 2 項の $\sum_{i=1}^{q} d_i \mathrm{e}^{\alpha_i t}$ の応答を調べる．指数関数の性質から，$\alpha_i < 0$ であれば，$\lim_{t \to \infty} d_i \mathrm{e}^{\alpha_i t} = 0$ となる．

つぎに，第 3 項の応答を調べる．この項は，指数関数 $\mathrm{e}^{\beta_l t}$ と三角関数 $(g_l \sin \omega_l t + h_l \cos \omega_l t)$ の積で表され，6.2 節と同様に考えることができる．三角

---

7) そうでない場合は部分分数展開の形は異なるが，以後の議論の結論は本質的に同じになる．

関数の足し合わせの波形は単振動であるので（ある振幅の幅内で同じ値を周期的に繰り返す），$\beta_l < 0$ であれば，$\lim\limits_{t \to \infty} e^{\beta_l t} = 0$ となり，項全体の値は振動しながら 0 に収束する．

　以上より，$\alpha_i < 0$ かつ $\beta_l < 0$ であれば，単位ステップ応答は有界な一定値 c_0 に収束する．すなわち，$\alpha_i < 0$ かつ $\beta_l < 0$ であれば，伝達関数が $G(s)$ で与えられる動的システムは安定である．いいかえると，**伝達関数のすべての極の実部が負であればシステムは安定となる**．

　ここで，(7.19) 式の右辺第 2，3 項は関数の足し合わせの項である．よって，すべての α_i，β_l が負の値であれば，すべての指数関数の部分は 0 に収束するが，α_i，β_l のうちどれかひとつでも正の値があれば，その項だけは無限大に発散する[8]．よって，つぎにまとめられる．

> **伝達関数 $G(s)$ の安定性の条件**
>
> 　$G(s)$ が安定となる条件は，$G(s)$ のすべての極の実部が 0 未満になることである．また，そうでない場合は $G(s)$ は不安定となる．

　以上より，システムの極（伝達関数の「分母多項式」$= 0$ の根）は，システムの安定性を決定づけ，極を求めることは，システムの特性を調べる際に欠かすことのできない重要な事項の 1 つである．一方，伝達関数の「分子多項式」$= 0$ の根，すなわち (7.13) 式における

$$b_m s^m + b_{m-1} s^{m-1} + \cdots + b_1 s + b_0 = 0 \tag{7.20}$$

の根は，システムの**零点**（zero）と呼ばれ，安定性には影響しないが，(7.18) 式の部分分数展開の各要素の分子係数の値を決定するので，システムの過渡特性や定常特性に影響を及ぼす．

7.2.3　過渡特性と極の関係

　$G(s)$ が安定（すべての極の実部が負，すなわち $\alpha_i < 0$，$\beta_l < 0$ である場合，システムは安定となり，(7.19) 式より単位ステップ応答は c_0 に収束することがわかった．いま，一般的なシステムの伝達関数 $G(s)$ の単位ステップ応答（(7.19) 式）は定数項，1 次遅れ系，2 次遅れ系の応答の足し合わせであり，

---

8) $\alpha_i = 0$ や $\beta_l = 0$ の場合は**安定限界**と呼ばれる（**➡講義 13**）．

6.3 節と同様に，代表極が応答にもっとも影響を及ぼすことがわかる．

例 7.7

安定なシステム $G(s)$ の単位ステップ応答において，もし $\alpha_1 < 0$ が代表極の場合は，$y(t)$ はつぎの形で近似的に表すことができる．

$$y(t) \simeq c_0 + d_1 \mathrm{e}^{\alpha_1 t} \tag{7.21}$$

よって，応答は振動しない傾向にある．また，$\beta_1 \pm j\omega_1$ が代表極の場合は，

$$y(t) \simeq c_0 + \mathrm{e}^{\beta_1 t}(g_1 \sin \omega_1 t + h_1 \cos \omega_1 t) \tag{7.22}$$

と近似でき，振動的な応答が現れると予想される．しかし，β_1 が負側に大きな値であればあまり振動的な応答は現れずに c_0 に収束する．β_1 がそれほど負側に大きくなく，ω_1 が大きな値であれば応答は振動的に値を変えながら，最終的には c_0 に収束する． ✿

図 6.11（➡ 90 ページ）ではシステムの極とインパルス応答との関係を表したが，単位ステップ応答では定常値が c_0 になることに注意すれば，極の位置と単位ステップ応答の関係もこの図で理解できる．

7.2.4　ラウスの安定判別法

これまでに，システムの安定性と応答には非常に深い関連があり，システムの安定性を判定するためには，伝達関数 $G(s)$ において「分母多項式」＝ 0 とした方程式を解いて極を求め，その実部の値を調べればよいことがわかった．また，極（特に実部が最大になる代表極）の具体的な値がわかれば，応答の概形もある程度推測できることもわかった．

$G(s)$ の分母多項式が s に関して 1 次または 2 次式であれば，方程式（「分母多項式」＝ 0）を直接解くことによって，システムの極を求め，その安定性を判定できる．しかし，分母多項式が 3 次以上になった場合は，手計算で求めることは困難である[9]．このような場合に安定判別を行う方法として，具体的に「分母多項式」＝ 0 を解いて極を求めるのではなく，分母多項式の係数を用いて，任意の次数の伝達関数の安定性を判別し，さらには不安定な場合に不安定な極（実部が 0 より大きな極）の個数を示す方法が 1874 年にイギリスの数学者ラウス（Edward Routh，1831–1907）により示されている．これは**ラウスの安定判別法**（Routh's stability criterion）と呼ばれ，現在でも有益

---

[9]　一般にはあまり用いられないが，3 次，4 次方程式には解の公式が存在する．

であるとされている[10].

具体的な方法について説明する．$G(s)$ の分母をつぎの s に関する n 次方程式とする．

$$s^n + a_{n-1}s^{n-1} + a_{n-2}s^{n-2} + \cdots + a_1 s + a_0 = 0 \qquad (7.23)$$

ここで，s の n 次の係数を 1 としているが，もし 1 でない場合，たとえば a_n（$a_n \neq 0$）では，伝達関数の分子，分母多項式の両方を a_n で割れば分母多項式は必ず (7.23) 式左辺のようになる．このとき，つぎの 2 つの条件を判定することで，ラウスの安定判別法により $G(s)$ の安定性を調べることができる．

- **条件1**：(7.23) 式において，係数 $1(=a_n), a_{n-1}, a_{n-2}, ..., a_1, a_0$ がすべて正の値である．
- **条件2**：つぎの手順で表 7.1 に示す**ラウス表**を作る．

  Step1：ラウス表の枠を作る（第 1 列を (7.23) 式の次数 n に応じて書き込む）．表の上から 2 行までの成分は，(7.23) 式左辺の s の n 次（最高次）の係数 1 から，$n - 1$ 次の係数 a_{n-1}，$n - 2$ 次の係数 $a_{n-2}, ..., a_1, a_0$ を定数項までジグザグに並べる．

$$T_{11} = 1, \quad T_{12} = a_{n-2}, \quad T_{13} = a_{n-4},$$
$$T_{21} = a_{n-1}, \quad T_{22} = a_{n-3}, \quad T_{23} = a_{n-5}$$

表 7.1　ラウス表

s^n	T_{11}	T_{12}	T_{13}	$\cdots$
s^{n-1}	T_{21}	T_{22}	T_{23}	$\cdots$
s^{n-2}	T_{31}	T_{32}	T_{33}	$\cdots$
s^{n-3}	T_{41}	T_{42}	T_{43}	$\cdots$
$\vdots$	$\vdots$	$\vdots$	$\vdots$	$\cdots$
s^2	$T_{(n-1)1}$	$T_{(n-1)2}$	0	
s^1	T_{n1}	0		
s^0	$T_{(n+1)1}$	0		

---

10) コンピュータが気軽に使える現在では，方程式の解の近似値をソフトウェアを使って容易に求めることができる．ラウスの安定判別法の価値はやや薄れてきたが，知識として知っておいてほしい．

Step2：ラウス表の 3 行目以降の成分 T_{pq} $(p = 3, ..., n + 1, q = 1, ...)$ はつぎにしたがって計算し，値を書き込む．

$$T_{pq} = \frac{T_{(p-1)1} \times T_{(p-2)(q+1)} - T_{(p-2)1} \times T_{(p-1)(q+1)}}{T_{(p-1)1}} \quad (7.24)$$

たとえば，T_{31}, T_{32}, T_{41}, T_{42} は，つぎのように計算できる．

$$T_{31} = \frac{a_{n-1} \times a_{n-2} - 1 \times a_{n-3}}{a_{n-1}}, \quad T_{32} = \frac{a_{n-1} \times a_{n-4} - 1 \times a_{n-5}}{a_{n-1}}$$

$$T_{41} = \frac{T_{31} \times a_{n-3} - a_{n-1} \times T_{32}}{T_{31}}, \quad T_{42} = \frac{T_{31} \times a_{n-5} - a_{n-1} \times T_{33}}{T_{31}}$$

この方針にしたがって 3 行目より下の成分を，その列の値が 0 になるところまで計算して埋めていく．

Step3：すべての成分を計算し終えたら，ラウス表の 1 列目を，上から順に $\{T_{11}, T_{21}, T_{31}, ..., T_{(n+1)1}\}$ と並べる．この列の数列は**ラウス数列**と呼ばれ，ラウス数列が**すべて正の値をとれば，$G(s)$ は安定**である．そうでない場合は不安定となり，ラウス数列の**正負の符号が変わる回数**と $G(s)$ の**不安定な極（実部が正）の数は一致**する．

　よって，(7.23) 式が条件 1 を満足していなければ，$G(s)$ はすぐに不安定であると判定できる．条件 1 が成立した場合にのみ，ラウス表を作り条件 2 を調べればよい．なお，符号反転の回数は，たとえば，ラウス数列が $\{1, 2, -2, 1, 1\}$ となった場合は，2 から -2 で 1 回，-2 から 1 でもう 1 回となるので合計 2 回であり，$G(s)$ の不安定な極の数は 2 個あることがわかる．

演習問題

(1) 伝達関数が $G(s) = \dfrac{2}{s^2 + s + 5}$ で与えられるシステムについて，つぎの問いに答えよ．

   i)　システムの極を求め，安定かどうか確認せよ．

   ii)　安定な場合，最終値定理を用いて，入力 $u(t) = 1$，$t \geq 0$ の場合の出力 $y(t)$ の定常値 $\left(y_\infty = \lim_{t \to \infty} y(t) \right)$ を求めよ．

(2) 伝達関数がつぎで与えられている場合，ラウスの安定判別法を適用してシステムが安定かどうか調べよ．また，不安定な場合は，不安定な極の数が何個あるかも示せ．

   i)　$G(s) = \dfrac{1}{s^2 + 3s - 2}$

   ii)　$G(s) = \dfrac{5}{s^3 + 5s^2 + 2s + 20}$

   iii)　$G(s) = \dfrac{1}{s^4 + 8s^3 + 32s^2 + 80s + 100}$

(3) あるシステムの伝達関数が，$G(s) = \dfrac{1}{s^4 + 2s^3 + 5s^2 + s + K}$ で与えられるとする．ここで，K は定数とする．システムが安定となる K の値の範囲を求めよ．

(4) システムの伝達関数 $G(s)$ がつぎのように与えられるとき，その極，単位ステップ応答を求め，その $t \to \infty$ での値と極の値の関係について説明

せよ.

i)　$G(s) = \dfrac{4}{(s + 1)(s^2 + 2s + 4)}$

ii)　$G(s) = \dfrac{18}{(s - 3)(s^2 + 5s + 6)}$

iii)　$G(s) = \dfrac{12}{(s + 2)(s^2 - 2s + 6)}$

(5) 図 7.3 に示すブロック線図において，$C(s) = K$(定数)，$P(s) = \dfrac{1}{s^2 + s + 1}$ とする．$R(s)$ から $Y(s)$ までの伝達関数が安定となる K の範囲を求めよ．

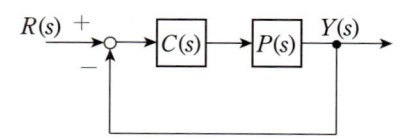

図 7.3　問題 (5) 〜 (9) ブロック線図

(6) 図 7.3 に示すブロック線図において，$C(s) = K$（定数），$P(s) = \dfrac{1}{s^3 + 2s^2 + 2s + 1}$ とする．$R(s)$ から $Y(s)$ までの伝達関数が安定となる K の範囲を求めよ．

(7) 図 7.3 に示すブロック線図において，$C(s) = K$（定数），$P(s) = \dfrac{s - 1}{s^3 + 2s^2 + 2s + 1}$ とする．$R(s)$ から $Y(s)$ までの伝達関数が安定となる K の範囲を求めよ．

(8) 図 7.3 に示すブロック線図において，$C(s) = K_1 + \dfrac{K_2}{s}$（$K_1, K_2$：定数），$P(s) = \dfrac{1}{s^2 + s - 1}$ とする．$R(s)$ から $Y(s)$ までの伝達関数が安定となる K_1, K_2 の範囲を求めよ．

(9) 図 7.3 に示すブロック線図において，$C(s) = K_1 + K_2 s$（K_1, K_2：定数），$P(s) = \dfrac{1}{(s - 2)(s + 3)(s + 5)}$ とする．$R(s)$ から $Y(s)$ までの伝達関数が安定となる K_1, K_2 の範囲を求めよ．

(10) 図 7.4 に示すロボットアームの角度 $\theta(t)$ [rad] を，モータによってトルク $\tau(t)$ [N·m] を回転関節部に与え制御することを考える．関節の摩擦が非常に小さいとして無視すると，運動方程式は，モーメントのつり合い

の関係から，

$$J\ddot{\theta}(t) = \tau(t)$$

となる．ここで，$J\,[\mathrm{kg \cdot m^2}]$ はアーム部の支点を回転中心とする慣性モーメントである．また，モータへの指令 $u(t)$ とトルク $\tau(t)$ の間には遅れがあり，その遅れをつぎの 1 次遅れ系でモデル化する．

$$\tau(s) = \frac{1}{Ts+1} U(s), \quad \text{時定数 } T > 0$$

ここで $\tau(s) = \mathcal{L}[\tau(t)]$，$U(s) = \mathcal{L}[u(t)]$ である．つぎの問いに答えよ．

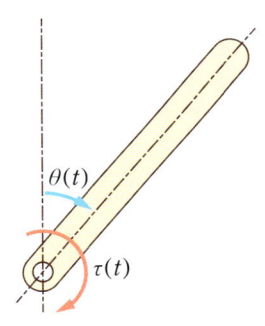

図 7.4　ロボットアーム

i)　$U(s)$ から $\theta(s) = \mathcal{L}[\theta(t)]$ までの伝達関数 $G(s)$ を求めよ．

ii)　ロボットアームに対し，図 7.5 のようなフィードバック制御系（K: 定数）を構成して角度を制御しようとしても，フィードバック制御系を安定にすることはできないことを示せ．ここで，$R(s)$ は目標角度 $r(t)\,[\mathrm{rad}]$ のラプラス変換である．つぎに，フィードバック制御系を図 7.6 のように変更したとき，フィードバック制御系が安定となる K_1, K_2 の範囲を求めよ．

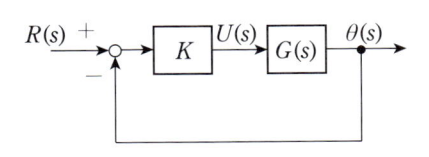

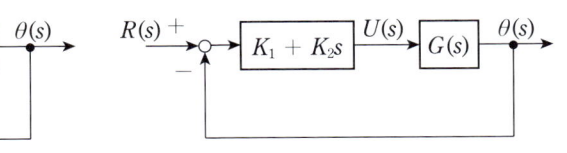

図 7.5　フィードバック制御系の構成案 1　　　　図 7.6　フィードバック制御系の構成案 2

制御系の構成と
その安定性

　これまで，制御対象となるシステムの数学モデルとして伝達関数を与え，システムの特性を応答により調べる方法を説明した．本講では，望ましい制御性能を実現するための制御系の構成と，制御系においてもっとも基本的な要求である制御系の安定性について説明する．

【講義 08 のポイント】

・フィードフォワード制御とフィードバック制御について理解を深め，「制御系を設計する」とは，どういうことかを理解しよう．

・制御系の内部安定性について，その考え方を理解しよう．

・コントローラの設計パラメータの値によって，制御性能がどのように変化するかを，簡単な制御系設計を行って調べてみよう．

・フィードフォワード制御およびフィードバック制御それぞれの特徴を理解しよう．

⚙ 8.1 コントローラを設計するとは

　講義 01 で示したとおり，制御とは「ある目的に適合するように，対象となっているものに所要の操作を加えること」である．ここで「ある目的」とは，制御系全体の安定性や，制御対象の出力である制御量に対する過渡特性に関する要求（例：立ち上がり時間 1 秒未満，オーバーシュート 20％未満）および定常特性に関する要求（例：出力の定常値が目標値に追従，すなわち一致すること）などで表され，これらはまとめて**制御仕様**（control specification）と呼ばれる．

　制御系の構成には，図 1.10 の**フィードフォワード制御系**と図 1.9 の**フィードバック制御系**の 2 つがあることを講義 01 で説明した．これらのブロックには制御対象やコントローラの特性を表す伝達関数が入り，矢印はブロックまたは足し合わせ点に対する入力・出力信号となる．よって，図 1.10 のフィー

ドフォワード制御系，図 1.9 のフィードバック制御系を操作量に加わる外乱も考慮して描き直すと，それぞれ図 8.1，8.2 となる．ここで，$P(s)$ は制御対象の伝達関数であり，$C(s)$ は操作量の値を決めるコントローラである．

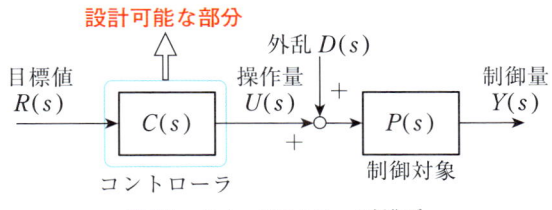

図 8.1　フィードフォワード制御系

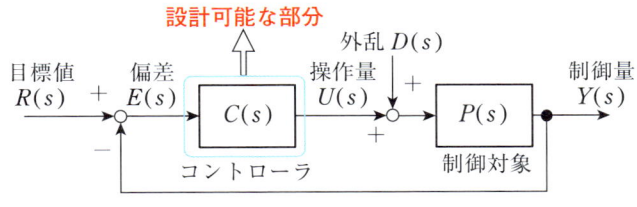

図 8.2　フィードバック制御系

08

例 8.1

　図 3.20 (c) で示したモータの特性と図 8.1，8.2 の制御系を構成する各ブロック，矢印との対応はつぎで表される．

$P(s)$：モータでは電機子回路に加える電圧 $V_a(s)$ から電機子回転角速度 $\omega(s)$ までの伝達関数（➡ (3.38) 式）．

$Y(s)$：制御量であり，制御対象において制御したい信号（出力）となる．モータでは電機子回転角速度 $\omega(s)$ を表す．

$U(s)$：操作量，すなわち制御対象への入力であり，モータでは電機子回路に加える電圧 $V_a(s)$ を表す．

$R(s)$：目標値（reference），制御量を追従させたい目標信号である．

$D(s)$：外乱（disturbance），目標値以外に，操作量に外部から混入する信号であり，モータでは電圧 $V_a(s)$ に混入する外乱を表す．

$E(s)$：偏差（error），フィードバック制御系において，コントローラへの入力である目標値 $R(s)$ と制御量 $Y(s)$ の差（$E(s) = R(s) - Y(s)$）．　　❋

一般に，制御対象は事前に与えられており設計の対象にはならない（パラメータの変更はできない）[1]．フィードフォワード，フィードバックどちらの制御系においても，制御技術者が自由に変更できるのは，コントローラ $C(s)$ の構成である．したがって「制御系を設計する」とは，「制御仕様を満足するように，コントローラ $C(s)$ の入出力関係を決定すること」といえる．

　制御仕様はさまざまに与えられるが，**一番重要なのは，制御系が安定となることである**．ここで，問題になるのは**制御対象そのものの安定性ではなく，制御系が安定になること**であることに注意しよう．これを**制御系の安定性**と呼び，特にフィードバック制御系の場合は**閉ループ系の安定性**と呼ぶ[2]．単独のシステムの安定性については講義 07 で詳しく述べたが，（フィードフォワード，フィードバック）制御系は，制御対象とコントローラの 2 つの要素から構成されていることから，安定性については少し注意して考える必要がある．このことについては 8.2 節で説明する．

　以上の議論より，制御系を設計するとは，つぎのようにまとめられる．

> ### 制御系を設計するとは
> 　制御系に対して適切な制御方式を選択し（フィードフォワード制御系，フィードバック制御系またはその併用），選択した方式にしたがって与えられた制御仕様を可能な限り満足するコントローラの伝達関数を決定することである．

✿ 8.2　制御系の安定性

　制御系設計の最初の段階として，制御系全体にコントローラが及ぼす影響，いいかえると，制御系の伝達関数に，コントローラ $C(s)$ の伝達関数がどのように現れるのかを明らかにすることが重要である．本節では，制御系の伝達関数を用いて，制御系設計におけるもっとも基本的な仕様である制御系の安定性について検討する．さらに，与えられた制御仕様に関連する伝達関数に，コントローラ $C(s)$ がどのように関係しているかを示す．

---

1) モータへの電圧を調整して回転角速度を制御する場合，モータ内の電機子コイルの慣性モーメント J_c などを変えることはできない．
2) フィードバック制御系の場合は信号のループが閉じることからこう呼ばれる．

8.2.1 フィードフォワード制御系

図 8.1 より，各信号間にはつぎの関係が成り立つ．

$$\begin{cases} U(s) = C(s)\,R(s) \\ Y(s) = P(s)\,(U(s) + D(s)) \end{cases} \tag{8.1}$$

よって，フィードフォワード制御系において，外部からの入力である目標値 $R(s)$ と外乱 $D(s)$ と，操作量 $U(s)$ および制御量 $Y(s)$ の関係はつぎで表される．

$$U(s) = G_{ur}(s)\,R(s) + G_{ud}(s)\,D(s) \tag{8.2}$$

$$Y(s) = G_{yr}(s)\,R(s) + G_{yd}(s)\,D(s) \tag{8.3}$$

ここで，各信号間の伝達関数 $G_{ur}(s)$，$G_{ud}(s)$，$G_{yr}(s)$，$G_{yd}(s)$ は，それぞれつぎで表される．

$$G_{ur}(s) = C(s), \;\; G_{ud}(s) = 0 \tag{8.4}$$

$$G_{yr}(s) = P(s)C(s), \;\; G_{yd}(s) = P(s) \tag{8.5}$$

08

講義 07 でも述べたように，システムの安定性は，有界な大きさを持つすべての入力に対して，出力が有界になることであるから，フィードフォワード制御系が安定となる条件は，有界な大きさを持つすべての目標値 $R(s)$ と外乱 $D(s)$ に対して，操作量 $U(s)$ や制御量 $Y(s)$ が有界になることといえる [3]。したがって，フィードフォワード制御系が安定になる条件は，伝達関数 $G_{ur}(s) = C(s)$，$G_{yr}(s) = P(s)C(s)$，$G_{yd}(s) = P(s)$ が安定になることである [4]。これら 3 つの伝達関数が安定になっている条件下で，$G_{yr}(s) = P(s)C(s)$ や $G_{ur}(s) = C(s)$ を調べれば，目標値に対する制御量の応答や，操作量に関する仕様が満たされているかどうかを調べることができる．また，外乱 $D(s)$

---

[3] 有界な目標値 $R(s)$ や外乱 $D(s)$ に対して制御量 $Y(s)$ が有界になることだけでなく，操作量 $U(s)$ が有界になることも制御仕様として重要であることに注意する．もし，ある有界な目標値 $R(s)$ や外乱 $D(s)$ に対し，制御量 $Y(s)$ が有界で操作量 $U(s)$ が有界にならないように制御系が設計された場合，その目標値または外乱に対して，制御量 $y(t) = \mathcal{L}^{-1}[Y(s)]$ の定常値は有限値にとどまるが，操作量 $u(t) = \mathcal{L}^{-1}[U(s)]$ が $t \to \infty$ で発散してしまう．この状況を，制御対象を講義 02 の直流モータとして考えると，制御量である角速度が一定値に収束しても，操作量である入力電圧が ∞ に発散してしまうことに相当する．このような制御系が実際には使い物にならないことは明らかである．

が制御量 $Y(s)$ に及ぼす影響は，$G_{yd}(s) = P(s)$ を調べればわかる．

8.2.2 フィードバック制御系

図 8.2 より，各信号間にはつぎの関係が成り立つ．

$$\begin{cases} E(s) = R(s) - Y(s) \\ U(s) = C(s)\,E(s) \\ Y(s) = P(s)\,(U(s) + D(s)) \end{cases} \tag{8.6}$$

フィードフォワード制御系の場合と同様に，目標値 $R(s)$ と外乱 $D(s)$ と，操作量 $U(s)$ および制御量 $Y(s)$ の関係はつぎで表される（■▶演習問題 (2)）．

$$U(s) = G_{ur}(s)\,R(s) + G_{ud}(s)\,D(s) \tag{8.7}$$

$$Y(s) = G_{yr}(s)\,R(s) + G_{yd}(s)\,D(s) \tag{8.8}$$

ここで，各信号間の伝達関数 $G_{ur}(s)$，$G_{ud}(s)$，$G_{yr}(s)$，$G_{yd}(s)$ は，それぞれつぎで表される．

$$G_{ur}(s) = \frac{C(s)}{1 + P(s)\,C(s)}, \quad G_{ud}(s) = -\frac{P(s)\,C(s)}{1 + P(s)\,C(s)} \tag{8.9}$$

$$G_{yr}(s) = \frac{P(s)\,C(s)}{1 + P(s)\,C(s)}, \quad G_{yd}(s) = \frac{P(s)}{1 + P(s)\,C(s)} \tag{8.10}$$

したがって，制御系が安定となる条件は，(8.9)，(8.10) 式の 4 つの伝達関数 $G_{ur}(s)$，$G_{ud}(s)$，$G_{yr}(s)$，$G_{yd}(s)$ のすべてが安定となることである．この 4 つの伝達関数がすべて安定な場合，フィードバック制御系は**内部安定** (internally stable) であるという．**内部安定性** (internal stability) **は，フィードバック制御系設計において非常に重要な制御仕様である**．フィードバック制御系の内部安定性が満たされない場合，目標値 $R(s)$ から制御量 $Y(s)$ までの伝達関数 $G_{yr}(s)$ が安定でも，外乱 $D(s)$ から制御量 $Y(s)$ までの伝達関数 $G_{yd}(s)$ が不安定となる場合がある [5]．この場合，外乱が存在しない状況では，

---

[4] 4 つの伝達関数 $G_{ur}(s)$，$G_{ud}(s)$，$G_{yr}(s)$，$G_{yd}(s)$ それぞれに対するすべての有界な入力に対して，それぞれの出力が有界になることが，フィードフォワード制御系が安定になる（必要十分）条件である．ただし，$G_{ud}(s) = 0$ については，明らかにすべての（有界な）外乱入力に対して出力は 0 になるから，ここでは $G_{ud}(s)$ を除いた 3 つの伝達関数だけを考えればよい．

$G_{yr}(s)$ は安定であるから，ステップ信号などで与えられる目標値に対して制御量は有界になるが，外乱が混入すると，$G_{yd}(s)$ の不安定性のため，制御量は無限大に発散する．実用上，制御系に外乱が混入することは一般的なことであり，内部安定性が満たされない場合，制御系としては使いものにならないことは明らかである．なお，フィードバック系の内部安定性については，講義 13 でより詳しく述べる．

⚙ 8.3　制御系の設計

　簡単な制御対象に対して，コントローラも簡単なものに限定して制御系を設計してみよう．2 つの制御系において，制御対象およびコントローラの伝達関数がつぎで与えられる場合について考える．

$$P(s) = \frac{b}{s + a}, \quad C(s) = K_p \tag{8.11}$$

ここで，a，b，K_p はそれぞれ定数とする．このとき，コントローラは一番簡単な**比例制御**と呼ばれる構成であり（講義 09 で詳しく説明する），目標値 $R(s)$ または偏差 $E(s)$ を K_p 倍したものを操作量 $U(s)$ とする，すなわち $U(s) = K_p R(s)$（フィードフォワード制御），$U(s) = K_p E(s)$（フィードバック制御）となる．また，制御仕様は「制御系が安定で，かつステップ信号を目標値として，制御量の定常値を誤差なく追従させること」とする．この場合，調整可能な設計パラメータはコントローラの定数 K_p の値のみである．

8.3.1　フィードフォワード制御系の設計

(1) 制御系の安定性

　フィードフォワード制御系の安定性について調べる．(8.4)，(8.5)，(8.11)式より，フィードフォワード制御系の伝達関数は，

$$G_{ur}(s) = C(s) = K_p, \quad G_{ud}(s) = 0$$

$$G_{yr}(s) = P(s)\,C(s) = \frac{bK_p}{s + a}, \quad G_{yd}(s) = P(s) = \frac{b}{s + a}$$

となり，フィードフォワード制御系の極は方程式 $s + a = 0$ の根 $s = -a$ となる．これは，制御対象である $P(s) = \dfrac{b}{s + a}$ の極と同じである．よって，

5）このような例は簡単に作り出すことができる．

$a > 0$ であればフィードフォワード制御系は安定となり，$a < 0$ であれば不安定となる．また $a < 0$ の場合は，設計パラメータ K_p をどのように選んでも制御系は安定とならない．したがって，この場合，制御仕様を満たすための最低限の条件は $a > 0$，すなわち制御対象 $P(s)$ が安定なことである．

(2) 制御系の定常特性

図 8.1 において，まず，外乱 $D(s)$ が混入しない場合を考えよう．$a > 0$ の場合，目標値 $r(t) = 1$ $\left(\mathcal{L}[r(t)] = R(s) = \dfrac{1}{s} \right)$ としたときの制御量 $y(t)$ $\left(\mathcal{L}[y(t)] = Y(s) \right)$ の定常値 $\left(y_\infty = \lim\limits_{t \to \infty} y(t) \right)$ を計算する．このとき，

$$Y(s) = G_{yr}(s)\, R(s) = \frac{bK_p}{s + a} \frac{1}{s} \tag{8.12}$$

であるから，定常値 y_∞ は，$Y(s)$ の逆ラプラス変換 $y(t) = \mathcal{L}^{-1}\left[\dfrac{bK_p}{s + a} \dfrac{1}{s} \right]$ を計算した後，$t \to \infty$ の極限をとることで求められる（➡ 5.2.2 項）．しかし，ここでは，最終値定理を適用して定常値 y_∞ を求めてみよう．(3.53) 式において，

$$sF(s) = sY(s) = sG_{yr}(s)\, R(s) = s \frac{bK_p}{s + a} \frac{1}{s} = \frac{bK_p}{s + a} \tag{8.13}$$

となることから，伝達関数 $sF(s)$ は安定となり，最終値定理を使うことができる．よって，定常値 y_∞ は，

$$y_\infty = \lim_{t \to \infty} y(t) = \lim_{s \to 0} sY(s) = \lim_{s \to 0} s \frac{bK_p}{s + a} \frac{1}{s} = \frac{bK_p}{a} \tag{8.14}$$

と計算できる [6]．単位ステップ信号に対して制御量の定常値が誤差なく追従するためには，$y_\infty = 1$，すなわち $\dfrac{bK_p}{a} = 1$ となればよいので，設計パラメータ K_p を

$$K_p = \frac{a}{b} \tag{8.15}$$

とすればよいことがわかる．

つぎに，外乱 $D(s)$ が混入する場合を考える．コントローラ $C(s)$ は，定常特性を満たすため $C(s) = K_p = \dfrac{a}{b}$ とする．(8.3)，(8.5)，(8.11) 式より，

---

[6] このように，最終値定理は，$(sF(s)$ が安定であれば) 定常値を簡単に求めることができ，非常に有用である．最終値定理に基づく制御系の定常特性の解析については，講義 10 で詳しく述べる．

$$Y(s) = G_{yr}(s)R(s) + G_{yd}(s)D(s) = \frac{b}{s+a}\frac{a}{b}R(s) + \frac{b}{s+a}D(s)$$

$$= \frac{a}{s+a}R(s) + \frac{b}{s+a}D(s) \qquad (8.16)$$

となる．このとき，目標値を $r(t) = 1$（$\mathcal{L}[r(t)] = R(s) = \frac{1}{s}$），外乱を $d(t) = d$（$\mathcal{L}[d(t)] = D(s) = \frac{d}{s}$）のようなステップ信号とする．伝達関数 $s\frac{a}{s+a}\frac{1}{s} = \frac{a}{s+a}$，$s\frac{b}{s+a}\frac{d}{s} = \frac{bd}{s+a}$ はともに安定であるので，$y(t)$ の定常値 y_∞ は，最終値定理を用いて

$$y_\infty = \lim_{t\to\infty}y(t) = \lim_{s\to 0}sY(s) = \lim_{s\to 0}\left(s\frac{a}{s+a}\frac{1}{s} + s\frac{b}{s+a}\frac{d}{s}\right)$$

$$= 1 + \frac{bd}{a} \qquad (8.17)$$

と求められる．したがって，定常値 y_∞ は目標値 $r(t) = 1$ とは一致せず，一定値の誤差 $\frac{bd}{a}$ が生じる．誤差の大きさは，外乱の大きさに比例しており，コントローラ $C(s) = \frac{a}{b}$ では誤差を小さくできないことがわかる[7]．よって，フィードフォワード制御系では，外乱の影響が制御量に現れないようにすることは不可能である．

(3) 制御対象が変動した場合の制御系全体への影響

　講義 04（➡ 60 ページ）にも示したように，制御対象の数学モデルは，その微分方程式の形が大まかにわかるだけで，微分方程式内の係数は，必ずしも正確にわからないことが多い．また，制御対象の特性が，時間の経過とともに変動することもありうる．よって，制御対象の伝達関数が変動しても，その影響が制御系にあまり現れないようにコントローラを設計することは，実用上重要である．

　では，フィードフォワード制御系において，制御対象の伝達関数 $P(s) = \frac{b}{s+a}$ 中の係数 a，b の値が，設計時に想定していたものから少しずれてい

---

[7]　$1 + \frac{bd}{a}$ 中の $\frac{b}{a}$ は，式の上では $\frac{1}{K_p}$ に一致するが，(8.15) 式で決定した $K_p = \frac{a}{b}$ を変更すると，(8.17) 式の最右辺第 1 項が 1 でなくなる．また $G_{yd}(s)$ が K_p を含まないことに注意して考えよう．

た場合に，その影響がどのように現れるかを考えよう[8]．簡単のために，a，b の値が変動しても，制御系の安定性は保たれているとする．いま，$P(s)$ の係数 a，b が変動して，伝達関数が $P(s)$ から $P'(s)$ に変化したとする．$P(s)$ と $P'(s)$ の関係を，つぎで表す．

$$P'(s) = P(s) + \Delta(s) \tag{8.18}$$

ここで，$\Delta(s) = P'(s) - P(s)$ は，伝達関数の変動分を表したものである．$P(s)$ が $P'(s)$ に変化すると，目標値 $R(s)$ と制御量 $Y(s)$ の関係は，$D(s) = 0$ とおくとつぎで表される．

$$
\begin{aligned}
Y(s) &= G'_{yr}(s)\,R(s) = P'(s)\,C(s)\,R(s) = (P(s) + \Delta(s))\,C(s)\,R(s) \\
&= P(s)\,C(s)\,R(s) + \Delta(s)\,C(s)\,R(s) \tag{8.19}
\end{aligned}
$$

いま，$P(s)$ の相対的変化を

$$\Delta_o(s) = \frac{P'(s) - P(s)}{P(s)} = \frac{\Delta(s)}{P(s)} \tag{8.20}$$

とし，それにともなう $G_{yr}(s)$ の相対的変化を

$$\Delta_c(s) = \frac{G'_{yr}(s) - G_{yr}(s)}{G_{yr}(s)} = \frac{\Delta(s)\,C(s)}{P(s)\,C(s)} = \frac{\Delta(s)}{P(s)} \tag{8.21}$$

とすると，$\Delta_o(s) = \Delta_c(s)$ より，$\dfrac{\Delta_c(s)}{\Delta_o(s)} = 1$ となる．これは，フィードフォワード制御系において，制御対象 $P(s)$ の変動は，制御系の目標値から制御量までの伝達関数にそのまま現れることを意味している．さらに，この結果は，コントローラ $C(s)$ をどのように調整しても変わらないことにも注意する．したがって，フィードフォワード制御系では，いかなるコントローラを設計しても制御対象の特性変動の影響を抑制できないことがわかる．

8.3.2 フィードフォワード制御系の特徴

　以上のように，フィードフォワード制御系の設計を行った結果をまとめると，フィードフォワード制御系には，つぎの特徴がある．

---

[8]　たとえば，(3.25) 式では慣性モーメント J_c，粘性摩擦係数 B は正確にはわからない場合が多い．

これらの特徴より，制御対象が安定で，かつ外乱が混入しないか，ほとんど無視できる程度の大きさであれば，フィードフォワード制御でも良好な制御性能が得られる可能性がある．フィードフォワード制御では，制御量を検出するセンサが不要であり，センサを省くことができれば制御系を構成するためのコストは大幅に削減できる．

8.3.3 フィードバック制御系の設計

(1) 制御系の安定性

(8.9)，(8.10)，(8.11) 式より，フィードバック制御系の伝達関数は，

$$G_{ur}(s) = \frac{C(s)}{1 + P(s)\,C(s)} = \frac{K_p}{1 + \dfrac{bK_p}{s+a}} = \frac{K_p(s+a)}{s+a+bK_p}$$

$$G_{ud}(s) = -\frac{P(s)\,C(s)}{1 + P(s)\,C(s)} = -\frac{\dfrac{bK_p}{s+a}}{1 + \dfrac{bK_p}{s+a}} = -\frac{bK_p}{s+a+bK_p}$$

$$G_{yr}(s) = \frac{P(s)\,C(s)}{1 + P(s)\,C(s)} = -G_{ud}(s) = \frac{bK_p}{s+a+bK_p}$$

$$G_{yd}(s) = \frac{P(s)}{1 + P(s)\,C(s)} = \frac{\dfrac{b}{s+a}}{1 + \dfrac{bK_p}{s+a}} = \frac{b}{s+a+bK_p}$$

となる．4つの伝達関数の極はすべて同じで，方程式 $s + a + bK_p = 0$ の根 $s = -(a + bK_p)$ となる．よって，フィードバック制御系の極は，コントローラの設計パラメータ K_p の値により変えることができる．フィードバック制御系が（内部）安定になる条件は，

$$-(a + bK_p) < 0 \Leftrightarrow K_p > -\frac{a}{b} \tag{8.22}$$

となり，制御対象 $P(s)$ が不安定 $(a < 0)$ であったとしても，(8.22) 式が満たされれば，フィードバック制御系は安定となる．したがって，フィードバック制御系の極はコントローラの設計パラメータ K_p の値により変えることができる．

例 8.2

(8.11) 式において，$a = -2$，$b = 1$ の場合は，

$$P(s) = \frac{1}{s - 2} \tag{8.23}$$

となる．制御対象の極は $s = 2$ であり，不安定となるが，(8.22) 式より

$$K_p > -\frac{(-2)}{1} = 2 \tag{8.24}$$

を満たすように設計パラメータ K_p を選べば，フィードバック制御系は安定となる．実際，$K_p = 3$ (> 2) とおくと，$G_{yr}(s)$ は，

$$G_{yr}(s) = \frac{bK_p}{s + a + bK_p} = \frac{1 \times 3}{s - 2 + 1 \times 3} = \frac{3}{s + 1} \tag{8.25}$$

となり，フィードバック制御系の極は $s = -1$ であるので，フィードバック制御系は安定となる．よって，フィードバック制御系を構成することにより，制御対象が不安定でも制御系を安定にすることができる．

(2) 制御系の定常特性

ここでも図 8.2 において，まず，外乱 $D(s)$ が混入しない場合を考えよう．(8.22) 式の条件が満たされる，すなわち，フィードバック制御系を内部安定にするコントローラ $C(s) = K_p$ が設計されていると仮定する．このとき，目標値 $r(t) = 1 (\mathcal{L}[r(t)] = R(s) = \frac{1}{s})$ としたときの制御量 $y(t)$ $(\mathcal{L}[y(t)] = Y(s))$ の定常値 $(y_\infty = \lim_{t \to \infty} y(t))$ を計算する．フィードフォワード制御系の場合と同様に，$sY(s)$ を計算すると，(8.8) 式より，

$$sY(s) = sG_{yr}(s) R(s) = s\frac{bK_p}{s + a + bK_p}\frac{1}{s} = \frac{bK_p}{s + a + bK_p} \tag{8.26}$$

となる．仮定より $sY(s)$ は安定であるから，最終値定理が適用でき，定常値 y_∞ は，

$$y_\infty = \lim_{t \to \infty} y(t) = \lim_{s \to 0} sY(s) = \lim_{s \to 0} s \frac{bK_p}{s+a+bK_p} \frac{1}{s} = \frac{bK_p}{a+bK_p} \quad (8.27)$$

となる．このとき，

$$\frac{bK_p}{a + bK_p} = 1 \tag{8.28}$$

を満たす K_p が見つかれば，制御量の定常値は $\lim_{t \to \infty} y(t) = 1$ となる．ここで，(8.28) 式は $bK_p = a + bK_p$ と変形でき，K_p の値を具体的に決定できない．そこで，$K_p \to \infty$ とすると，

$$\lim_{K_p \to \infty} \frac{bK_p}{a + bK_p} = \lim_{K_p \to \infty} \frac{b}{\dfrac{a}{K_p} + b} = \frac{b}{b} = 1 \tag{8.29}$$

となる．よって $K_p \to \infty$ とすると，制御量 $y(t)$ は $t \to \infty$ で単位ステップ信号に誤差なく追従することがわかる．また (8.29) 式より，この性質は a や b の値が $b = 0$ 以外のどんな値でも成立することがわかる．ただし，コントローラを $K_p \to \infty$ とすると，0 以外の偏差 $e(t)$ に対しても操作量が $u(t) = K_p e(t) \to \infty$ となるため，非現実的である．

　実際は，コントローラを $C(s) = K_p$ と定数に限定すると，K_p を充分大きな値にすることで，単位ステップ信号で与えられる目標値に対する偏差の定常値をほぼ 0 にすることができる．この結果は，フィードフォワード制御において，外乱が混入しない場合にはコントローラ $C(s)$ を $C(s) = K_p = \dfrac{a}{b}$ とすれば，目標値と制御量の偏差の定常値が 0 になる結果に比べると，フィードバック制御系は制御性能が劣ることを示している．しかし，コントローラの形を少し変えると，フィードバック制御を用いた場合でも，有限な値の設計パラメータを選んだとしても目標値と制御量の偏差の定常値を完全に 0 にすることが可能である（➡講義 10）．

　つぎに，外乱 $D(s)$ が混入する場合を考える．(8.8)，(8.10)，(8.11) 式より，

$$Y(s) = G_{yr}(s) R(s) + G_{yd}(s) D(s)$$

$$= \frac{bK_p}{s + a + bK_p} R(s) + \frac{b}{s + a + bK_p} D(s) \tag{8.30}$$

となる．フィードフォワード制御系の場合と同様に，$r(t) = 1$（$\mathcal{L}[r(t)] = R(s) = \dfrac{1}{s}$），$d(t) = d$（$\mathcal{L}[d(t)] = D(s) = \dfrac{d}{s}$）とおく．制御系が内部安定となるようにコントローラ $C(s) = K_p$ が設計されているとすると，最終値定理より，$y(t)$ の定常値 y_∞ は，つぎで求められる．

$$y_\infty = \lim_{t \to \infty} y(t) = \lim_{s \to 0} sY(s) = \lim_{s \to 0} s\left(\frac{bK_p}{s+a+bK_p} \frac{1}{s} + \frac{b}{s+a+bK_p} \frac{d}{s} \right)$$

$$= \frac{bK_p}{a+bK_p} + \frac{bd}{a+bK_p} \tag{8.31}$$

(8.31) 式の最右辺は目標値と外乱それぞれに起因する項に分けることができ，

$$y_\infty^r = \frac{bK_p}{a + bK_p}, \quad y_\infty^d = \frac{bd}{a + bK_p} \tag{8.32}$$

と表すことができる．フィードフォワード制御系の場合と同様に，y_∞^d の大きさは外乱 d の大きさに比例する．しかし，コントローラの設計パラメータ K_p が (8.32) 式の分母にあるため，大きい K_p を選べば y_∞^d が小さくなることがわかる．これは，フィードバック制御系ではコントローラの設計パラメータを適切に選ぶことにより，外乱の影響が抑制できることを示しており，フィードフォワード制御の場合と完全に異なる．特に，$K_p \to \infty$ の極限では，$y_\infty^r \to 1$，$y_\infty^d \to 0$ となり，外乱の影響が完全に抑制できる．また，後で述べるが，コントローラ $C(s)$ の形を変えることによって，有限な値となる設計パラメータを選ぶことで $y_\infty^r = 1$，$y_\infty^d = 0$ とすることも可能である．

(3) 制御対象が変動した場合の制御系全体への影響

フィードフォワード制御系を設計した場合と同様に，制御対象の伝達関数の変動

$$P'(s) = P(s) + \Delta(s) \tag{8.33}$$

が制御系に及ぼす影響を考えよう．$P(s)$ が $P'(s)$ に変化するとき，目標値 $R(s)$ と制御量 $Y(s)$ の関係は，$D(s) = 0$ とおくとつぎで表される．

$$Y(s) = G'_{yr}(s) R(s) = \frac{P'(s) C(s)}{1 + P'(s) C(s)} R(s)$$

$$= \frac{(P(s) + \Delta(s)) C(s)}{1 + (P(s) + \Delta(s)) C(s)} R(s) \tag{8.34}$$

$P(s)$ の相対的変化 $\Delta_o(s) = \dfrac{P'(s) - P(s)}{P(s)} = \dfrac{\Delta(s)}{P(s)}$ に対する $G_{yr}(s)$ の相対的変化は，つぎで表される．

$$\Delta_c(s) = \frac{G'_{yr}(s) - G_{yr}(s)}{G_{yr}(s)}$$

$$= \frac{\dfrac{(P(s) + \Delta(s)) C(s)}{1 + (P(s) + \Delta(s)) C(s)} - \dfrac{P(s) C(s)}{1 + P(s) C(s)}}{\dfrac{P(s) C(s)}{1 + P(s) C(s)}}$$

$$= \frac{\Delta(s)}{1 + (P(s) + \Delta(s)) C(s)} \frac{1}{P(s)} \tag{8.35}$$

よって，$\Delta_o(s)$ と $\Delta_c(s)$ の比は，つぎとなる．

$$\frac{\Delta_c(s)}{\Delta_o(s)} = \frac{\dfrac{\Delta(s)}{1 + (P(s) + \Delta(s)) C(s)} \dfrac{1}{P(s)}}{\dfrac{\Delta(s)}{P(s)}} = \frac{1}{1 + (P(s) + \Delta(s)) C(s)}$$

$$\fallingdotseq \frac{1}{1 + P(s) C(s)} \tag{8.36}$$

最後の近似式は，変動量が "少し" で，$\Delta(s)$ が "小さい" ことによる[9]．フィードフォワード制御系の場合と異なり，フィードバック制御系においては，$\Delta_o(s)$ と $\Delta_c(s)$ の比の分母に，コントローラ $C(s)$ が現れている．これより，もし，$\dfrac{1}{1 + P(s) C(s)}$ が小さくなるように $C(s)$ を選択できれば，$P(s)$ の変動が制御量に及ぼす影響を，フィードバック制御によって抑制できる可能性がある．(8.11) 式より，$P(s)$，$C(s)$ を (8.36) 式に代入すると，

$$\frac{1}{1 + P(s) C(s)} = \frac{1}{1 + \dfrac{bK_p}{s + a}} = \frac{s + a}{s + a + bK_p} \tag{8.37}$$

となる．この伝達関数は，コントローラ $C(s) = K_p$ を大きくすることによって，その大きさを小さくすることが可能である[9]．すなわち，フィードバック制御系では，フィードフォワード制御系の場合とは異なり，コントローラ

を調整することによって制御対象の変動が制御系に及ぼす影響を抑制できる.

感度関数

(8.36) 式の $\dfrac{1}{1 + P(s)\,C(s)}$（$= S(s)$ と定義する）は，フィードバック制御系において，制御対象 $P(s)$ の変化に対する目標値 $R(s)$ から制御量 $Y(s)$ までの伝達関数 $G_{yr}(s)$ の変化の比を表している．いいかえると，伝達関数 $S(s)$ は，制御対象 $P(s)$ の変化に対する $G_{yr}(s)$ の変化の**度合い**（**感度**）を表しており，$S(s)$ は**感度関数**（sensitivity function）と呼ばれている．なお，感度関数 $S(s)$ は，フィードバック制御系の目標値 $R(s)$ から偏差 $E(s)$ までの伝達関数と一致している．講義 10 で，感度関数 $S(s)$ を用いてフィードバック制御系の定常特性について詳しく調べる．また，伝達関数 $\dfrac{P(s)\,C(s)}{1 + P(s)\,C(s)}$（$= T(s)$ と定義する）は，$S(s) + T(s) = 1$ を満たし，**相補感度関数**（complementary sensitivity function）と呼ばれている．なお，$T(s) = G_{yr}(s)$ であることにも注意する.

8.3.4　フィードバック制御系の特徴

以上をまとめると，フィードバック制御系には，つぎの特徴がある.

フィードバック制御系の特徴

(1) 制御対象が不安定でも，コントローラの設計パラメータを適切に選ぶことにより制御系を安定にすることができる.

(2) 制御系に外乱が混入する場合，コントローラの設計パラメータを適切に選ぶことにより，外乱が制御量に及ぼす影響を抑制できる.

(3) 制御対象の変動が制御系に及ぼす影響を，コントローラの調整により抑制できる.

---

9) 伝達関数 $\Delta(s)$ や $\dfrac{1}{1 + P(s)\,C(s)} = \dfrac{s + a}{s + a + bK_p}$ は，独立変数 s の関数であるので，その "大きさ"（または "小ささ"）について，通常の分数で表される数値と同じように議論することはできない．正確には，後で述べるゲインというものを使って伝達関数の大きさを測ることができる．たとえば，K_p が大きくなって，$\dfrac{1}{1 + P(s)\,C(s)} = \dfrac{s + a}{s + a + bK_p}$ が（分数で表される数値と同じように考えた場合に）小さくなることと，そのゲインが小さくなることは等価であることが講義 11 と講義 12 でわかる.

この3つの特徴は，フィードフォワード制御系では実現不可能であり，フィードバック制御系の有用性を表している．ただし，フィードフォワード制御系の場合とは異なり，フィードバック制御系を実現するためには，常にセンサによって制御量を検出する必要があり，コストがかかる．また，フィードフォワード制御系では，制御対象とコントローラの両方が安定であれば，制御系全体は必ず安定となるが，フィードバック制御系では必ずしもそうならない場合があり，コントローラの設計に注意が必要である．つぎの例を考えよう．

例 8.3

つぎの制御対象 $P(s)$ とコントローラ $C(s)$ について考える．

$$P(s) = \frac{1}{s+1}, \quad C(s) = -\frac{5}{s+2} \tag{8.38}$$

$P(s)$, $C(s)$ の極はそれぞれ $s = -1$, $s = -2$ となり安定である．いま，図 8.2 のフィードバック制御系を構成する．(8.7) ～ (8.10) 式より，

$$G_{ur}(s) = \frac{C(s)}{1+P(s)\,C(s)} = \frac{-\dfrac{5}{s+2}}{1+\left(\dfrac{1}{s+1}\right)\left(-\dfrac{5}{s+2}\right)} = -\frac{5(s+1)}{s^2+3s-3}$$

$$G_{ud}(s) = -\frac{P(s)\,C(s)}{1+P(s)\,C(s)} = -\frac{\left(\dfrac{1}{s+1}\right)\left(-\dfrac{5}{s+2}\right)}{1+\left(\dfrac{1}{s+1}\right)\left(-\dfrac{5}{s+2}\right)} = \frac{5}{s^2+3s-3}$$

$$G_{yr}(s) = \frac{P(s)\,C(s)}{1+P(s)\,C(s)} = \frac{\left(\dfrac{1}{s+1}\right)\left(-\dfrac{5}{s+2}\right)}{1+\left(\dfrac{1}{s+1}\right)\left(-\dfrac{5}{s+2}\right)} = -\frac{5}{s^2+3s-3}$$

$$G_{yd}(s) = \frac{P(s)}{1+P(s)\,C(s)} = \frac{\dfrac{1}{s+1}}{1+\left(\dfrac{1}{s+1}\right)\left(-\dfrac{5}{s+2}\right)} = \frac{s+2}{s^2+3s-3}$$

これら4つの伝達関数の極は，方程式 $s^2+3s-3=0$ を解いて，$s = \dfrac{-3\pm\sqrt{3^2-4\times(-3)}}{2}$ $= \dfrac{-3\pm\sqrt{21}}{2}$ となる．極の1つが $s = \dfrac{-3+\sqrt{21}}{2} > 0$ となり，フィードバック制御系は不安定となる．よって，フィードバック制御系は，不安定な制御対象を安定に制御することができる反面，設計を誤ると，制御対象は安定であってもフィードバック制御系全体では不安定となる可能性があることに注意する．

制御対象のモデルをどこまで考えるのか？

本講では，制御対象を 1 次遅れ系，コントローラを比例制御として制御系の設計について考えた．ここで，船の速度制御である講義 04 の演習問題 (8) と講義 06 の演習問題 (8) を再び考えてみよう．

質量 m [kg] の船が推力 $T(t) = b\omega(t)$ [N] を発生しながら，水からの抵抗力 $R(t) = cv(t)$ [N] を受けつつ速度 v [m/s] で航行している状況を表す運動方程式は

$$m\dot{v}(t) = T(t) - R(t) = b\omega(t) - cv(t) \tag{8.39}$$

で与えられた（各定数などは該当箇所を参照のこと）．ここで $\omega(t)$ [rad/s] はプロペラの回転角速度であり，入力を $\omega(s) = \mathcal{L}[\omega(t)]$，出力を $V(s) = \mathcal{L}[v(t)]$ とすると伝達関数は 1 次遅れ系であった．

いま，講義 04 の演習問題 (8) のようにエンジンの特性を考えない場合（すなわち瞬時に所望の $\omega(t)$ の値が発生できる），コントローラの出力は制御対象の入力である $\omega(s)$ としてよく，フィードバック制御系は図 8.3 で表すことができる．もしコントローラが適切に設計されていれば，コントローラは誤差信号をもとに適切な回転角速度 $\omega(s)$ を計算し，スロットルが適宜調整されて所望の $\omega(t)$ となり，プロペラが推力 $T(t)$ を発生し，船が所望の速度 $v(t) = r(t) = \mathcal{L}^{-1}[R(s)]$（ここでの $r(t)$ は目標値である）で航行する．

講義 06 の演習問題 (8) の場合，エンジンの特性のため，スロットルレバーの操作量 $\theta(t)$ に対してプロペラの回転角速度 $\omega(t)$ が遅れて変化し，その特性は 1 次遅れ系

$$\omega(s) = \frac{K_d}{T_d s + 1}\theta(s) \tag{8.40}$$

で表されると考えた．このように，エンジン特性の遅れの影響が無視できない場合，エンジン特性を制御対象に組み入れて考える必要があり，フィードバック制御系は図 8.4 で表すことができる．制御対象とその入力を発生する装置の特性（上記の例ではエンジン特性）を合わせた特性をまとめてプラントと呼ぶことがある．上記の例では，講義 06 の演習問題 (8) で求めたように，プラントの伝達関数は入力を $\omega(s) = \mathcal{L}[\omega(t)]$，出力を $V(s) = \mathcal{L}[v(t)]$ とする 2 次遅れ系となり，これを新たに制御対象として考える必要がある．

制御対象を動作させるために必要な物理量を発生する装置をアクチュエータと呼ぶ [10]．もしアクチュエータの特性をそれほど厳密に考える必要がない場合（遅れがないと考えられる場合）や，アクチュエータの補償が充分になされている場合 [11]，アクチュエータの動的システムとしての特性を考える必要がないこともある．このとき，実際の装置としてアクチュエータを用いるが，その動的な特性をフィードバック制御系の特性

---

10) 上記の例の場合，エンジンがアクチュエータとなる．
11) この内容についての説明は本書の範囲を超えるので，例えば参考文献 [14] の 5 章を参照のこと．

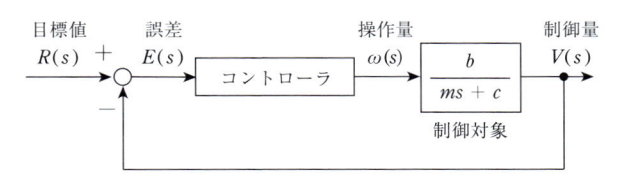

図 8.3　速度 $v(t)$ で航行する船のフィードバック制御系（その 1）

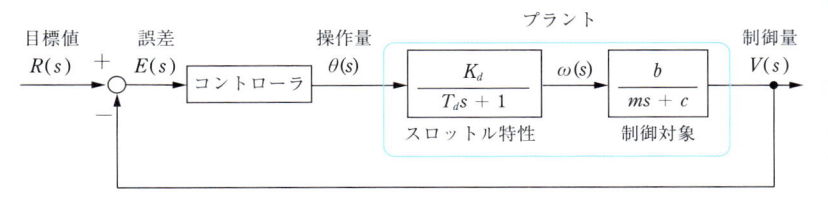

図 8.4　速度 $v(t)$ で航行する船のフィードバック制御系（その 2）

の 1 つとして考慮する必要がない，ということになる（図 8.3 の状況）.

　どの程度のレベルまでの制御を考えるかに応じて，アクチュエータの特性を制御対象に加えるかどうかは状況による．上記の簡単な例の場合でも，プラントまで考えるとモデルの数学モデルは複雑となり，フィードバック制御系の設計（安定性，定常特性など）において，制御対象（プラント）の分母多項式の次数が高くなり（場合によっては分子多項式の次数も高くなる），解析が難しくなる.

　本書では説明の簡単のため，以後において，特に説明のない限りアクチュエータの特性は考えないとする.

【講義 08 のまとめ】

- 「制御系を設計する」とは，制御仕様を満たすように，コントローラのパラメータを調整してその入出力関係を決定することである.
- フィードバック制御系は内部安定となるように設計しなければならない.
- フィードフォワード制御系の特徴
  ① 不安定な制御対象を安定に制御することはできない.
  ② 外乱が制御量に及ぼす影響を抑制することはできない.
  ③ 制御対象の変動の影響は，制御系にそのまま現れる.
  ④ 制御量を検出するセンサが不要でコストを低く済ませられる.
- フィードバック制御の特徴
  ① 適切な設計パラメータの設計によって，不安定な制御対象を安定に動作させることが可能である. ただし，設計を誤ると，安定な制御対象でも制御系は不安定になりうる.
  ② 外乱が制御量に及ぼす影響を抑制できる.
  ③ 制御対象の変動が制御系に及ぼす影響を抑制できる.
  ④ 制御量を検出するセンサが必要であり，フィードフォワード制御系よりコスト高になる.

演習問題

(1) 図 8.2 のフィードバック制御系において，$P(s)$, $C(s)$ がつぎで与えられたとする. (8.7), (8.8) 式の $G_{ur}(s)$, $G_{ud}(s)$, $G_{yr}(s)$, $G_{yd}(s)$ を求め，制御系が内部安定かどうか判定せよ.

  i) $P(s) = \dfrac{1}{s-1}$, $C(s) = \dfrac{1}{s+5}$ ii) $P(s) = \dfrac{1}{s-1}$, $C(s) = \dfrac{10}{s+5}$

  iii) $P(s) = \dfrac{1}{s-3}$, $C(s) = \dfrac{s-3}{s+1}$ iv) $P(s) = \dfrac{s-2}{s+10}$, $C(s) = \dfrac{1}{s-2}$

  v) $P(s) = \dfrac{s+1}{s+5}$, $C(s) = \dfrac{s+5}{s+2}$

(2) (8.6) 式から (8.7), (8.8) 式を導出せよ.

(3) (8.35) 式を計算して導出せよ.

(4) (1) の iii), iv), v) において，それぞれ $r(t) = 1$, $d(t) = 1$, $t \geq 0$ の

応答を求め，制御系の内部安定性と制御系の応答との関係について説明せよ．

(5) 講義 04 の演習問題 (9) のコーヒーの問題を考える．このシステムの $U(s) = \mathcal{L}[u(t)]$（$u(t)$ [J] はコーヒーに加える熱量）と $Y(s) = \mathcal{L}[y(t)]$（$y(t)$ [K] はコーヒーの温度）の関係は，

$$Y(s) = \frac{aK}{s(s+a)} + \frac{T_0}{s+a} + \frac{b}{s+a} U(s)$$

となる（各記号は該当問題を参照）．コーヒーの温度を一定の目標温度 T_r $> K$ [K] で保つために，$u(t) = K_r T_r$（K_r：定数）のようなフィードフォワード制御を考える．つぎの問いに答えよ．

i)   講義 04 の演習問題 (4) の結果を参考にして，$t \to \infty$ でのコーヒーの温度 y_∞ を目標値 T_r に一致させるような定数 K_r（フィードフォワードコントローラ）を求めよ．

ii) 前問で求めたフィードフォワード制御の下で，気温が $K \to K - \Delta K$ に変化したとする．このとき，気温の変化がコーヒーの温度にどのように影響を及ぼすかを説明せよ．

(6) (5) において，コーヒーに与える熱量を $u(t) = K_e(T_r - y(t))$ のようなフィードバック制御（比例制御）とする．このときのシステムの応答と，$t \to \infty$ でのコーヒーの温度 y_∞ [K] を求めよ．また，気温が $K \to K - \Delta K$ に変化したとき，コーヒーの温度にどのような影響があるかを説明せよ．

(7) 講義 04・講義 06 の演習問題 (8) の船の問題を考える．スロットルレバーの操作量を $\theta(t)$，船の速度を $v(t)$ [m/s] としたとき，$\theta(s) = \mathcal{L}[\theta(t)]$ と $V(s) = \mathcal{L}[v(t)]$ との関係は，

$$V(s) = \frac{K}{(T_s s + 1)(T_d s + 1)} \theta(s), \quad K = \frac{bK_d}{c}, \quad T_s = \frac{m}{c}, \quad T_d > 0$$

となる（各記号は該当問題を参照）．一定速度 v_r [m/s] で巡航させるために，$\theta(t) = K_r v_r$ のようなフィードフォワード制御を行うとき，定常状態で目標値に誤差なく追従するように K_r を求めよ．また，プロペラが一部損傷して推力とプロペラの回転角速度の関係を示す比例定数 b の値が半分になったとき，速度の定常値を求めよ．

(8) (7) において，スロットルレバーの操作量を $\theta(t) = K_e(v_r(t) - v(t))$ の比例制御で決定することを考える．ここで，$v_r(t)$ [m/s] は速度の目標値である．フィードバック制御系の $V_r(s)$ から $V(s)$ までの伝達関数が，2次遅れ系

$$G(s) = \frac{C\omega_n^2}{s^2 + 2\zeta\omega_n s + \omega_n^2}$$

の形になることを示し，ω_n, ζ, C を求めよ．また，$G(s)$ で与えられるシステムが安定であり，かつ不足減衰，臨界減衰，過減衰となるような K_e の範囲をそれぞれ示せ．さらに，(7) と同様に $v_r(t) = v_r$（一定値）の場合の応答 $v(t)$ の定常値 $\lim_{t\to\infty} v_r(t)$ を求め，その結果をもとに，速度の定常値と K_e との関係を (7) のフィードフォワード制御の場合と比較して説明せよ．また，(7) と同様のプロペラ損傷が，応答にどのような影響を及ぼすかを説明せよ．

(9) 図 3.21 のブロック線図で表される入力を指令電圧 $V_a(s)$，出力を回転角度 $\theta(s)$ とするモータについて，つぎの問いに答えよ．

i) このシステムに対するフィードフォワード制御は不可能であることを示せ．

ii) 図 8.5 のような比例制御によるフィードバック制御を考える．ここで，K_p は定数であり，比例制御の設計パラメータである．このフィードバック制御系の目標値 $R(s)$ から制御量 $\theta(s)$ までの伝達関数の安定性と，角度目標値が単位ステップ信号で与えられたときの定常特性（安定な場合）について説明せよ．

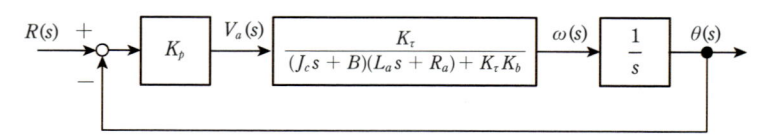

図 8.5　問題 (9) のブロック線図

PID 制御

講義 08 では制御系におけるコントローラの役割，フィードフォワード制御系とフィードバック制御系の違いについて説明した．本講では産業界でも広く使われている PID 制御法について説明し，コントローラの構成の違いによる制御系の特性について述べる．

【講義 09 のポイント】

・PID 制御について理解を深めよう．

・各制御法の役割，違いについて学ぼう．

・フィードバック制御系の極の位置と応答の関係について理解を深めよう．

⚙ 9.1 コントローラの例

9.1.1 P 制御：基本形

講義 08 で説明したコントローラ $C(s) = K_p$（K_p：定数）は**比例制御**（proportional control）と呼ばれる．頭文字をとって **P 制御**とも呼ばれ，フィードバック制御方式の中でもっとも基本的な制御方式である．P 制御による制御系のブロック線図は，図 9.1 で表される．制御系の構成は非常に単純であるが，フィードバック制御系を用いることで不安定な制御対象を安定に制御でき，外乱の影響も抑制できる（➡ 8.3 節）．

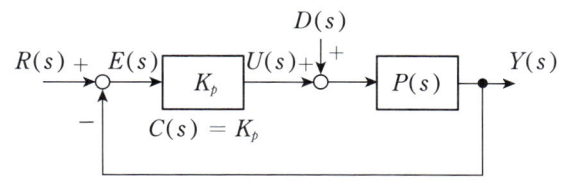

図 9.1 P 制御による制御系のブロック線図

P 制御におけるコントローラ $C(s) = K_p$ の入出力関係は，つぎの伝達関数で与えられる．

$$U(s) = K_p E(s) \tag{9.1}$$

このとき K_p は定数で，**比例ゲイン**（proportional gain）（**P ゲイン**）と呼ばれ，制御系設計のための設計パラメータは，P ゲイン K_p のみである.

(9.1) 式を逆ラプラス変換すると，つぎで表される.

$$u(t) = K_p e(t) \tag{9.2}$$

これより，P 制御は入力（偏差 $e(t)$）を定数 K_p 倍したものを出力（操作量 $u(t)$）とする構成であり，入力と出力が比例関係にあることがわかる（図 9.2）. また，偏差 $e(t)$ の絶対値が大きければ操作量 $u(t)$ の絶対値も大きくなる. P 制御を行うには，現時刻での偏差のみが必要であり，過去や未来の値は必要ない [1].

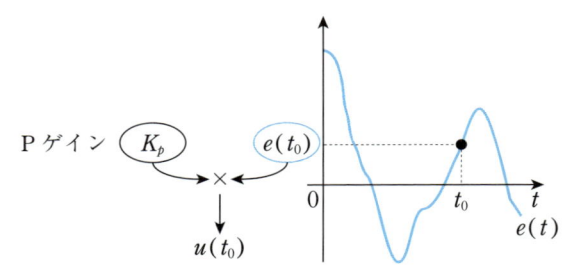

図 9.2　P 制御の概念図：操作量を求めるためには，現在の時刻 t_0 での偏差だけが必要

9.1.2　PI 制御：過去の偏差情報の利用

P 制御に偏差の積分値 $\int_0^t e(\tau)\,\mathrm{d}\tau$ を加えた制御方式を **PI 制御**と呼び，図 9.3 で表すことができる. ここで，I は**積分制御**（integral control：**I 制御**）を意味する. PI 制御のコントローラ $C(s)$ の入出力関係は，つぎの伝達関数で与えられる.

$$U(s) = \left(K_p + \frac{K_i}{s}\right)E(s) = \frac{K_p s + K_i}{s}E(s) \tag{9.3}$$

---

1)　一般に，我々は偏差も含むフィードバック制御系の信号の正確な未来値を知ることはできない.

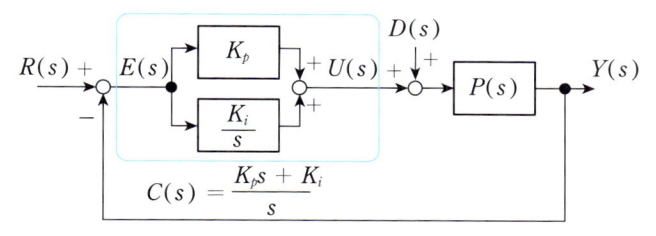

図 9.3 PI制御による制御系のブロック線図

ここで，K_p は P ゲインであり，K_i は定数で**積分ゲイン**（integral gain）（**I ゲイン**）と呼ばれ，制御系設計のための設計パラメータは，定数 K_p, K_i の 2 つである．

P 制御と比較して，I 制御を付加して PI 制御を導入する意味を考える．(9.3) 式を逆ラプラス変換すると，つぎで表される．

$$u(t) = K_p e(t) + K_i \int_0^t e(\tau)\,\mathrm{d}\tau \tag{9.4}$$

(9.4) 式右辺第 1 項は，P 制御と同じである．第 2 項は，偏差 $e(t)$ の値を制御開始時刻の 0 から t まで定積分したものに，I ゲインである K_i をかけたものである．例として，制御開始時刻 0 から t までの間，偏差が一定値，すなわち $e(t) = e_s \neq 0$ であると仮定しよう [2]．(9.4) 式に $e(t) = e_s$ を代入すると，つぎで表される．

$$u(t) = u_p(t) + u_i(t) \tag{9.5}$$

$$u_p(t) = K_p e_s, \quad u_i(t) = K_i \int_0^t e_s\,\mathrm{d}\tau = K_i e_s t$$

ここで (9.5) 式より，右辺第 1 項は一定値をとるが，第 2 項は t に比例した値になることがわかる．よって，偏差の値が 0 に収束せずに一定値となる場合は，第 1 項の P 制御による操作量 $u_p(t)$ は一定値 $K_p e_s$ であるが，第 2 項の I 制御では $u_i(t) = K_i e_s t$ の項により，操作量の値が時刻 t に比例して増加し，一定値にとどまっている偏差を小さくする操作が制御対象に加えられる．

実際には，I 制御の部分は偏差の値を制御開始時から現時刻まで定積分し，それに I ゲインをかけた値を操作量としている（図 9.4）．したがって，I 制御

---

[2] この仮定は，I 制御の意味を明確に説明するためのものである．実際には，時刻 0 から t の間も，I 制御を含むフィードバック制御が行われており，ここで仮定したように，時刻 0 から t の間，偏差が一定値にとどまる現象が起こることはまずない．

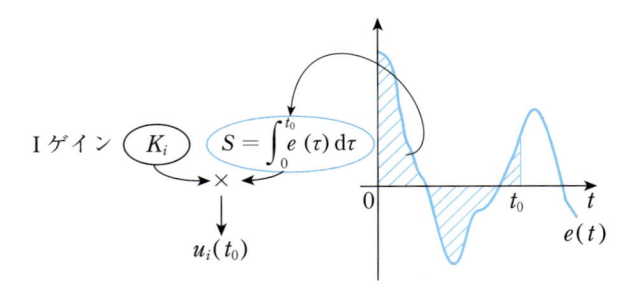

図9.4　I制御の概念図：操作量を求めるためには，定積分 $S = \int_0^{t_0} e(\tau) \, d\tau$ の計算のため，区間 $[0, t_0]$ での偏差 $e(t)$ の情報が必要

を行うためには，制御開始時刻から現時刻までの偏差の値（偏差の過去値）が必要になる．また，偏差が 0 に収束したとしても I 制御の部分により，PI 制御法の出力（操作量 $u(t)$）は 0 に収束せず，ある一定値になることがわかる．

　PI 制御では，操作量 $u(t)$ における P 制御 $u_p(t)$ と I 制御 $u_i(t)$ の割合は，設計パラメータである P ゲイン K_p と I ゲイン K_i を調整することで変えることができる．制御技術者は，これら 2 つの設計パラメータの値を調整して，（制御系の安定性も含む）制御仕様を満足するフィードバック制御系を設計する．

例 9.1

　図9.5 の台車系において，質量 M の物体に操作量 $u(t)$ [N] を加え，物体をスタート位置 $y(0) = 0\,\mathrm{m}$ から目標位置 $r(t)$ [m] までフィードバック制御により台車変位 $y(t)$ [m] を制御することを考えてみよう．運動方程式はつぎで表される．

$$M\ddot{y}(t) + D\dot{y}(t) + Ky(t) = u(t) \tag{9.6}$$

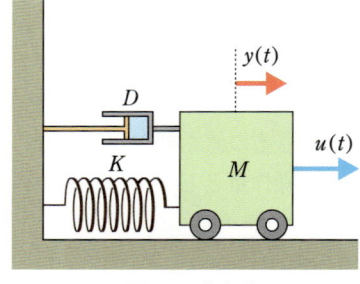

図9.5　台車系

すべての初期値を 0 としてラプラス変換すると，

$$(Ms^2 + Ds + K)\,Y(s) = U(s) \tag{9.7}$$

となり，$U(s) = \mathcal{L}[u(t)]$ から $Y(s) = \mathcal{L}[y(t)]$ までの伝達関数 $P(s)$ はつぎで表される．

$$Y(s) = P(s)U(s), \quad P(s) = \frac{1}{Ms^2 + Ds + K} \tag{9.8}$$

まず，P 制御の場合を考えよう．コントローラの伝達関数はつぎで与えられる．

$$U(s) = K_p E(s) \tag{9.9}$$

ここで，$E(s) = \mathcal{L}[e(t)] = R(s) - Y(s)$ であり，$R(s) = \mathcal{L}[r(t)]$ である．(9.9) 式を (9.8) 式に代入すると，つぎとなる．

$$Y(s) = \frac{1}{Ms^2 + Ds + K} K_p\,(R(s) - Y(s)) \tag{9.10}$$

したがって，制御系の $R(s)$ から $Y(s)$ までの伝達関数 $G_{yr}(s)$ はつぎで表される．

$$Y(s) = G_{yr}(s)R(s), \quad G_{yr}(s) = \frac{\dfrac{K_p}{Ms^2+Ds+K}}{1+\dfrac{K_p}{Ms^2+Ds+K}} = \frac{K_p}{Ms^2+Ds+K+K_p} \tag{9.11}$$

P ゲイン K_p は，フィードバック制御系が内部安定となるように設計されているとする[3]．目標値を $r(t) = 1$（$\mathcal{L}[r(t)] = R(s) = \dfrac{1}{s}$）としたときの $t \to \infty$ での台車変位 $y(t)$ [m] の定常値 y_∞ は，最終値定理を用いて，つぎのとおり計算できる．

$$y_\infty = \lim_{t\to\infty} y(t) = \lim_{s\to 0} sY(s) = \lim_{s\to 0} sG_{yr}(s)\,R(s)$$
$$= \lim_{s\to 0} s\,\frac{K_p}{Ms^2 + Ds + K + K_p}\,\frac{1}{s} = \frac{K_p}{K + K_p} \tag{9.12}$$

これより，y_∞ は K_p が無限大とならない限り 1 にはならず，$t \to \infty$ で偏差 $1 - \dfrac{K_p}{K + K_p} = \dfrac{K}{K + K_p} \neq 0$ が残ることがわかる．

つぎに，PI 制御の場合を考えよう．コントローラの伝達関数 $C(s)$ はつぎで与えられる．

$$U(s) = C(s)E(s), \quad C(s) = K_p + \frac{K_i}{s} = \frac{K_p s + K_i}{s} \tag{9.13}$$

(9.13) 式を (9.8) 式に代入すると，P 制御の場合と同様に，

$$Y(s) = \frac{1}{Ms^2 + Ds + K} C(s)\,E(s) = \frac{1}{Ms^2 + Ds + K}\,\frac{K_p s + K_i}{s}\,(R(s) - Y(s)) \tag{9.14}$$

となるので，$R(s)$ から $Y(s)$ までの制御系の伝達関数 $G_{yr}(s)$ はつぎで表される．

09

$$Y(s) = G_{yr}(s)R(s), \quad G_{yr}(s) = \frac{\dfrac{K_p s + K_i}{Ms^3 + Ds^2 + Ks}}{1 + \dfrac{K_p s + K_i}{Ms^3 + Ds^2 + Ks}} = \frac{K_p s + K_i}{Ms^3 + Ds^2 + (K + K_p)s + K_i}$$

(9.15)

P ゲイン，I ゲインはそれぞれフィードバック制御系を内部安定にするように設定されているとすると [4]，単位ステップ信号 $r(t) = 1$ に対する $y(t)$ の定常値 y_∞ はつぎとなる．

$$y_\infty = \lim_{t \to \infty} y(t) = \lim_{s \to 0} sY(s)$$

$$= \lim_{s \to 0} sG_{yr}(s)R(s) = \lim_{s \to 0} s \frac{K_p s + K_i}{Ms^3 + Ds^2 + (K + K_p)s + K_i} \frac{1}{s} = 1 \quad (9.16)$$

これより，$y(t)$ の定常値 y_∞ は 1 となり，目標値 $r(t) = 1$ に一致する．よって PI 制御により，単位ステップ信号の目標値に対して偏差の定常値を 0 にすることができる． ❂

9.1.3 PID 制御：未来の偏差情報の利用

PI 制御に，さらに偏差の微分値 $\dot{e}(t)$ を用いた**微分制御**（derivative control：D 制御）を加えた制御方式を **PID 制御**と呼び，図 9.6 で表すことができる．PID 制御におけるコントローラ $C(s)$ の入出力関係は，つぎの伝達関数で与えられる．

$$U(s) = \left(K_p + \frac{K_i}{s} + K_d s\right)E(s) = \frac{K_d s^2 + K_p s + K_i}{s}E(s) \quad (9.17)$$

ここで，K_d は**微分ゲイン**（derivative gain）（**D ゲイン**）と呼ばれ，制御系設計のための設計パラメータは K_p，K_i，K_d の 3 つとなる．

PI 制御と比較して，D 制御をさらに付加して PID 制御を導入する意味を考える．(9.17) 式を逆ラプラス変換するとつぎで表される．

$$u(t) = u_p(t) + u_i(t) + u_d(t) \quad (9.18)$$

$$u_p(t) = K_p e(t), \quad u_i(t) = K_i \int_0^t e(\tau)\,d\tau, \quad u_d(t) = K_d \dot{e}(t)$$

(9.18) 式の右辺第 3 項が D 制御の部分であり，偏差 $e(t)$ の微分値 $\dot{e}(t)$ に D

---

3) この場合，制御系の伝達関数の分母多項式は s の 2 次式となり，フィードバック制御系が安定となる K_p の範囲は，2 次方程式を解いて制御系の極を求めることによって容易に導出できる．

4) この場合は制御系の伝達関数の分母多項式は s の 3 次式となる．ラウスの安定判別法などを用いれば，フィードバック制御系が安定となる K_p，K_i の範囲を求めることが可能である．

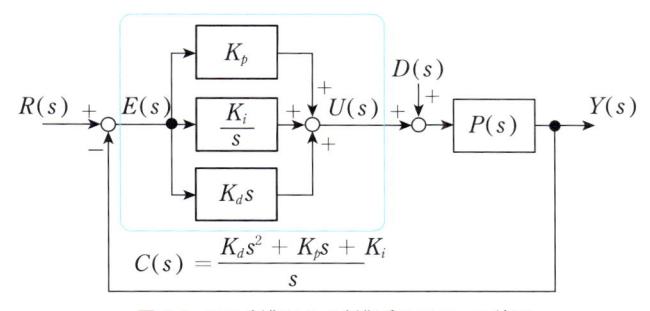

図 9.6 　PID 制御による制御系のブロック線図

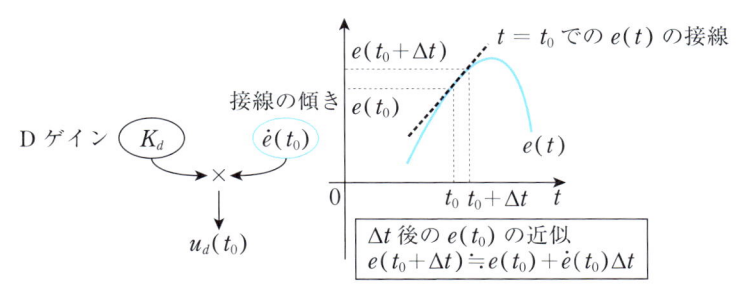

図 9.7 　D 制御の概念図：偏差 $e(t)$ の $t = t_0$ での接線の傾きに，D ゲイン K_d をかけて $u_d(t_0)$ を導出

ゲインである K_d をかけた値となる．D 制御の概念図を図 9.7 に示す．$\dot{e}(t_0)$ は，$e(t)$ の $t = t_0$ での接線の傾きを表している．すなわち，$t = t_0$ での $e(t)$ の接線の傾きがわかれば，t_0 からごく短い時間 Δt 経過後の $e(t)$ の値が，

$$e(t_0 + \Delta t) \fallingdotseq e(t_0) + \dot{e}(t_0)\, \Delta t \tag{9.19}$$

で近似できるので，D 制御は**偏差 $e(t)$ が，$t = t_0$ からごく近い未来にどのように変化するか**という情報を使い，偏差の絶対値が増加（減少）しつつあるときは，操作量の絶対値 $|u_d(t)|$ を増やす（減らす）制御である．フィードバック制御系が安定に設計されていれば，未来の偏差情報（の近似）を用いる D 制御は，偏差の絶対値が過大になることを防ぐ役割を果たし，結果的に制御系の過渡特性を改善することに役立つ．

このほか，P 制御と D 制御を組み合わせた **PD 制御**もよく用いられる．PD 制御のコントローラ $C(s)$ はつぎで表される．

$$C(s) = K_p + K_d s \tag{9.20}$$

D 制御の実現可能性

D 制御では，偏差 $e(t)$ の時間微分 $\dot{e}(t)$ が必要となる．$t = t_0$ での偏差 $e(t)$ の時間微分は，

$$\dot{e}(t_0) = \lim_{\Delta t \to 0} \frac{e(t_0 + \Delta t) - e(t_0)}{\Delta t} \tag{9.21}$$

と与えられる．偏差の未来値（Δt 秒後）を得ることはできないため，厳密な意味で D 制御を実現することは不可能である．実際には，$\dot{e}(t_0)$ の代用として，つぎで与えられるような，$t = t_0$ での偏差 $e(t_0)$ と短い時間 Δt 秒前の偏差 $e(t_0 - \Delta t)$ との平均変化率を用いることが多い．

$$\frac{e(t_0) - e(t_0 - \Delta t)}{\Delta t} \tag{9.22}$$

⚙ 9.2　コントローラの設計パラメータの値と制御系の極の関係

9.1 節に示した各コントローラにおいて，P，I，D ゲインは調整可能な設計パラメータであり，制御技術者はゲインの値を調整して，安定性を含めた制御仕様を満たすフィードバック制御系を設計する．制御対象の形を限れば（1 次遅れ系など），フィードバック制御系の応答と P，I，D ゲインの関連が示されている（⟹参考文献 [1]）．しかし，一般的な制御対象に対して，与えられた制御仕様を（可能な限り）満足するゲインを導出するための解析的な方法は，ごく特別な場合を除いて知られていない．PID 制御はこれまで多くの制御系設計で採用されているが，各ゲインの値はシミュレーションや（アナログ回路などで実現された）コントローラを実際の対象に直接接続してゲインを試行錯誤的に決定しているのが実状である．

それでは，コントローラの設計パラメータの選び方がフィードバック制御系の極や応答に及ぼす影響を調べるために，制御対象 $P(s)$ をごく簡単な形に限定して考えよう．つぎの 1 次遅れ系について考える．

$$P(s) = \frac{b}{s + a}, \quad (a, \ b : 定数) \tag{9.23}$$

これまでに，伝達関数で与えられるシステムの過渡応答は，その極により決定されることを述べた．(9.23) 式の制御対象 $P(s)$ に対して P，PI および PID 制御を適用した場合，その設計パラメータがフィードバック制御系の極に与える影響を説明する．

9.2.1　P 制御

コントローラを P 制御 ((9.1) 式) とした場合，図 9.1 において，目標値 $R(s)$，外乱 $D(s)$ を入力とし，操作量 $U(s)$，制御量 $Y(s)$ を出力とした 4 つの伝達関数はつぎで表される（➡ 8.2.2 項）．

$$G_{ur}(s) = \frac{C(s)}{1 + P(s)\,C(s)} = \frac{K_p}{1 + \dfrac{bK_p}{s + a}} = \frac{K_p(s + a)}{s + a + bK_p}$$

$$G_{ud}(s) = -\frac{P(s)\,C(s)}{1 + P(s)\,C(s)} = -\frac{\dfrac{bK_p}{s + a}}{1 + \dfrac{bK_p}{s + a}} = -\frac{bK_p}{s + a + bK_p}$$

$$G_{yr}(s) = \frac{P(s)\,C(s)}{1 + P(s)\,C(s)} = -\,G_{ud}(s) = \frac{bK_p}{s + a + bK_p}$$

$$G_{yd}(s) = \frac{P(s)}{1 + P(s)\,C(s)} = \frac{\dfrac{b}{s + a}}{1 + \dfrac{bK_p}{s + a}} = \frac{b}{s + a + bK_p}$$

09

4 つの伝達関数の分母はいずれも同じとなり，制御系の極は方程式 $s + a + bK_p = 0$ の根となる．制御系の極は，P ゲイン K_p の関数 $p(K_p)$ としてつぎで表される．

$$p(K_p) = -\,(a + bK_p) \tag{9.24}$$

いま，$b > 0$ として，P ゲイン K_p を 0 から大きくすると，制御系の極 $p(K_p)$ はつぎのように変化する．

- 🔸　$K_p = 0$：$p(K_p)$ は制御対象の極 $-a$ と一致する（制御をしていない）

- K_p が大きくなる：(9.24) 式より，$p(K_p)$ の値は小さくなる
- $K_p \to +\infty$：$p(K_p)$ は $-\infty$ に近づく

K_p の変化にともなう制御系の極 $p(K_p)$ の値を複素平面上にプロットすると，図 9.8 の赤線で表される．矢印は極 $p(K_p)$ の向かう方向であり，K_p が連続的に変化すると，極 $p(K_p)$ は複素平面上で連続した軌跡となる．

(9.24) 式より，$b > 0$ でも $a < 0$ であれば制御対象 $P(s)$ は不安定であり，$K_p = 0$ の場合はフィードバック制御をしていないことと同じであるため，制御系は不安定となる．また，P ゲイン K_p の値を大きくして $K_p > -\dfrac{a}{b}$ となれば，フィードバック制御系は常に安定となる．$P(s)$ が安定な場合 ($a > 0$) は，図 9.8 において始点（×印）が安定領域（複素左半平面）にプロットされるだけで，傾向は同じである．極の位置と応答に関する図 6.11 を参照すると，P ゲイン K_p を大きくしていくと，フィードバック制御系のインパルス応答は振動せず，より早く 0 に収束し，速応性が高くなることがわかる．一方，操作量 $u(t)$ は K_p に比例するので（➡ (9.1) 式），速応性を高めるように P ゲイン K_p を大きくすると，それにともない制御に必要な操作量 $u(t)$ の絶対値は大きくなることがわかる．

図 9.8 の軌跡は**根軌跡**（root locus）と呼ばれ，コントローラ内で注目する設計パラメータの変化に応じた制御系の極の変化が視覚的にわかる[5]．根軌跡は制御系 CAD を用いて容易に描画できるが，簡単なシステムに対して根軌跡を描き，コントローラの設計パラメータと，制御系の極との関係を理解することは，フィードバック制御系の効果を知るために重要である．

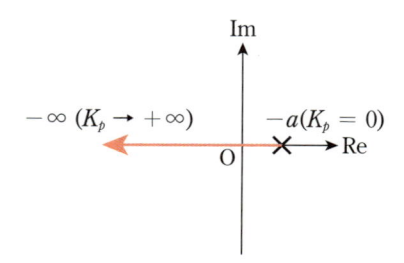

図 9.8　P ゲイン K_p (> 0) の変化にともなうフィードバック制御系の極 $p(K_p)$ の軌跡 ($a < 0$)

---

5) ラウスの安定判別法と同様に，制御系の解析や設計にコンピュータが気軽に使えなかった時代に多く用いられていた．一般的な制御対象とコントローラにおける根軌跡の手描きによる作図法があるが，本書では省略する．詳しくは参考文献 [2] を参照．

(9.23) 式において $a = b = 1$ とし（この場合 $P(s)$ は安定になる）, $K_p = 0$（制御していない）場合と, $K_p = 1, 5, 10$ としたときの単位ステップ応答を図 9.9 に示す. これより, P ゲイン K_p を大きくするにしたがい, 制御量 $y(t)$ が定常値になるまでの時間は短くなり, 速応性が高くなることがわかる. これは, 図 9.8 の根軌跡による考察と同じであり, コントローラの設計パラメータを根軌跡より選ぶことの有効性を示している.

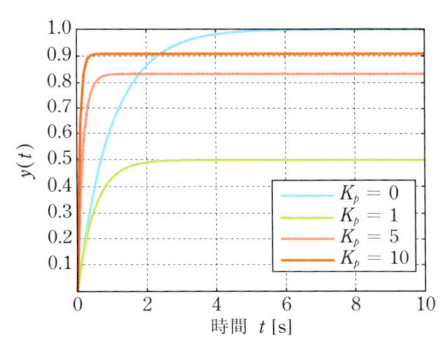

図 9.9　P ゲイン K_p (> 0) の変化にともなう単位ステップ応答の変化

　一方, $K_p = 0$ の場合（制御していない場合）, 応答は 1 に収束しているが, フィードバック制御系では偏差の定常値は 0 にならないことがわかる（K_p を大きくするにしたがい偏差の定常値は小さくなるが, 0 にはならない）. これより, P 制御を用いてフィードバック制御系を構成した場合, 制御していない場合と比較すると, 過渡特性は向上するが定常特性は劣化することがわかる. フィードバック制御系の定常特性とコントローラの設計には重要な関係があるが, これについては講義 10 で詳しく述べる. ❁

9.2.2　PI 制御

　コントローラを PI 制御（(9.3) 式）とした場合, 図 9.3 において, $R(s)$, $D(s)$ から $U(s)$, $Y(s)$ までの伝達関数はつぎで表される.

$$G_{ur}(s) = \frac{C(s)}{1 + P(s)\,C(s)} = \frac{\dfrac{K_p s + K_i}{s}}{1 + \dfrac{b}{s + a}\dfrac{K_p s + K_i}{s}}$$

$$= \frac{(s + a)\,(K_p s + K_i)}{s^2 + (a + bK_p)s + bK_i}$$

$$G_{ud}(s) = -\frac{P(s)\,C(s)}{1 + P(s)\,C(s)} = -\frac{\dfrac{b}{s+a}\dfrac{K_p s + K_i}{s}}{1 + \dfrac{b}{s+a}\dfrac{K_p s + K_i}{s}}$$

$$= -\frac{b\,(K_p s + K_i)}{s^2 + (a + bK_p)\,s + bK_i}$$

$$G_{yr}(s) = \frac{P(s)\,C(s)}{1 + P(s)\,C(s)} = -\,G_{ud}\,(s) = \frac{b\,(K_p s + K_i)}{s^2 + (a + bK_p)\,s + bK_i}$$

$$G_{yd}(s) = \frac{P(s)}{1 + P(s)\,C(s)} = \frac{\dfrac{b}{s+a}}{1 + \dfrac{b}{s+a}\dfrac{K_p s + K_i}{s}}$$

$$= \frac{bs}{s^2 + (a + bK_p)\,s + bK_i}$$

4 つの伝達関数の分母はいずれも同じとなり，制御系の極は方程式 $s^2 + (a + bK_p)s + bK_i = 0$ の根となる．制御系の極は，P ゲイン K_p，I ゲイン K_i の関数 $p(K_p, K_i)$ としてつぎで表される．

$$p(K_p, K_i) = \frac{-(a + bK_p) \pm \sqrt{(a + bK_p)^2 - 4bK_i}}{2} \tag{9.25}$$

K_p，K_i の値によって，極 $p(K_p, K_i)$ の値はつぎのように変化する．ここでは，K_p の値を固定して，K_i の値を 0 から大きくすると，極 $p(K_p, K_i)$ がどのようになるかを考える．

- $(a + bK_p)^2 - 4bK_i > 0$ の場合：$p(K_p, K_i)$ は 2 つの異なる実数根となる
- $(a + bK_p)^2 - 4bK_i = 0$ の場合：$p(K_p, K_i) = \dfrac{-(a + bK_p)}{2}$ となる（重根）
- $(a + bK_p)^2 - 4bK_i < 0$ の場合：

$$p(K_p, K_i) = \frac{-(a + bK_p) \pm j\sqrt{4bK_i - (a + bK_p)^2}}{2}$$ となる（共役複素根）

例として，$a = b = 1$，$K_p = 1$ とし，K_i を 0 から大きくした場合の根軌跡を図 9.10 に示す．

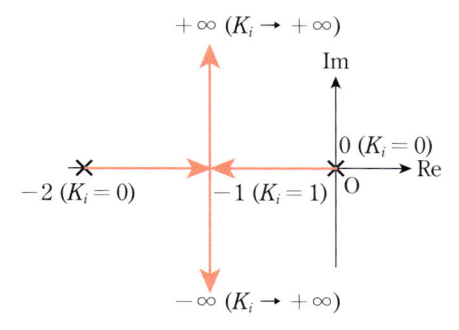

図 9.10　PI 制御において，P ゲイン K_p を固定し，K_i を変化させたときの根軌跡
$(a = b = 1,\ K_p = 1,\ \ K_i \geq 0)$

　P 制御の場合と同様に，$a = b = 1$ とした場合，I ゲイン K_i の変化にともなう単位ステップ応答の変化を図 9.11 に示す．これより，$K_i = 0.5, 0.75$（いずれも 1 より小さい）とすれば，制御系の極は 2 つの異なる実数となり，応答に振動する要素はないため，オーバーシュートは生じない．さらに，この場合の代表極は，フィードバック制御系の極 -1 より大きくなるため，定常値に達するまでの時間は制御をしない場合より長くなっている．$K_i = 5$ の場合は，速応性は改善するが，単位ステップ応答は振動的になることが読みとれる．これは図 9.10 の根軌跡による考察と同じであり，制御系の極が共役複素根になるためである．なお，PI 制御の場合は，フィードバック制御系が安定であれば，単位ステップ応答の定常値は必ず 1 となることが示せるが，P 制御の場合と同様に，これも講義 10 で詳しく述べる．

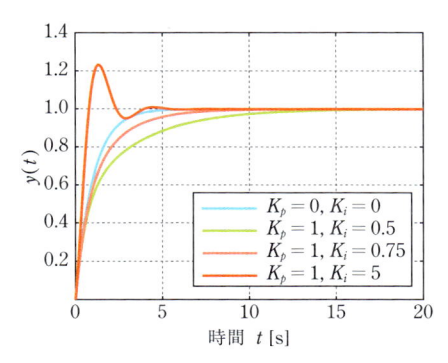

図 9.11　PI 制御において，I ゲイン K_i の変化にともなう単位ステップ応答の変化
$(a = b = 1,\ \ K_p = 1,\ K_i \geq 0)$

9.2.3 PID 制御

コントローラを PID 制御（(9.17) 式）とした場合，図 9.6 において，$R(s)$，$D(s)$ から $U(s)$，$Y(s)$ までの伝達関数はつぎで表される．

$$G_{ur}(s) = \frac{C(s)}{1 + P(s)\,C(s)} = \frac{\dfrac{K_d s^2 + K_p s + K_i}{s}}{1 + \dfrac{b}{s+a}\,\dfrac{K_d s^2 + K_p s + K_i}{s}}$$

$$= \frac{(s+a)\,(K_d s^2 + K_p s + K_i)}{(1 + bK_d)\,s^2 + (a + bK_p)\,s + bK_i}$$

$$G_{ud}(s) = -\frac{P(s)\,C(s)}{1 + P(s)\,C(s)} = -\frac{\dfrac{b}{s+a}\,\dfrac{K_d s^2 + K_p s + K_i}{s}}{1 + \dfrac{b}{s+a}\,\dfrac{K_d s^2 + K_p s + K_i}{s}}$$

$$= -\frac{b\,(K_d s^2 + K_p s + K_i)}{(1 + bK_d)\,s^2 + (a + bK_p)\,s + bK_i}$$

$$G_{yr}(s) = \frac{P(s)\,C(s)}{1 + P(s)\,C(s)} = -G_{ud}(s) = \frac{b\,(K_d s^2 + K_p s + K_i)}{(1 + bK_d)\,s^2 + (a + bK_p)\,s + bK_i}$$

$$G_{yd}(s) = \frac{P(s)}{1 + P(s)\,C(s)} = \frac{\dfrac{b}{s+a}}{1 + \dfrac{b}{s+a}\,\dfrac{K_d s^2 + K_p s + K_i}{s}}$$

$$= \frac{bs}{(1 + bK_d)\,s^2 + (a + bK_p)\,s + bK_i}$$

4 つの伝達関数の分母はいずれも同じとなり，制御系の極は方程式 $(1 + bK_d)s^2 + (a + bK_p)s + bK_i = 0$ の根となる．制御系の極は，P ゲイン K_p，I ゲイン K_i および D ゲイン K_d の関数 $p(K_p, K_i, K_d)$ としてつぎで表される．いま，$K_d \geq 0$ とすると，分母多項式は常に 2 次方程式となり，フィードバック制御系の極はつぎで表される．

$$p(K_p, K_i, K_d) = \frac{-(a + bK_p) \pm \sqrt{(a + bK_p)^2 - 4\,(1 + bK_d)\,bK_i}}{2\,(1 + bK_d)}$$

$$(9.26)$$

例として，$a = b = 1$，$K_p = 1$，$K_i = 0.5$，$0 \leq K_d \leq 10$ の場合，P，I ゲイ

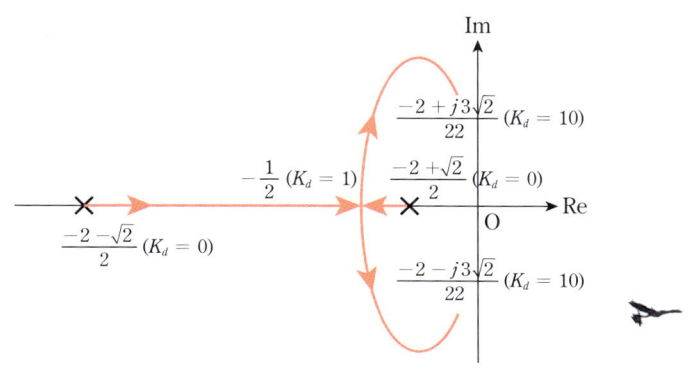

図9.12 PID 制御において，P ゲイン K_p，I ゲイン K_i を固定し，D ゲイン K_d を変化させたときの根軌跡 ($a = b = 1$，$K_p = 1$，$K_i = 0.5$，$0 \le K_d \le 10$)

ンを固定して，K_d を 0 から大きくした場合の根軌跡を図9.12に示す．これよりつぎのことがわかる．

- $0 < K_d < 1$ の場合：極は $p(K_p, K_i, K_d) = \dfrac{-2 \pm \sqrt{2\,(1 - K_d)}}{2\,(1 + K_d)}$ になり，2つの異なる実数根になる

- $K_d = 1$ の場合：極は $p(K_p, K_i, K_d) = -\dfrac{1}{2}$，すなわち重根となる

- $K_d > 1$ の場合：極 $p(K_p, K_i, K_d)$ は共役複素根となる．また，K_d の増加にともない極の実部は大きくなる．この例では，K_d をむやみに大きくすると，応答に振動成分が現れたり，減衰が遅くなり，あまり好ましくない

　以上より，実際に単位ステップ応答を求めることなく根軌跡を調べるだけで，コントローラの設計パラメータを変化させたときのフィードバック制御系の過渡応答の収束の早さや，応答が振動的になるかどうかなどを知ることができる．根軌跡は手描きによる方法も知られているが，近年は制御系 CAD を用いて描くことが多い．特に，高次の伝達関数について根軌跡を描いて制御系を設計する場合，ソフトウェアによる援用設計が非常に有用になる．

演習問題

(1) 図 9.1 の P 制御による制御系において $P(s) = \dfrac{1}{s-2}$ とする．目標値 $R(s)$，外乱 $D(s)$ から，操作量 $U(s)$，制御量 $Y(s)$ までの 4 つの伝達関数 $G_{ur}(s)$，$G_{ud}(s)$，$G_{yr}(s)$，$G_{yd}(s)$ を求めよ．さらに，制御系の極を K_p の関数として求め，極の実部が -2 未満となる K_p に関する条件式を示せ．

(2) (1) と同一の $P(s)$ に，図 9.3 に示す PI 制御を適用する．(1) と同様に $G_{ur}(s)$，$G_{ud}(s)$，$G_{yr}(s)$，$G_{yd}(s)$ を求めよ．さらに，制御系の極を K_p，K_i の関数として求め，極の実部が -2 未満となる K_p，K_i に関する条件式を示せ．

(3) $P(s) = \dfrac{1}{s^3 + s^2 + 6s + 8}$ の安定性をラウスの安定判別法を用いて判定せよ．さらに，P 制御により，制御系が安定となる K_p の範囲を求めよ．

(4) 例 9.1 の台車系の位置制御について，PI 制御を行った際の $R(s)$ から $Y(s)$ までの伝達関数 $G_{yr}(s)$（(9.15) 式）が安定になるような比例ゲイン K_p と積分ゲイン K_i の範囲を求めよ．

(5) 講義 02 の演習問題 (1) のマス－ダンパシステムにおいて，物体に働く力 $f(t)$ [N] と物体速度 $v(t)$ [m/s] との関係は，$M\dot{v}(t) + Dv(t) = f(t)$ で与えられる（各記号は該当問題を参照）．このシステムの $F(s) = \mathcal{L}[f(t)]$ と $V(s) = \mathcal{L}[v(t)]$ との関係は，$V(s) = \dfrac{1}{Ms + D}F(s)$ である．

この制御系のブロック線図を図 9.13 とする．ここで，$P(s) = \dfrac{1}{Ms + D}$ である．$M = 1\,\mathrm{kg}$，$D = 0.1\,\mathrm{N \cdot s/m}$ として，このシステムを P 制御したとき（$C(s) = K_p$），フィードバック制御系の極の値が，比例ゲイン K_p ≥ 0 の値の変化にともない，どのように変化するかを示せ．

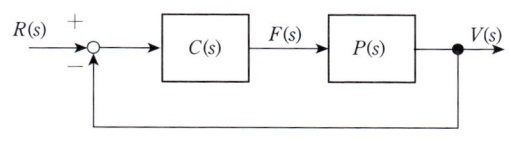

図 9.13　問題 (5) のブロック線図

(6) (5) のシステムを PI 制御し $\left(C(s) = K_p + \dfrac{K_i}{s} \right)$，$K_p = 1$ に固定したとき，$K_i > 0$ に対し極が 2 つの異なる実数根，重根，共役複素根を持つ条件を求めよ．

(7) (5) のシステムを PID 制御し $\left(C(s) = K_p + \dfrac{K_i}{s} + K_d s \right)$，$K_p = 1$，$K_i = 0.1$ に固定したとき，$K_d > 0$ に対し極が 2 つの異なる実数根，重根，共役複素根を持つ条件を求めよ．

(8) 講義 04 の演習問題 (9) のコーヒーの問題を再び考える．このシステムの $U(s) = \mathcal{L}[u(t)]$（$u(t)$ [J] はコーヒーに加える熱量）と $Y(s) = \mathcal{L}[y(t)]$（$y(t)$ [K] はコーヒーの温度）との関係は，

$$Y(s) = \frac{aK}{s(s + a)} + \frac{T_0}{s + a} + \frac{b}{s + a} U(s)$$

である（各記号は該当問題を参照）．コーヒーの温度を PI 制御するとき，フィードバック制御系のブロック線図を図 9.14 とする．制御系が安定になる比例ゲイン K_p および積分ゲイン K_i の範囲を求めよ．また，温度目

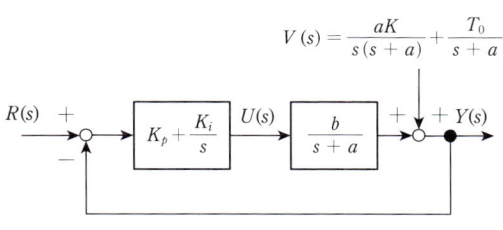

図 9.14　問題 (8) のブロック線図

標値を $r(t) = T_r \geq T_0$ としたとき，コーヒーの温度 $y(t)$ の過渡応答にオーバーシュートが発生しないような K_p, K_i が満たす範囲を求めよ．さらに，制御系が安定になる場合，同様の目標値を与えたときのコーヒーの温度の定常値を求めよ．

(9) 図 9.6 のブロック線図で表されるフィードバック制御系において，$P(s) = \dfrac{1}{(s-1)(s-2)}$，$D(s) = 0$ とする．フィードバック制御系の極が -1，-2，-3 となるような比例ゲイン K_p，積分ゲイン K_i および微分ゲイン K_d を求めよ．

講義 10

フィードバック制御系の定常特性

講義 09 ではコントローラの設計パラメータとフィードバック制御系の極との関係から，設計パラメータである P，I，D 各ゲインとフィードバック制御系の安定性や応答の関係について説明した．本講では，制御対象やコントローラがフィードバック制御系の定常特性にどのような影響を及ぼすかについて考える．

【講義 10 のポイント】

・制御系設計において満たすべき望ましい定常特性とは，どのようなものか理解しよう．

・種々の目標値や外乱に対する定常偏差の計算法を理解しよう．

・定常偏差を 0 にするためには，コントローラをどのように設計すればよいか理解しよう．

10.1 定常偏差

改めて，図 10.1 のフィードバック制御系を考える．フィードバック制御系が内部安定になるように設計できた（制御系が内部安定となるコントローラの設計パラメータが決定できた）場合，制御技術者は，制御系の立ち上がり時間やオーバーシュートなどの過渡特性に関する仕様や，制御量の定常値などの定常特性に関する仕様を満たすために，コントローラの設計パラメータをさらに調整する．過渡特性に関しては，講義 06 の極と応答の関係や，講義 09 で示した根軌跡をコントローラ設計のための指針として使うことができる．では，制御系の定常特性に関して，設計のための指針はないだろうか．

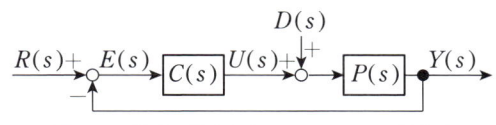

$$R(s) + \quad E(s) \quad \boxed{C(s)} \quad U(s) + \quad \boxed{P(s)} \quad Y(s)$$

図 10.1 外乱の混入したフィードバック制御系

フィードバック制御系に対して，定常特性に関する典型的な制御仕様として，つぎのようなものが与えられることが多い.

- 🔴 目標値 $r(t)$（$\mathcal{L}[r(t)] = R(s)$）に対して，偏差 $e(t)$（$\mathcal{L}[e(t)] = E(s)$）の定常値を小さくし，可能ならば 0 にする
- 🔴 外乱 $d(t)$（$\mathcal{L}[d(t)] = D(s)$）が混入した場合でも，偏差 $e(t)$ の定常値を小さくし，可能ならば 0 にする

外乱の有無を問わず，偏差 $e(t)$ の定常値（$\lim_{t\to\infty} e(t)$ で定義される）は，フィードバック制御系の定常状態での性能をはかる重要な指標であり，**定常偏差**（steady-state error）と呼ばれる. では，フィードバック制御により定常偏差がどうなるかを考えよう. 図 10.1 の各信号間の関係はつぎで表される（➡ (8.6) 式）.

$$\begin{cases} E(s) = R(s) - Y(s) \\ U(s) = C(s)\,E(s) \\ Y(s) = P(s)\,(U(s) + D(s)) \end{cases} \tag{8.6}$$

よって，偏差 $E(s)$ は，

$$\begin{aligned} E(s) &= R(s) - P(s)\,(U(s) + D(s)) \\ &= R(s) - P(s)\,C(s)\,E(s) - P(s)\,D(s) \end{aligned} \tag{10.1}$$

となる. 整理すると，

$$E(s) = \frac{1}{1 + P(s)\,C(s)}R(s) - \frac{P(s)}{1 + P(s)\,C(s)}D(s) \tag{10.2}$$

となり，目標値 $R(s)$，外乱 $D(s)$ と，偏差 $E(s)$ の関係が求められる. フィードバック制御系が内部安定となるようにコントローラ $C(s)$ が設計できていると仮定すると，定常偏差は最終値定理を用いて，つぎで計算できる.

$$\begin{aligned} \lim_{t\to\infty} e(t) &= \lim_{s\to 0} sE(s) \\ &= \lim_{s\to 0} s\left\{ \frac{1}{1 + P(s)\,C(s)}R(s) - \frac{P(s)}{1 + P(s)\,C(s)}D(s) \right\} \\ &= \lim_{s\to 0} s\frac{1}{1 + P(s)\,C(s)}R(s) - \lim_{s\to 0} s\frac{P(s)}{1 + P(s)\,C(s)}D(s) \end{aligned}$$

$$\tag{10.3}$$

本講では，目標値に対する定常偏差と，定常偏差に現れる外乱の影響を区別して考えるために，(10.3) 式を目標値に起因する項

$$e_\infty^r = \lim_{s \to 0} s \frac{1}{1 + P(s)\,C(s)} R(s) \qquad (10.4)$$

と，外乱に起因する項

$$e_\infty^d = \lim_{s \to 0} s \frac{P(s)}{1 + P(s)\,C(s)} D(s) \qquad (10.5)$$

とに分けて考える．ここで，制御対象 $P(s)$ は必ずプロパーであり，また $P(s)C(s)$ も必ずプロパーとなるようにコントローラ $C(s)$ を設計する必要がある[1]．

⚙ 10.2 目標値に対する定常偏差

(10.4) 式において，目標値を単位ステップ信号 $r(t) = 1\,(\mathcal{L}[r(t)] = R(s) = \frac{1}{s})$ とし，外乱は $d(t) = 0$ とする．このとき，e_∞^r はつぎで表される．

$$e_\infty^r = \lim_{s \to 0} s \frac{1}{1 + P(s)\,C(s)} R(s) = \lim_{s \to 0} s \frac{1}{1 + P(s)\,C(s)} \frac{1}{s}$$
$$= \frac{1}{1 + P(0)\,C(0)} \qquad (10.6)$$

(10.6) 式より，$P(0)C(0)$ が大きければ e_∞^r は小さくなる[2]．よって，$P(0)C(0)$ を大きくするコントローラ $C(s)$ を（制御系が内部安定となる範囲内で）設計することによって，定常偏差は小さくできることがわかる．さらに，もし $P(0)C(0) = \infty$ であれば，e_∞^r はつぎで表される[3]．

$$e_\infty^r = \lim_{s \to 0} \frac{1}{1 + P(s)\,C(s)} = \frac{1}{\infty} = 0 \qquad (10.7)$$

---

1) 138 ページに示した PID 制御のコントローラ $C(s)$（➡ (9.17) 式）はプロパーでないことに注意しよう．
2) たとえば，$P(s)\,C(s) = \dfrac{100}{s + 1}$ のとき $P(0)C(0) = 100$ となるので，$e_\infty^r = \dfrac{1}{1 + 100} = \dfrac{1}{101}$．
3) 正確には $\lim_{s \to 0} P(s)\,C(s) = \infty$．

よって，単位ステップ信号に対する定常偏差は 0 になることがわかる．

$P(s)C(s)$ はプロパーであるので，$P(0)C(0) = \infty$ となるためには，制御対象 $P(s)$ またはコントローラ $C(s)$ が少なくとも 1 つ $s = 0$ の極を持てばよい．すなわち

$$P(s)\,C(s) = \frac{b_m s^m + b_{m-1}s^{m-1} + \cdots + b_1 s + b_0}{s(s^n + a_{n-1}s^{n-1} + \cdots + a_1 s + a_0)}, \quad (n > m) \ (10.8)$$

となればよい [4]．ここで，$s = 0$ の極は制御対象 $P(s)$，コントローラ $C(s)$ のどちらにあってもよい．もし，制御対象 $P(s)$ が $s = 0$ の極を 1 つも持たない場合は，コントローラ $C(s)$ が $s = 0$ の極を少なくとも 1 つ持てばよい．コントローラ $C(s)$ が $s = 0$ の極を 1 つ持つ場合，つぎで表される．

$$C(s) = \frac{1}{s}\,C'(s), \quad (C'(s) : C(s) \text{ から } \frac{1}{s} \text{ の因子を除いたもの })$$

$$(10.9)$$

すなわち，コントローラ $C(s)$ は I 制御の要素を 1 つ持つ．ただし，この場合，$P(s)$ には $s = 0$ の零点 [5] が存在してはならない（$s = 0$ の極と零点が相殺されて消えてしまうから）．

以上より，**目標値が単位ステップ信号の場合は，制御対象 $P(s)$ またはコントローラ $C(s)$ のどちらかに，$s = 0$ の極，すなわち因子 $\frac{1}{s}$ が 1 つ以上存在することが，定常偏差が 0 になる条件である．**

⚙ 10.3 外乱に対する定常偏差

(10.5) 式において，外乱を単位ステップ信号 $d(t) = 1$（$\mathcal{L}[d(t)] = D(s) = \frac{1}{s}$）とし，目標値は $r(t) = 0$ とする．このとき，e_∞^d はつぎで表される．

$$e_\infty^d = \lim_{s \to 0} s \frac{P(s)}{1 + P(s)\,C(s)} D(s) = \lim_{s \to 0} s \frac{P(s)}{1 + P(s)\,C(s)} \frac{1}{s}$$

$$= \frac{P(0)}{1 + P(0)\,C(0)} \tag{10.10}$$

(10.6) 式と違い，(10.10) 式は分子に $P(0)$ を含むので定常偏差を求める際

---

[4] $P(s)C(s)$ の計算結果がこのようになるという意味であり，102 ページの (7.13) 式とは違うことに注意する．
[5] $P(s)$ の「分子多項式」$= 0$ の根．（➡ 105 ページ）．

に注意が必要である．このとき，コントローラ $C(s)$ が $s = 0$ に極を少なくとも 1 つ持てば，$P(0)C(0) = \infty$ となり，$e_\infty^d = 0$ となる．しかし，制御対象 $P(s)$ が $s = 0$ の極を 1 つだけ持てば，(10.10) 式の分子は $P(0) = \lim_{s \to 0} P(s) = \infty$ となるので，$e_\infty^d = 0$ とならない．

いま，制御対象 $P(s)$ に $s = 0$ の極が 1 つだけ存在し，コントローラ $C(s)$ が $s = 0$ の極を持たないと仮定すると，(10.9) 式の表現と同様に，制御対象 $P(s)$ はつぎで表される．

$$P(s) = \frac{1}{s} P'(s), \quad (P'(s) : P(s) \text{ から } \frac{1}{s} \text{ の因子を除いたもの })$$

$$(10.11)$$

(10.11) 式を，(10.10) 式に代入すると，つぎで表される．

$$e_\infty^d = \lim_{s \to 0} s \frac{P(s)}{1 + P(s)\,C(s)} \frac{1}{s} = \lim_{s \to 0} \frac{\dfrac{P'(s)}{s}}{1 + \dfrac{P'(s)\,C(s)}{s}} = \lim_{s \to 0} \frac{P'(s)}{s + P'(s)\,C(s)}$$

$$(10.12)$$

コントローラ $C(s)$ に $s = 0$ の極が存在しないという仮定と (10.11) 式より，$P'(0)C(0) \neq 0$，$P'(0) \neq 0$ となるので，e_∞^d は，

$$e_\infty^d = \lim_{s \to 0} \frac{P'(s)}{s + P'(s)\,C(s)} = \frac{P'(0)}{P'(0)\,C(0)} = \frac{1}{C(0)} \neq 0 \qquad (10.13)$$

となり，定常偏差は 0 にならない．

一方，制御対象 $P(s)$ が $s = 0$ の極を 1 つも持たず，コントローラ $C(s)$ が $s = 0$ の極を 1 つだけ持つ場合（(10.9) 式のようにコントローラ $C(s)$ に I 制御の要素がある），$P(0)\,C(0) = \lim_{s \to 0} P(s)\,C(s) = \infty$ となり，$P(0)$ は有限な一定値となるので，定常偏差は明らかに

$$e_\infty^d = \lim_{s \to 0} \frac{P(s)}{1 + P(s)\,C(s)} = \frac{P(0)}{\infty} = 0 \qquad (10.14)$$

となる．よって，外乱に対する定常偏差は，コントローラ $C(s)$ に $s = 0$ の極すなわち因子 $\frac{1}{s}$ が 1 つ以上存在すれば，0 にすることができる．

以上より，**目標値 $r(t)$ と外乱 $d(t)$ が単位ステップ信号の場合，定常偏差を 0 にするためには，フィードバック制御系の内部安定性を確保しつつ，コントローラ $C(s)$ が $s = 0$ の極を少なくとも 1 つ持つように設計すればよい**

ことがわかる．なお，ステップ信号で目標値や外乱が与えられた場合の定常偏差は，定常位置偏差（steady-state position error）と呼ばれている．

⚙ 10.4　内部モデル原理

目標値や外乱がステップ信号以外の場合について考える．まず，目標値 $r(t)$ や外乱 $d(t)$ が 48 ページの (3.64) 式で示した単位ランプ信号（$t,\ t \geq 0,\ \mathcal{L}[t] = \dfrac{1}{s^2}$）である場合について考えてみよう．

ここでフィードバック制御系は内部安定であり，制御対象 $P(s)$ とコントローラ $C(s)$ は $s = 0$ に極を 1 つも持たないとする．また，$P(s)$ は $s = 0$ に零点を持たないとする．定常偏差 e_∞^r，e_∞^d を求めるために，最終値定理が適用できるかを考える．e_∞^r，e_∞^d を求めるための (3.53) 式中の伝達関数 $sF(s)$ は，それぞれつぎとなる．

e_∞^r の場合：$\quad sF(s) = s\dfrac{1}{1 + P(s)\,C(s)}\dfrac{1}{s^2} = \dfrac{1}{s(1 + P(s)\,C(s))}$ \quad (10.15)

e_∞^d の場合：$\quad sF(s) = s\dfrac{P(s)}{1 + P(s)\,C(s)}\dfrac{1}{s^2} = \dfrac{P(s)}{s(1 + P(s)\,C(s))}$ \quad (10.16)

いずれの場合も $sF(s)$ には $s = 0$ の極が 1 つあり，最終値定理が適用可能な条件を満たしていないことがわかる．ここでは，別の方法で定常偏差がどのようになるかを考える．$R(s) = \dfrac{1}{s^2}$，$D(s) = 0$ または $R(s) = 0$，$D(s) = \dfrac{1}{s^2}$ としたときの $E(s)$（それぞれ $E^r(s)$，$E^d(s)$ と定義する）は，それぞれつぎとなる．

$$E^r(s) = \frac{1}{1 + P(s)\,C(s)}R(s) = \frac{(s - q_1)(s - q_2)\cdots(s - q_N)}{s^2(s - p_1)(s - p_2)\cdots(s - p_N)}$$

$$(10.17)$$

$$E^d(s) = \frac{P(s)}{1 + P(s)\,C(s)}D(s) = \frac{(s - r_1)(s - r_2)\cdots(s - r_m)}{s^2(s - p_1)(s - p_2)\cdots(s - p_N)}$$

$$(10.18)$$

ここで，$p_1, ..., p_N$ は，$\dfrac{1}{1 + P(s)\,C(s)}$ や $\dfrac{P(s)}{1 + P(s)\,C(s)}$ の極である．フィードバック制御系は内部安定なので，$p_i(i = 1, ..., N)$ の実部はすべて負である．また，$q_1, ..., q_N$，$r_1, ..., r_m$ は，それぞれ $\dfrac{1}{1 + P(s)\,C(s)}$ と $\dfrac{P(s)}{1 + P(s)\,C(s)}$ の零

点である．因子 s^2 は，$R(s)$ や $D(s)$ からくるものである．$P(s)$ は $s = 0$ に零点を持たないため，(10.18) 式の分母の s^2 はそのまま保存されていることに注意する．(10.17)，(10.18) 式を部分分数展開すると，それぞれ

$$E^r(s) = \frac{\alpha_1}{s - p_1} + \frac{\alpha_2}{s - p_2} + \cdots + \frac{\alpha_N}{s - p_N} + \frac{\beta_1}{s} + \frac{\beta_2}{s^2} \tag{10.19}$$

$$E^d(s) = \frac{\gamma_1}{s - p_1} + \frac{\gamma_2}{s - p_2} + \cdots + \frac{\gamma_N}{s - p_N} + \frac{\delta_1}{s} + \frac{\delta_2}{s^2} \tag{10.20}$$

となる．(10.19)，(10.20) 式を逆ラプラス変換すると，$e^r(t)$，$e^d(t)$ が得られ，それぞれつぎとなる．

$$e^r(t) = \mathcal{L}^{-1}[E^r(s)] = \sum_{i=1}^{N} \alpha_i e^{p_i t} + \beta_1 + \beta_2 t \tag{10.21}$$

$$e^d(t) = \mathcal{L}^{-1}[E^d(s)] = \sum_{i=1}^{N} \gamma_i e^{p_i t} + \delta_1 + \delta_2 t \tag{10.22}$$

これより，定常偏差 e_∞^r，e_∞^d は，それぞれつぎとなる．

$$e_\infty^r = \lim_{t \to \infty} \left(\underbrace{\sum_{i=1}^{N} \alpha_i e^{p_i t}}_{t \to \infty \text{で} 0} + \underbrace{\beta_1}_{t \to \infty \text{で} \beta_1} + \underbrace{\beta_2 t}_{t \to \infty \text{で} \infty} \right) = \infty \tag{10.23}$$

$$e_\infty^d = \lim_{t \to \infty} \left(\underbrace{\sum_{i=1}^{N} \gamma_i e^{p_i t}}_{t \to \infty \text{で} 0} + \underbrace{\delta_1}_{t \to \infty \text{で} \delta_1} + \underbrace{\delta_2 t}_{t \to \infty \text{で} \infty} \right) = \infty \tag{10.24}$$

つぎに，単位ステップ信号の場合と同様に，コントローラ $C(s)$ が $s = 0$ の極を 1 つ持つ場合（コントローラ $C(s)$ が (10.9) 式で表される場合），定常偏差はつぎで表される．

$$\begin{aligned}
e_\infty^r &= \lim_{s \to 0} s \frac{1}{1 + P(s) C(s)} R(s) = \lim_{s \to 0} s \frac{1}{1 + P(s) \dfrac{C'(s)}{s}} \frac{1}{s^2} \\
&= \lim_{s \to 0} s \frac{s}{s + P(s) C'(s)} \frac{1}{s^2} \\
&= \lim_{s \to 0} \frac{1}{s + P(s) C'(s)} = \frac{1}{P(0) C'(0)} \neq 0 \tag{10.25}
\end{aligned}$$

$$e_\infty^d = \lim_{s\to 0} s \frac{P(s)}{1 + P(s)\,C(s)} D(s) = \lim_{s\to 0} s \frac{P(s)}{1 + P(s)\dfrac{C'(s)}{s}} \frac{1}{s^2}$$

$$= \lim_{s\to 0} s \frac{sP(s)}{s + P(s)\,C'(s)} \frac{1}{s^2}$$

$$= \lim_{s\to 0} \frac{P(s)}{s + P(s)\,C'(s)} = \frac{P(0)}{P(0)\,C'(0)} = \frac{1}{C'(0)} \neq 0 \qquad (10.26)$$

よって定常偏差が残り，図 10.2 に示すとおり，目標値 $r(t)$ と制御量 $y(t)$ のグラフは，定常状態では平行となる．この場合は，$s\dfrac{s}{s + P(s)\,C'(s)}\dfrac{1}{s^2}$ すなわち $\dfrac{1}{s + P(s)\,C'(s)}$ が安定であれば最終値定理は適用できる．

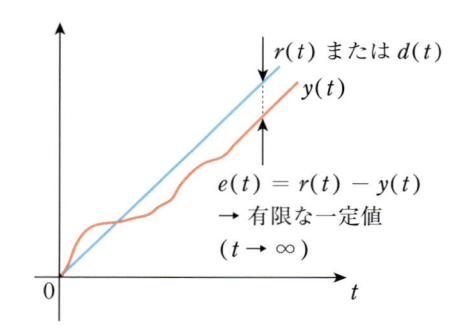

図 10.2　$r(t)$ または $d(t)$ が単位ランプ信号で与えられた場合の $y(t)$
（$C(s)$ が $s = 0$ の極を 1 つ持つ場合）

さらに，$C(s)$ に $s = 0$ の極がもう 1 つ加わり 2 つになる，すなわち，

$$C(s) = \frac{C'(s)}{s^2} \qquad (10.27)$$

となる場合を考える．このとき，定常偏差はつぎで表される．

$$e_\infty^r = \lim_{s\to 0} s \frac{1}{1 + P(s)\,C(s)} R(s) = \lim_{s\to 0} s \frac{1}{1 + P(s)\dfrac{C'(s)}{s^2}} \frac{1}{s^2}$$

$$= \lim_{s\to 0} s \frac{s^2}{s^2 + P(s)\,C'(s)} \frac{1}{s^2} = \lim_{s\to 0} \frac{s}{s^2 + P(s)\,C'(s)}$$

$$= \frac{0}{P(0)\,C'(0)} = 0 \qquad (10.28)$$

$$e_\infty^d = \lim_{s \to 0} s \frac{P(s)}{1 + P(s)\,C(s)} D(s) = \lim_{s \to 0} s \frac{P(s)}{1 + P(s)\dfrac{C'(s)}{s^2}} \frac{1}{s^2}$$

$$= \lim_{s \to 0} s \frac{s^2 P(s)}{s^2 + P(s)\,C'(s)} \frac{1}{s^2} = \lim_{s \to 0} \frac{sP(s)}{s^2 + P(s)\,C'(s)}$$

$$= \frac{0 \times P(0)}{P(0)\,C'(0)} = 0 \tag{10.29}$$

したがって，e_∞^r，e_∞^d ともに 0 にすることができる．目標値や外乱が単位ランプ信号で与えられた場合の定常偏差は，**定常速度偏差**（steady-state velocity error）と呼ばれる．

これまで，目標値や外乱をステップ信号やランプ信号とした場合に，定常偏差がどのようになるかを考えた．両方の場合の結果より，**コントローラ $C(s)$ が，目標値や外乱のラプラス変換（目標値や外乱のモデル）と同一の因子を持つ場合，定常偏差は 0 となる**ことがわかる．このことを，制御系が外部から入る信号（目標値や外乱）のモデルを内部に含むという意味で，**内部モデル原理**（internal model principle）と呼ぶ．

> ### 内部モデル原理
> 目標値 $r(t)$ や外乱 $d(t)$ に対する定常偏差を 0 にするためには，コントローラ $C(s)$ が，目標値や外乱の（ラプラス変換された）モデル（$\mathcal{L}[r(t)]$，$\mathcal{L}[d(t)]$）と同一の因子を持てばよい．

以上より，目標値や外乱がステップ信号やランプ信号になっている場合の定常偏差の値は，（制御系の内部安定性が満たされていれば）制御対象 $P(s)$ またはコントローラ $C(s)$ が持つ $s = 0$ の極の数だけで決定されることがわかる．この結果は，制御系の定常特性に関して与えられた仕様を満たす制御系設計を行う際に有用である（例：ステップ信号で与えられる目標値や外乱に対して定常偏差を 0 にしたい場合，コントローラ $C(s)$ に $s = 0$ の極を 1 つ持たせればよい）．制御対象 $P(s)$ とコントローラ $C(s)$ の積 $P(s)C(s)$ の持つ $s = 0$ の極の数のことを**制御系の型**（type of control system）といい，$P(s)C(s)$ に $s = 0$ の極が 1 個ある場合は **1 型の制御系**，2 個の場合は **2 型の制御系**と呼ぶ[6]．

これまで述べたように，目標値に対する定常偏差の値は，$s = 0$ の極が制御対象 $P(s)$，コントローラ $C(s)$ のどちらにあっても変わらない．したがって，目標値に対する定常偏差の値は，制御系の型を調べるだけでわかる．ただし，外乱に対する定常偏差の値は，$s = 0$ の極が制御対象 $P(s)$，コントローラ $C(s)$ のどちらにあるかによって異なるため，制御系の型だけでは外乱に対する定常偏差の値を決定することはできないので注意が必要である．

【講義 10 のまとめ】

・望ましい定常特性とは，目標値や外乱に対して定常偏差を 0 またはできるだけ小さくすることであり，コントローラの設計パラメータは，望ましい定常特性が実現できるように調整する必要がある．

・フィードバック制御系が安定であれば，定常偏差は最終値定理を用いて計算できる．

・定常偏差を 0 にするためには，制御系の内部安定性を確保しつつ，制御系の型を目標値や外乱と（少なくとも）一致させるように，コントローラを設計すればよい．いいかえると，内部モデル原理が満たされるようにコントローラを設計すればよい．

演習問題

図 10.1 のフィードバック制御系を考える．つぎの問い (1) 〜 (4) に答えよ．

(1) $P(s)\,C(s) = \dfrac{s+3}{s^2+5s+10}$ のとき，目標値を $r(t) = 1$（単位ステップ信号）で与えたときの定常偏差を求めよ．ただし，外乱は 0 とする．

(2) $P(s) = \dfrac{s+1}{s^2+3s}$，$C(s) = \dfrac{2}{s}$ としたとき，目標値を単位ランプ信号（t，$t \geq 0$，$\mathcal{L}[t] = \dfrac{1}{s^2}$）とした場合の (10.4) 式 e^r_∞（外乱は 0）と，外乱を単位ランプ信号としたときの (10.5) 式 e^d_∞（目標値は 0）をそれぞれ求めよ．

(3) $P(s) = \dfrac{1}{s-2}$，$C(s) = K_p$（K_p：定数）として定数 K_p を決定することを考える．フィードバック制御系が内部安定で，かつ目標値をステップ

---

6) $P(s)C(s)$ に $s = 0$ の極が n 個ある場合，n 型の制御系と呼ばれ，定常偏差について 1 型と 2 型の制御系と同様の議論が成り立つ．

信号としたときの定常偏差が 5% 以内になるような K_p の範囲を求めよ.

(4) (3) の $P(s)$ に対して, 目標値に対する定常偏差を 0 にしたい. このとき $C(s)$ はどのような形にすればよいか述べ, その 1 つを示せ.

(5) 講義 08 の演習問題 (7) で扱った船の速度制御を再び考える. このシステムのスロットル操作量 $\theta(s)$ から船の速度 $V(s)$ までの伝達関数は,

$$V(s) = P(s)\theta(s), \quad P(s) = \frac{K}{(T_s s + 1)(T_d s + 1)}$$

で与えられる. 比例ゲインを K_p とする P 制御を用いて船の速度をフィードバック制御するとき, 制御系が安定となる K_p の範囲を求め, その範囲内で (10.4) 式 e_∞^r, (10.5) 式 e_∞^d を求めよ. ただし定常偏差は, 目標値と外乱がそれぞれ単位ステップ信号と単位ランプ信号で与えられた場合について導出せよ.

(6) (5) と同じ制御対象に対し, $C(s) = K_p + \dfrac{K_i}{s}$ (PI 制御) とおく. フィードバック制御系が安定となる比例ゲイン K_p, 積分ゲイン K_i の範囲を求め, その範囲内で (10.4) 式 e_∞^r, (10.5) 式 e_∞^d を求めよ. ただし, 定常偏差は, 目標値と外乱が, それぞれ単位ステップ信号と単位ランプ信号で与えられた場合について導出せよ.

(7) 講義 07 の演習問題 (10) のロボットアームにおいて角度制御を考える. このシステムのトルク $\tau(s)$ とアーム角度 $\theta(s)$ との関係は,

$$\theta(s) = G(s)\tau(s), \quad G(s) = \frac{1}{Js^2(Ts + 1)}$$

である. このシステムに対して PD 制御を行ったとき, 制御系が安定となる比例ゲイン K_p, 微分ゲイン K_d の範囲を求め, (10.4) 式 e_∞^r と (10.5) 式 e_∞^d を求めよ. ただし, 目標値と外乱は単位ステップ信号とする.

(8) (7) と同様の状況で, コントローラを PID 制御としたとき, 制御系が安定となる比例ゲイン K_p, 積分ゲイン K_i, 微分ゲイン K_d の範囲と, (10.4) 式 e_∞^r および (10.5) 式 e_∞^d を求めよ.

(9) 図 10.3, 図 10.4 のような 2 つのフィードバック制御系を考える. ここで, K_1, K_2 は定数であり, K_p, K_i はそれぞれ比例ゲイン, 積分ゲインである. つぎの問いに答えよ.

10

i) 図 10.3 の制御系において，$K_2 = 1$ とする．制御系が安定であること を確認し，単位ステップ信号を目標値とするとき，制御量 $y(t) = \mathcal{L}^{-1}[Y(s)]$ の定常値が目標値に一致するような定数 K_1 を求めよ．また，図 10.4 の PI 制御系において，$K_p = K_i = 1$ のとき，制御系が 安定であることを確認し，単位ステップ信号で与えられる目標値に 対する制御量 $y(t) = \mathcal{L}^{-1}[Y(s)]$ の定常値を求めよ．

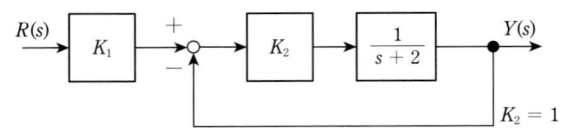

図 10.3 制御系のブロック線図

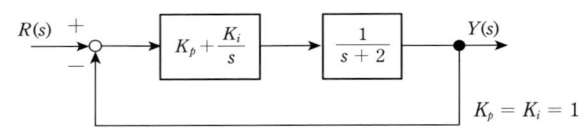

図 10.4 PI 制御系のブロック線図

ii) 2 つのフィードバック制御系において，K_1, K_2, K_p, K_i の値がその ままで，制御対象の伝達関数が $\dfrac{1}{s+2}$ から $\dfrac{1}{s+3}$ に変化したとす る．このとき，2 つのフィードバック制御系の安定性について調べ， 単位ステップ信号を目標値とするときの制御量 $y(t) = \mathcal{L}^{-1}[Y(s)]$ の 定常値を求めよ．

講義 11

周波数特性の解析

これまでに動的システムの特性をインパルス応答やステップ応答によって調べる方法について述べ，制御系の設計ならびにフィードバック制御系の解析法について説明した．ところが，システムを思い通りに操るためには，より詳しくシステムの特性を調べて制御系を設計する必要がある．そのためには，システムへの試験信号として，さまざまな信号のもととなる「正弦波」を選ぶ必要がある．本講ではその基礎である「周波数特性」について説明する．

【講義 11 のポイント】
・システムの周波数応答とは何かを理解しよう．
・1 次遅れ系の周波数特性を理解しよう．
・ボード線図の読みとり方を理解しよう．

⚙ 11.1 周波数応答とは

システムの入力として正弦波を加えたとき，その応答を**周波数応答**（frequency response）と呼ぶ（厳密には定常状態での応答である）（図 11.1）．一般的な正弦波は $u(t) = A \sin \omega t$ で表され，A は振幅（信号の最大値と最小値を決める変数），ω [rad/s] は角周波数（信号の周期を決める変数）である（➡ 92 ページ）．

$$u(t) = A \sin \omega t \longrightarrow \boxed{G(s)} \longrightarrow y(t) = B \sin (\omega t + \phi)$$

図 11.1　周波数応答

例として，安定な 1 次遅れ系

$$G(s) = \frac{K}{Ts + 1}, \quad (T > 0, \ K > 0) \tag{11.1}$$

の周波数応答を求めよう．1 次遅れ系 (11.1) 式の応答はつぎで表される（➡ 講義 04 の演習問題 (2)）．

$$y(t) = \mathrm{e}^{-\frac{1}{T}t} y(0) + \int_0^t \mathrm{e}^{-\frac{1}{T}(t-\tau)} \frac{K}{T} u(\tau)\, \mathrm{d}\tau \tag{11.2}$$

入力 $u(t) = A \sin \omega t$ を代入して解くと，(11.2) 式の右辺第 1 項は 0 に収束し，定常状態の出力（応答）はつぎで表される [1].

$$y(t) = K \frac{1}{\sqrt{(\omega T)^2 + 1}} A \sin(\omega t - \tan^{-1} \omega T)$$
$$= B \sin(\omega t + \phi) \tag{11.3}$$

ここで，$B = K \dfrac{1}{\sqrt{(\omega T)^2 + 1}} A$，$\phi = -\tan^{-1} \omega T$ としている．

入力と出力の違いはつぎにまとめられる．

- 入力，出力ともに基本波形は正弦波（sin）である
- 出力の振幅 B は入力信号の振幅 A の $K \dfrac{1}{\sqrt{(\omega T)^2 + 1}}$ 倍
- 正弦波の位相は $-\tan^{-1} \omega T$ [rad] ずれる

位相とは信号の基本波形からのずれを表し，たとえば $\sin \omega t$ と $\sin(\omega t + \phi)$ であれば周期は同じであるが，同じ値となる時間が異なる．

つぎに (11.1) 式において $K = 1$，$T = 1$ とし，また入力 $u(t)$ の振幅を $A = 1$ とする．このとき，(11.3) 式はつぎとなる．

$$y(t) = \frac{1}{\sqrt{\omega^2 + 1}} \sin(\omega t - \tan^{-1} \omega) \tag{11.4}$$

ここで，入力の角周波数 ω を $\omega = 0.01$ と $\omega = 10$ とした場合の応答の振幅を考えよう．(11.4) 式に ω の値をそれぞれ代入するとつぎのことがわかる [2].

- $\omega = 0.01$ の場合，(11.4) 式の振幅はほぼ 1
- $\omega = 10$ の場合，(11.4) 式の振幅はほぼ $\dfrac{1}{10}$

また，位相については $\tan^{-1}$ の計算が必要になるが，つぎのことがわかる．

- $\omega = 0.01$ の場合，(11.4) 式の位相はほぼ 0°
- $\omega = 10$ の場合，(11.4) 式の位相はほぼ -90°

「°」は一般角の意味の「度」であり，deg と書くこともある（英語 degree の略）．

実際の周波数応答を図 11.2 に示す．$\omega = 0.01$ の場合は，入力と出力の波

---

1) 初学の段階では結果のみを知っておけばよい．詳しい解き方は付録を参照．
2) 「ほぼこのくらいの値になる」というのが暗算で求められることが重要である．

形がほぼ重なっており，振幅比は約 1，位相は 0°であることがわかる．また，$\omega = 10$ の場合は，3 秒付近まで出力が一定の正弦波とならず，この時間までは過渡状態であることを表している．3 秒以降は出力は定常状態である正弦波の波形となり，振幅は 0.1，すなわち入力の $\dfrac{1}{10}$ となっていることがわかる．位相もほぼ 90°ずれている（入力が 0 となるところで出力がほぼ最大・最小値をとっている）．

以上より，伝達関数 $G(s) = \dfrac{1}{s+1}$ に角周波数成分の異なる正弦波を入力した場合，振幅や位相がそれに応じて変化することがわかる．ここでは，伝達関数 (11.1) 式において $K = 1$，$T = 1$ としたが，K，T の値が異なると応答の様子が変わることも (11.3) 式よりわかる．

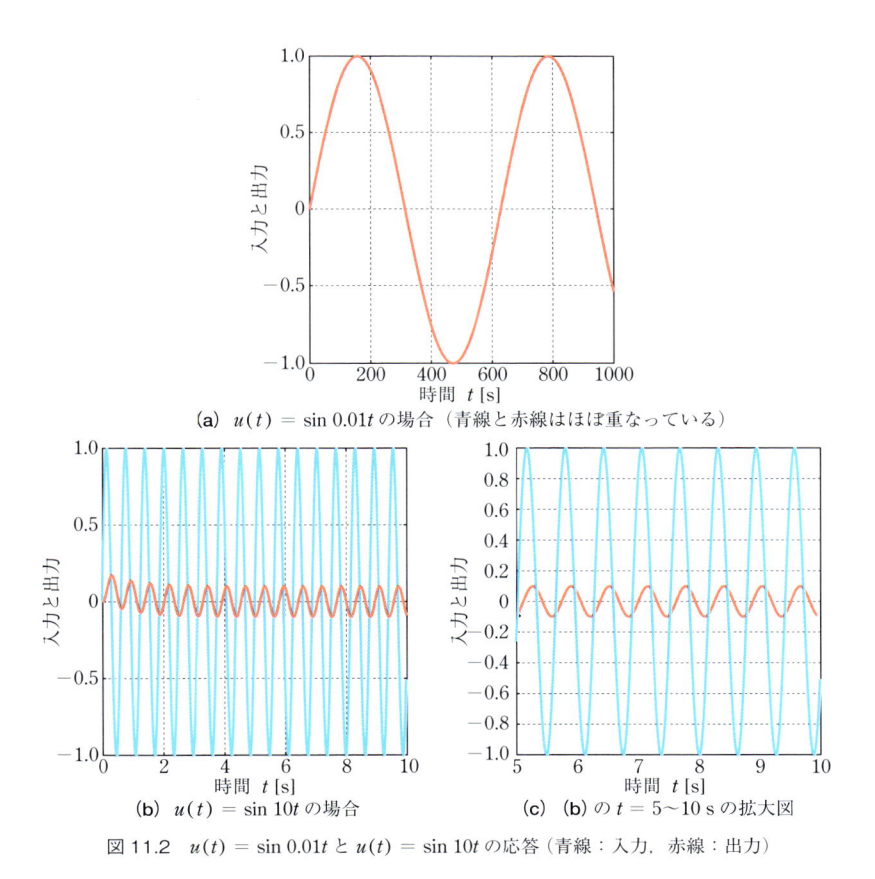

(a) $u(t) = \sin 0.01t$ の場合（青線と赤線はほぼ重なっている）

(b) $u(t) = \sin 10t$ の場合

(c) (b) の $t = 5 \sim 10\,\mathrm{s}$ の拡大図

図 11.2 $u(t) = \sin 0.01t$ と $u(t) = \sin 10t$ の応答（青線：入力，赤線：出力）

⚙ 11.2 周波数特性とは

11.2.1 基本的な特性

安定な動的システムにおいて，入力の角周波数 ω を小さい値から大きな値まで変化させた際の周波数応答 $y(t)$ は一般的につぎにまとめられる．

- 🔶 角周波数 ω が変化しても応答 $y(t)$ は正弦波（sin）である
- 🔶 角周波数 ω の変化にともない振幅は変化する
- 🔶 角周波数 ω の変化にともない位相は変化する

この特性を図に表すことを考える．いま，入力の角周波数 ω の変化に対する応答の振幅 B と位相 ϕ をそれぞれ観測し，それらの値を表 11.1 に示すとおりにまとめる．ここで＊は各 ω に対する測定値を表している（すべて同じ値とは限らない）．また，g の列にはつぎの計算結果の値を記載し，この値を**ゲイン**（gain）と呼ぶ．

$$g = 20\log_{10}\frac{B}{A} \tag{11.5}$$

g の値は入力と出力の振幅比を計算し，その常用対数（以後，「対数」と略記）の値を 20 倍した値となり，**デシベル値**（decibel, dB）と呼ばれる．また，単位は [dB] となる．

表 11.1 入力の角周波数と応答の振幅と位相（＊は各測定値と計算値を表す）

ω	B	ϕ	g
0.01	＊	＊	＊
0.02	＊	＊	＊
⋮	⋮	⋮	⋮
100	＊	＊	＊

(11.5) 式の計算結果より，g の値は log（対数）の性質により，つぎの 3 つのパターンに分けることができる．

- 🔶 $A = B$ の場合，$g = 0$ となる
- 🔶 $A > B$ の場合，g は負の値となる
- 🔶 $A < B$ の場合，g は正の値となる

表 11.1 の値に基づき，入力の角周波数 ω の変化に対するゲイン g と位相

ϕ の関係を図に表すとシステムの周波数特性が直感的にわかりやすくなる．その代表例として**ボード線図**（Bode diagram）がある．

11.2.2　1 次遅れ系の周波数特性

1 次遅れ系 $G(s) = \dfrac{1}{s+1}$ のシステムの周波数応答を実験的に求め，表 11.1 を作成し，横軸を角周波数 ω [rad/s]，縦軸を g（ゲイン）[dB]，位相 [deg] とすると，図 11.3 を描くことができる [3]．図 11.3 の上がゲイン特性を表した**ゲイン線図**（gain diagram），下が位相特性を表した**位相線図**（phase diagram）である．これらをまとめてボード線図と呼ぶ．11.1 節に示したとおり，ゲイン特性はつぎのようになる．

- 🔸 $\omega = 0.01 = 10^{-2}$ 付近：ゲインはほぼ 0 dB（入力と出力の振幅がほぼ同じ）
- 🔸 $\omega = 10 = 10^{1}$：ゲインは -20 dB（出力の振幅は入力の $\dfrac{1}{10}$ ）

また，位相に関しては $\omega = 10^{-1}$ rad/s 付近まではほぼ $0°$，$\omega = 10^{0}\,(=1)$ rad/s で $-45°$，ω が大きくなるにつれて $-90°$ に漸近していることがわかる．ボード線図中では度（°）を [deg] で表すことが多い．

以上より，システムの周波数応答と周波数特性（ボード線図）の対応が明ら

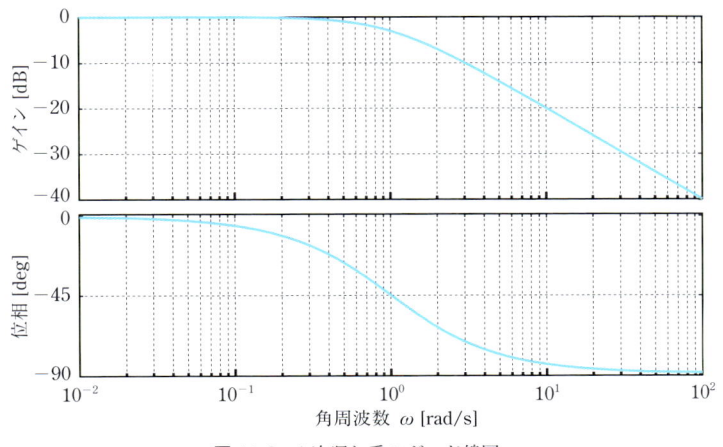

図 11.3　1 次遅れ系のボード線図

3）実際にはこのようにきれいな曲線にはならないが，概形はほぼ同じとなる．

かになった.

11.2.3 ボード線図の横軸について

ボード線図は横軸をシステムの入力（正弦波）の角周波数 ω [rad/s]，縦軸をゲイン（[dB]）と位相（度：[deg]）として，プロットしている．縦軸は等間隔の目盛りであるが，横軸は 10^{-2}, 10^{-1}, 10^0, 10^1, 10^2 が等間隔に並んでいるものの，その間は目盛りの間隔が異なる．通常これらの値が横軸に等間隔で並ぶことに違和感を覚える人もいるであろう．これはボード線図の横軸が通常の等間隔の目盛りではなく対数目盛りであるためであり，このグラフを片対数グラフ（semilog graph）と呼ぶ.

つぎに横軸の詳しい読み方について説明する．いま，10 を底とする対数を考える．ここで，対数の性質としてつぎの式を思い出そう.

$$\log_{10} 10 = 1 \tag{11.6}$$

$$\log_{10} AB = \log_{10} A + \log_{10} B \tag{11.7}$$

$$\log_{10} A^p = p \log_{10} A \tag{11.8}$$

また，代表的な対数の近似値をつぎに示す.

$$\log_{10} 2 = 0.3010, \quad \log_{10} 3 = 0.4771,$$
$$\log_{10} 8 = 0.9031, \quad \log_{10} 9 = 0.9542$$

まず，実数が 2 から 3 に増えたときに対応する対数の値の増え方は，実数が 8 から 9 に増えたときに対応する対数の値の増え方より大きいことがわかる．この対数における値の増え方の幅が，ボード線図の横軸の目盛りの偏りに対応している．片対数グラフでは 10^0 と 10^1 との間に 8 本の目盛り線があり，10^0 のつぎが 2，そのつぎが 3 となり最後が 9，そしてつぎが $10^1 = 10$ となる．すなわち対数的に目盛りをつけていることがわかる.

つぎに，なぜ 10^{-2}, 10^{-1}, 10^0, 10^1, 10^2 が等間隔に並ぶのかであるが，これは

$$0.01 = 1 \times 10^{-2}, \quad 0.1 = 1 \times 10^{-1}, \quad 1 = 1 \times 10^0,$$
$$10 = 1 \times 10^1, \quad 100 = 1 \times 10^2 \tag{11.9}$$

であることと，対数の性質から明らかである．片対数グラフの横軸において，10 倍の間隔を 1 デカード（decade，通常は dec と略記）と呼ぶ．また，角周波数 ω を小さくして 10^{-n}（n は整数）まで考えたとしても（たとえば $n = 10$），ボード線図の横軸では 10^{-n} と 10^{-n+1} の間隔は，10^{-1} と 10^0 の間隔と同

じとなる。したがって、$\omega = 0$ となる箇所を実際にボード線図上で表すことはできない。

⚙ 11.3　基本要素の周波数特性

図 3.21 の直流モータの特性からもわかるように、複数の特性を組み合わせたシステムの伝達関数は高次（分母多項式の s の次数が大きくなる）となる。しかし、その特性は比例要素、積分要素、微分要素、1 次遅れ要素、1 次進み要素、2 次遅れ要素などに分解することができる[4]。それぞれの要素の周波数特性を調べてみよう（2 次遅れ要素については講義 12 で説明する）。

11.3.1　比例要素

比例要素（proportional element）の伝達関数はつぎで表される。

$$G(s) = K \tag{11.10}$$

周波数応答は入力 $u(t) = A \sin \omega t$ を定数倍（K 倍）したものとなる。したがって、ゲインは角周波数 ω に関係なく一定値となる。$K = 1$ の場合は出力と入力の振幅は同じとなるので、ゲインは 0 dB となる。$K > 1$ ならば出力の振幅は入力の振幅より大きくなり、ゲイン（$20 \log_{10} K$ [dB]）は正の値をとる。一方、$0 < K < 1$ ならば出力の振幅は入力の振幅より小さくなり、ゲイン（$20 \log_{10} K$ [dB]）は負の値となる。また、比例要素は静的システムであるので、応答の位相は角周波数 ω に関係なく変わらない。よって、比例要素のボード線図は図 11.4 となる。

11.3.2　積分要素

もっとも簡単な動特性である**積分要素**（integral element）の伝達関数はつぎで表される。

$$G(s) = \frac{1}{s} \tag{11.11}$$

周波数応答は入力 $u(t) = A \sin \omega t$ を積分したものとなる。したがって、角周波数が $\omega < 1$ ならば応答の振幅は入力より大きくなり、$\omega > 1$ ならば振幅は小さくなる。また $\sin\left(\omega t - \dfrac{\pi}{2}\right) = -\cos \omega t$ の関係から、応答の位相は常

---

[4]　システムを分解したというニュアンスで「要素」としているが「系」と読みかえても何ら問題ない。

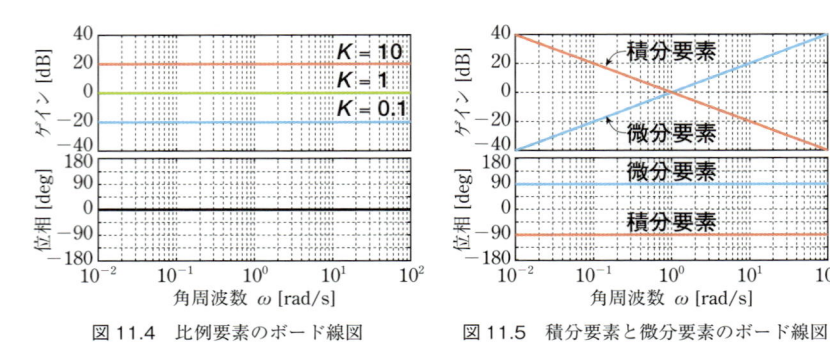

図 11.4 比例要素のボード線図 | 図 11.5 積分要素と微分要素のボード線図

に 90°遅れる．よって，積分要素のボード線図は図 11.5 となる（ゲイン線図は図中の右下がりの直線）．

11.3.3 微分要素

微分要素（derivative element）の伝達関数はつぎで表される．

$$G(s) = s \tag{11.12}$$

周波数応答は入力 $u(t) = A \sin \omega t$ を微分したものとなる．したがって，角周波数が $\omega < 1$ ならば応答の振幅は入力より小さくなり，$\omega > 1$ ならば振幅は大きくなる．また $\sin\left(\omega t + \dfrac{\pi}{2}\right) = \cos \omega t$ の関係から，応答の位相は常に 90°進む．よって，微分要素のボード線図は図 11.5 となる（ゲイン線図は図中の右上がりの直線）．

11.3.4 1 次遅れ要素

1 次遅れ要素（first order element）の周波数応答はつぎで表される（➡ (11.3) 式）．

$$y(t) = K \frac{1}{\sqrt{(\omega T)^2 + 1}} A \sin(\omega t - \tan^{-1} \omega T)$$

図 11.3 に示したボード線図は $K = 1$，$T = 1$ とした場合である．ここでは K と T の値の変化によるボード線図の変化の様子を調べる．K を変化させることは 11.3.1 項に示した比例要素の値を変えることに相当するので，ここでは，$K = 1$ として T の値を変化させた場合を考える．$T = 0.01, 1, 100$ のときの周波数応答 $y(t)$ はそれぞれつぎとなる．

- $T = 0.01$ のとき：$y(t) = \dfrac{1}{\sqrt{0.0001\omega^2 + 1}} A \sin(\omega t - \tan^{-1} 0.01\omega)$

- $T = 1$ のとき：$y(t) = \dfrac{1}{\sqrt{\omega^2 + 1}} A \sin(\omega t - \tan^{-1} \omega)$

- $T = 100$ のとき：$y(t) = \dfrac{1}{\sqrt{10000\omega^2 + 1}} A \sin(\omega t - \tan^{-1} 100\omega)$

よって，つぎでまとめられ，結果は表 11.2 で表すことができる．

$T = 0.01, 1$ の場合：

- $\omega \leq 0.1$（$= 10^{-1}$）：振幅比はほぼ 1．ゲインはほぼ 0 dB
- $\omega = 1$：$T = 0.01$ では振幅比はほぼ 1，$T = 1$ では $\dfrac{1}{\sqrt{2}}$
- $\omega = 10$：$T = 0.01$ では振幅比はほぼ 1，$T = 1$ では約 $\dfrac{1}{10}$
- $\omega = 100$：$T = 0.01$ では振幅比は $\dfrac{1}{\sqrt{2}}$，$T = 1$ では約 $\dfrac{1}{100}$

$T = 100$ の場合：

- $\omega \leq 0.001$（$= 10^{-3}$）：振幅比はほぼ 1．ゲインはほぼ 0 dB
- $\omega = 0.01$：振幅比は $\dfrac{1}{\sqrt{2}}$
- $\omega = 0.1$：振幅比は約 $\dfrac{1}{10}$

また，位相に関しては T が大きい値ほど，角周波数 ω が小さい値で $\tan^{-1} \omega T$ の値が変化して $-90\,°$ に漸近する．

よって，$T = 0.01, 1, 100$ のボード線図は図 11.6 となる．$T = 0.01, 1, 100$ と変化しても角周波数 ω に依存して応答の振幅が変わるだけであり，ボード線図の基本的な形は変わらないことがわかる．ここで，位相は $-\tan^{-1} \omega T$ の値をプロットしていることに注意しよう．

表 11.2　T と ω の変化にともなう振幅比の値（空欄は演習問題で使用）

T ＼ ω	10^{-4}	10^{-3}	10^{-2}	10^{-1}	10^0	10^1	10^2	10^3	10^4
0.01	1	1	1	1	1	1	$\dfrac{1}{\sqrt{2}}$	$\dfrac{1}{10}$	$\dfrac{1}{10^2}$
0.1									
1	1	1	1	1	$\dfrac{1}{\sqrt{2}}$	$\dfrac{1}{10}$	$\dfrac{1}{10^2}$	$\dfrac{1}{10^3}$	$\dfrac{1}{10^4}$
10									
100	1	1	$\dfrac{1}{\sqrt{2}}$	$\dfrac{1}{10}$	$\dfrac{1}{10^2}$	$\dfrac{1}{10^3}$	$\dfrac{1}{10^4}$	$\dfrac{1}{10^5}$	$\dfrac{1}{10^6}$

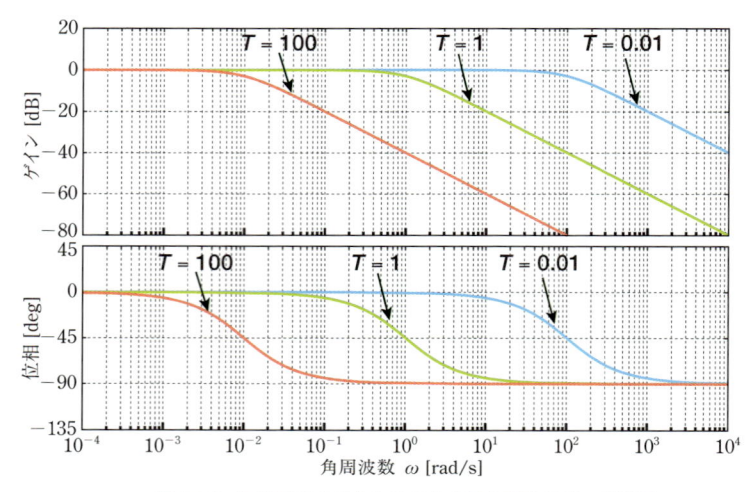

図 11.6　T を変化させたときの 1 次遅れ要素のボード線図

　ここで，$T = 1$ のボード線図は図 11.7 に示す折れ線（図中の赤線）で近似できる[5]．ゲイン線図においては，角周波数 ω が $\dfrac{1}{T}$ の値までゲインはほぼ 0 dB の値をとり，それ以降は -20 dB/dec（角周波数が 10 倍になるとゲインが -20 dB）の傾きでゲインが低下していることがわかる．このゲイン線図の直線近似を**折れ線近似**と呼び，時定数 T の逆数 $\dfrac{1}{T}$ の値を**折れ点周波数**（corner frequency）または**遮断周波数**（cut-off frequency）と呼ぶ．また折れ点周波数のとき，ゲインは $20\log_{10}\dfrac{1}{\sqrt{2}} \fallingdotseq -3$ dB となり，位相は 45°遅れている．

　位相線図についても折れ点周波数での位相 -45°の変曲点を通る接線を引くことで，図 11.7 の位相線図の赤線で示すとおり，やや粗くではあるが折れ線近似することができる．このとき，接線は $\omega = \dfrac{1}{5T}$ で 0°，$\omega = \dfrac{5}{T}$ で -90°となる．

　さらに図 11.6 より，$T = 1$ の場合のことが他の T の場合にもあてはまることがわかる．

　1 次遅れ要素では K と T の値がわかればボード線図の概略図を折れ線近似で描くことができ，特に T と折れ点周波数の関係を理解することは重要である．

---

5)　もとのゲイン線図は青線であり，ほぼ重なっていることに注意する．

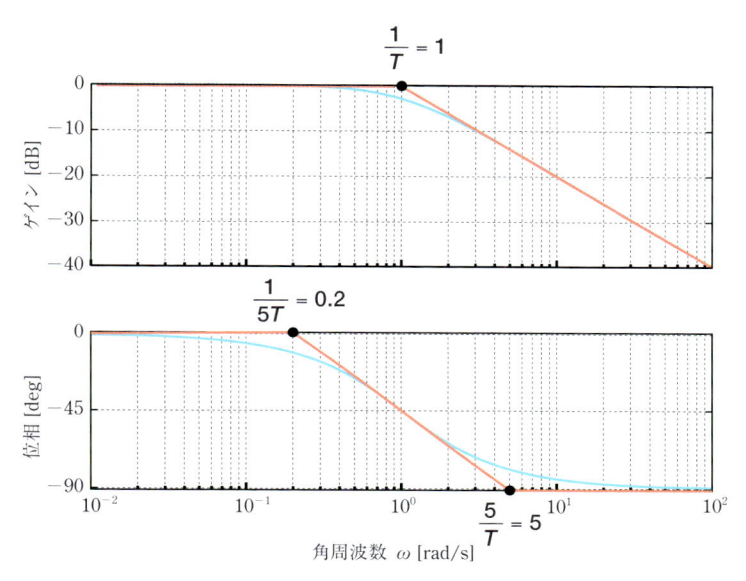

図 11.7　1 次遅れ要素 ($T = 1$) の折れ線近似

11.3.5　1 次進み要素

　1 次遅れ要素に対して **1 次進み要素**（first order lead element）の伝達関数はつぎで表される.

$$G(s) = Ts + 1 \tag{11.13}$$

1 次進み要素の周波数応答は計算によりつぎとなる[6].

$$y(t) = \sqrt{(\omega T)^2 + 1}\, A \sin(\omega t + \tan^{-1} \omega T) \tag{11.14}$$

1 次遅れ要素の周波数応答と同様な考え方より，1 次進み要素の場合は角周波数 ω が小さい値の場合は入力と出力の振幅比はほぼ同じであり，角周波数 ω が大きい値の場合は出力の振幅が入力の振幅より大きくなることが，（11.14）式よりわかる．また，位相は 1 次遅れ要素の場合の逆となり，角周波数 ω が大きくなると 90°進む．これより 1 次進み要素のボード線図は図 11.8 となる.

---

6)　この導出も結果のみ知っていればよい．12.4 節と参考文献 [4] を参照.

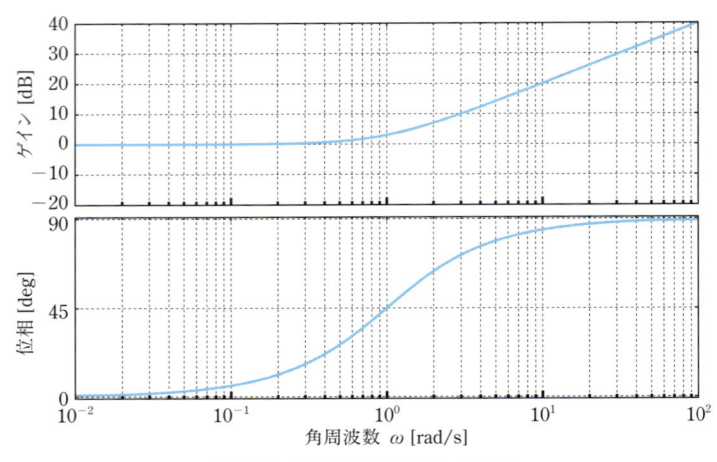

図 11.8　1次進み要素のボード線図

【講義 11 のまとめ】

・入力を正弦波とした場合のシステムの応答が周波数応答である.

・入力の角周波数の増加にともない，1 次遅れ系の応答の振幅は小さくなり，位相は遅れる.

・ボード線図により入力に対するシステムの応答の振幅，位相の特性がわかり，より詳しい制御系設計のための指針となる.

ボード線図に関する補足

これまでに示したとおり，システムの周波数応答よりシステムの周波数特性であるボード線図を描くことができた．特に，これまではシステムが簡単であるため，計算により周波数応答の様子を知ることができた．

現実のシステムに直面した場合，RC 回路のように回路の基本特性はわかるが[7]，具体的な R や C の値はわからないことが多い．そこでシステムの周波数応答より，図11.3 のようなボード線図が描ければ，それから折れ点周波数がわかり，T の値が決定できる．また，ゲインが一定値となる部分の値を読みとることで K の値がわかり，具体的な R と C の値が決定できる．このように，システムの応答から物理パラメータの具体的な値を決定することをパラメータ同定（parameter identification）と呼ぶ．もちろん，インパルス応答，ステップ応答によってもパラメータ同定を行うことはできる．しかし，3 次系以上の場合は難しく，周波数応答やそれ以外のパラメータ同定法に頼るしかない．

システムの伝達関数の形および物理パラメータのおおよその値がわかっている場合，周波数応答を調べるのではなく，制御系 CAD を使ってボード線図を描くことができる．本書で示しているボード線図はすべて制御系 CAD を用いて描いている．制御系 CAD を用いれば簡単にボード線図が描けるが，その物理的特性の意味などを詳しく知ることは重要である．

演習問題

(1) なぜボード線図の横軸において $10^{-1}\,(= 0.1)$ と 0.2 の間隔と $10^{0}\,(= 1)$ と 2 の間隔，0.2 と 0.3 の間隔と 2 と 3 の間隔，0.8 と 0.9 の間隔と 8 と 9 の間隔がそれぞれ同じになるのかを説明せよ．対数の性質を使って，数式で示すこと．

(2) (11.3) 式において，$K = 1$ として，$T = 0.1, 10$ の場合の周波数応答の式を示せ．

(3) 表 11.2 において，$T = 0.1, 10$ の空欄に入る数字を記入せよ．

(4) 1 次遅れ要素において，$K = 1$ として $T = 0.1, 10$ のボード線図を図 11.7

---

7) すなわちシステムは 1 次遅れ系となる．

に描け（ゲイン線図は折れ線近似でよい）．

(5) $G(s) = \dfrac{1}{s-1}$ のような不安定なシステムでは周波数応答がとれない理由を示せ．

(6) 積分要素 $G(s) = \dfrac{1}{s}$ のゲインは $g = -20 \log_{10} \omega$（ω は角周波数）と表すことができる．これより $\omega = 10^0$ rad/s の場合にゲインは 0 dB となり，ω が 10 倍されたらゲインは 20 dB 下がる，すなわちゲインの傾きが -20 dB/dec となることを示せ．

(7) システムの入力と出力の振幅比が，i) 0.01，0.1，0.5，$\dfrac{1}{\sqrt{2}}$，ii) 1，$\sqrt{2}$，2，10，100 の場合のゲイン（単位は [dB]）を求めよ．

(8) あるシステムのボード線図を求めたところ，図 11.9 が得られた．システムの伝達関数を求めよ．

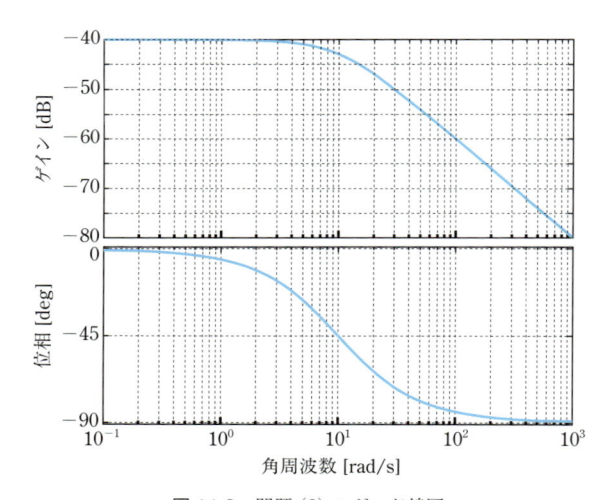

図 11.9　問題 (8) のボード線図

(9) 図 11.10 に示す伝達関数 $G_1(s)$ のボード線図について，つぎの入力を加えた場合の定常状態における出力 $y_1(t) = B_1 \sin(\omega_1 t + \phi_1)$ を考える．

i)　入力 $u_1(t) = \sin 0.1t$ の場合の B_1, ω_1, ϕ_1 を求めよ．

ii)　入力 $u_1(t) = \sin 100t$ の場合の B_1, ω_1, ϕ_1 を求めよ．

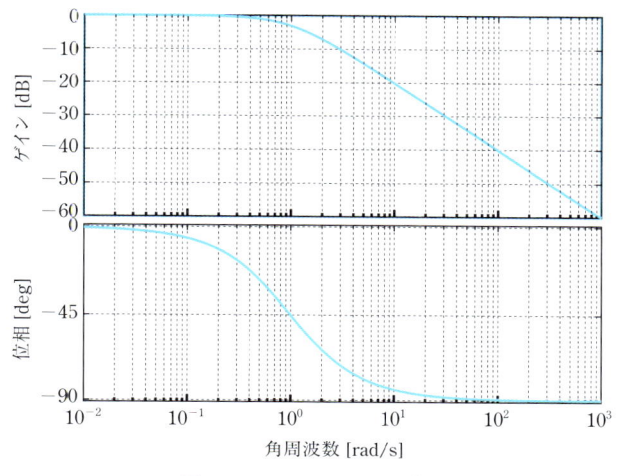

図 11.10　$G_1(s)$ のボード線図

(10) 図 11.11 に示す伝達関数 $G_2(s)$ のボード線図について，つぎの入力を加えた場合の定常状態における出力 $y_2(t) = B_2 \sin(\omega_2 t + \phi_2)$ を考える．

i)　入力 $u_2(t) = \sin 0.1t$ の場合の B_2, ω_2, ϕ_2 を求めよ．

ii)　入力 $u_2(t) = \sin 100t$ の場合の B_2, ω_2, ϕ_2 を求めよ．

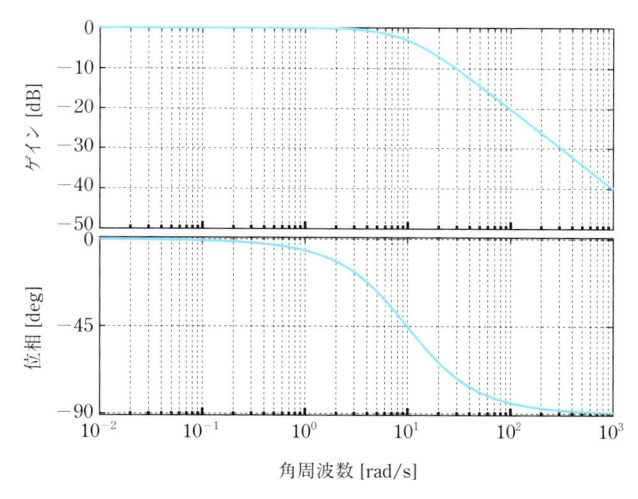

図 11.11　$G_2(s)$ のボード線図

⚙ 【補足】 複素数

2乗して -1 になる数を j とし**虚数単位**（imaginary unit）と呼ぶ[8]．実数 a に対し，ja を**虚数**（imaginary number）といい，

$$(ja)^2 = j^2 a^2 = -a^2$$

となる[9]．a，b を実数とし，$z = a + jb$ の形で表される数を**複素数**（complex number）という．つぎに，$z = a + jb$ と点 $P(a, b)$ の対応を考える（図 11.12）．複素数 z と座標平面上の点 P を「1 対 1 の対応」と考えたとき，この平面を**複素平面**（complex plane）（または**ガウス平面**（Gaussian plane））と呼ぶ．また横軸（普通の平面の x 軸に対応）を**実軸**（Real axis，図中では Re と書く），縦軸（普通の平面の y 軸に対応）を**虚軸**（Imaginary axis，図中では Im と書く）という．複素数の演算はつぎのとおりである．

足し算：$(a + jb) + (c + jd) = (a + c) + j(b + d)$

引き算：$(a + jb) - (c + jd) = (a - c) + j(b - d)$

かけ算：$(a+jb)(c+jd) = ac+j(ad+bc)+j^2 bd = (ac-bd)+j(ad+bc)$

割り算：

$$\frac{a+jb}{c+jd} = \frac{(a+jb)(c-jd)}{(c+jd)(c-jd)} = \frac{(ac+bd)+j(bc-ad)}{c^2+d^2} = \frac{ac+bd}{c^2+d^2} + j\frac{bc-ad}{c^2+d^2}$$

足し算，引き算に関しては実数同士，虚数同士をそれぞれ計算すればよい．かけ算については分配法則を使って虚数の扱いのみ注意すればよい．割り算については注意が必要である．割り算は分数に直して考えるが，このとき分母を**実数化する**ことが重要となる．実数化する場合は基本的には分母の虚数部分の符号を変えたものを分母分子にかければよい．

つぎに，図 11.13 を見てみよう．複素数 $z = a + jb$ が複素平面上，点 $P(z)$ にあるとする．OP $= r$ とし，動径 OP と実軸の正の向き（反時計回り方向）のなす角を θ とする．このとき，三角関数の性質から

$$a = r\cos\theta, \ b = r\sin\theta \tag{11.15}$$

と表すことができ，複素数 $z = a + jb$ はオイラーの公式 $e^{j\theta} = \cos\theta + j\sin\theta$

---

[8] 数学では虚数単位を i とすることが多いが，i は電気回路で電流を表す記号で用いるため，工学では虚数単位として j を使うことが多い．

[9] 数学では aj とすることが多いが，工学では普通，虚数単位の方を先に書く．

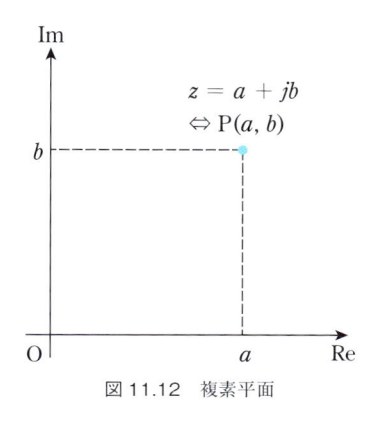

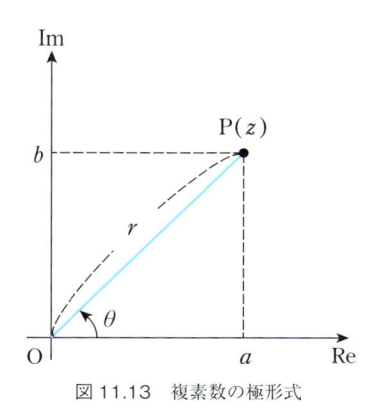

図 11.12　複素平面　　　　　　　図 11.13　複素数の極形式

を使うと，

$$z = r(\cos\theta + j\sin\theta) = re^{j\theta} \tag{11.16}$$

と表される．複素数 z を (11.16) 式で表現することを**極形式** (polar form) という．また，複素平面上の点を座標平面と考えれば，ピタゴラスの定理から

$$r = \sqrt{a^2 + b^2}, \quad \theta = \tan^{-1}\frac{b}{a} \tag{11.17}$$

となることもわかる [10]．このとき動径 r を z の**絶対値** (absolute value)，θ を z の**偏角** (argument) といい

$$|z| = r = \sqrt{a^2 + b^2}, \quad \angle z = \theta = \tan^{-1}\frac{b}{a} \tag{11.18}$$

と表される．ここで，偏角の単位は一般角の意味の度 [°] である．

---

[10]　$\tan\theta = \dfrac{b}{a}$ である．

講義 *12*

ボード線図の特性と
周波数伝達関数

　1 次遅れ要素などの基本要素に続き，より高次なシステムのボード線図の特性と周波数応答の関連について説明する．さらに，周波数伝達関数と周波数特性のもう 1 つの表現法であるベクトル軌跡について述べる．

【講義 12 のポイント】
・ボード線図の合成について理解しよう．
・2 次遅れ系のボード線図の特徴を理解しよう．
・周波数伝達関数とベクトル軌跡について理解しよう．

⚙ 12.1　ボード線図の合成

　動的システムの特性が高次の伝達関数で表される場合，伝達関数を低次の要素に分解し，その周波数特性を合成することでもとの伝達関数の周波数特性が得られる．例をとおして説明する．

例12.1

　つぎの 2 次遅れ系の伝達関数

$$G(s) = \frac{1}{2s^2 + 10.2s + 1} = \frac{1}{(10s + 1)(0.2s + 1)} \tag{12.1}$$

はつぎのとおり分解できる．

$$G(s) = G_1(s)G_2(s), \quad G_1(s) = \frac{1}{10s + 1}, \quad G_2(s) = \frac{1}{0.2s + 1} \tag{12.2}$$

図 12.1 に伝達関数の分解の様子を示す．$G(s)$ の周波数応答を調べるため，入力 $u(t)$ として正弦波を加える．このとき，分解後の特性で考えると，まず伝達関数 $G_2(s)$ の特性にしたがった $y_2(t)$ が出力され，これはある振幅と角周波数を持った正弦波 $y_2(t)$

$$\xrightarrow{U(s)} \boxed{G(s)} \xrightarrow{Y(s)} \Rightarrow \xrightarrow{U(s)} \boxed{G_2(s)} \xrightarrow{Y_2(s)} \boxed{G_1(s)} \xrightarrow{Y(s)}$$

図 12.1　(12.1) 式の分解

となる．さらに，$y_2(t)$ が伝達関数 $G_1(s)$ の入力として加わり，その特性にしたがって $y(t)$ が出力される．ここで，$u(t)$ の振幅を A，$y_2(t)$ の振幅を B，$y(t)$ の振幅を C とすると，入力 $u(t)$ と出力 $y(t)$ の振幅比は

$$\frac{C}{A} = \frac{C}{B} \times \frac{B}{A} \tag{12.3}$$

となる．周波数特性のゲインは (11.5) 式で計算でき，(11.7) 式よりつぎの関係が成り立つ．

$$g = g_1 + g_2, \quad \left(g = 20\log_{10}\frac{C}{A}, \quad g_1 = 20\log_{10}\frac{C}{B}, \quad g_2 = 20\log_{10}\frac{B}{A} \right) \tag{12.4}$$

また，位相線図に関しても $G_1(s)$，$G_2(s)$ の位相特性を足した特性になる（➡ 12.4.2 項）．以上より，2 次遅れ系の周波数特性は，特殊な場合を除いて 2 次遅れ系を 1 次遅れ系に分解し，1 次遅れ系の周波数特性をそれぞれ足せばよいことがわかる．

それでは，(12.1) 式の $G(s)$ のボード線図を描くことを考えよう．(12.2) 式より，まず $G_1(s)$ の周波数特性を考える．これは 11.3.4 項の 1 次遅れ系の周波数特性と同じであり，ゲインは折れ点周波数である 10^{-1} rad/s までほぼ 0 dB で，10^{-1} rad/s から -20 dB/dec の傾きでゲインが減少する（図 12.2：折れ線近似）．

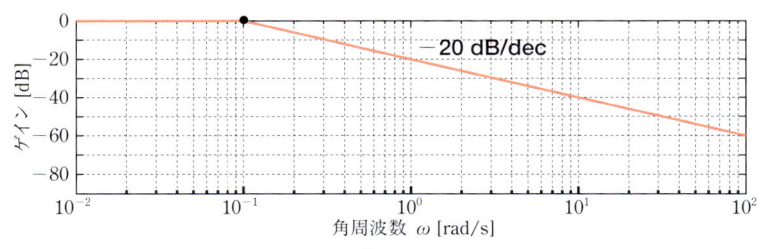

図 12.2　$G_1(s) = \dfrac{1}{10s + 1}$ のゲイン線図の折れ線近似

つぎに，$G_2(s)$ の周波数特性を考えよう．$G_1(s)$ の場合と同様に，ゲインは折れ点周波数である 5 rad/s までほぼ 0 dB で，5 rad/s から -20 dB/dec の傾きでゲインが減少する（図 12.3：折れ線近似）．また，$G_1(s)$ と $G_2(s)$ の位相特性もそれぞれ 1 次遅れ系の位相特性と同じである（➡ 11.3.4 項）．

ここで，(12.4) 式より，$G(s)$ のゲインは $G_1(s)$ と $G_2(s)$ のゲインを足し合わせればよい．よって，(12.1) 式の $G(s)$ のゲインはつぎとなる．

- 🔴 10^{-1} rad/s より小さい角周波数では 0 dB
- 🔴 $10^{-1} \sim 5$ rad/s では -20 dB/dec で減少
- 🔴 5 rad/s 以降では -40 dB/dec $= (-20) + (-20)$ dB/dec で減少

また，位相はつぎとなる．

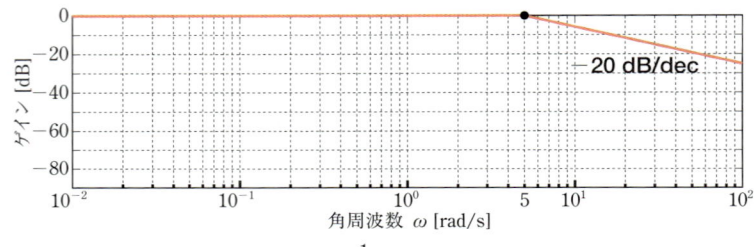

図 12.3　$G_2(s) = \dfrac{1}{0.2s + 1}$ のゲイン線図の折れ線近似

- $G_1(s)$ の折れ点周波数 ($10^{-1}\,\mathrm{rad/s}$) で $-45\,°$
- $10^0\,\mathrm{rad/s}$ 付近で $-90\,°$
- $G_2(s)$ の折れ点周波数 ($5\,\mathrm{rad/s}$) で $-135\,° = (-90\,°) + (-45\,°)$
- $10^2\,\mathrm{rad/s}$ 付近で $-180\,° = (-90\,°) + (-90\,°)$ に漸近

したがって，(12.1) 式のボード線図は図 12.4 となることがわかる（ゲイン線図中の黒丸は $G_1(s)$，$G_2(s)$ の折れ点周波数．青線はボード線図，赤線は折れ線近似）．

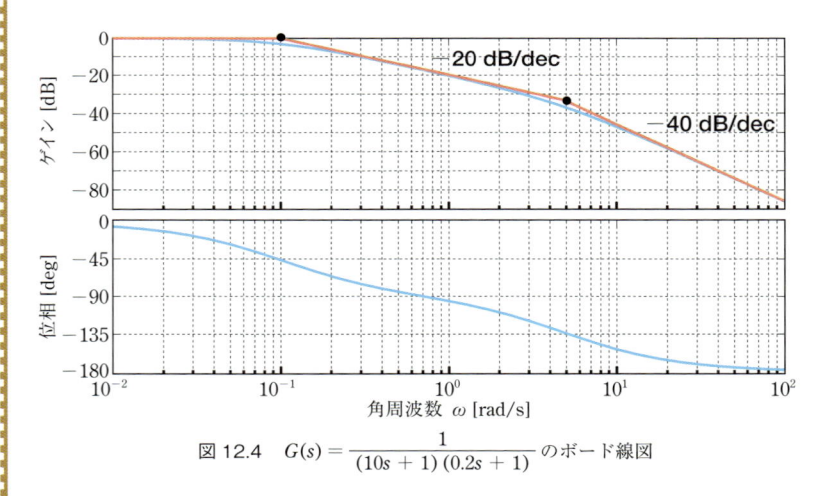

図 12.4　$G(s) = \dfrac{1}{(10s + 1)(0.2s + 1)}$ のボード線図

　図 12.5 に (12.1) 式の周波数応答を示す．これより，角周波数 ω が大きくなるにともない，出力の振幅が小さくなることがわかる．縦軸のスケールの関係から図 12.5 (d) では入力 $u(t) = \sin 10t$ の描画をとりやめ，$40 \sim 50\,\mathrm{s}$ の区間の出力を描画している．

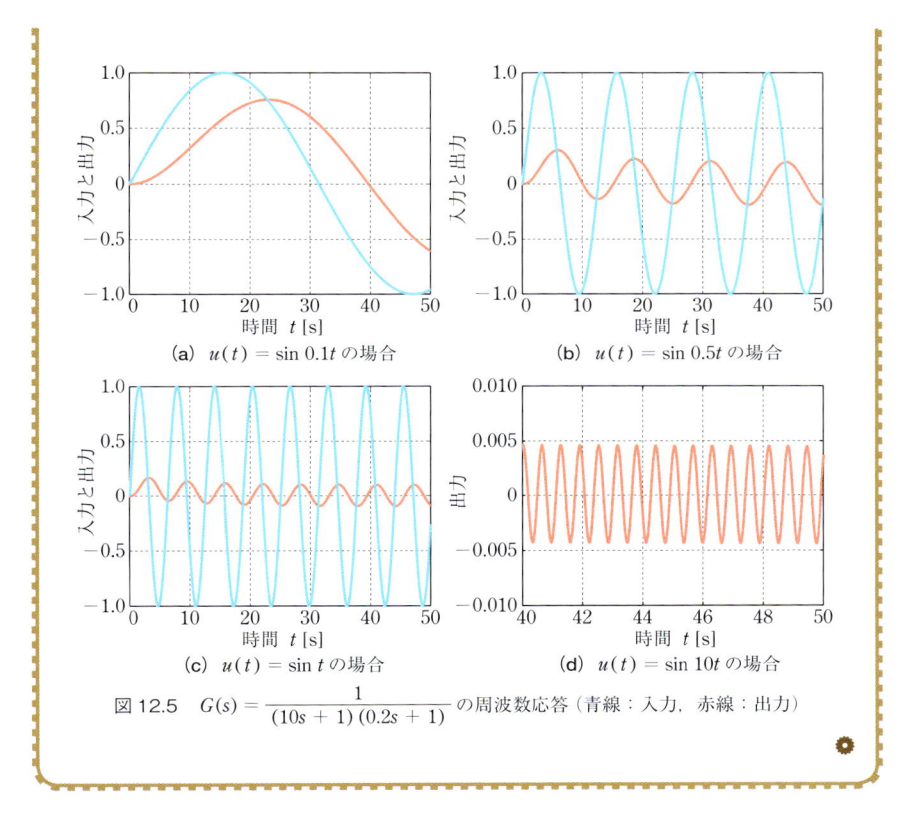

(a) $u(t) = \sin 0.1t$ の場合

(b) $u(t) = \sin 0.5t$ の場合

(c) $u(t) = \sin t$ の場合

(d) $u(t) = \sin 10t$ の場合

図 12.5 $\quad G(s) = \dfrac{1}{(10s + 1)(0.2s + 1)}$ の周波数応答（青線：入力，赤線：出力）

実際の動的システムは基本要素のみの特性とはならず，その特性をボード線図で表すと複雑なゲイン線図や位相線図となる．これは，システムが高次の伝達関数となることを意味する．いいかえると，特性を伝達関数で表した場合，分母と分子が s に関して 2 次以上の多項式で表される．しかし，高次の伝達関数となってもゲイン線図は折れ線近似できることが多く，この近似より $G(s)$ は比例要素，積分要素，1 次遅れ要素，1 次進み要素などに分解できるので，具体的な $G(s)$ の伝達関数を求めることができる．つぎの例 12.2 を考えてみよう．

つぎの伝達関数のボード線図を折れ線近似を用いて描いてみよう.

$$G(s) = \frac{10(s + 1)}{(10s + 1)(0.1s + 1)} \tag{12.5}$$

伝達関数 $G(s)$ はつぎの 4 つの要素に分けることができる.

$$G(s) = KG_1(s)\, G_2(s)\, G_3(s) \tag{12.6}$$

ここで

$$K = 10, \quad G_1(s) = \frac{1}{10s + 1}, \quad G_2(s) = s + 1, \quad G_3(s) = \frac{1}{0.1s + 1} \tag{12.7}$$

である. それぞれの要素のゲイン線図は図 12.6, 12.7, 12.8, 12.9 となる(図 12.7, 12.8, 12.9 は折れ線近似). それぞれのゲイン特性を足せば (12.5) 式の $G(s)$ の折れ線近似によるゲイン線図となり, それを図 12.10 に赤線で示す. 図 12.10 の青線は $G(s)$ のゲイン線図であるが, 折れ線近似でよく近似できていることがわかる.

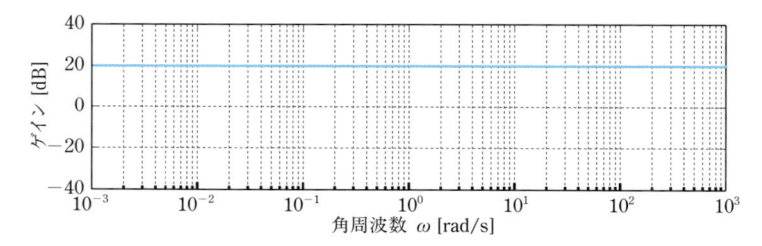

図 12.6 $K = 10$ のゲイン線図

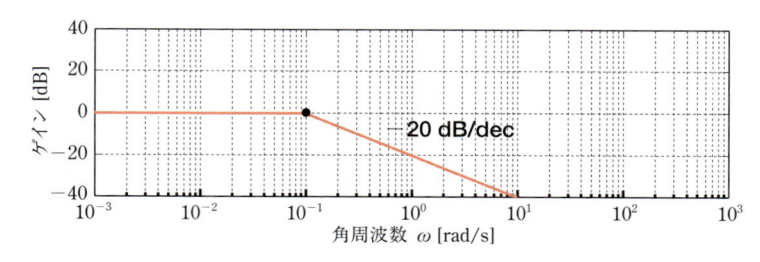

図 12.7 $G_1(s) = \dfrac{1}{10s + 1}$ のゲイン線図の折れ線近似

また, 位相線図に関しても, それぞれの要素の位相特性を足し合わせたものとなる. 特に, 1 次進み要素は折れ点周波数で位相が 45°進むので, その影響で $G(s)$ は $\omega = 10^0 \sim 10^1$ 付近で位相が進むが, ω が大きい値では $G_1(s)$, $G_2(s)$, $G_3(s)$ の位相特性を足した $-90° = (-90°) + (90°) + (-90°)$ に漸近していることがわかる.

図 12.11 に (12.5) 式の周波数応答を示す($\omega = 10, 100$ の場合は入力の描画をとりや

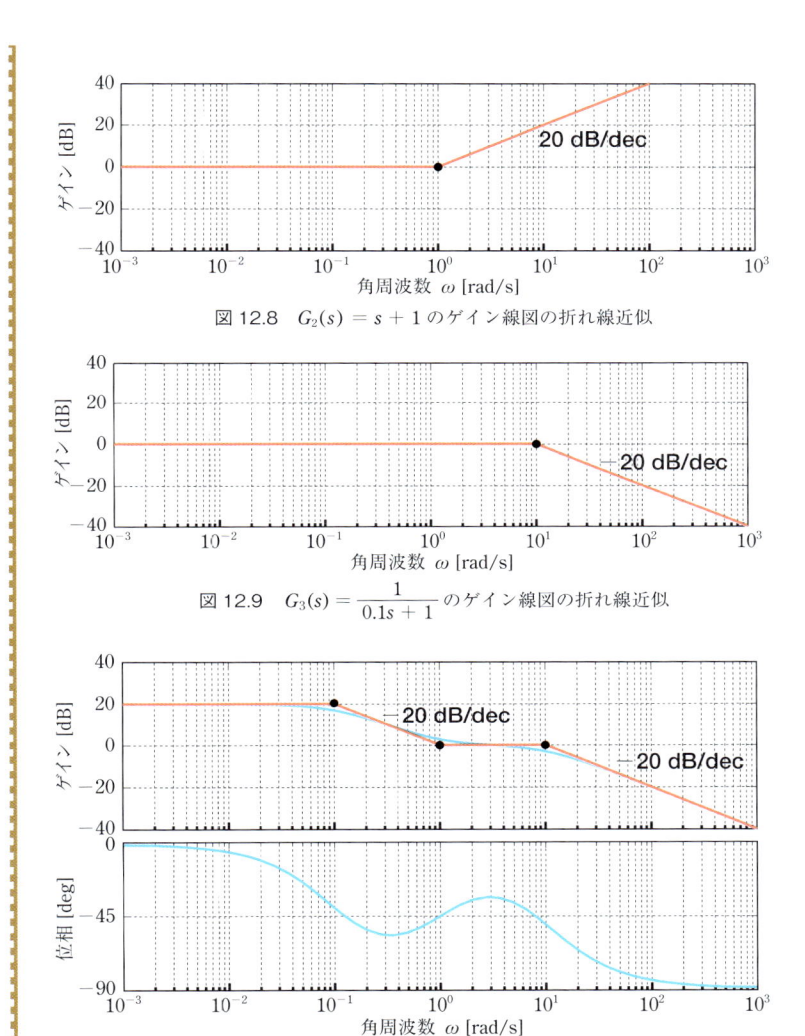

図 12.8　$G_2(s) = s + 1$ のゲイン線図の折れ線近似

図 12.9　$G_3(s) = \dfrac{1}{0.1s + 1}$ のゲイン線図の折れ線近似

図 12.10　$G(s) = \dfrac{10(s + 1)}{(10s + 1)(0.1s + 1)}$ のボード線図と折れ線近似

め，時間軸も適宜変更している）．$\omega = 0.01$ の場合はゲイン特性が 20 dB であるので，出力の振幅は入力の 10 倍となっていることがわかる．また，$\omega = 1$ の場合は，ゲイン特性が正の値なので出力の振幅が入力より大きくなり，$\omega = 10,100$ の場合は，ゲインが負の値なので出力の振幅が入力より小さくなる．

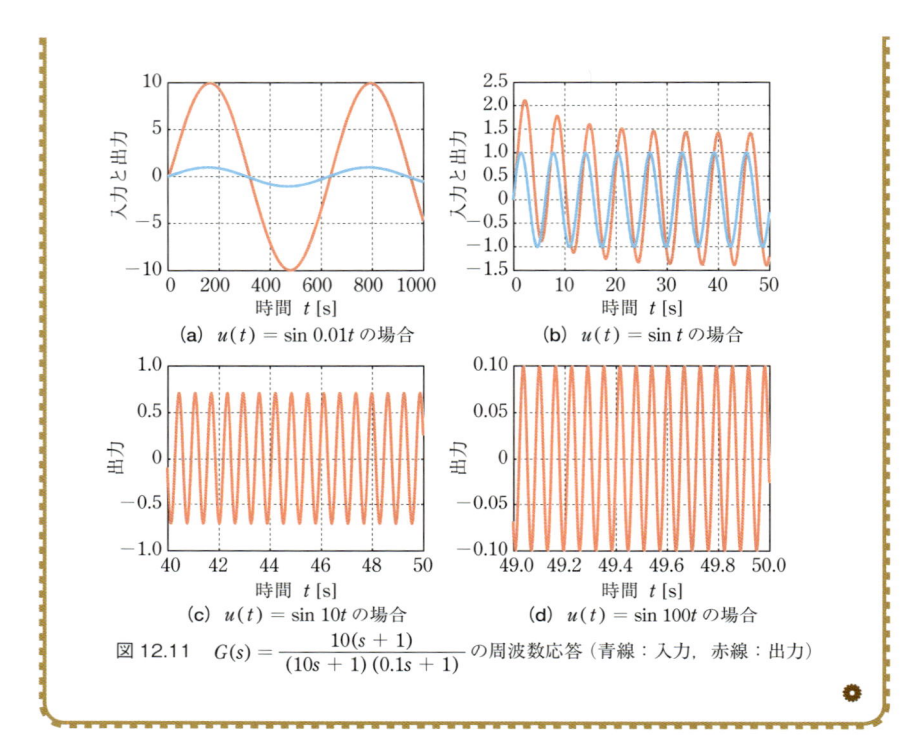

(a) $u(t) = \sin 0.01t$ の場合

(b) $u(t) = \sin t$ の場合

(c) $u(t) = \sin 10t$ の場合

(d) $u(t) = \sin 100t$ の場合

図 12.11 $\quad G(s) = \dfrac{10(s+1)}{(10s+1)(0.1s+1)}$ の周波数応答（青線：入力，赤線：出力）

　例 12.2 では伝達関数 (12.5) 式が与えられたうえでの説明である．ここで，特性がよくわからないシステムのボード線図が図 12.10 のように描けた場合，ゲイン線図の折れ線近似を行い，これまでの説明の逆をたどることで伝達関数 (12.5) 式が決定できる．しかし，位相線図において，位相が無限大に向かって遅れる場合があり，その場合には取り扱いに注意が必要である [1]．

⚙ 12.2　共振が起こる 2 次遅れ系のボード線図

　2 次遅れ系の一般形の伝達関数は (6.1) 式で示したとおり，つぎで表される．

$$G(s) = \frac{K\omega_n^2}{s^2 + 2\zeta\omega_n s + \omega_n^2} \tag{12.8}$$

具体的に，つぎの 2 次遅れ系について考えよう．

---

1)　むだ時間要素の存在が考えられるが，より発展的な内容となるため，ここでは深入りしない．

$$G(s) = \frac{1}{s^2 + 0.2s + 1} \tag{12.9}$$

このとき，$K = 1$，$\zeta = 0.1$，$\omega_n = 1$ とできる．(12.9) 式の周波数応答を調べた様子を図 12.12 に示す（$\omega = 10$ の場合は入力の描画をとりやめている）．

2 次遅れ系の例で示した (12.1) 式の周波数応答である図 12.5 によると，出力の振幅が入力の振幅より大きくなることはない [2]．しかし，図 12.12 では $\omega = 0.5, 1$ では出力の振幅が入力の振幅より大きくなっている．

制御系 CAD により (12.9) 式のボード線図を描いたものを図 12.13 に示す．図 12.13 より，ゲイン線図が 0 dB 以上となる角周波数の範囲（**周波数領域**（frequency domain），**周波数帯域**（frequency band, frequency range）などと呼ぶ）がある．このように 2 次遅れ系ではゲインが $K = 1$ でも，ゲイン線

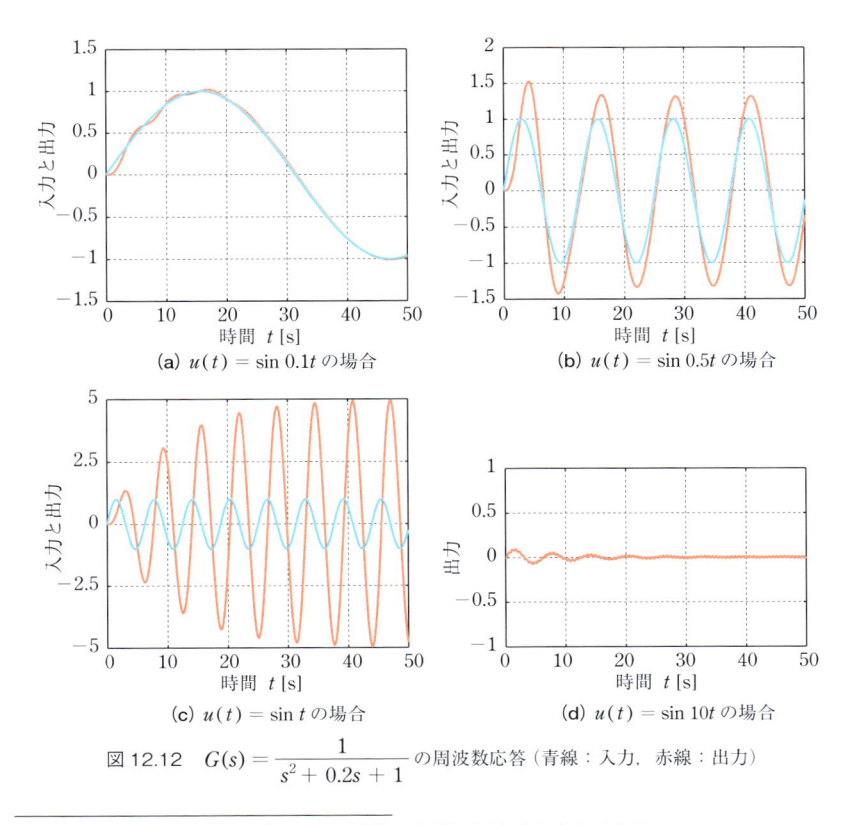

(a) $u(t) = \sin 0.1t$ の場合

(b) $u(t) = \sin 0.5t$ の場合

(c) $u(t) = \sin t$ の場合

(d) $u(t) = \sin 10t$ の場合

図 12.12 $\quad G(s) = \dfrac{1}{s^2 + 0.2s + 1}$ の周波数応答（青線：入力，赤線：出力）

---

2) 図 12.4 よりゲイン線図がすべての周波数で 0 dB 以下となるからである．

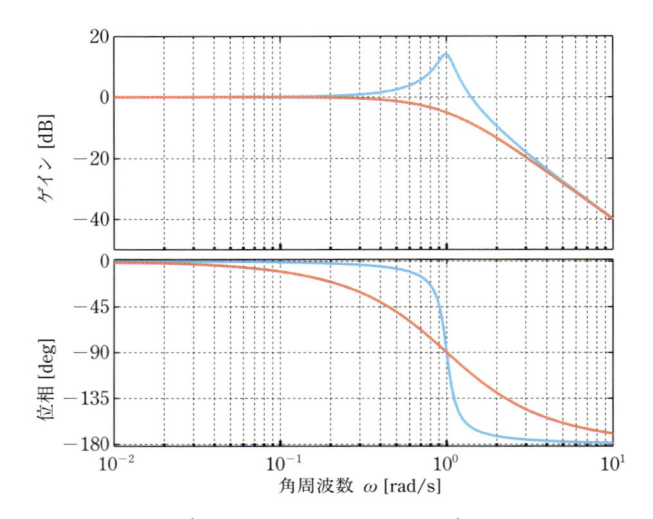

図 12.13　$G(s) = \dfrac{1}{s^2 + 0.2s + 1}$（青線）と $G(s) = \dfrac{1}{s^2 + 1.8s + 1}$（赤線）のボード線図

図が 0 [dB] を超える場合がある．これを共振（resonance）と呼び，2 次遅れ系の一般形（12.8）式において減衰比 ζ が $0 < \zeta < \dfrac{1}{\sqrt{2}}$ の場合に起きる．これは，不足減衰の範囲内であり，(6.18) 式（➡ 85 ページ）に示した単位ステップ応答に示すとおりオーバーシュートと振動現象が発生する[3]．また，減衰比 ζ が 0 に近いほど共振ピークが大きい，すなわちゲイン線図が 0 dB を超え，応答の最大値が大きくなる（最大振幅が大きくなる）ことが知られている．これは，減衰比 ζ が $0 < \zeta < \dfrac{1}{\sqrt{2}}$ の区間にある場合の単位ステップ応答が大きく振動しながら 1 に収束することに関連している（➡ 図 6.8）．また，ゲインが最大値となる角周波数を共振周波数（resonance frequency）と呼ぶ．位相特性に関しては，共振が起きない場合と同様に角周波数 ω が大きくなるにつれて $-180°$ に漸近していることがわかる．

⚙ 12.3　バンド幅とステップ応答の関係

　これまでにボード線図と周波数応答の関係がわかったが，さらにボード線図からシステムの性能を評価することができる．特に，ゲイン線図からバン

---

3)　(6.6) 式に示したインパルス応答においては，図 6.3 に示すとおり振動現象が発生する．

ド幅（band width）が読みとれ，システムの入力追従特性の指標となることが知られている．

バンド幅とは，システムのゲイン特性が低い周波数帯域で 0 dB の一定値であると考えると[4]，ゲインが約 -3 dB（入力と出力の振幅比が $\frac{1}{\sqrt{2}}$）になる周波数 ω_{bw} までの幅 $(0 \leq \omega \leq \omega_{\text{bw}})$ である．すなわちバンド幅は，システムの応答が追従できる（ほぼ同じ振幅の信号を出力できる）入力の周波数帯域を与える．システムの目標値としてよく用いられるステップ信号は高い周波数成分を含むので，バンド幅とステップ応答の関連を知ることは重要である[5]．つぎの例を考えよう．

1 次遅れ系 $G(s) = \dfrac{1}{Ts + 1}$ のボード線図において，$T = 0.1, 1, 10$ におけるゲイン線図と対応するステップ応答を考える（図 12.14）．入力である単位ステップ信号は，低域から高域までのさまざまな角周波数成分を含んだ信号に分解できる．ステップ応答は，この角周波数成分に分解した信号を 1 次遅れ系に入力した際の出力を，それぞれ足しあわせた信号であると解釈できる．いま，1 次遅れ系 $G(s) = \dfrac{1}{Ts + 1}$ のボード線図である図 12.14 より，折れ点周波数より高域の周波数成分を持つ入力は出力において振幅が小さくなる[6]．それぞれの角周波数成分の出力を足し合わせたものが 1 次遅れ系の応答となるので，応答の波形は入力信号（単位ステップ信号）と同じとはならず，0 からいくらか時間が経過して 1 に収束する[7]．図 12.14 より，折れ点周波数が大きい方（$T = 0.1$ の場合）がステップ応答はより速く 1 に収束し（応答の形が単位ステップ信号に似ている），折れ点周波数が小さい方（$T = 10$ の場合）がステップ応答が 1 に収束するのが遅くなる（単位ステップ信号とは形が大きく異なる）．したがって，制御対象がどのような角周波数成分の信号までゲイン 0 dB，すなわち同じ振幅の信号を出力できるかが追従性能に大きく関わり，その指標がバンド幅である．バンド幅の概念図を図 12.15 に示す．

12

---

[4]　正確には $s = 0$ としたときの伝達関数の大きさであるが，のちに説明する．

[5]　一般に，入力がゆっくり変動する場合は低い周波数成分を含み，急速に変動する場合は高い周波数成分を含む．

[6]　図 11.2 と図 11.3 の関係から理解できる．

[7]　この現象の原因としてゲイン特性だけでなく位相特性も関係していることにも注意する．

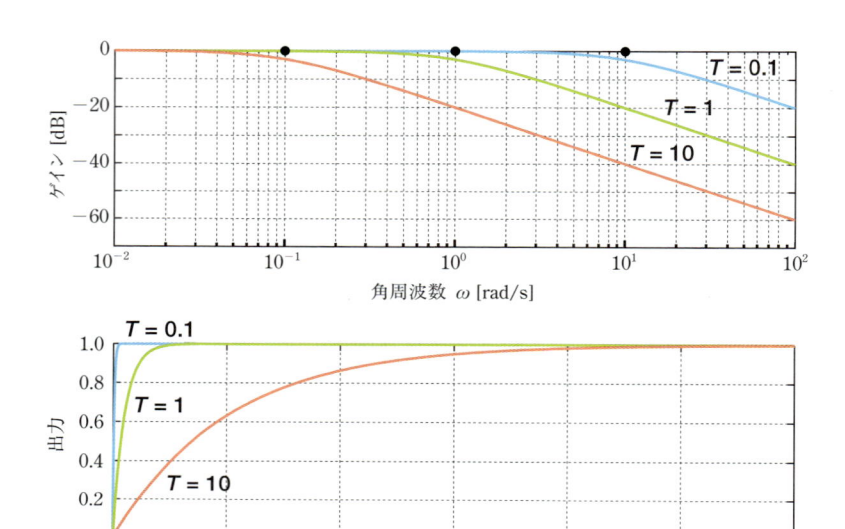

図 12.14　1 次遅れ系のゲイン線図とステップ応答の関係

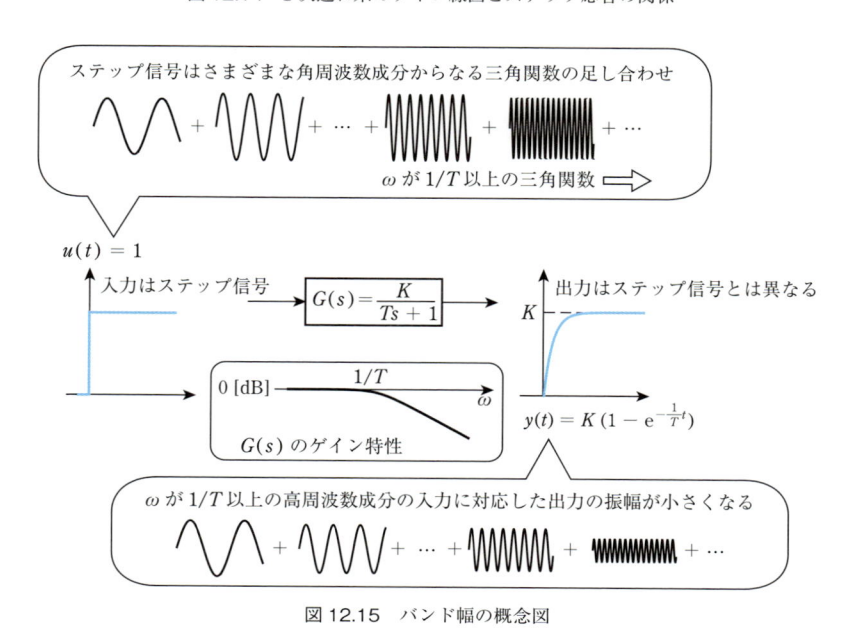

図 12.15　バンド幅の概念図

⚙ 12.4 周波数伝達関数

動的システムの周波数応答によらず，あらかじめ伝達関数がわかる場合は，**周波数伝達関数**（frequency transfer function）を調べることにより周波数特性を知ることができる．周波数伝達関数とは伝達関数 $G(s)$ における s を $j\omega$ に置き換えた $G(j\omega)$ である．ここで j は虚数単位，ω は角周波数である．

12.4.1 1 次遅れ系の周波数伝達関数

(11.1) 式に示した 1 次遅れ系

$$G(s) = \frac{K}{Ts + 1} \tag{12.10}$$

周波数伝達関数の表現方法

(7.13) 式で表される一般的な伝達関数 $G(s)$ についても周波数伝達関数を計算することは可能である（高次になると計算は大変であるが）．1 次遅れ系の場合と同様に，一般的な伝達関数の周波数伝達関数も実部と虚部や大きさと偏角の計算ができる．それらを用いて，つぎの形式で周波数伝達関数を表すことができる．

直交形式

$$G(j\omega) = \mathrm{Re}[G(j\omega)] + j\mathrm{Im}[G(j\omega)]$$

極形式

$$G(j\omega) = |G(j\omega)| \angle G(j\omega) = |G(j\omega)| \mathrm{e}^{j\angle G(j\omega)}$$

の周波数伝達関数を求めよう．（12.10）式の s に $j\omega$ を代入して分母を実数化するとつぎが得られる．

$$G(j\omega) = \frac{K}{j\omega T + 1} = \frac{K(-j\omega T + 1)}{(j\omega T + 1)(-j\omega T + 1)}$$

$$= \frac{K(1 - j\omega T)}{(\omega T)^2 + 1} = \frac{K}{(\omega T)^2 + 1} - j\frac{K\omega T}{(\omega T)^2 + 1} \tag{12.11}$$

よって，周波数伝達関数は伝達関数を複素数を用いて表していることがわかる．（12.11）式の実部と虚部はつぎで表される．

実部：$\mathrm{Re}\,[G(j\omega)] = \dfrac{K}{(\omega T)^2 + 1}$ (12.12)

虚部：$\mathrm{Im}\,[G(j\omega)] = -\dfrac{K\omega T}{(\omega T)^2 + 1}$ (12.13)

また，$G(j\omega)$ の大きさ（絶対値）と偏角はそれぞれつぎで表される．

$$\textbf{大きさ：}\,|G(j\omega)| = \sqrt{(\mathrm{Re}\,[G(j\omega)])^2 + (\mathrm{Im}\,[G(j\omega)])^2}$$

$$= \sqrt{K^2\left\{\left(\frac{1}{(\omega T)^2 + 1}\right)^2 + \left(\frac{-\omega T}{(\omega T)^2 + 1}\right)^2\right\}}$$

$$= K\sqrt{\frac{(\omega T)^2 + 1}{\{(\omega T)^2 + 1\}^2}} = K\frac{1}{\sqrt{(\omega T)^2 + 1}} \tag{12.14}$$

偏角：$\angle G(j\omega) = \tan^{-1} \dfrac{\mathrm{Im}[G(j\omega)]}{\mathrm{Re}[G(j\omega)]} = \tan^{-1} \dfrac{-\dfrac{K\omega T}{(\omega T)^2 + 1}}{\dfrac{K}{(\omega T)^2 + 1}} = -\tan^{-1}\omega T$

$$(12.15)$$

ここで，1次遅れ系の周波数応答（➡（11.3）式）

$$y(t) = K \frac{1}{\sqrt{(\omega T)^2 + 1}} A \sin(\omega t - \tan^{-1}\omega T)$$

と周波数伝達関数との関係について調べよう．1次遅れ系の周波数応答とは，システムの入力に正弦波 $u(t) = A\sin\omega t$ を加えたときの応答であることを思い出そう．また振幅は入力の振幅 A に $\dfrac{K}{\sqrt{(\omega T)^2 + 1}}$ をかけた値であり，位相は $-\tan^{-1}\omega T$ である．これらは，それぞれ周波数伝達関数の大きさ（（12.14）式）と偏角（（12.15）式）に等しいことがわかる．すなわち，1次遅れ系の周波数伝達関数の大きさは応答の振幅（すなわちゲイン）に影響を与え，偏角は位相を表す．よって，周波数伝達関数と周波数特性（ボード線図）は密接に関連する．なぜなら，（11.3）式より

$$B = K \frac{1}{\sqrt{(\omega T)^2 + 1}} A$$

であり，（11.5）式より

$$g = 20\log_{10}\frac{B}{A}$$

であるので，（12.14）式からゲイン g はつぎで表される．

$$g = 20\log_{10}|G(j\omega)| \quad [\mathrm{dB}] \tag{12.16}$$

また，偏角は位相 ϕ としてつぎで表される．

$$\phi = \angle G(j\omega) \quad [°] \tag{12.17}$$

よって，周波数伝達関数より計算できるゲイン（12.16）式と位相（12.17）式を使って，ボード線図を描くことができる．

以上が，伝達関数の s を $j\omega$ に置き換えたものを「周波数伝達関数」と呼ぶ理由である．これらは1次遅れ系に限ったことではなく，より高次の動的シ

12

ステムの周波数応答，周波数特性においても成り立つ．また，大きさと偏角を使って，1次遅れ系の周波数応答を表すと

$$y(t) = |G(j\omega)| A \sin(\omega t + \angle G(j\omega)) \qquad (12.18)$$

と書けることもわかる（図 12.16）[8]．また $s = 0$ すなわち $\omega = 0$ のときの周波数伝達関数の大きさを**定常ゲイン**（steady-state gain）と呼ぶ．

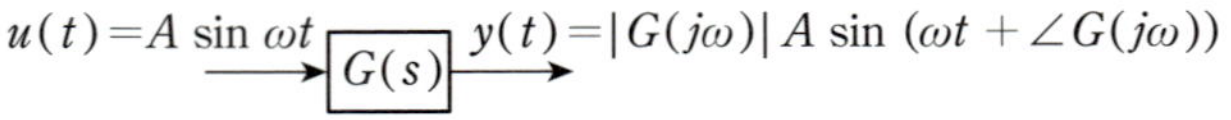

$$u(t) = A \sin \omega t \longrightarrow \boxed{G(s)} \longrightarrow y(t) = |G(j\omega)| A \sin(\omega t + \angle G(j\omega))$$

図 12.16　（12.18）式の表現

12.4.2　一般形の周波数伝達関数

180 ページで説明したボード線図の合成を一般形に拡張することを考えよう．伝達関数の一般形として，つぎのシステムを考える．

$$G(s) = \frac{b_m s^m + b_{m-1} s^{m-1} + \cdots + b_1 s + b_0}{s^n + a_{n-1} s^{n-1} + \cdots + a_1 s + a_0}$$

$$= G_1(s)\, G_2(s) \cdots G_k(s), \quad (k \leq n) \qquad (12.19)$$

$G(s)$ の周波数伝達関数より，つぎの関係が成り立つことがわかる．

$$G(s) = G_1(s)\, G_2(s) \cdots G_k(s) = G_1(j\omega)\, G_2(j\omega) \cdots G_k(j\omega)$$

$$= r_1 e^{j\theta_1} r_2 e^{j\theta_2} \cdots r_k e^{j\theta_k} = r_1 r_2 \cdots r_k e^{j(\theta_1 + \theta_2 + \cdots + \theta_k)} \qquad (12.20)$$

ここで，$r_i\,(i = 1, ..., k)$ は周波数伝達関数 $G_i(j\omega)$ の大きさ，$\theta_i\,(i = 1, ..., k)$ は周波数伝達関数 $G_i(j\omega)$ の位相（偏角）である[9]．また，最後の等式は指数関数の性質を用いた．（12.20）式より，高次（n 次）の伝達関数の大きさは，それを低次（たとえば 1 または 2 次）の伝達関数に分解し，その低次の伝達関数の大きさをかけ合わせたものになることがわかる．また位相は低次の伝達関数の位相を足し合わせたものになることもわかる．さらに，対数の性質

$$\log p_1 p_2 \cdots p_k = \log p_1 + \log p_2 + \cdots + \log p_k \qquad (12.21)$$

から高次の伝達関数のゲイン線図は低次の伝達関数のゲイン線図を足し合わせればよい．すなわち，（12.20）式のゲインはつぎで表される．

$$20 \log_{10} |G(j\omega)| = \sum_{i=1}^{k} 20 \log_{10} r_i = \sum_{i=1}^{k} 20 \log_{10} |G_i(j\omega)| \qquad (12.22)$$

---

[8]　（12.18）式は 1 次遅れ系の $G(s)$ に限らず，一般の高次系の伝達関数についても成り立つ．
[9]　この表現方法は 192 ページに示した周波数伝達関数の極形式である．

また，位相も同様に足し合わせればよく，

$$\angle G(j\omega) = \sum_{i=1}^{k} \theta_i = \sum_{i=1}^{k} \angle G_i(j\omega) \tag{12.23}$$

と表される．

⚙ 12.5 ベクトル軌跡

周波数伝達関数 $G(j\omega)$ は角周波数 ω によって値が変化する複素数となるので，大きさと位相（偏角）により複素平面上のベクトルとして表すことができる[10]．ω を 0 から $+\infty$ まで変化させると，ベクトルの先端は軌跡を描き，これをベクトル軌跡 (vector locus) と呼ぶ．ベクトル軌跡もボード線図と同様にシステム $G(s)$ の周波数特性を表すが，1つの図に大きさと位相が描けることが特徴であり，ナイキストの安定判別法（➡講義 13），ループ整形によるフィードバック制御系の設計（➡講義 14）において重要となる．ベクトル軌跡では，位相特性はボード線図での知識がそのまま使える[11]．簡単な例をとおして，ベクトル軌跡について理解しよう．

例12.3

1次遅れ系 $G(s) = \dfrac{K}{Ts + 1}$ の実部と虚部は (12.12)，(12.13) 式で与えられる．これを複素平面上にプロットし，原点とプロットした点を結ぶとベクトル $G(j\omega)$ ができる．このときのベクトルの大きさと位相は 12.4.1 項で計算したとおり，つぎで表される．

$$|G(j\omega)| = K\frac{1}{\sqrt{(\omega T)^2 + 1}}, \quad \angle G(j\omega) = -\tan^{-1}\omega T$$

よって，つぎのことがわかる．

- 🔴 $\omega = 0$ のとき：大きさは K，位相は $0°$
- 🔴 $\omega = \dfrac{1}{T}$ のとき：大きさは $\dfrac{K\sqrt{2}}{2}$，位相は $-45°$
- 🔴 $\omega \to +\infty$ のとき：大きさは 0 に収束，位相は $-90°$ に漸近

この様子を表したのが図 12.17 である[12]．「大きさ」は原点から $|G(j\omega)|$ の長さを，「位相」は実軸 (Re) とベクトルのなす角を表していることがわかる．実際のベクトル軌跡は図 12.18 となり，この軌跡は中心 $\left(\dfrac{K}{2}, 0\right)$ で半径 $\dfrac{K}{2}$ の円周上を動く[13]．

---

10) 講義 11 の【補足】を参照．
11) 大きさはゲイン（$20\log_{10}|G(j\omega)|$ [dB]）と違う．
12) 位相（偏角）のとり方は実軸（Re）の反時計回り方向を正の向きとする．
13) $G(j\omega) = \dfrac{K}{j\omega T + 1}$ を変形するとわかる．

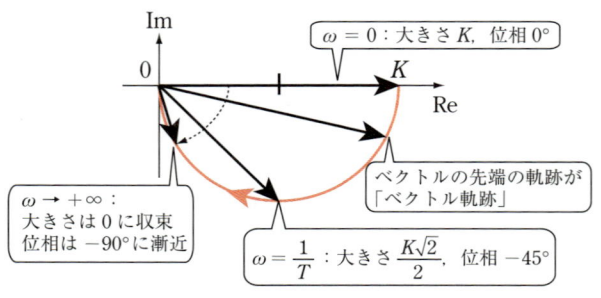

図 12.17　1 次遅れ系のベクトル軌跡の考え方

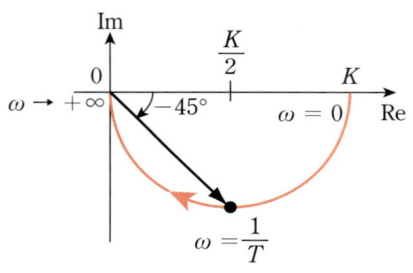

図 12.18　$G(s) = \dfrac{K}{Ts + 1}$ のベクトル軌跡

例12.4

　積分要素 $G(s) = \dfrac{1}{s}$ の周波数伝達関数，大きさ，位相（偏角）は，それぞれつぎで表される.

$$G(j\omega) = \frac{1}{j\omega} = -j\frac{1}{\omega} \tag{12.24}$$

$$|G(j\omega)| = \sqrt{\left(-\frac{1}{\omega}\right)^2} = \frac{1}{\omega}, \quad \angle G(j\omega) = \tan^{-1}\frac{-\dfrac{1}{\omega}}{0} = -90° \tag{12.25}$$

位相は常に $-90°$ となり，大きさはつぎで表される.

- 🔴　$\omega = 0$ のとき：大きさは無限大
- 🔴　$\omega = 1$ のとき：大きさは 1
- 🔴　$\omega \to +\infty$ のとき：大きさは 0 に収束

これより，積分要素 $G(s) = \dfrac{1}{s}$ のベクトル軌跡は図 12.19 となる．ここで，11.3.2 項に示した積分要素のボード線図とベクトル軌跡が対応していることがわかる（⬛➡図 11.5）．

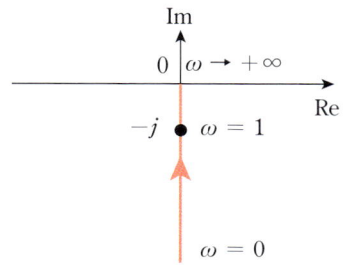

図 12.19　積分系のベクトル軌跡

これまでにシステムの伝達関数の周波数特性としてボード線図とベクトル軌跡による表現方法を説明したが，これらはつぎのようにまとめられる．

周波数特性のまとめ

伝達関数の一般形 (12.19) 式は，分母：s の n 次式，分子：s の m 次式となる．
角周波数 $\omega \rightarrow$ 大（$+\infty$）における周波数伝達関数の特徴はつぎとなる．

- 🔴　大きさ（$|\,G(j\omega)\,|$）：0 に収束
- 🔴　ゲイン（$20\log_{10}|\,G(j\omega)\,|$）：$-20 \times (n - m)$ [dB/dec] の傾きで減少
- 🔴　位相：$-90\,° \times (n - m)$ に漸近

2 次遅れ系や 1 次遅れ系＋積分要素（$G(s) = \dfrac{K}{s(T_1 s + 1)}$）は基本要素のかけ合わせであり，ボード線図（ゲインと位相）は基本要素の足し合わせで得られる．ベクトル軌跡は大きさに注意が必要となるが，位相は足し合わせであり，ボード線図の位相特性と同じである．

12

また，システムの種類と大きさ，ゲイン，位相特性，ならびにボード線図とベクトル軌跡をまとめると表 12.1 で表すことができる．

表 12.1　システムの周波数特性の特徴（$T_1 < T_2$ の場合）

システムの種類	$\omega \rightarrow$ 大 $(+\infty)$	ボード線図の概形	ベクトル軌跡の形
1 次遅れ系（要素） $\dfrac{K}{T_1 s + 1}$ 分母：1 次，分子：0 次	大きさ $\rightarrow 0$ ゲイン $\rightarrow -20$ dB/dec 位相 $\rightarrow -90°$		
2 次遅れ系（要素） $\dfrac{K}{(T_1 s + 1)(T_2 s + 1)}$ 分母：2 次，分子：0 次	大きさ $\rightarrow 0$ ゲイン $\rightarrow -40$ dB/dec 位相 $\rightarrow -180°$		
1 次遅れ系 + 積分要素 $\dfrac{K}{s(T_1 s + 1)}$ 分母：2 次，分子：0 次	大きさ $\rightarrow 0$ ゲイン $\rightarrow -40$ dB/dec 位相 $\rightarrow -180°$		
2 次遅れ系 + 積分要素 $\dfrac{K}{s(T_1 s + 1)(T_2 s + 1)}$ 分母：3 次，分子：0 次	大きさ $\rightarrow 0$ ゲイン $\rightarrow -60$ dB/dec 位相 $\rightarrow -270°$		

【講義 12 のまとめ】

- ボード線図の合成は基本的には足し合わせでよい．
- 2 次遅れ系などの高次系では入力より出力の振幅が大きくなる周波数帯域があり，共振と呼ばれる．
- 周波数伝達関数は $s = j\omega$ として求められ，複素数となる．ω を変化させた際の大きさと偏角（位相）をプロットしたものがベクトル軌跡である．

演習問題

(1) つぎの伝達関数を基本要素に分解し，ゲイン線図を折れ線近似で描け．

　i) $G(s) = \dfrac{20}{s + 2}$

　ii) $G(s) = \dfrac{10}{s(s + 1)}$

　iii) $G(s) = \dfrac{2s + 10}{(s + 1)(s + 10)}$

(2) ゲイン線図の折れ線近似が図 12.20 で与えられる場合の伝達関数を求めよ（位相特性は考えなくてよい）．

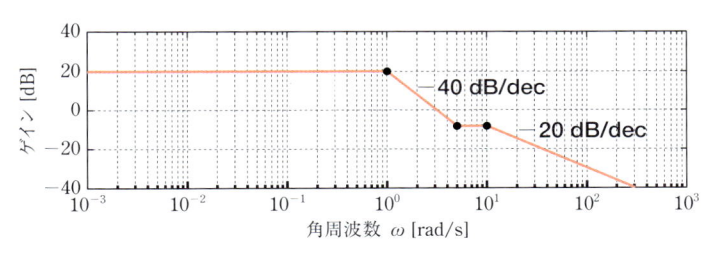

図 12.20　ゲイン線図の折れ線近似

(3) $G(s) = \dfrac{1}{s + 1}$ の周波数伝達関数とその大きさ，位相を求め，$\omega = 0, 1$ と $\omega \to +\infty$ の場合の大きさと位相を計算し，ベクトル軌跡を描け．

(4) つぎの伝達関数の周波数伝達関数と，その大きさと偏角を求めよ．さらに，ベクトル軌跡を描け．

　i) $G(s) = \dfrac{1}{2s + 1}$

　ii) $G(s) = \dfrac{2}{s + 1}$

　※ヒント：周波数伝達関数を $G(j\omega) = \mathrm{Re}[G(j\omega)] + j\,\mathrm{Im}[G(j\omega)]$ と表し，$x = \mathrm{Re}[G(j\omega)]$，$y = \mathrm{Im}[G(j\omega)]$ とおいて，x と y の式から ω を消去すればベクトル軌跡の形がわかる．

(5) 講義 11 の演習問題 (9)(10) に示した $G_1(s)$，$G_2(s)$ を用いて $G_3(s) = 10 \times G_1(s) \times G_2(s)$ とする．$G_3(s)$ のボード線図を図 12.21 に描け（折れ線近似でよい）．

12

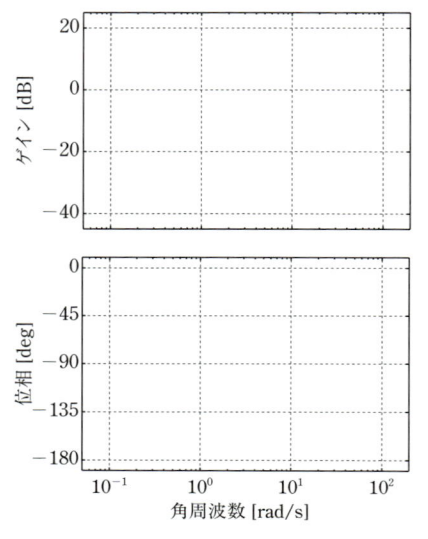

図 12.21　$G_3(s)$ のボード線図

(6) (5) の $G_3(s)$ のボード線図について，つぎの入力を加えた場合の定常状態における出力 $y_3(t) = B_3 \sin(\omega_3 t + \phi_3)$ を考える．

i)　入力 $u_3(t) = \sin 0.1t$ の場合の B_3, ω_3, ϕ_3 を求めよ．

ii)　入力 $u_3(t) = \sin 100t$ の場合の B_3, ω_3, ϕ_3 を求めよ．

(7) 図 12.22 に示す $G_4(s)$ のボード線図について，つぎの入力を加えた場合の定常状態における出力 $y_4(t) = B_4 \sin(\omega_4 t + \phi_4)$ を考える．

i)　入力 $u_4(t) = \sin 0.1t$ の場合の B_4, ω_4, ϕ_4 を求めよ．

ii)　入力 $u_4(t) = \sin 10t$ の場合の B_4, ω_4, ϕ_4 を求めよ．

(8) 講義 11 の演習問題 (9)(10) に示した伝達関数 $G_1(s)$，$G_2(s)$，講義 12 の演習問題 (6)(7) に示した伝達関数 $G_3(s)$，$G_4(s)$ に大きさ 1 のステップ入力を加えたところ，図 12.23 に示すステップ応答が得られた．図 A 〜 D はそれぞれどの伝達関数のステップ応答であるかを答えよ．

(9) $G(s) = \dfrac{1}{s(s+1)}$ の $|G(j\omega)|$ と $\angle G(j\omega)$ を求めよ．

(10) (9) に示した $G(s)$ において $\omega = 0, 1$ および $\omega \to \infty$ の場合の $\angle G(j\omega)$ を求め，ベクトル軌跡の概形を示せ．

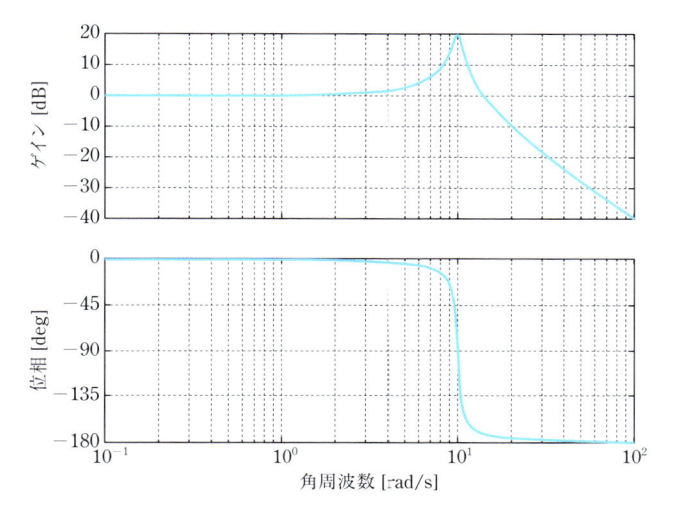

図 12.22　$G_4(s)$ のボード線図

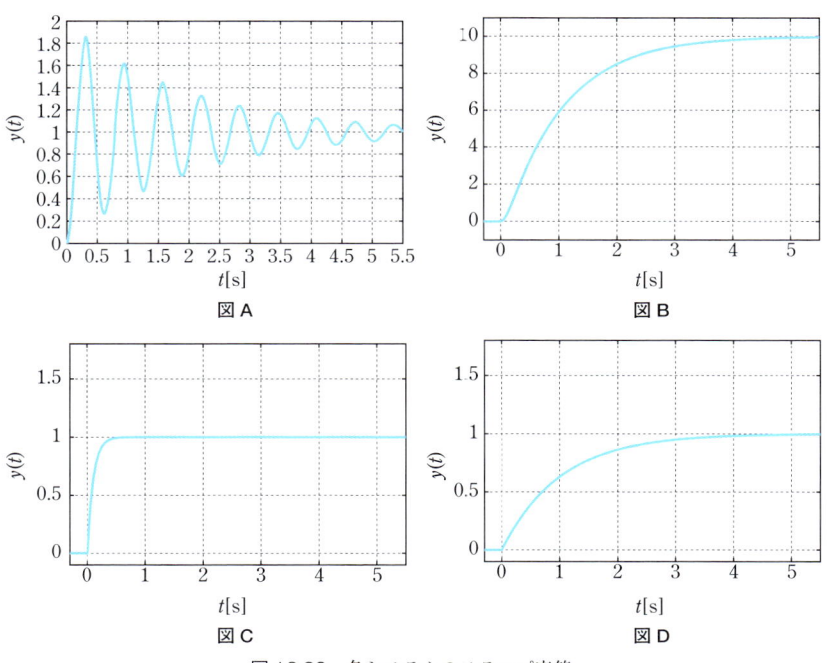

図 12.23　各システムのステップ応答

ナイキストの
安定判別法

講義 08 では，フィードバック制御系の安定性を考え，フィードバック制御系の安定性，つまり内部安定性の判定には (8.9)，(8.10) 式の 4 つの伝達関数の安定性を調べればよいことを説明した．また講義 07 では，伝達関数が安定であるとは，その「分母多項式」= 0 の根（すなわち極）の実部がすべて負であることを説明した．したがって，4 つの伝達関数の安定性を個々に確認することで，フィードバック制御系の安定性を判別することができる．しかしながら，本講では，ナイキストの安定判別法をとおして，フィードバック制御系の安定性を再度考える．ナイキストの安定判別法はフィードバック制御系が安定か，不安定かの判定を行うだけではなく，‘安定の度合い’を計る指標を与えてくれる点で重要である．

【講義 13 のポイント】

・ナイキストの安定判別法を理解しよう．

・ゲイン余裕，位相余裕を理解しよう．

・安定余裕と制御系の応答の関係について理解しよう．

⚙ 13.1　フィードバック制御系の安定性：安定余裕を考える

本講で目指すゴールを，例をとおして説明しよう．講義 06 や講義 09 で詳しく調べた 2 次遅れ系の伝達関数 $P(s)$ で表される制御対象にコントローラ $C(s)$ として **I 制御** [1] を適用した図 13.1 (a) のフィードバック制御系を考える．

$$P(s) = \frac{K\omega_n^2}{s^2 + 2\zeta\omega_n s + \omega_n^2} \tag{13.1}$$

$$C(s) = \frac{K_i}{s} \tag{13.2}$$

目標値 $R(s)$ から出力 $Y(s)$ までの伝達関数 $G_{yr}(s)$ は，(8.10) 式と同様に，つ

---

1) I 制御については，講義 09 を参照．

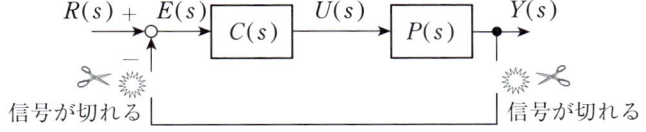

(a) フィードバック制御系

(b) 開ループ伝達関数 $L(s) = P(s)C(s)$

図 13.1　フィードバック制御系と開ループ伝達関数 $L(s) = P(s)C(s)$

ぎのように計算できる.

$$G_{yr}(s) = \frac{P(s)\,C(s)}{1 + P(s)\,C(s)} = \frac{\dfrac{K\omega_n^2}{s^2 + 2\zeta\omega_n s + \omega_n^2}\dfrac{K_i}{s}}{1 + \dfrac{K\omega_n^2}{s^2 + 2\zeta\omega_n s + \omega_n^2}\dfrac{K_i}{s}}$$

$$= \frac{K_i K\omega_n^2}{s^3 + 2\zeta\omega_n s^2 + \omega_n^2 s + K_i K\omega_n^2} \tag{13.3}$$

　いま，(13.1) 式において $K = 1$，$\omega_n = 10$，$\zeta = 0.5$ であるとしよう．ここでは，コントローラの設計パラメータである I ゲイン K_i の値による制御系の特性の違いについて調べよう.

　まず，$K_i = 1$ の場合を考える．$G_{yr}(s)$ の「分母多項式」$= 0$ の根（伝達関数の極）を求めると -1.1，$-4.4 \pm j8.4$ となる．極の実部はすべて負であり，$G_{yr}(s)$ は安定な伝達関数となる．また，$G_{yr}(s)$ のステップ応答は図 13.2 (a) となる．ここで，フィードバックループ[2] を切断して（図 13.1 (b)）得られる伝達関数 $L(s) = P(s)C(s)$ のボード線図を図 13.3 (a) に示す．$L(s)$ は（フィードバックループがない場合の伝達関数なので）**開ループ伝達関数**（open-loop transfer function）や開ループ特性と呼ばれるが，詳しくは 13.3 節以降で考える．ここでは，$L(s) = P(s)C(s)$ のボード線図が図 13.3 のようになると単純にとらえておけば充分である.

13

---

2) 図 13.1 (a) のフィードバック制御系において，観測信号 $y(t)$ をフィードバックしている（コントローラの入力側へ返している）信号線をフィードバックループと呼ぶ．フィードフォワード制御系 (➡講義 08) には，もちろんフィードバックループは存在しない.

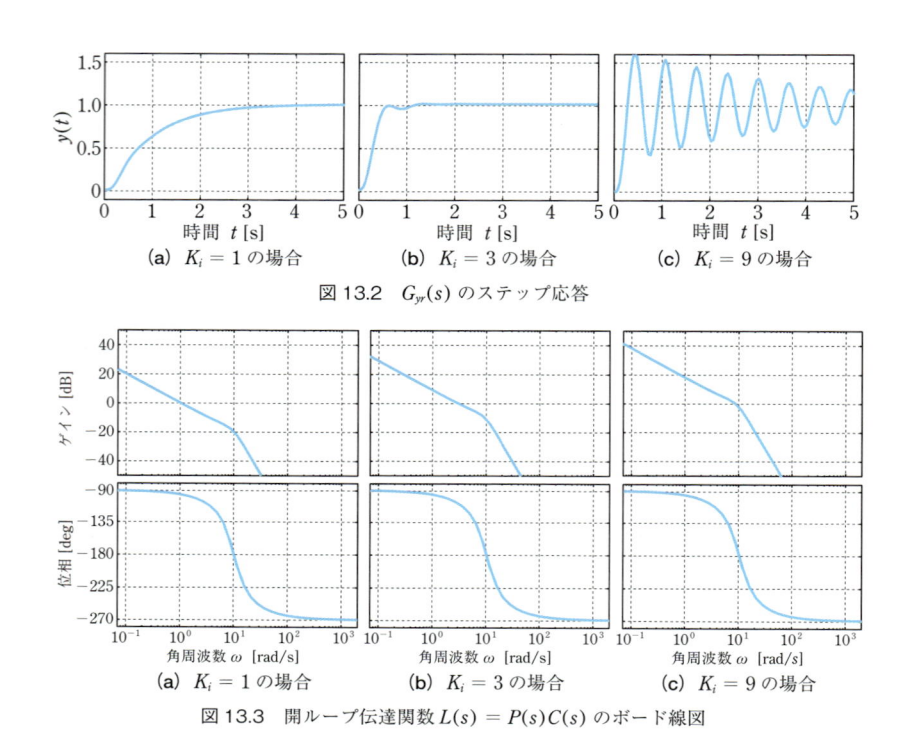

図 13.2　$G_{yr}(s)$ のステップ応答

図 13.3　開ループ伝達関数 $L(s) = P(s)C(s)$ のボード線図

　つぎに，$K_i = 3$ の場合を考える．$G_{yr}(s)$ の極を同様に求めると -3.9，$-3.0 \pm j8.2$ となり，この場合も $G_{yr}(s)$ は安定である．$G_{yr}(s)$ のステップ応答，$L(s)$ のボード線図は，それぞれ図 13.2 (b) と図 13.3 (b) となる．I ゲインを $K_i = 1$ から $K_i = 3$ にしても伝達関数 $G_{yr}(s)$ は安定となるが，それぞれのステップ応答（図 13.2 (a) と図 13.2 (b)）を比較すると，$K_i = 3$ とした場合の方が目標値への収束が早く，制御の性能がよいと判断できる[3]．

　最後に $K_i = 9$ の場合を考える．$G_{yr}(s)$ の極は -9.5，$-0.26 \pm j9.7$ となり，$G_{yr}(s)$ は安定である．しかしながら $G_{yr}(s)$ のステップ応答は図 13.2 (c) となり，極めて振動的な応答となる．仮にこの例がロボットアームの制御系設計を考えている場合[4]，$Y(s)$（すなわち $y(t)$）はアームの回転角となるので，このようにアームを振り回しているロボットのそばには怖くて近づけな

---

3) 応答の早さなどについては，つぎの講義 14 で詳しく考える．
4) このとき，(13.1) 式はロボットアームの関節に与えるトルクを入力 $U(s)$（すなわち $u(t)$），アームの回転角 $Y(s)$ を出力とするシステムの特性を表す伝達関数となる．

いだろう．つまり，$G_{yr}(s)$ が安定となるように設計パラメータ K_i を選べてい
たとしても，制御技術者はその値を再検討する必要がある．

　以上の例より，制御系が安定となるように設計パラメータを選んだとして
も，図 13.2 (c) のように，実用に耐えない応答となる場合がある．したがっ
て，安定か，不安定かの判定だけではなく，その設計パラメータによって制
御系が「充分に余裕をもって安定か」といった判定ができることが，制御系設
計では実用上重要になる．制御系が実用に耐えうる意味で安定になっている
場合，「安定余裕がある（大きい）」のようにしばしば表現される．また逆に，
図 13.2 (c) のような応答を示す制御系は，「安定余裕がない（小さい）」などと
表現される．

　実はこれから説明する 13.2 節以降の内容が理解できていれば，図 13.3 の
ボード線図を見ただけで，制御系が実用的な意味で安定かどうかを判定する
ことができる．つまり，図 13.3 (a)，(b) の場合は，これを見ただけで充分な
安定余裕を持っていると判定できるし，図 13.3 (c) の場合は，これを見ただ
けで実用には耐えない制御系になっていると判定できる．本講では，このよ
うな安定判別の技術を身につけよう．

⚙ 13.2 　フィードバック制御系の安定性：特性多項式

　システムの伝達関数 $G(s)$ は $G(s) = \dfrac{\text{分子多項式}}{\text{分母多項式}}$ のように表されることを
講義 07 で説明した．ここでは制御対象 $P(s)$，コントローラ $C(s)$ を表す伝達
関数の分子，分母の多項式をそれぞれ $N_p(s)$，$D_p(s)$，$N_c(s)$，$D_c(s)$ とおいて

$$P(s) = \frac{N_p(s)}{D_p(s)} = \frac{k_p(s - q_1^p) \cdots (s - q_{m_p}^p)}{(s - p_1^p) \cdots (s - p_{n_p}^p)} \tag{13.4}$$

$$C(s) = \frac{N_c(s)}{D_c(s)} = \frac{k_c(s - q_1^c) \cdots (s - q_{m_c}^c)}{(s - p_1^c) \cdots (s - p_{n_c}^c)} \tag{13.5}$$

と表されるとしよう．このとき，制御対象 $P(s)$ は厳密にプロパーであり，ま
たコントローラ $C(s)$ はプロパーであるとすると [5]，$m_p < n_p$，$m_c \leq n_c$ となる．

13

---

[5] これらは通常成立する条件である．ただし PD，PID 制御では成立しない．

[6] 伝達関数 $G(s)$ を $G(s) = \dfrac{(s+2)(s+3)}{(s+1)(s+2)}$ と書いたとき，これは既約な表現ではない．$G(s) = \dfrac{s+3}{s+1}$
　　は既約な表現である．つまり，分子と分母の共通因子は，すべて約分して消去しておくこと，と
　　約束する．

また $P(s)$ と $C(s)$ を表す伝達関数は，既約な表現になっていると仮定する [6]．

制御対象を $P(s) = \dfrac{1}{(s + 0.1)(s + 1)}$，コントローラを $C(s) = \dfrac{1}{s}$ とした場合，(13.4)，(13.5) 式で表現するとつぎで表される．

$$N_p(s) = 1 \quad (m_p = 0), \qquad D_p(s) = (s + 0.1)(s + 1) \quad (n_p = 2)$$
$$N_c(s) = 1 \quad (m_c = 0), \qquad D_c(s) = s \quad (n_c = 1)$$

講義 08 で説明したとおり，フィードバック制御系が内部安定であるとは，(8.9)，(8.10) 式の 4 つの伝達関数がすべて安定な場合である．4 つの伝達関数は (13.4)，(13.5) 式の $N_p(s)$，$D_p(s)$，$N_c(s)$，$D_c(s)$ を使って表現するとつぎのようになる．

$$G_{ur}(s) = \frac{D_p(s)\,N_c(s)}{N_p(s)\,N_c(s) + D_p(s)\,D_c(s)} \tag{13.6}$$

$$G_{ud}(s) = -\frac{N_p(s)\,N_c(s)}{N_p(s)\,N_c(s) + D_p(s)\,D_c(s)} \tag{13.7}$$

$$G_{yr}(s) = \frac{N_p(s)\,N_c(s)}{N_p(s)\,N_c(s) + D_p(s)\,D_c(s)} \tag{13.8}$$

$$G_{yd}(s) = \frac{N_p(s)\,D_c(s)}{N_p(s)\,N_c(s) + D_p(s)\,D_c(s)} \tag{13.9}$$

このとき，4 つの伝達関数の分母多項式はすべて同じで $N_p(s)N_c(s) + D_p(s)D_c(s)$ である．ここで，講義 07 で説明したとおり，

伝達関数が安定　⇔　「分母多項式」＝ 0 のすべての根の実部が負

であるので，$N_p(s)N_c(s) + D_p(s)D_c(s) = 0$ のすべての根の実部が負ならば，4 つの伝達関数が安定，つまりフィードバック制御系が内部安定となる．さらにこの逆（4 つの伝達関数が安定ならば，$N_p(s)N_c(s) + D_p(s)D_c(s) = 0$ のすべての根の実部が負になる）も示すことができて，

フィードバック制御系が内部安定（4 つの伝達関数が安定）

⇕

$N_p(s)N_c(s) + D_p(s)D_c(s) = 0$ **のすべての根の実部が負**

となる．$N_p(s)N_c(s) + D_p(s)D_c(s)$ は，フィードバック制御系の内部安定性を判定する重要な多項式で，**特性多項式**（characteristic polynomial）と呼ばれる．また「特性多項式」= 0 の根は，4 つの伝達関数の極を与えることから，**閉ループ極**（closed-loop pole）と呼ばれる．さらに実部が負の閉ループ極を**安定な閉ループ極**，そうではないものを**不安定な閉ループ極**と呼ぶ．

> **例13.2**
>
> 例 13.1 と同じ $P(s) = \dfrac{1}{(s + 0.1)(s + 1)}$，$C(s) = \dfrac{1}{s}$ を考える．特性多項式はつぎで表される．
>
> $$N_p(s)N_c(s) + D_p(s)D_c(s) = 1 \times 1 + (s + 0.1)(s + 1) \times s = s^3 + 1.1s^2 + 0.1s + 1$$
>
> 閉ループ極を数値計算により求めると -1.48，$0.19 \pm j0.8$ となる．実部が正の極が 2 つあるので，フィードバック制御系は内部安定ではない[7]．

⚙ 13.3　ナイキストの安定判別法：準備

(8.9)，(8.10) 式の 4 つの伝達関数の分母には，$1 + P(s)C(s)$ が共通に現れる．そこで，$1 + P(s)C(s)$ を 4 つの多項式 $N_p(s)$，$D_p(s)$，$N_c(s)$，$D_c(s)$ を使って表し，**ナイキストの安定判別法**（Nyquist stability criterion）を説明する．まず $1 + P(s)C(s)$ はつぎで表される．

$$1 + P(s)\,C(s) = 1 + \frac{N_p(s)}{D_p(s)}\,\frac{N_c(s)}{D_c(s)} = \frac{N_p(s)\,N_c(s) + D_p(s)\,D_c(s)}{D_p(s)\,D_c(s)}$$

$$\tag{13.10}$$

$1 + P(s)C(s)$ の分子は，特性多項式そのものになる．一方，分母は，図 13.1 (b) に示す開ループ伝達関数 $L(s) = P(s)C(s)$ を $\dfrac{N_p(s)}{D_p(s)}\,\dfrac{N_c(s)}{D_c(s)}$ と表した場合の分母 $D_p(s)D_c(s)$ と同じになっている．そこで $D_p(s)D_c(s) = 0$ の根を，**開ループ極**（open-loop pole）と呼ぶことにする[8]．開ループ極のうち，実部が負のものを安定，そうではないものを不安定と呼ぶことも，閉ループ

---

7) 制御対象 $P(s)$ 自体は安定であったが，これに $C(s) = \dfrac{1}{s}$ をコントローラとして適用したところ，不安定な制御系ができた，という例になっている．

8) 制御対象の分母多項式（分子多項式）とコントローラの分子多項式（分母多項式）に共通因子があり，これらが打ち消し合うことを**極零相殺**と呼ぶ．極零相殺がない場合には，開ループ伝達関数 $L(s) = P(s)C(s)$ の極と $D_p(s)D_c(s) = 0$ の根（開ループ極）が一致する．

極の場合と同じである.

例13.3

例 13.1, 13.2 の $P(s) = \dfrac{1}{(s + 0.1)(s + 1)}$ と $C(s) = \dfrac{1}{s}$ をもう一度考える. $D_p(s)D_c(s) = (s + 0.1)(s + 1) \times s$ であり,開ループ極は -1, -0.1, 0 となる.

安定判別の目的の1つは,フィードバック制御系が内部安定かどうか,つまり不安定な閉ループ極があるかどうか,あるとすればその個数 Z を知りたいということである[9].

一方,制御系の特性を調べる,あるいはコントローラ $C(s)$ を設計するにあたっては,講義 02 や講義 03 で考えたように,制御対象の特性をよく調べ,これを表現する数学モデルを導き出すことが必要となる.したがって制御技術者は,伝達関数 $P(s)$,つまり多項式 $N_p(s)$,$D_p(s)$ の次数や極,零点などをよく知っている.また $C(s)$ は,制御技術者が設計した,あるいはこれから設計するものであり,これもまた当然よく知っている.つまり制御技術者は,多項式 $D_p(s)D_c(s)$ の具体的な形も,開ループ極に含まれる不安定な極の数 P もよく知っている[10].

まとめると,制御技術者の置かれた状況はつぎとなる.

- 🔴 知っている:開ループ極のうち,不安定なものの個数 P
- 🔴 **知りたい** :閉ループ極のうち,不安定なものの個数 Z

ナイキストの安定判別法は,不安定な開ループ極の個数 P を知っているとしたうえで,不安定な閉ループ極の個数 Z を知る方法である. また 13.1 節でふれたように,安定(つまり $Z = 0$)か,不安定(つまり $Z \geq 1$)かの判定だけではなく,13.6 節で考えるように,「安定余裕」を計る指標を与えることもできる.

---

9) (13.10) 式の分子を零(zero)にする点なので Z で表すことにする.
10) (13.10) 式の分母が零になる極(pole)を考えているので,$P(s)$ と混同しそうで紛らわしいかも知れないがあえて,P で表す.

⚙ 13.4 ナイキストの安定判別法：使い方

　ここでははじめに，ナイキストの安定判別法の使い方を説明する．ナイキストの安定判別法がどのような手順によるものかを理解していた方が，導出過程の理解も助けると考え，導出については付録にまとめた．ナイキストの安定判別法が使いこなせるようになったら，ぜひその導出手順も理解してもらいたい．

　ナイキストの安定判別法の手順は，つぎにまとめることができる．ただしここでは，開ループ伝達関数 $L(s) = P(s)C(s)$ が，虚軸上に極を持たないとする[11]．

ナイキストの安定判別法

手順1　$D_p(s)D_c(s) = 0$ の根（開ループ極）のうち，不安定な開ループ極の個数 P を数える．

手順2　開ループ伝達関数のベクトル軌跡 $L(j\omega)$ を描く（ω は 0 から $+\infty$ の範囲）[12]．

手順3　手順2での軌跡と実軸対称な軌跡を描く（$L(j\omega)$ を ω を $-\infty$ から 0 の範囲で描いたことに相当）．これとベクトル軌跡を合わせてナイキスト軌跡（Nyquist plot）と呼ぶ[13]．

手順4　ナイキスト軌跡が点 $-1 + j0$ の周りを時計回りに回転する回数 N を数える．ただし，反時計回りの回転は負の数として数える．

手順5　$N = Z - P$ であり，フィードバック制御系は Z 個の不安定な極を持つ．$Z = 0$ ならばフィードバック制御系は内部安定である．

　つぎの例により，ナイキストの安定判別法の手順を理解しよう．

---

11) 開ループ伝達関数 $L(s)$ が虚軸上に極を持つ場合については，「付録 ナイキストの安定判別法の導出」の末に示す補足を参照．

12) 実際には，充分大きな ω_h を選んで 0 から ω_h の範囲で描けばよい．$L(s)$ は厳密にプロパーであるから（なぜでしょう），ω_h を充分に大きくすると $L(j\omega_h) \to 0$ となる．

13) $L(j(-\omega)) = L(-j\omega)$ は，$L(j\omega)$ の共役複素数になる，つまり $L(-j\omega) = \overline{L(j\omega)}$（理由を考えてみよう）．したがって，$L(j\omega)$，$\omega > 0$ の軌跡を実軸に関して反転させると $L(j\omega)$，$\omega < 0$ の軌跡が描かれる．

制御対象 $P(s) = \dfrac{1}{s+1}$ とコントローラ $C(s) = 1$ からなるフィードバック制御系を考える．$D_p(s)D_c(s) = (s+1) \times 1$ より，不安定な開ループ極はないので $P = 0$ である．

開ループ伝達関数 $L(s) = P(s)\,C(s) = \dfrac{1}{s+1} \times 1 = \dfrac{1}{s+1}$ のベクトル軌跡は，図 12.18 で $K = 1$，$T = 1$ とした場合あるいは講義 12 の演習問題 (3) と同じであり，図 13.4 の実線となる．これを実軸に関して反転させると図 13.4 の破線となり，両者を合わせてナイキスト軌跡が得られる [14]．

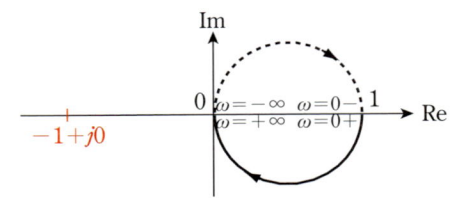

図 13.4　$L(s) = P(s)\,C(s) = \dfrac{1}{s+1}$ のナイキスト軌跡

ナイキスト軌跡が点 $-1+j0$ を回る回数は $N = 0$ であり，$N = Z - P$ より $Z = 0$，すなわち不安定な閉ループ極はない．したがって，フィードバック制御系は内部安定である．　❀

制御対象 $P(s) = \dfrac{1}{(s+1)^2}$ とコントローラ $C(s) = \dfrac{K}{s+0.1}$ からなるフィードバック制御系を考える．$D_p(s)D_c(s) = (s+1)^2 \times (s+0.1)$ より，不安定な開ループ極はないので $P = 0$ となる．

開ループ伝達関数 $L(s) = P(s)\,C(s) = \dfrac{1}{(s+1)^2} \times \dfrac{K}{s+0.1} = \dfrac{K}{(s+0.1)(s+1)^2}$ のナイキスト軌跡を $K = 1$，2.4，3 のそれぞれの場合について図 13.5 に示す．また図 13.6 は，図 13.5 を点 $-1+j0$ 付近で拡大したものである．

$K = 1$ の場合，図 13.5 (a)，13.6 (a) より，ナイキスト軌跡が点 $-1+j0$ を回る回数は $N = 0$ である．したがって $N = Z - P$ より $Z = 0$ となるので，フィードバック制御系は内部安定である．このとき，図 13.1 (a) の目標値 $R(s)$ から出力 $Y(s)$ までの伝達関数 $G_{yr}(s)$ はもちろん安定となり，ステップ応答は図 13.7 (a) に示すように速やかに収束する．

$K = 3$ の場合は，図 13.5 (c)，13.6 (c) より，ω が 0 から $+\infty$ の範囲でナイキスト

---

14)　図中では 0 から $+\infty$ の範囲と $-\infty$ から 0 の範囲を区別するために 0 を 0+，0− と記載している．

軌跡が点 $-1+j0$ を時計回りに 1 回転している。同様に ω が $-\infty$ から 0 の範囲でも 1 回転するので，合計 2 回転となる。よって $N = 2$，$P = 0$ より $Z = 2$ となり，フィードバック制御系は不安定な閉ループ極を 2 つ持つ。フィードバック制御系が不安定であるため，図 13.7 (c) に示すとおりステップ応答は発散する。

　最後に，$K = 2.4$ の場合を考えよう。この場合はナイキスト軌跡が点 $-1+j0$ を回るか回らないかの境目となっており，いわば安定限界と呼べるような状況となっている。対応する図 13.7 (b) では，振動の続く実用的ではないステップ応答を確認できる。

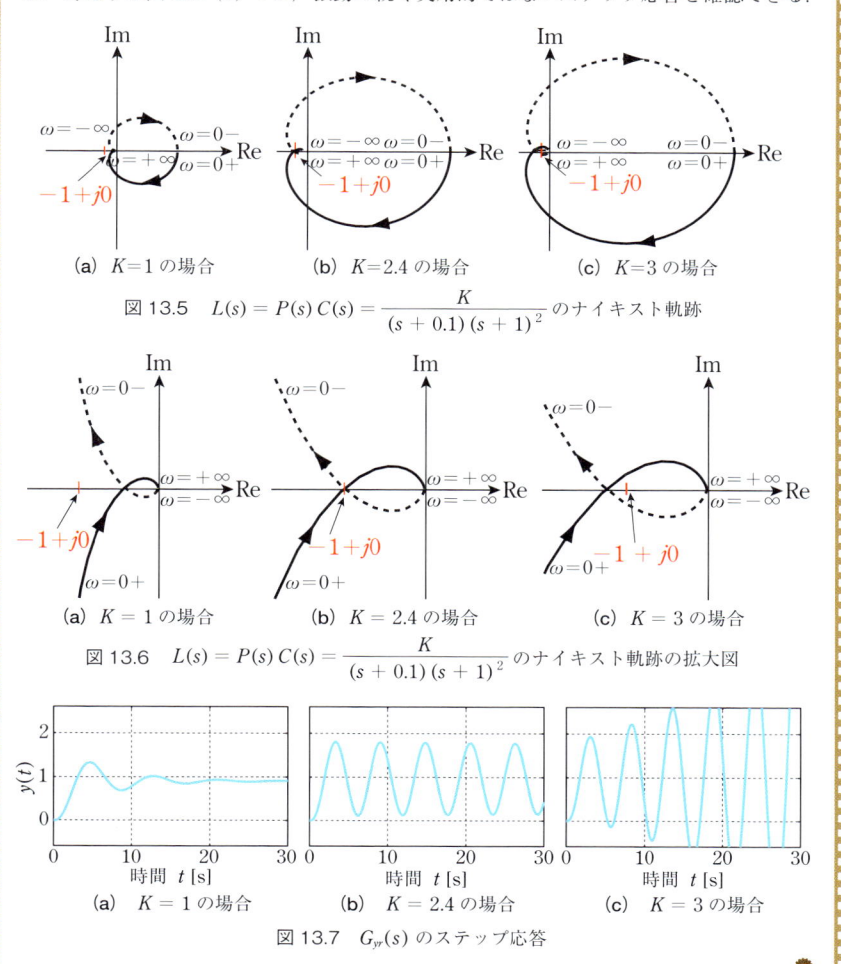

(a) $K=1$ の場合　　(b) $K=2.4$ の場合　　(c) $K=3$ の場合

図 13.5　$L(s) = P(s)\,C(s) = \dfrac{K}{(s + 0.1)\,(s + 1)^2}$ のナイキスト軌跡

(a) $K = 1$ の場合　　(b) $K = 2.4$ の場合　　(c) $K = 3$ の場合

図 13.6　$L(s) = P(s)\,C(s) = \dfrac{K}{(s + 0.1)\,(s + 1)^2}$ のナイキスト軌跡の拡大図

(a) $K = 1$ の場合　　(b) $K = 2.4$ の場合　　(c) $K = 3$ の場合

図 13.7　$G_{yr}(s)$ のステップ応答

✿ 13.5　簡略化されたナイキストの安定判別法

　制御技術者が取り扱う実際の制御問題では，安定な制御対象に安定なコントローラを適用する場合が非常に多い[15]．この場合，不安定な開ループ極が存在せず $P = 0$ となり，これから説明する簡略化されたナイキストの安定判別法が適用できる．

　また，制御対象 $P(s)$ が積分要素 $\dfrac{1}{s}$ を含む，あるいはコントローラ $C(s)$ に I 制御を含めることが，実際の制御系設計では頻繁に起こる[16]．このとき，開ループ極に積分要素 $\dfrac{1}{s}$ に対応する $s = 0$ の極が 1 つのみ存在し，他がすべて安定な極であれば，簡略化されたナイキストの安定判別法が適用できる．さらに，簡略化されたナイキストの安定判別法は，**位相余裕**，**ゲイン余裕**という「安定余裕」を計る指標を与えてくれる点でも重要である．

　開ループ極がすべて安定，あるいは $s = 0$ の極を 1 つだけ持ち，他はすべて安定な場合を考える．たとえば，例 13.1，13.4，13.5 は，この場合に相当している．

　図 13.4，13.6(a) のナイキスト軌跡を見ると，ω を 0+ から $+\infty$ へ変化させた際のベクトル軌跡が，点 $-1 + j0$ を常に左手に見ながら原点へ収束すれば[17]，点 $-1 + j0$ の周りを回ることはない．よってこの場合，フィードバッ

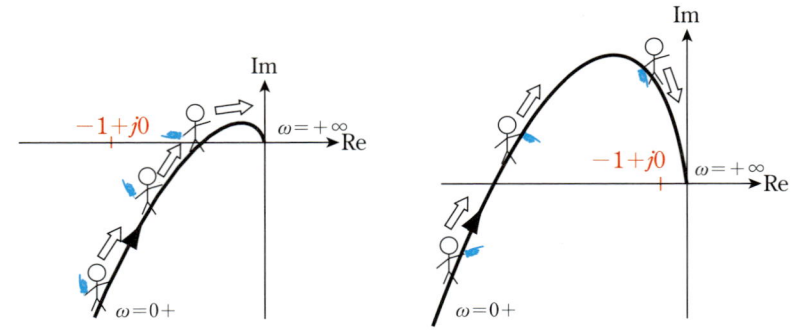

(a) ベクトル軌跡上を進むと，点 $-1+j0$ が常に左手に見えるので**安定**.　　(b) ベクトル軌跡上を進むと，点 $-1+j0$ が右手に見えることがあるので**不安定**.

図 13.8　簡略化されたナイキストの安定判別法

---

15) この場合でもフィードバック制御系が不安定になりえることは，例 8.3 で見たとおりであり，安定性の判定はもちろん必要である．
16) I 制御については，講義 09 を参照．また，I 制御の必要性については，講義 10 を参照．
17) ベクトル軌跡の上を歩いている気分になって，点 $-1 + j0$ を眺めてみよう．

ク制御系は内部安定となる．逆に，点 $-1 + j0$ を右手に眺めることがあれば（たとえば図 13.6 (c) の場合），回転が生じるので，不安定な極が存在する．これらの状況は図 13.8 に要約される．

図 13.8 の状況を，簡略化されたナイキストの安定判別法としてまとめる．

簡略化されたナイキストの安定判別法

手順 1 $D_p(s)D_c(s) = 0$ の根（開ループ極）に不安定なものがないこと，あるいは $s = 0$ の極が 1 つだけで，他はすべて安定な極であることを確認する．

手順 2 開ループ伝達関数のベクトル軌跡 $L(j\omega)$ を描く（ω を 0+ から $+\infty$ まで変化させる）．

手順 3 ベクトル軌跡が，点 $-1 + j0$ を常に左手に見て原点へ収束すれば，フィードバック制御系は内部安定，そうでなければ不安定となる．

例13.6

例 13.1，13.2，13.3 で考えた $P(s) = \dfrac{1}{(s + 0.1)(s + 1)}$ と $C(s) = \dfrac{1}{s}$ からなるフィードバック制御系を考える．例 13.3 より，$D_p(s)D_c(s)$ は，$s = 0$ の開ループ極を 1 つ持ち，他の 2 つは安定である．したがって簡略化されたナイキストの安定判別法が適用できる．

開ループ伝達関数 $L(s) = P(s)\,C(s) = \dfrac{1}{(s + 0.1)(s + 1)} \times \dfrac{1}{s} = \dfrac{1}{s(s + 0.1)(s + 1)}$ のベクトル軌跡を描くと，図 13.9 (a) となる．

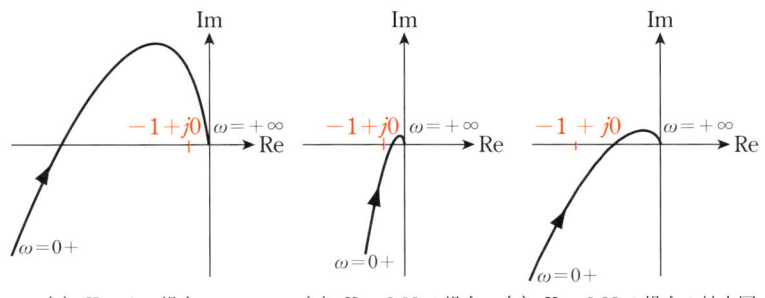

(a) $K = 1$ の場合　　(b) $K = 0.08$ の場合　　(c) $K = 0.08$ の場合の拡大図

図 13.9　$L(s) = P(s)\,C(s) = \dfrac{K}{s(s + 0.1)(s + 1)}$ のベクトル軌跡

ベクトル軌跡は点 $-1 + j0$ を右手に見て原点へと収束していく．したがって，フィードバック制御系は内部安定ではない．これは，例 13.2 で特性多項式の根を求めた結果ともちろん一致する．

例13.7

例 13.6 で，コントローラ $C(s)$ を $C(s) = \dfrac{0.08}{s}$ に変更した場合を考える．開ループ極は，例 13.6 の場合から変わらない．

開ループ伝達関数 $L(s) = P(s)\,C(s) = \dfrac{0.08}{s(s + 0.1)\,(s + 1)}$ のベクトル軌跡を描くと図 13.9 (b) となる．また，点 $-1 + j0$ の近傍を拡大したものを図 13.9 (c) に示す．このとき，ベクトル軌跡は点 $-1 + j0$ を常に左手に見て原点へと収束していく．よってこの場合，フィードバック制御系は内部安定である．

⚙ 13.6　安定余裕：位相余裕とゲイン余裕

図 13.8 と図 13.9 から，つぎのことがわかる．

> 開ループ伝達関数 $L(s)$ のベクトル軌跡が，点 $-1 + j0$ を常に左手に見て，かつ点 $-1 + j0$ との距離を充分に保ったうえで原点へ収束すれば，フィードバック制御系は充分な安定余裕を持つ．

たとえば，図 13.6 (a) や図 13.9 (c) は安定なフィードバック制御系を構成する開ループ伝達関数 $L(s)$ のベクトル軌跡を表している．逆に，開ループ伝達関数 $L(s)$ のベクトル軌跡が，点 $-1 + j0$ に近づけば，フィードバック制御系の安定性は損なわれていく．たとえば，図 13.6 (b) がその状況にある．また，開ループ伝達関数 $L(s)$ のベクトル軌跡が，ついに点 $-1 + j0$ を越えて，これを右手に見るようになると，フィードバック制御系は不安定になる．たとえば，図 13.6 (c) や図 13.9 (a) が，不安定な状況を表している．したがって，開ループ伝達関数 $L(s)$ のベクトル軌跡と点 $-1 + j0$ との距離を計る指標が，フィードバック制御系の安定余裕を計る指標となることがわかる．それではつぎに，このような指標として，位相余裕，ゲイン余裕を説明しよう．

開ループ伝達関数 $L(s) = P(s)C(s)$ のベクトル軌跡（図 13.10 (a)）とボード線図（図 13.10 (b)）を考えよう．はじめに，**ゲイン交差周波数**（gain crossover frequency） ω_{gc} と**位相交差周波数**（phase crossover frequency） ω_{pc} を定義する．

- 🟠 **ゲイン交差周波数** ω_{gc} ：$|L(j\omega_{\mathrm{gc}})| = 1$ となる角周波数 ω
- 🟠 **位相交差周波数** ω_{pc} ：$\angle L(j\omega_{\mathrm{pc}}) = -180°$ となる角周波数 ω

ゲイン交差周波数 ω_{gc} は，低周波数帯域（ω が小さい範囲）では大きかった $|L(j\omega)|$ の値が，角周波数が高くなる（ω が大きくなる）につれてだんだんと小さくなり，ちょうど $|L(j\omega_{\mathrm{gc}})| = 1$ となる角周波数である．図 13.10 (a) において，破線は原点を中心とした半径 1 の単位円の一部である．したがって，開ループ伝達関数 $L(s) = P(s)C(s)$ のベクトル軌跡とこの単位円は，ゲイン交差周波数 ω_{gc} で交差する [18]．一方，図 13.10 (b) の**ボード線図では，$20 \log_{10} |L(j\omega_{\mathrm{gc}})| = 20 \log_{10} 1 = 0$ dB から，ゲイン線図が 0 dB の軸と交差する点がゲイン交差周波数 ω_{gc} を与える**．

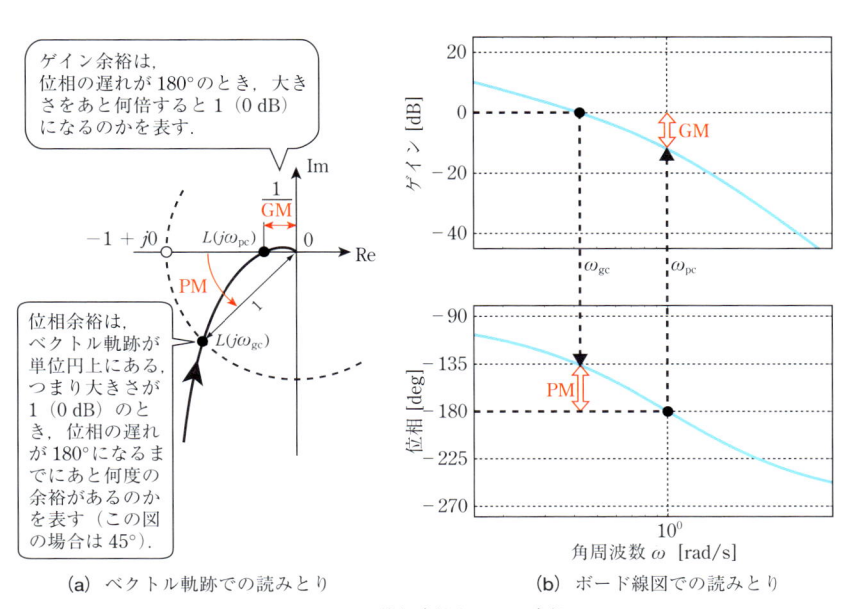

(a) ベクトル軌跡での読みとり　　　(b) ボード線図での読みとり

図 13.10　位相余裕とゲイン余裕

---

18) $|L(j\omega)|$ は原点と点 $L(j\omega)$ の距離を表していることを思い出そう．

同様に，位相交差周波数 ω_{pc} を考えよう．位相交差周波数 ω_{pc} は，低周波数帯域では小さかった位相の遅れ $\angle L(j\omega)$ が，角周波数が高くなるにつれてだんだんと大きくなり，ちょうど $\angle L(j\omega_{pc}) = -180°$ となる角周波数である．図 13.10 (a) のベクトル軌跡では，開ループ伝達関数 $L(s) = P(s)C(s)$ のベクトル軌跡と実軸が位相交差周波数 ω_{pc} で交差する．また図 13.10 (b) の**ボード線図では，$\angle L(j\omega_{pc}) = -180°$ から位相交差周波数 ω_{pc} を読みとることができる**．

　ゲイン交差周波数 ω_{gc} では，$|L(j\omega_{gc})| = 1$ となっている．したがって，もし開ループ伝達関数 $L(s) = P(s)C(s)$ の位相 $\angle L(j\omega)$ が，図 13.10 (a) に示す角度 PM の大きさ以上にさらに遅れると，ベクトル軌跡が点 $-1 + j0$ を右手に見るようになる．つまり，フィードバック制御系は不安定となる．逆にいうと，大きな PM を持つ開ループ伝達関数 $L(s) = P(s)C(s)$ ならば，そのベクトル軌跡は点 $-1 + j0$ から充分な距離を保ったまま原点へと収束し，実用的にも安定なフィードバック制御系が得られる．ここで，角度の大きさ PM はつぎで表される．

$$\text{PM} = 180° + \angle L(j\omega_{gc}) \quad [°] \tag{13.11}$$

　また図 13.10 (b) のボード線図では，ゲイン交差周波数 ω_{gc} の位置に定規をあてて縦の線を書き込むことで，PM の値を読みとることができる．PM は，フィードバック制御系がどれくらいの余裕をもって安定かという指標を与えてくれる大切な値で**位相余裕**（phase margin）と呼ばれる．ベクトル軌跡（図 13.10 (a)），ボード線図（図 13.10 (b)）の双方から，位相余裕 PM を読みとれることはとても大切である．

　安定余裕を計るもう 1 つの指標として，**ゲイン余裕**（gain margin）GM を考えよう．位相交差周波数 ω_{pc} では，$\angle L(j\omega_{pc}) = -180°$ となっている．ゲイン余裕 GM は，

$$\text{GM} = \frac{1}{|L(j\omega_{pc})|} \tag{13.12}$$

と定義される．図 13.10 (a) のベクトル軌跡では，$|L(j\omega_{pc})|$ の逆数としてゲ

イン余裕 GM を読みとることができる．では，ゲイン余裕 GM の値の意味を考えてみよう．

いま，開ループ伝達関数 $L(s) = P(s)C(s)$ に定数 GM をかけた新しい開ループ伝達関数 $GM \times L(s)$ を考えよう．$\angle (GM \times L(j\omega_{pc})) = \angle GM + \angle L(j\omega_{pc}) = 0° - 180°$ であり，$|GM \times L(j\omega_{pc})| = |GM| \times |L(j\omega_{pc})| = \dfrac{1}{|L(j\omega_{pc})|} \times |L(j\omega_{pc})|$ $= 1$ であるから，$GM \times L(s)$ のベクトル軌跡は点 $-1 + j0$ を通過する．$L(s)$ の大きさを GM 以上に大きくした開ループ伝達関数の場合，フィードバック制御系は不安定となる．したがって，ゲイン余裕 GM は，開ループ伝達関数 $L(s) = P(s)C(s)$ の大きさをどこまで大きくしてもフィードバック制御系の安定性が保持されるかの指標となっている．

また，開ループ伝達関数 $L(s) = P(s)C(s)$ が大きなゲイン余裕 GM を持つならば，そのベクトル軌跡は点 $-1 + j0$ から充分な距離を保ったまま原点へと収束し，実用的にも安定な制御系が得られる．ボード線図（図 13.10 (b)）では，位相交差周波数 ω_{pc} の位置に定規をあて縦の線を書き込めば，デシベル値でのゲイン余裕 GM [dB] を読みとることができる [19]．位相余裕 PM と同様，ベクトル軌跡（図 13.10 (a)），ボード線図（図 13.10 (b)）の双方からゲイン余裕 GM を読みとれることはとても大切である．

例13.8

制御対象 $P(s) = \dfrac{1}{(s+1)^2}$ とコントローラ $C(s) = \dfrac{0.5}{s}$ からなるフィードバック制御系を考える．$D_p(s)D_c(s) = (s+1)^2 \times s$ より，簡略化されたナイキストの安定判別法が適用できる．

開ループ伝達関数 $L(s) = P(s)C(s) = \dfrac{1}{(s+1)^2} \times \dfrac{0.5}{s}$ のベクトル軌跡を図 13.11 (a) に，ボード線図を図 13.11 (b) に示す．ベクトル軌跡には，原点を中心とした半径 1 の単位円を破線で，また，ボード線図には，ゲイン交差周波数 ω_{gc}，位相交差周波数 ω_{pc} の点で破線をそれぞれ描き加えている．

図 13.11 のベクトル軌跡とボード線図の双方から，この制御系の位相余裕が PM $= 45°$ 程度，ゲイン余裕が GM $= 12\,\mathrm{dB}$（$= 20 \log_{10} \dfrac{1}{0.25}$）程度と読みとることができる．すなわちゲイン余裕は GM $= \dfrac{1}{0.25} = 4$，デシベル値では GM $= 12\,\mathrm{dB}$ となる．

---

19) ゲイン余裕は通常デシベル値で表現することが多い．

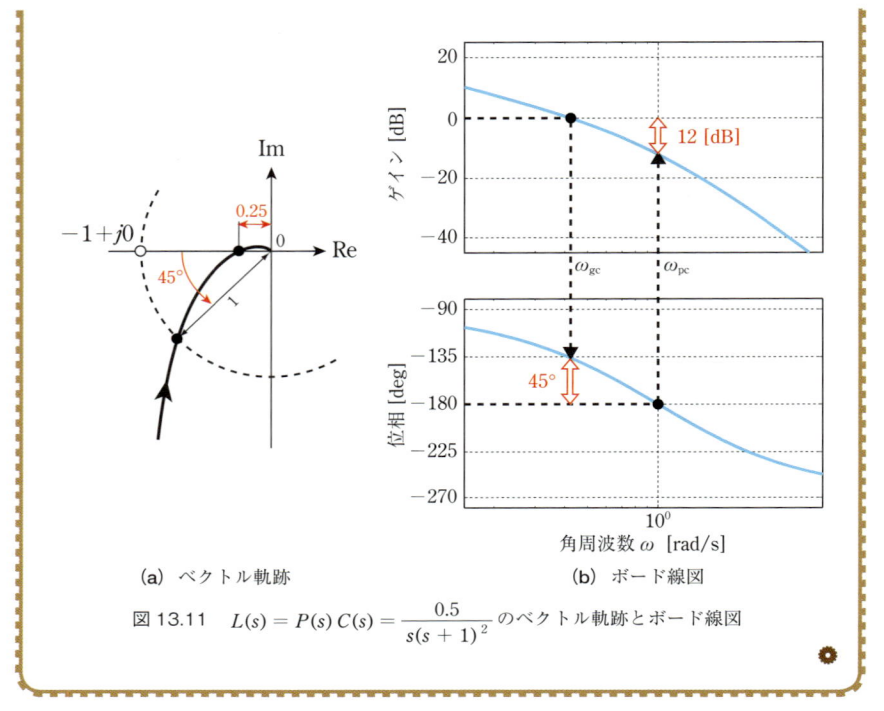

(a) ベクトル軌跡　　　　**(b)** ボード線図

図 13.11　$L(s) = P(s)\,C(s) = \dfrac{0.5}{s(s+1)^2}$ のベクトル軌跡とボード線図

例13.9

　例 13.5 の制御対象 $P(s) = \dfrac{1}{(s+1)^2}$ とコントローラ $C(s) = \dfrac{K}{s+0.1}$ を再度考えよう．図 13.5, 13.6 の場合と同様に，$K = 1,\ 2.4,\ 3$ それぞれの場合のボード線図を図 13.12 に示す．$K = 1$ の場合は，PM $= 30\,°$程度の位相余裕があること，$K = 2.4$ の場合は，位相余裕 PM がほとんどなく，いわば安定限界と呼べるような状況になっていること，そして $K = 3$ の場合は，ゲイン交差周波数 ω_{gc} での位相 $\angle L(j\omega_{\mathrm{gc}})$ が 180 °以上遅れており，不安定な制御系になっていることをそれぞれ読みとることができる．もちろんこれらは，図 13.6 から読みとることができる状況とまったく同じである．図 13.6 に示すようなベクトル軌跡（ナイキスト軌跡）や図 13.12 に示すようなボード線図の双方から，位相余裕 PM を読みとることができるのは，とても大切である．

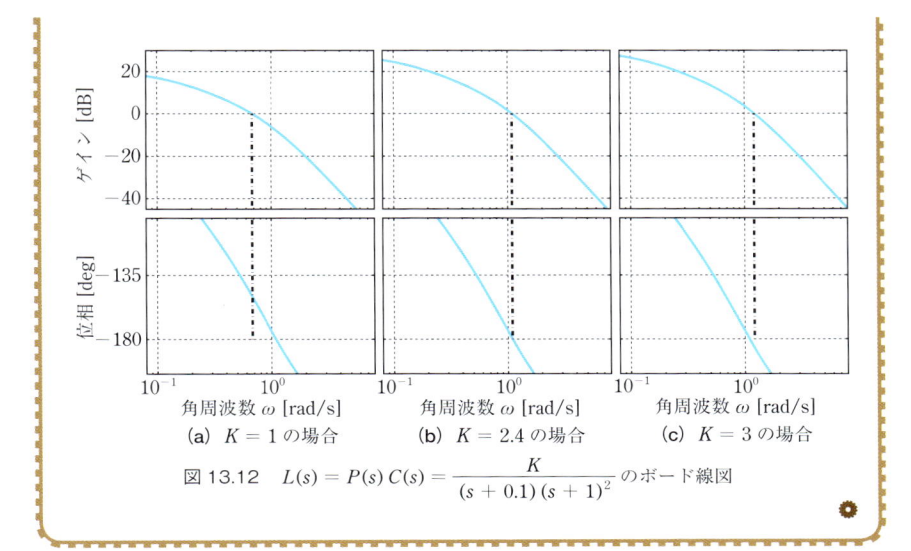

(a) $K = 1$ の場合 　(b) $K = 2.4$ の場合 　(c) $K = 3$ の場合

図 13.12 　$L(s) = P(s)\,C(s) = \dfrac{K}{(s + 0.1)\,(s + 1)^2}$ のボード線図

ボード線図を見ただけで安定判別ができる

　この章のまとめとして，13.1 節の例を振り返ろう．13.1 節の最後に述べたように，図 13.3 のボード線図を見ただけで，フィードバック制御系の安定性を判別できるようになったであろうか？　図 13.3 のボード線図で，図 13.11 (b) と同様に，ゲイン交差周波数 ω_{gc} のところに定規をあてて，縦の線を描き入れてみよう．これだけで，$K_i = 1, 3$ の場合は，それぞれ 80 °，70 °程度の位相余裕 PM を持っていると読みとることができる．一方 $K_i = 9$ の場合には，位相余裕 PM がほとんどないことがすぐに読みとれる．これが 13.1 節の最後で，図 13.3 のボード線図を見ただけで安定判別ができると述べた理由である．

13

演習問題

(1) 図 8.2 のフィーバック制御系の内部安定性を考える．つぎの問いに答えよ．

 i) 内部安定性の定義を簡潔に説明せよ．

 ii) $P(s) = \dfrac{s + 2}{(s + 1)(s + 3)}$, $C(s) = \dfrac{(s + 1)(s + 6)}{s}$ とする．このフィードバック制御系の特性多項式 $\phi(s)$ を求めよ．

 iii) このフィードバック制御系の内部安定性を判定せよ．

(2) 図 13.1 (a) のフィードバック制御系の内部安定性を考える．ただし，$P(s) = \dfrac{1}{(s + 1)^2}$, $C_2(s) = \dfrac{1}{s}$ とする．つぎの問いに答えよ．

 i) 伝達関数 $\dfrac{1}{s + 1}$ のベクトル軌跡を図 13.13 (a) に描け．

 ii) $C_2(s)$ のベクトル軌跡を図 13.13 (b) に描け．

 iii) 開ループ伝達関数 $L_2(s) = P(s)C_2(s)$ の $|L_2(j\omega)|$, $\angle L_2(j\omega)$ を求めよ．

 iv) $|L_2(j0)|$, $\angle L_2(j0)$ を求めよ．

 v) $\displaystyle\lim_{\omega \to \infty} |L_2(j\omega)|$, $\displaystyle\lim_{\omega \to \infty} \angle L_2(j\omega)$ を求めよ．

 vi) 図 13.14 のうち，開ループ伝達関数 $L_2(s)$ のベクトル軌跡を示しているのはどれかを答えよ．

vii) ナイキストの安定判別法により，このフィードバック制御系の内部
安定性を判定せよ．

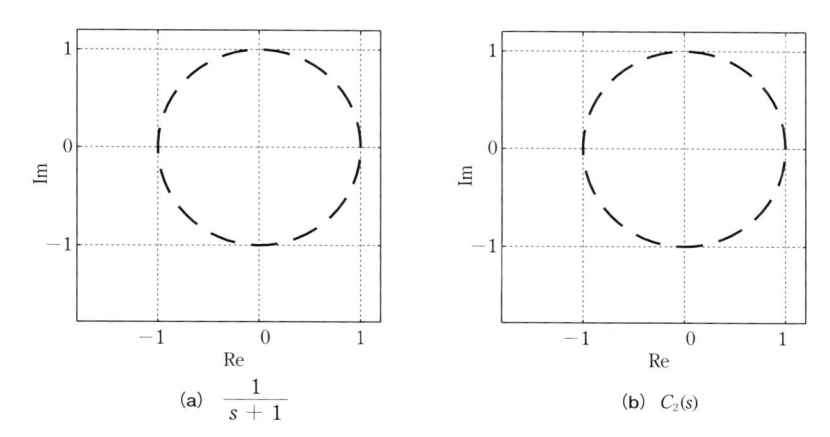

(a) $\dfrac{1}{s+1}$ (b) $C_2(s)$

図 13.13 ベクトル軌跡

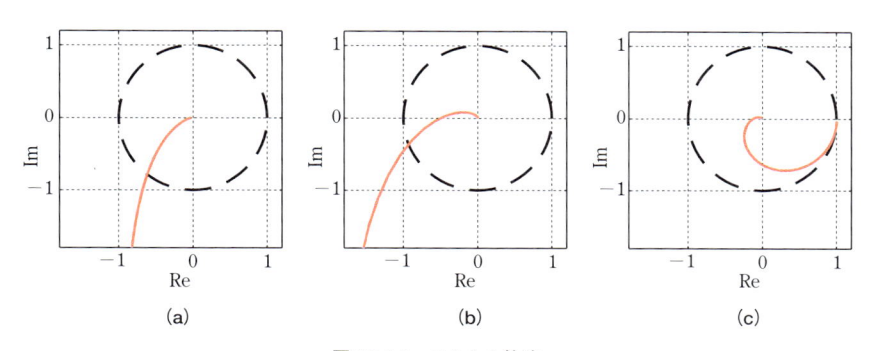

(a) (b) (c)

図 13.14 ベクトル軌跡

(3) (2) の $P(s)$ に $C_1(s) = \dfrac{1}{10}\dfrac{1}{s}$ を適用し，図 13.1(a) のフィードバック制御
系の内部安定性を考える．つぎの問いに答えよ．

i) 伝達関数 $\dfrac{1}{s+1}$ のボード線図（ゲイン線図，位相線図ともに折れ線
近似）は図 13.15(a) で与えられる．折れ線近似を用いて，$P(s)$ の
ボード線図を図 13.15(a) に描け．

ii) $C_1(s)$ のボード線図は図 13.15(b) で与えられる．折れ線近似を用いて

13

開ループ伝達関数 $L_1(s) = P(s)C_1(s)$ のボード線図を図 13.15(c)に描け.

iii) この制御系の位相余裕を読み取れ.

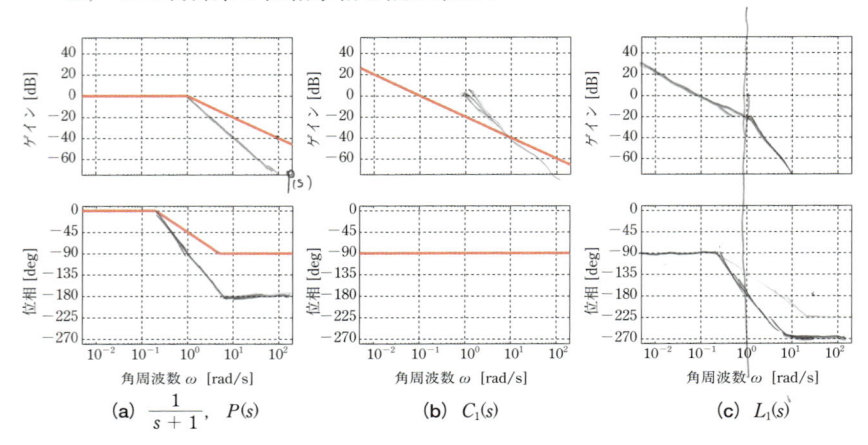

(a) $\dfrac{1}{s+1}$, $P(s)$ (b) $C_1(s)$ (c) $L_1(s)$

図 13.15 ボード線図

(4) (2) (3) の $P(s)$ に $C_1(s), C_2(s), C_3(s) = 2C_2(s) = \dfrac{2}{s}$ をそれぞれ適用する. 開ループ伝達関数 $L_1(s), L_2(s), L_3(s) = P(s)C_3(s)$ のボード線図は図 13.16 で与えられる. つぎの問いに答えよ.

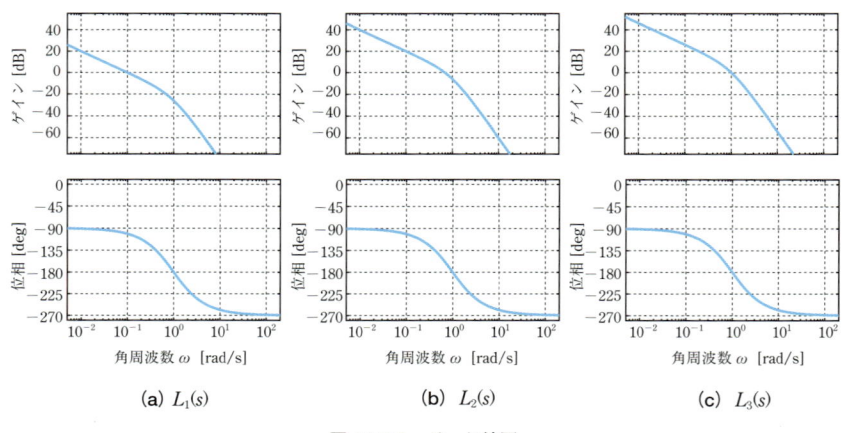

(a) $L_1(s)$ (b) $L_2(s)$ (c) $L_3(s)$

図 13.16 ボード線図

i) $C_1(s), C_2(s), C_3(s)$ を適用した場合の位相余裕をそれぞれ読み取れ.

ii) $C_1(s)$, $C_2(s)$, $C_3(s)$ を適用したそれぞれのフィードバック制御系の内部安定性を判定せよ．

iii) $C_1(s)$, $C_2(s)$, $C_3(s)$ を適用したフィードバック制御系のステップ応答は，図 13.17 のいずれかで与えられる．$C_1(s)$, $C_2(s)$, $C_3(s)$ とステップ応答の正しい組み合わせを答えよ．

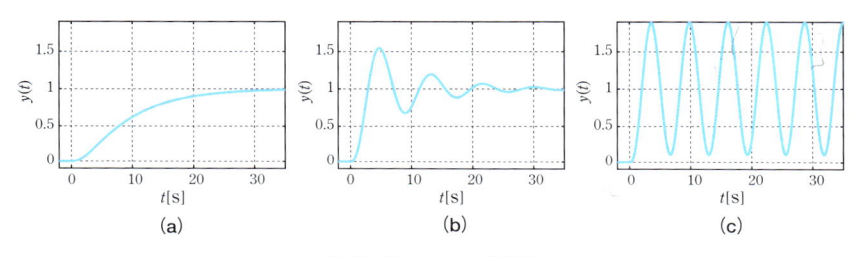

図 13.17 ステップ応答

(5) $P(s) = \dfrac{1}{s-1}$, $C(s) = \dfrac{s-1}{s+1}$ とする[20]．つぎの問いに答えよ．

i) （13.4），（13.5）式における $N_p(s)$, $D_p(s)$, $N_c(s)$, $D_c(s)$ を求めよ．

ii) 開ループ伝達関数，不安定な開ループ極の数を求めよ．

iii) ナイキストの安定判別法により，不安定な閉ループ極の数を求めよ．

(6) 開ループ伝達関数を $L(s) = \dfrac{20}{s(s^2 + 5s + 2)}$ とした場合，ゲイン余裕を求め，さらに，フィードバック制御系の安定性を判別せよ．

(7) 開ループ伝達関数を $L(s) = \dfrac{K}{s(s^2 + 2s + 1)}$ とした場合，フィードバック制御系を安定にする K の条件をナイキストの安定判別法により求めよ
※ヒント：$L(j\omega)$ の虚部が 0 となる ω の値を求めてみよう．

13

---

[20] 不安定な極零相殺と呼ばれる状況の例になっている．実際には，不安定な極零相殺が生じると，フィードバック制御系は内部安定にはならないことが知られていて，ナイキストの安定判別法を適用しなくても不安定と判定できる．講義 08 の演習問題（1）も参照．

ループ整形法による
フィードバック制御系の設計

　講義 13 では，開ループ伝達関数 $L(s) = P(s)C(s)$ のナイキスト軌跡を描くことにより，フィードバック制御系の内部安定性を調べる方法について説明した．さらに，不安定な開ループ極がない場合，開ループ伝達関数 $L(s)$ の周波数特性よりフィードバック制御系の安定余裕（ゲイン余裕，位相余裕）を知ることができ，コントローラの設計の指針にできることを説明した．

　本講ではさらに発展させ，フィードバック制御系の設計指針を開ループ伝達関数 $L(s)$ の周波数特性に置き直してコントローラ $C(s)$ を設計する，ループ整形法について学ぶ．この方法はコントローラ $C(s)$ の実用的な設計法として知られ，非常に有益なものである．

> **【講義 14 のポイント】**
> ・制御系の性能評価とループ整形法の関係を理解しよう．
> ・ループ整形法による設計での重要点を理解しよう．
> ・位相遅れ・進みコントローラの設計の考え方とフィードバック制御系の特性の関係を理解しよう．

⚙ 14.1　制御系の性能評価とループ整形

　制御系の設計において，制御仕様を満足するコントローラを設計することは重要である．たとえば，制御系が内部安定となるコントローラ $C(s)$ を設計することのみならず（➠講義 08），目標値から誤差までの伝達関数

$$\frac{1}{1 + P(s)C(s)} \tag{14.1}$$

を最終値定理で解析し，定常偏差が 0 となるコントローラ $C(s)$ を設計した（➠講義 10）．また，目標値から制御量までの閉ループ伝達関数は

$$\frac{P(s)C(s)}{1 + P(s)C(s)} \tag{14.2}$$

となり，このボード線図よりバンド幅 ω_{bw} を調べれば，フィードバック制御

系の追従性能を知ることができる（➡講義12）.

また，フィードバック制御系を解析するのではなく，(14.1), (14.2) 式の分母に共通して現れる開ループ伝達関数 $L(s) = P(s)C(s)$ の周波数特性を解析することにより，フィードバック制御系の実用的な安定の度合い（ゲイン余裕：GM，位相余裕：PM）を知ることができた（➡講義13）. さらに，フィードバック制御系の性能評価の尺度として，$L(s)$ のゲイン交差周波数 ω_{gc} は速応性の指標となり[1]，位相余裕 PM を減衰性の指標とした.

つまり，閉ループ伝達関数 (14.2) 式が望ましい周波数特性を持つようにコントローラ $C(s)$ を設計するのではなく，開ループ伝達関数 $L(s)$ が望ましい周波数特性を持つようにコントローラ $C(s)$ を設計することで，望ましいフィードバック制御系を得ることができる. コントローラ $C(s)$ を設計して開ループ伝達関数 $L(s)$ の周波数特性を整形する考え方をループ整形 (loop shaping) という.

⚙ 14.2　ループ整形法の考え方

開ループ伝達関数 $L(s)$ の周波数特性の違いによる制御系のステップ応答の違いを調べ，ループ整形法の考え方について説明する. 例14.1 を考えよう.

例14.1

制御対象 $P(s) = \dfrac{1}{s}$ とコントローラ $C(s) = K_p$ からなるフィードバック制御系（図14.1）を考えよう. $K_p = 1, 10$ とした場合それぞれについて，開ループ伝達関数 $L(s) = P(s)C(s) = \dfrac{K_p}{s}$ のボード線図を図 14.2 (a), (b) に，またフィードバック制御系のステップ応答を図 14.2 (c), (d) に示す. $K_p = 1$ の場合のゲイン交差周波数 ω_{gc}（≒ バンド幅 ω_{bw}）は 10^0 rad/s であり，$K_p = 10$ の場合は 10^1 rad/s となっている. 図 14.2 (c), (d) のステップ応答を比較すると，$\omega_{\mathrm{gc}} = 10^1$ rad/s となっている $K_p = 10$ の場合の方が，速応性に優れている. すなわち，応答の速いフィードバック制御系の実現には，高いゲイン交差周波数 ω_{gc} が必要となる.

14

---

1) PM ≤ 90° では $\omega_{\mathrm{gc}} \leq \omega_{\mathrm{bw}}$ となることが知られており，ゲイン交差周波数 ω_{gc} を高くすることはバンド幅 ω_{bw} を大きくすることに相当する.

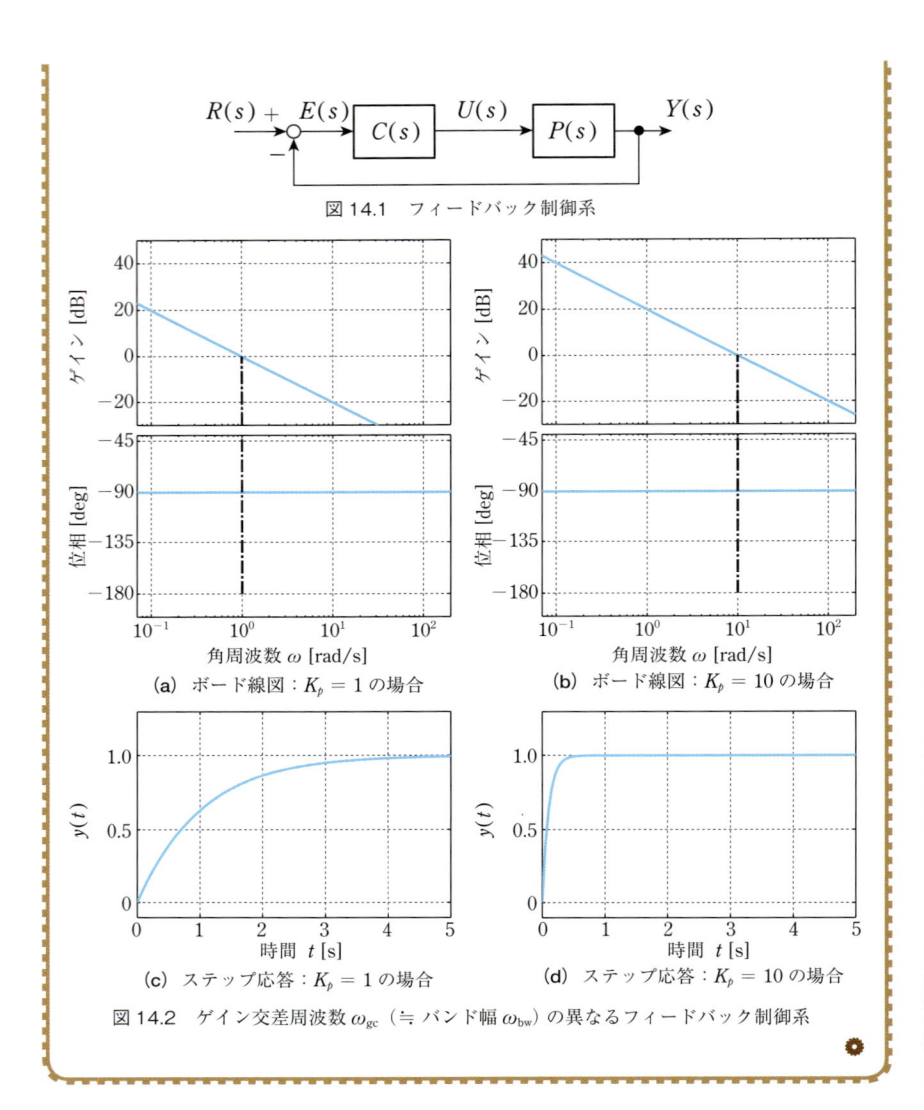

図 14.1 フィードバック制御系

(a) ボード線図：$K_p = 1$ の場合

(b) ボード線図：$K_p = 10$ の場合

(c) ステップ応答：$K_p = 1$ の場合

(d) ステップ応答：$K_p = 10$ の場合

図 14.2 ゲイン交差周波数 ω_{gc}（≒ バンド幅 ω_{bw}）の異なるフィードバック制御系

例14.2

制御対象を $P_1(s) = \dfrac{1}{s+1}$ または $P_2(s) = \dfrac{1}{s}$ とし，コントローラ $C(s) = 10$ からなるフィードバック制御系（図 14.1）を考えよう．開ループ伝達関数 $L_1(s) = P_1(s)C(s) = \dfrac{10}{s+1}$ と $L_2(s) = P_2(s)C(s) = \dfrac{10}{s}$ のボード線図をそれぞれ図 14.3 (a)，(b) に，ま

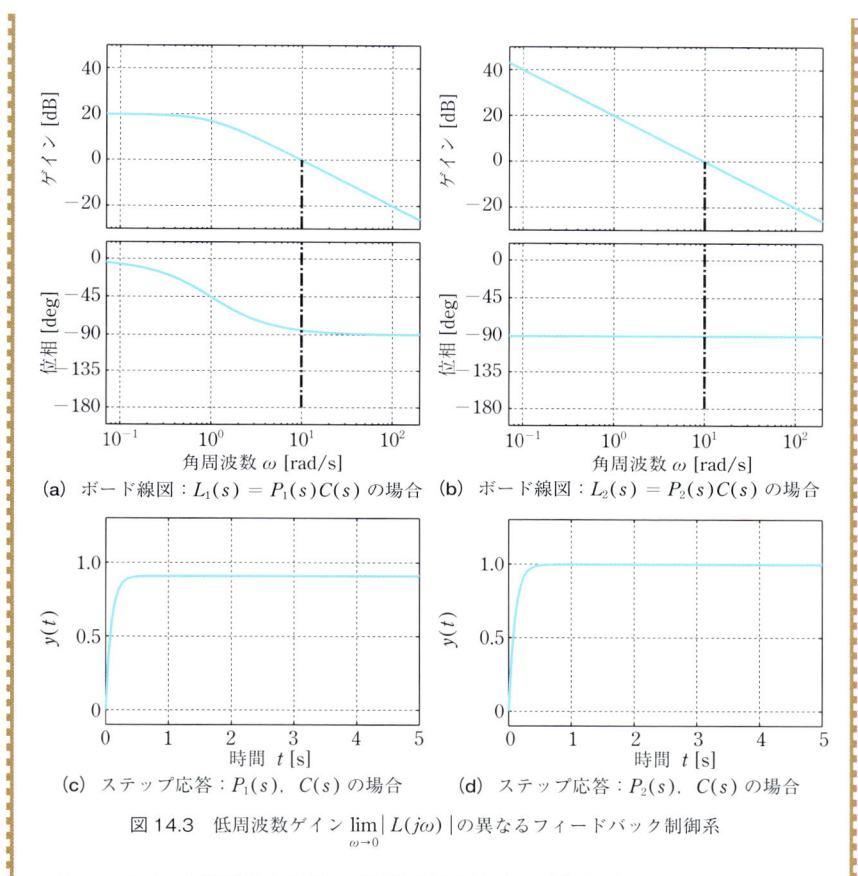

(a) ボード線図：$L_1(s) = P_1(s)C(s)$ の場合 (b) ボード線図：$L_2(s) = P_2(s)C(s)$ の場合

(c) ステップ応答：$P_1(s)$，$C(s)$ の場合 (d) ステップ応答：$P_2(s)$，$C(s)$ の場合

図 14.3 低周波数ゲイン $\lim_{\omega \to 0} |L(j\omega)|$ の異なるフィードバック制御系

たフィードバック制御系のステップ応答を図 14.3 (c)，(d) に示す.

2 つの制御系において，低周波数帯域での開ループ伝達関数のゲインに注目しよう. 図 14.3 (a) より，$L_1(s)$ の場合，$\omega = 10^0$ rad/s 以下の周波数帯域ではゲインが 20 dB の 一定値となっている．一方，$L_2(s)$ の場合，低周波数帯域ではゲイン特性に -20 dB/dec の傾きがあり，ω が小さいほどゲインが大きくなる．図 14.3 (c)，(d) のステップ応答 を比較すると，低周波数帯域でゲイン特性が -20 dB/dec の傾きを持つ $L_2(s)$ の場合 は，$\lim_{t \to \infty} y(t) = 1$ となり，ステップ応答に定常偏差が生じない．よって，ステップ応答 に定常偏差なく追従するフィードバック制御系の実現には，低周波数帯域でのゲイン 特性に -20 dB/dec の傾き（角周波数が低くなるほどゲインが大きくなる）が必要に なる[2].

最後に $L(s)$ の位相余裕 PM について確認しよう．位相余裕 PM は講義 13 で説明したように，制御系の安定余裕を与える大切な値である．位相余裕 PM が小さい制御系は，図 13.2 (c) に示したとおり，実用的ではない応答となる．安定な制御系を設計するには，適切な大きさの位相余裕 PM を確保することが必要である．

これまでの例で示したことは一般の開ループ伝達関数に関して成り立つことであり，ループ整形法に基づく設計で重要な点として，つぎにまとめることができる．

ループ整形法による設計での重要点

・定常特性：低周波数帯域でのゲインを大きくとる　（ゲイン特性が傾きを持ち，$\lim_{\omega \to 0} |\, L(j\omega)\, | = \infty$ となる [3]）．
・速応性：ゲイン交差周波数 ω_{gc} を高くとる．
・減衰性：位相余裕 PM を充分に大きくとる．
・ロール・オフ特性：高周波数帯域でのゲインの減少を急峻にする．

重要点の最後に挙げたロール・オフ特性に関しては 14.5 節の最後に説明する．

⚙ 14.3　位相遅れコントローラによるフィードバック制御系の設計

開ループ伝達関数 $L(s)$ の周波数特性において注目すべき低周波数帯域でのゲインの大きさの改善に役立つ**位相遅れコントローラ**（phase lag controller）$C(s)$ を考えよう．位相遅れコントローラの伝達関数として

$$C(s) = \frac{s + \omega_1}{s + \omega_2}, \quad \omega_1 > \omega_2 \tag{14.3}$$

---

[2]　講義 10 で考えたように，ステップ入力への追従には，$L(s)$ に積分要素 $\frac{1}{s}$ が含まれている必要がある．$-20\,\mathrm{dB/dec}$ のゲインの傾きは，この積分要素によるものである．もしランプ入力への追従を考えるならば，$\frac{1}{s^2}$ の要素が必要になるので，ゲイン特性は $-40\,\mathrm{dB/dec}$ の傾きを持つことになる．

[3]　開ループ伝達関数 $L(s)$ のゲイン特性が低周波数帯域で傾き（たとえば $-20\,\mathrm{dB/dec}$ や $-40\,\mathrm{dB/dec}$）を持つと，$\lim_{\omega \to 0} |L(j\omega)| = \infty$ となる．ボード線図の上では，$\omega = 0$ の点がどこにあるか，考えてみよう．

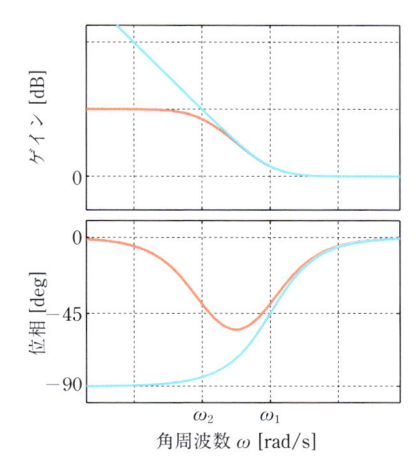

図 14.4 位相遅れコントローラのボード線図（青線は $\omega_2 \to 0$ とした場合）

を考える．位相遅れコントローラのボード線図を図 14.4 に示す．

　図 14.4 に赤線で示す特性からわかるように，位相遅れコントローラは，ω_2 [rad/s] から ω_1 [rad/s] の周波数帯域でゲインを増加させる．特に $\omega_2 \to$ 0 とした場合（図 14.4 では青線で表示）には，9.1.2 項で考えた PI 制御と同じ特性となり，ω_1 [rad/s] より低い周波数帯域でゲインを増加させる．これにより，開ループ伝達関数 $L(s)$ の特性において注目すべき定常特性を改善することができる．しかしながらその一方，ゲインが大きくなる周波数帯域では，同時に位相を遅らせてしまう．$\omega_2 \to 0$ とした場合には，$\omega = \omega_1$ [rad/s] の点で 45°の位相遅れを引き起こし，$\omega \to 0$ では位相遅れが 90°となる．

　位相遅れコントローラ $C(s)$ により定常特性が改善できても，位相余裕 PM が小さくなることは，フィードバック制御系の安定性を損ねることにつながる．そこで，位相遅れコントローラ $C(s)$ の設計では，ゲインが上昇をはじめる角周波数 ω_1 [rad/s] をゲイン交差周波数 ω_{gc} [rad/s] より 1 dec ほど低周波数帯域側に設定し，位相余裕に大きな影響を与えないようにする．

　位相遅れコントローラがどのように役立つのか，つぎの例で確認しよう．

14

制御対象 $P(s) = \dfrac{20}{s^2 + 11s + 10}$ に対するフィードバックコントローラの設計を考え
よう. まずはじめに $L_0(s) = P(s)$, つまり図 14.1 のフィードバック制御系で $C(s) = C_0(s) = 1$ とした場合の開ループ伝達関数のボード線図を図 14.5 (a) に示す.

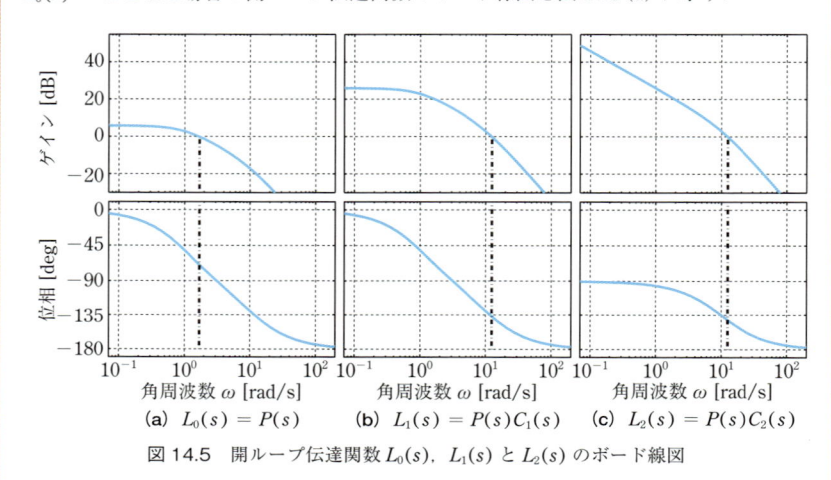

(a) $L_0(s) = P(s)$ (b) $L_1(s) = P(s)C_1(s)$ (c) $L_2(s) = P(s)C_2(s)$

図 14.5 開ループ伝達関数 $L_0(s)$, $L_1(s)$ と $L_2(s)$ のボード線図

制御対象 $P(s)$ の低周波数帯域でのゲインに注目してみよう. $\omega = 10^0 = 1$ rad/s 以下の周波数帯域では, ゲインが一定値となっている. このため, 図 14.6 (a) に示すステップ応答には定常偏差が生じる.

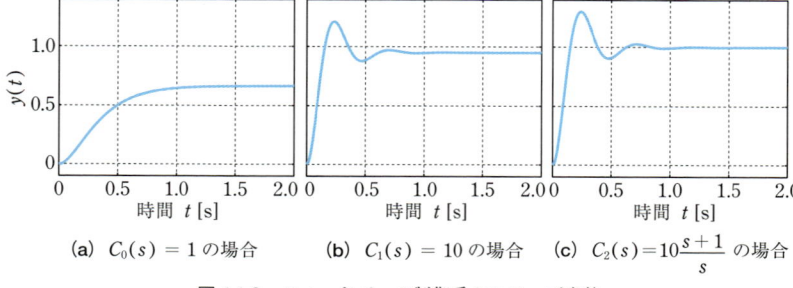

(a) $C_0(s) = 1$ の場合 (b) $C_1(s) = 10$ の場合 (c) $C_2(s) = 10\dfrac{s+1}{s}$ の場合

図 14.6 フィードバック制御系のステップ応答

つぎに, コントローラ $C(s) = C_1(s) = K_p$ により, ゲイン交差周波数 ω_{gc} (≒ バンド幅 ω_{bw}) を高く設定し, 速応性を改善しよう. ここで注意すべき点は, ゲイン K_p を大きく設定しすぎて位相余裕 PM を損なわないようにすることである. $C_1(s) = K_p = 10$ とした場合の開ループ伝達関数 $L_1(s) = P(s)C_1(s)$ のボード線図を図 14.5 (b) に示す.

図 14.5 (b) では，位相余裕 PM $= 45\,°$ 程度を確保したうえでゲイン交差周波数 ω_{gc} が図 14.5(a) の場合より高くなっている．よって，速応性の改善が期待される．一方，低周波数帯域のゲインは，やはり一定値となっている．よって，ステップ応答における定常偏差の除去はできない．フィードバック制御系のステップ応答を図 14.6 (b) に示す．図 14.6 (b) は図 14.6 (a) と比較して，立ち上がり時間が早くなり，速応性が改善されている．また，位相余裕も充分に確保されているので，振動的な振る舞いは生じていない．しかし，定常偏差が生じているので，これを除去するには，位相遅れコントローラにより低周波数帯域でのゲインを大きくする必要がある．

そこで，コントローラ $C_2(s)$ を (14.3) 式に基づき，

$$C(s) = C_2(s) = C_1(s)\frac{s + \omega_1}{s} = 10\frac{s + \omega_1}{s} \tag{14.4}$$

と設計する（位相遅れコントローラ (14.3) 式で $\omega_2 = 0$ とした場合）．ゲインが大きくなりはじめる角周波数 ω_1 [rad/s] の設定で注意すべき点は，ω_1 [rad/s] 付近から位相が遅れはじめるため，これが位相余裕 PM に大きな影響を与えないようにすることである．そこで，図 14.5 (b) でのゲイン交差周波数 ω_{gc}（約 10^1 rad/s）より ω_1 の値を 1 dec ほど低周波数帯域側に設定し，$\omega_1 = 10^0 = 1$ rad/s とする．$C_2(s) = 10\dfrac{s + 1}{s}$ とした場合の開ループ伝達関数 $L_2(s) = P(s)C_2(s)$ のボード線図を図 14.5 (c) に示す．

図 14.5 (c) では，位相遅れコントローラの効果により，低周波数帯域でのゲインが -20 dB/dec の傾きを持っている．フィードバック制御系のステップ応答を図 14.6 (c) に示す．図 14.6 (c) では，図 14.6 (a)，14.6 (b) に見られた定常偏差が除去できている．

ここで，図 14.5 (b) と図 14.5 (c) を比較し，$\omega_1 = 10^0$ rad/s 付近からゲインが増加していること，$\omega_1 = 10^0$ rad/s 付近から位相が遅れていること，さらに図 14.5 (c) の位相余裕 PM が，図 14.5 (b) と比べてほとんど変わっていないことを確認しよう． ❀

❀ 14.4　位相進みコントローラによるフィードバック制御系の設計

開ループ伝達関数 $L(s)$ の特性において注目すべき過渡特性と減衰性の改善に役立つ**位相進みコントローラ**（phase lead controller）$C(s)$ を考えよう．位相進みコントローラの伝達関数として

$$C(s) = \frac{\omega_3}{\omega_4}\frac{s + \omega_4}{s + \omega_3}, \ \ \omega_3 > \omega_4 \tag{14.5}$$

14

を考える．位相進みコントローラのボード線図を図 14.7 に示す．

位相進みコントローラは，ω_4 [rad/s] から ω_3 [rad/s] の周波数帯域で位相を進めることができる．これにより位相余裕 PM を大きくし，開ループ伝達関数 $L(s)$ の特性において注目すべき減衰性を改善することができる．一方，位相が進む周波数帯域では同時にゲインの増加が生じる．

位相進みコントローラにより進められる位相の最大値は，$\dfrac{\omega_3}{\omega_4} = 5$ の場合は 40°程度，$\dfrac{\omega_3}{\omega_4} = 10$ の場合は 55°程度となる．なお $\omega_3 \to \infty$ とすれば，位相進みの最大値を 90°とできるが，このように ω_3 [rad/s] の値を極端に大きくすることはほとんどない．

極端に大きな ω_3 [rad/s] が望まれない理由を，センサノイズを例に挙げ，考えよう．実際のフィードバック制御系では，制御対象にセンサがとりつけられ，フィードバックに必要な出力 $y(t)$ の値を観測する．多くのセンサが，充分に実用的な周波数帯域で $y(t)$ の値を精度よく測定することができる．一方，測定されたセンサの信号は，観測ノイズと呼ばれる高周波信号を主成分とする望ましくない信号を含むことが多い．仮に ω_3 [rad/s] の値を極端に大きくした位相進みコントローラを設計したとすると，高い周波数帯域まで開ループ伝達関数のゲイン $|L(j\omega)|$ が大きくなる．観測ノイズが存在する周波数帯域で開ループ伝達関数のゲインが大きいと，観測ノイズを充分に減衰させることができず，ノイズに敏感なフィードバック制御系となってしまう．

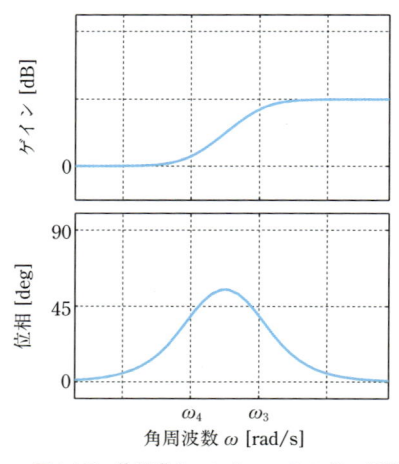

図 14.7　位相進みコントローラのボード線図

このため**高周波数帯域では，ゲイン $|L(j\omega)|$ の大きさを速やかに小さくする**ことが，より実用的なフィードバック制御系の設計には求められる．これが，極端に大きな ω_3 [rad/s] の値が望まれない 1 つの理由である．なお，高周波数帯域での速やかなゲイン $|L(j\omega)|$ の減少は，フィードバック制御系のロバスト性向上にも重要な役割を果たす．制御系のロバスト性については，参考文献 [2] が入門的である．位相進みコントローラがどのように役立つのか，つぎの例で確認しよう．

例14.4

制御対象 $P(s) = \dfrac{1}{s(s + 1)}$ に対するフィードバックコントローラの設計を考えよう．ただしここでは，フィードバック制御系のゲイン交差周波数 ω_{gc}（≒ バンド幅 ω_{bw}）を 10^1 rad/s 程度とし，位相余裕 PM $= 45°$ 以上を確保するという制御仕様を想定しよう．はじめに，図 14.1 で $C(s) = C_0(s) = 1$ とした場合の $L_0(s) = P(s)$ のボード線図を図 14.8 (a) に，フィードバック制御系のステップ応答を図 14.9 (a) に示す．

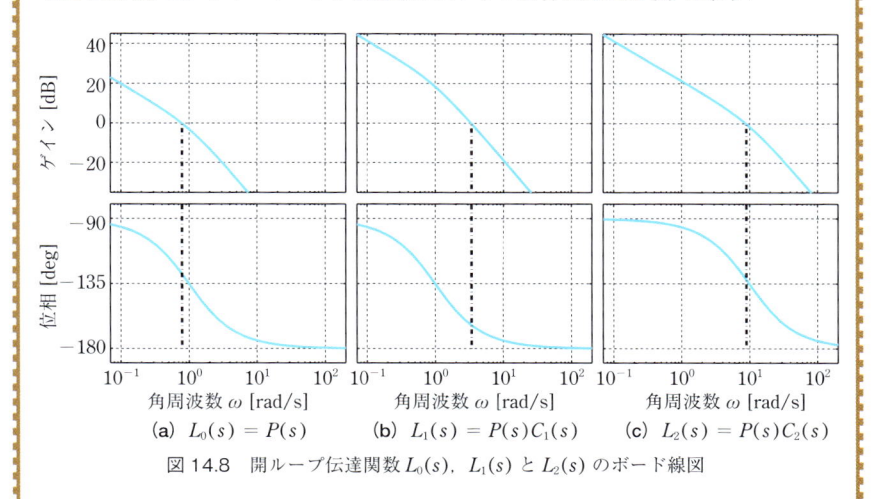

(a) $L_0(s) = P(s)$　　　　**(b)** $L_1(s) = P(s)C_1(s)$　　　　**(c)** $L_2(s) = P(s)C_2(s)$

図 14.8　開ループ伝達関数 $L_0(s)$, $L_1(s)$ と $L_2(s)$ のボード線図

制御対象 $P(s)$ のゲイン交差周波数 ω_{gc} は 10^0 rad/s 以下となっている．そこでまず，コントローラ $C(s) = C_1(s) = K_p$ により，ゲイン交差周波数 ω_{gc} を高くして速応性を向上させよう．$K_p = 12$ とした場合の $L_1(s) = P(s)C_1(s)$ のボード線図を図 14.8 (b) に示す．コントローラ $C_1(s)$ により，開ループ伝達関数 $L_1(s) = P(s)C_1(s)$ のゲイン交差周波数 ω_{gc} は高くなっているが，同時に位相余裕 PM が $20°$ 程度に減少している．図 14.9 (b) に示すステップ応答が図 14.9 (a) に比べて振動的になったのは，位相余

裕 PM が小さくなったためである.

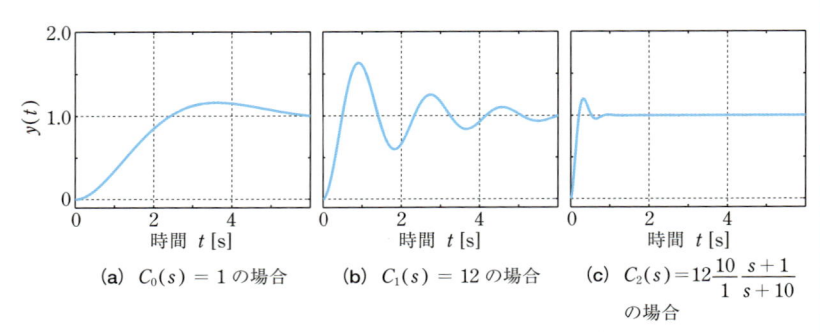

(a) $C_0(s) = 1$ の場合 (b) $C_1(s) = 12$ の場合 (c) $C_2(s) = 12\dfrac{10}{1}\dfrac{s+1}{s+10}$ の場合

図 14.9　フィードバック制御系のステップ応答

　図 14.8 (b) で小さくなった位相余裕 PM を，位相進みコントローラにより適切な値まで大きくしよう．そこで，コントローラ $C_2(s)$ を (14.5) 式に基づき，

$$C(s) = C_2(s) = C_1(s)\frac{\omega_3}{\omega_4}\frac{s + \omega_4}{s + \omega_3} = 12\frac{\omega_3}{\omega_4}\frac{s + \omega_4}{s + \omega_3} \tag{14.6}$$

と設計する．$\omega_3 = 10^1 = 10$ rad/s, $\omega_4 = 10^0 = 1$ rad/s とした場合の開ループ伝達関数 $L_2(s) = P(s)C_2(s)$ のボード線図を図 14.8 (c) に，またフィードバック制御系のステップ応答を図 14.9 (c) に示す．図 14.8 (c) より，位相進みコントローラの効果により，$\omega_4 = 10^0$ rad/s から $\omega_3 = 10^1$ rad/s の周波数帯域で位相が進められ，PM = 45°以上の位相余裕が確保されている．またゲイン交差周波数も $\omega_{gc} \fallingdotseq 10^1$ rad/s となっている．図 14.9 (c) では，適切に確保された位相余裕 PM により，図 14.9 (b) に現れた振動的な振る舞いがなくなっている．

　最後に，位相進みコントローラ $C_2(s)$ のボード線図を図 14.10 に示す．図 14.8 (a) の制御対象 $P(s)$ と図 14.10 のコントローラ $C_2(s)$ をボード線図上で足し算したものが，図 14.8 (c) の開ループ伝達関数 $L_2(s)$ である．これらをよく見比べ，単純な足し算で開ループ伝達関数 $L_2(s)$ が得られることに注意しよう [4]．

---

4) 12.4.2 項で考えたように，$P(s)$ と $C(s)$ の積 $L(s) = P(s)C(s)$ のボード線図は，$P(s)$ のボード線図と $C(s)$ のボード線図を足し合わせるだけで得られることを思い出そう．

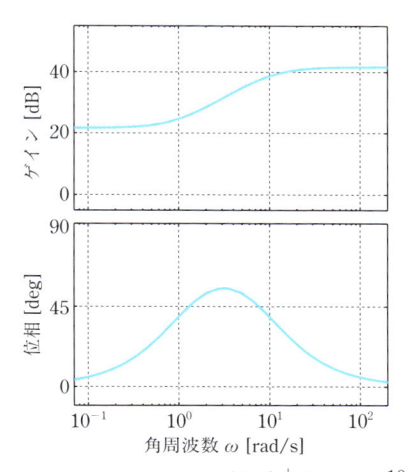

図 14.10 位相進みコントローラ $C_2(s) = K\dfrac{\omega_3}{\omega_4}\dfrac{s + \omega_4}{s + \omega_3} = 12\dfrac{10}{1}\dfrac{s + 1}{s + 10}$ のボード線図

✿ 14.5 位相遅れ・進みコントローラによるフィードバック制御系の設計

ループ整形によるフィードバック制御系の設計では，定常特性，速応性，減衰性に注意し，望ましい開ループ伝達関数を与える位相遅れコントローラ，位相進みコントローラを設計した．さらに通常は，これらを複数個つなぎ合わせて開ループ伝達関数 $L(s)$ を望ましい形に整形する．ここでは，複数のコントローラをつなぎ合わせたループ整形によるフィードバック制御系の設計手順を，つぎの例により確認しよう．

制御対象 $P(s)$ に対するフィードバックコントローラの設計を考えよう．制御対象は $P(s) = \dfrac{K\omega_n^2}{s^2 + 2\zeta\omega_n s + \omega_n^2}$，$K = 1$，$\omega_n = 0.1$，$\zeta = 0.2$ で与えられるとする．図 14.1 のフィードバック制御系で $C(s) = C_0(s) = 1$ とした場合の $L_0(s) = P(s)$ のボード線図は図 14.11 となる．このときのフィードバック制御系のステップ応答を図 14.12 (a) に示す．

まず，コントローラを

$$C(s) = C_1(s) = K_p = 100 \tag{14.7}$$

として，ゲイン交差周波数 ω_{gc}（≒ バンド幅 ω_{bw}）を高くして速応性を向上

14

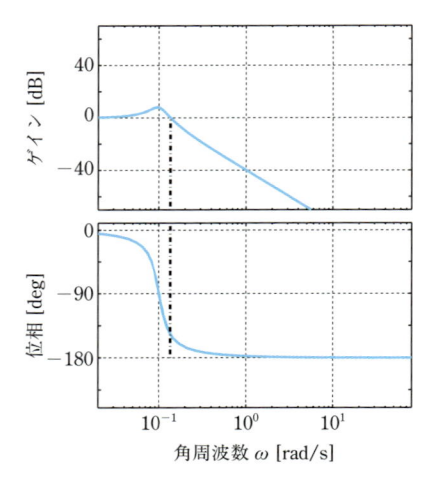

図 14.11　開ループ伝達関数 $L_0(s) = P(s)$ のボード線図

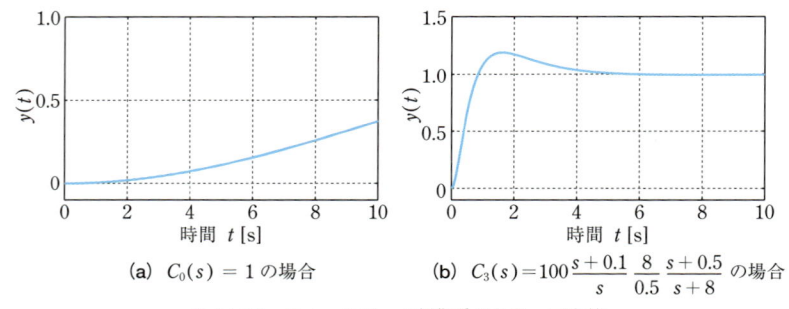

(a) $C_0(s) = 1$ の場合

(b) $C_3(s) = 100\dfrac{s + 0.1}{s}\dfrac{8}{0.5}\dfrac{s + 0.5}{s + 8}$ の場合

図 14.12　フィードバック制御系のステップ応答

させよう．$K_p = 100$ とした場合の開ループ伝達関数 $L_1(s) = P(s)C_1(s)$ のボード線図を図 14.13 (a) に示す．図 14.13 (a) では，図 14.11 と比較してゲイン交差周波数 ω_{gc} が高くなっている．しかしながら低周波数帯域でのゲインは 40 dB の一定値であり，位相余裕 PM もほぼ 0°である．

そこで，位相遅れコントローラをつけ加えた

$$C(s) = C_2(s) = C_1(s)\frac{s + \omega_1}{s} = 100\frac{s + \omega_1}{s}, \quad \omega_1 = 0.1 \qquad (14.8)$$

により，低周波数帯域でのゲインを増加させよう．開ループ伝達関数 $L_2(s) = P(s)C_2(s)$ のボード線図を図 14.13 (b) に示す．図 14.13 (b) では，低周波数帯域でのゲインが -20 dB/dec の傾きを持っている．しかしながら，位相

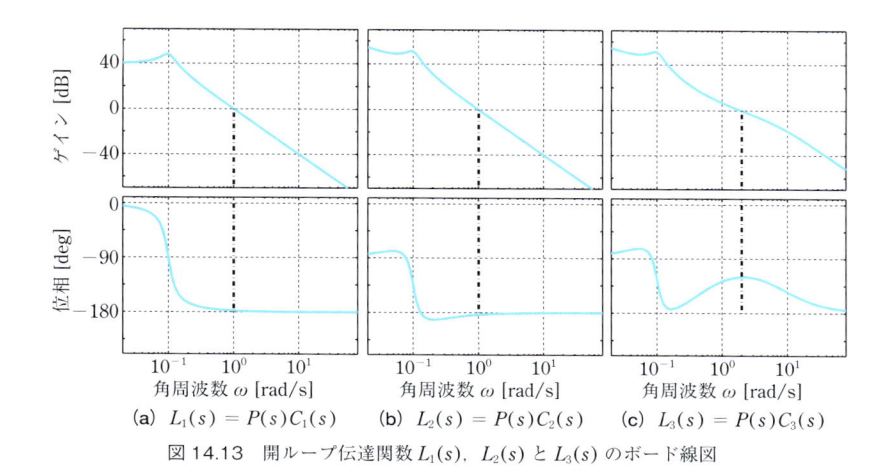

(a) $L_1(s) = P(s)C_1(s)$ (b) $L_2(s) = P(s)C_2(s)$ (c) $L_3(s) = P(s)C_3(s)$

図 14.13　開ループ伝達関数 $L_1(s)$, $L_2(s)$ と $L_3(s)$ のボード線図

余裕 PM は依然としてほぼ 0°である.

　そこで，さらに位相進みコントローラをつけ加えた

$$C(s) = C_3(s) = C_2(s)\frac{\omega_3}{\omega_4}\frac{s + \omega_4}{s + \omega_3}, \quad \omega_3 = 8, \quad \omega_4 = 0.5 \qquad (14.9)$$

により，適切な位相余裕 PM を確保しよう．開ループ伝達関数 $L_3(s) = P(s)$ $C_3(s)$ のボード線図を図 14.13 (c) に示す．図 14.11 に示す制御対象 $P(s)$ のボード線図と図 14.13 (c) の $L_3(s) = P(s)C_3(s)$ を比較し，ループ整形法において注目すべき定常特性，速応性，減衰性（安定性）が，バランスよく向上していることを確認してほしい．図 14.12 (b) に示すフィードバック制御系のステップ応答より，速応性が改善され定常偏差も生じていないことがわかる．また，適切な位相余裕 PM が確保されていることから，振動的な振る舞いなども生じていない．最終的なフィードバック制御系の構成を図 14.14 に示す．

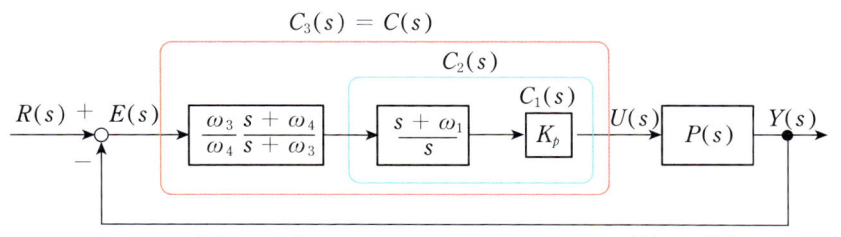

図 14.14　位相遅れ・進みコントローラによるフィードバック制御系の構成

ここで念のためもう一度，図 14.12 に示す 2 つのステップ応答を比較してみよう．適切なフィードバックコントローラ $C(s)$ を設計することで，2 つのステップ応答の違いのように，伝達関数 $P(s)$ からの出力 $y(t)$，すなわち制御対象の動きを大きく変えることができる．フィードバックコントローラが異なれば，コントローラからの出力 $u(t)$ も異なる．適切な入力 $u(t)$ を求めてくれるフィードバックコントローラの設計のみで，優れた動作を実現していることを実感してほしい．

　最後に，14.2 節で説明したループ整形法において注目すべきロール・オフ特性について説明する．このために，観測ノイズ $n(t) = \mathcal{L}^{-1}[N(s)]$ が混入する図 14.15 のフィードバック制御系を考える．

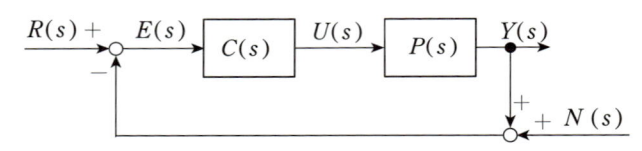

図 14.15　観測ノイズが混入する制御系

　図 14.15 のフィードバック制御系では，制御対象 $P(s)$ からの出力 $y(t) = \mathcal{L}^{-1}[Y(s)]$ ではなく，これに観測ノイズが加わった $y(t) + n(t)$ がフィードバックされ，コントローラ $C(s)$ への入力となる．ここでは，観測ノイズの特性が $n(t) = A_s \sin \omega_s t$，$A_s = 0.3$，$\omega_s = 25 \, \text{rad/s}$ であるとしよう．制御対象 $P(s)$，コントローラ $C_3(s)$ からなるフィードバック制御系に，観測ノイズが混入した場合のステップ応答を図 14.16 (a) に示す．観測ノイズ $n(t)$ が出力 $y(t)$ に与える影響を確認することができる．

　観測ノイズ $n(t)$ の影響を受けにくいフィードバック制御系を構成するに

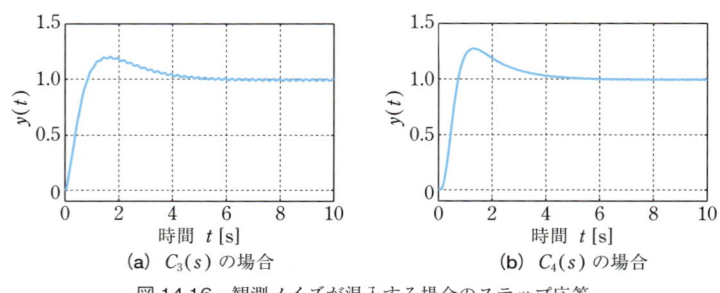

(a) $C_3(s)$ の場合　　　　　(b) $C_4(s)$ の場合

図 14.16　観測ノイズが混入する場合のステップ応答

は，観測ノイズの存在する周波数帯域 $\omega_s = 25$ rad/s 付近で開ループ伝達関数のゲインを速やかに減衰させる必要がある [5]．そこで，ω_5 [rad/s] 以上の周波数帯域でゲインを減衰させる

$$C(s) = C_4(s) = C_3(s)\frac{\omega_5^2}{s^2 + 2\zeta_5\omega_5 s + \omega_5^2}, \quad \omega_5 = 10, \ \zeta_5 = 0.5$$

$$(14.10)$$

を新たなコントローラとしよう．コントローラ $C_4(s)$ のボード線図を図 14.17(a) に，開ループ伝達関数 $L_4(s) = P(s)C_4(s)$ のボード線図を図 14.17 (b) に示す．図 14.13 (c) と図 14.17 (b) を比較し，ω_5 [rad/s] 付近からより急峻にゲインが減衰していること，またゲイン交差周波数 ω_{gc} や位相余裕 PM が大きな影響を受けていないことを確認してほしい．観測ノイズ $n(t)$ が混入した場合のフィードバック制御系のステップ応答を図 14.16 (b) に示す．コントローラ $C_4(s)$ は，観測ノイズ $n(t)$ の影響を充分に減衰させることができている．ここでもう一度，図 14.11 と図 14.17 (a) の単純な足し算が，図 14.17 (b) となっていることを確認してほしい．

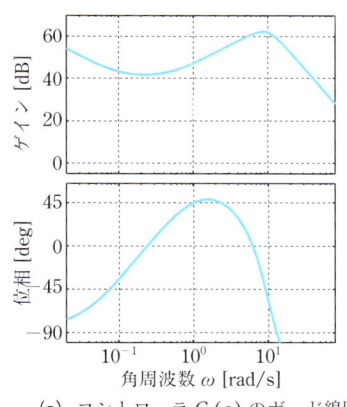

(a) コントローラ $C_4(s)$ のボード線図

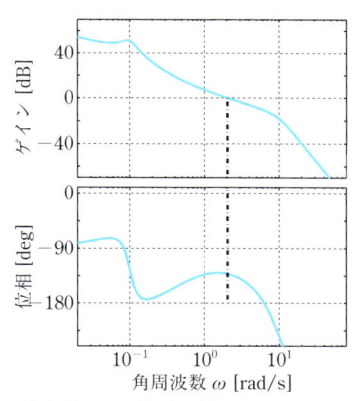

(b) 開ループ伝達関数 $L_4(s) = P(s)C_4(s)$ のボード線図

図 14.17　ロール・オフ特性に注目したフィードバック制御系の設計例

5) 観測ノイズ $n(t)$ から出力 $y(t)$ までの伝達関数を求めると，$G_{yn}(s) = -\dfrac{L(s)}{1 + L(s)}$ となる．ゲイン交差周波数 ω_{gc} より高い周波数帯域では $|L(j\omega)| \ll 1$ であるから，$G_{yn}(s) \fallingdotseq -L(s)$ と近似できる．したがって，観測ノイズの存在する周波数帯域 $\omega_s > \omega_{gc}$ より高い周波数帯域で $|L(j\omega)|$ が小さくなっていれば，観測ノイズの影響が出力に現れにくくなる．

演習問題

(1) 制御対象 $P(s) = \dfrac{1}{10(s + 1)^2}$ に対するフィードバック制御系の設計を考えよう. 開ループ伝達関数 $L_0(s) = P(s)$ のボード線図を図 14.18(a)に, 対応するフィードバック制御系のステップ応答 $y_0(t)$ を図 14.19(a)に示す. $L_0(s)$ の低周波数ゲイン $\lim_{\omega \to 0} | L_0(j\omega) |$ を読みとれ.

(2) (1) に続いて, コントローラ $C_1(s)$ として, I 制御 $C_1(s) = \dfrac{1}{s}$ を考える. 開ループ伝達関数 $L_1(s) = P(s)C_1(s)$ のボード線図を図 14.18(b)に, 対応するステップ応答 $y_1(t)$ を図 14.19(b)に示す. つぎの問いに答えよ.

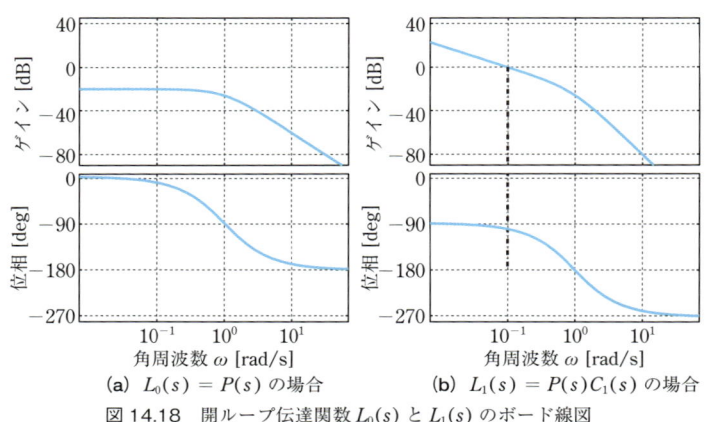

(a) $L_0(s) = P(s)$ の場合   (b) $L_1(s) = P(s)C_1(s)$ の場合

図 14.18 開ループ伝達関数 $L_0(s)$ と $L_1(s)$ のボード線図

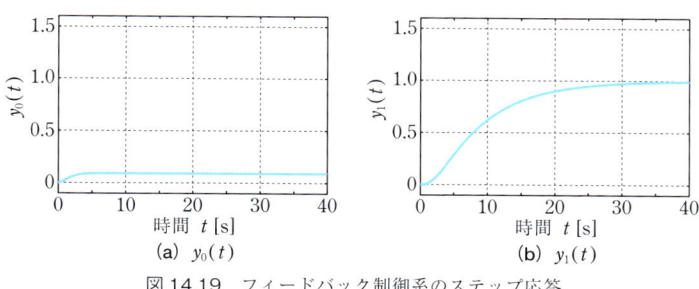

図 14.19 フィードバック制御系のステップ応答

i) $L_1(s)$ のゲイン交差周波数 ω_{gc}，位相余裕 PM，低周波数ゲイン $\lim_{\omega \to 0} |L_1(j\omega)|$ を読みとれ.

ii) $\lim_{t \to \infty} y_1(t) = 1$ であるのに対して，$y_0(t)$ には定常偏差が生じている．この理由を図 14.18 の開ループ伝達関数の特性の違いに基づき説明せよ.

(3) (2) に続いて，$C_1(s)$ に P 制御を加え $C_2(s) = 10 \times C_1(s)$ を新たなコントローラとする．開ループ伝達関数 $L_2(s) = P(s)C_2(s)$ のボード線図を図 14.20 (a) に，対応するステップ応答 $y_2(t)$ を図 14.21 (a) に示す．つぎの問いに答えよ.

i) $L_2(s)$ のゲイン交差周波数 ω_{gc}，位相余裕 PM，低周波数ゲイン $\lim_{\omega \to 0} |L_2(j\omega)|$ を読みとれ.

ii) $y_1(t)$ と $y_2(t)$ を比較すると，$y_2(t)$ の方が速応性に優れている．この理由を $L_1(s)$ と $L_2(s)$ の特性の違いに基づき説明せよ.

iii) $y_1(t)$ と $y_2(t)$ を比較すると，$y_2(t)$ の方が振動的である．フィードバック制御系の安定性が劣化した理由を $L_1(s)$ と $L_2(s)$ の特性の違いに基づき説明せよ.

(4) (3) に続いて，位相進みコントローラを加え $C_3(s) = \dfrac{\omega_3}{\omega_4} \dfrac{s + \omega_4}{s + \omega_3} \times C_2(s)$，$\omega_3 = 10$，$\omega_4 = 1$ を新たなコントローラとする [6]．開ループ伝達関数

---

6) $\omega_4 = 1$ と選択したことにより，制御対象の分母側の因子 $(s + 1)$ とコントローラの分子側の因子 $(s + \omega_4) = (s + 1)$ が打ち消し合う，極零相殺が起きることに注意する (207 ページの脚注 8) も合わせて参照)．安定な極と零点の相殺は，フィードバック制御系の不安定化を引き起こさない．しかしながら，不安定な極と零点の相殺があると，フィードバック制御系は必ず不安定になる (参考文献 [2] などを参照)．このことからも，不安定な制御対象を取り扱う困難さがわかる.

14

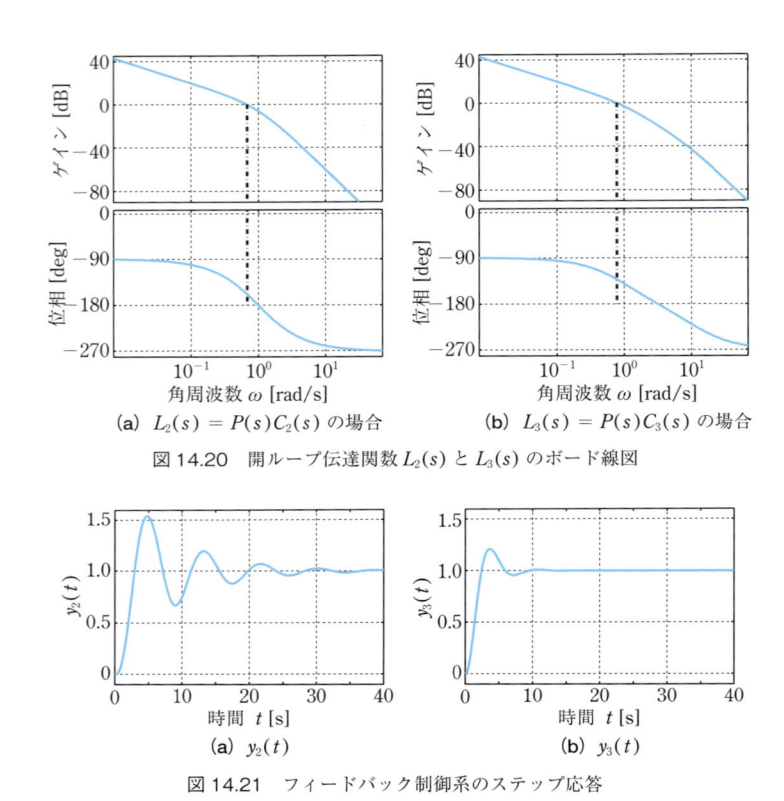

(a) $L_2(s) = P(s)C_2(s)$ の場合 　　　(b) $L_3(s) = P(s)C_3(s)$ の場合

図 14.20　開ループ伝達関数 $L_2(s)$ と $L_3(s)$ のボード線図

(a) $y_2(t)$ 　　　　　　　　　(b) $y_3(t)$

図 14.21　フィードバック制御系のステップ応答

$L_3(s) = P(s)C_3(s)$ のボード線図を図 14.20 (b) に，対応するステップ応答 $y_3(t)$ を図 14.21 (b) に示す．つぎの問いに答えよ．

i)　$L_3(s)$ のゲイン交差周波数 ω_{gc}，位相余裕 PM，低周波数ゲイン $\displaystyle\lim_{\omega \to 0}|L_3(j\omega)|$ を読みとれ．

ii)　$y_2(t)$ と $y_3(t)$ を比較すると，コントローラ $C_3(s)$ によりフィードバック制御系の安定性が改善され，$y_2(t)$ に見られた振動的な振る舞いが抑制されている．フィードバック制御系の安定性が改善された理由を図 14.20 の開ループ伝達関数の特性の違いに基づき説明せよ．

(5)　制御対象 $P(s) = \dfrac{10}{s+1}$ に対するフィードバック制御系の設計を考えよう．ここでは $C_1(s) = 1$，$C_2(s) = 10$ の 2 つの P 制御コントローラを考える．つぎの問いに答えよ．

i) 開ループ伝達関数 $L_1(s) = P(s)C_1(s)$ のボード線図（ゲイン線図，位相線図ともに折れ線近似）を図 14.22(a)に示す．開ループ伝達関数 $L_2(s) = P(s)C_2(s)$ のボード線図（折れ線近似でよい）を図 14.22(b)に描け．

ii) $L_1(s)$，$L_2(s)$ のゲイン交差周波数 ω_{gc} をそれぞれ読みとれ．

iii) $C_1(s)$，$C_2(s)$ を適用した場合のフィードバック制御系のステップ応答は，図 14.23 のどちらかで与えられる．$C_1(s)$，$C_2(s)$ とステップ応答の正しい組み合わせを答えよ．

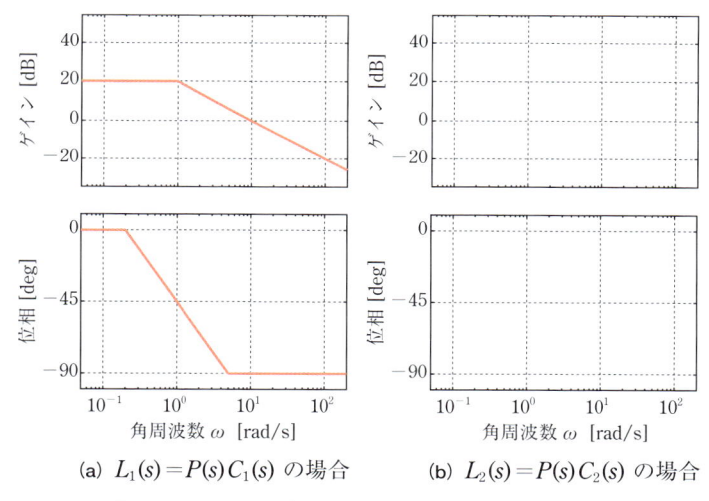

(a) $L_1(s) = P(s)C_1(s)$ の場合 (b) $L_2(s) = P(s)C_2(s)$ の場合

図 14.22　開ループ伝達関数 $L_1(s)$ と $L_2(s)$ のボード線図

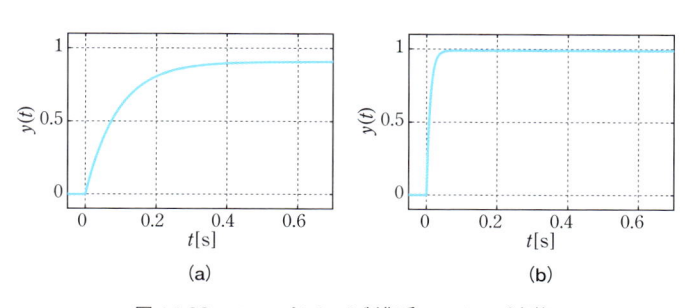

(a)　　　　　　　　(b)

図 14.23　フィードバック制御系のステップ応答

14

(6) 制御対象 $P(s) = \dfrac{1}{s+1}$ に対するフィードバック制御系の設計を考えよ．$P(s)$ のボード線図（折れ線近似）を図 14.24（a）に示す．つぎの問いに答えよ．

　i)　$C_1(s) = 10$ の P 制御コントローラを考える．開ループ伝達関数 $L_1(s) = P(s)C_1(s)$ のボード線図（折れ線近似でよい）を図 14.24(a) に描け．

　ii)　$L_1(s)$ のゲイン交差周波数 ω_{gc}，位相余裕 PM，低周波ゲイン $\lim_{\omega \to 0} L_1(j\omega)$ を読みとれ．

(7) (6) に続いて，コントローラ $C(s)$ として，積分補償器 $\dfrac{1}{s}$ を加え，I 制御コントローラ $C_2(s) = C_1(s) \times \dfrac{1}{s}$ を考える．つぎの問いに答えよ．

　i)　開ループ伝達関数 $L_2(s) = P(s)C_2(s)$ のボード線図（折れ線近似でよい）を図 14.24(b)に描け．

　ii)　$L_2(s)$ のゲイン交差周波数 ω_{gc}，位相余裕 PM，低周波ゲイン $\lim_{\omega \to 0} L_2(j\omega)$ を読みとれ．

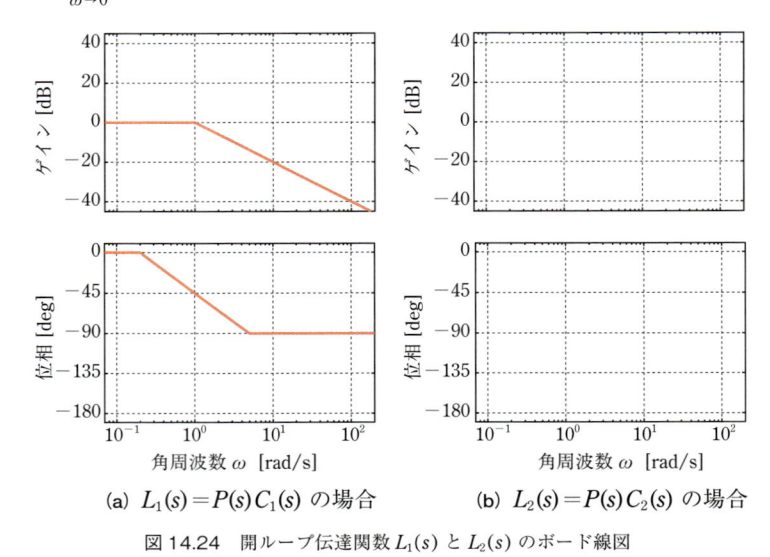

(a) $L_1(s) = P(s)C_1(s)$ の場合　　(b) $L_2(s) = P(s)C_2(s)$ の場合

図 14.24　開ループ伝達関数 $L_1(s)$ と $L_2(s)$ のボード線図

(8) (7) に続いて，位相進みコントローラ $\dfrac{\omega_3}{\omega_4}\dfrac{s+\omega_4}{s+\omega_3}$，$\omega_3 = 10$，$\omega_4 = 1$ を

加え，新たなコントローラ $C_3(s) = C_2(s) \times \dfrac{\omega_3}{\omega_4} \dfrac{s + \omega_4}{s + \omega_3}$ を考える．この位相進みコントローラのみのボード線図（折れ線近似）を図 14.25(a) に示す．

i) 開ループ伝達関数 $L_3(s) = P(s)C_3(s)$ のボード線図（折れ線近似でよい）を図 14.25(b) に描け．

ii) $L_3(s)$ のゲイン交差周波数 ω_{gc}，位相余裕 PM，低周波ゲイン $\lim_{\omega \to 0} L_3(j\omega)$ を読みとれ．

iii) $C_1(s)$，$C_2(s)$，$C_3(s)$ を適用した場合のフィードバック制御系のステップ応答は，図 14.26 のいずれかで与えられる．$C_1(s)$，$C_2(s)$，$C_3(s)$ とステップ応答の正しい組み合わせを答えよ．

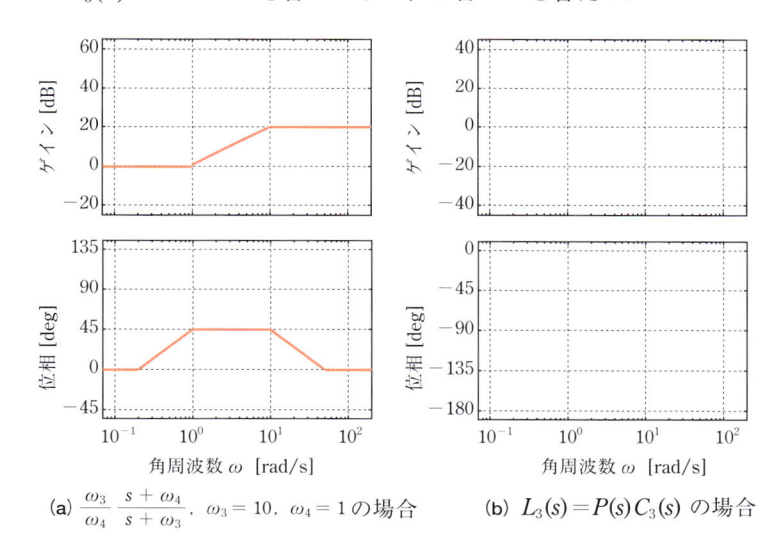

(a) $\dfrac{\omega_3}{\omega_4} \dfrac{s + \omega_4}{s + \omega_3}$, $\omega_3 = 10$, $\omega_4 = 1$ の場合　　(b) $L_3(s) = P(s)C_3(s)$ の場合

図 14.25　位相進みコントローラのみのボード線図と開ループ伝達関数 $L_3(s)$ のボード線図

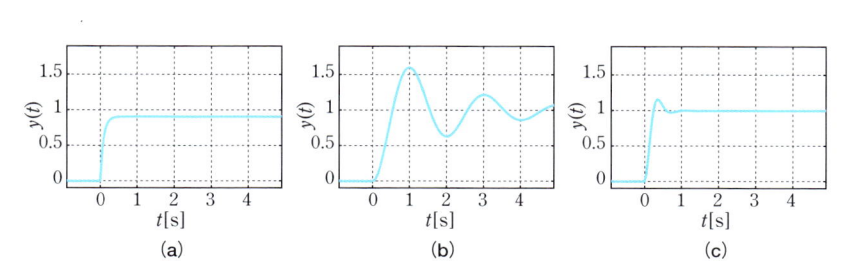

(a)　　　　　　　　(b)　　　　　　　　(c)

図 14.26　フィードバック制御系のステップ応答

付録

◎ 1 次遅れ系の周波数応答の導出

(11.3) 式で表される 1 次遅れ系の周波数応答を導出する.

安定な 1 次遅れ系の伝達関数は (11.1) 式と同様につぎで与えられる.

$$G(s) = \frac{K}{Ts + 1} \tag{1}$$

ここでシステムは安定であるので $T > 0$ であり, $K > 0$ と仮定する. システムの出力を $Y(s)$, 入力を $U(s)$ とすると

$$Y(s) = G(s)U(s) = \frac{K}{Ts + 1}U(s) \tag{2}$$

と表される.

1 次遅れ系の周波数応答を微分方程式とラプラス変換からそれぞれ導出しよう.

微分方程式による周波数応答の導出

(2) 式よりシステムの微分方程式はつぎとなる.

$$\frac{\mathrm{d}y(t)}{\mathrm{d}t} + \frac{1}{T}y(t) = \frac{K}{T}u(t)$$

よって, 応答の式はつぎとなる ((11.2) 式).

$$y(t) = \mathrm{e}^{-\frac{1}{T}t}y(0) + \int_0^t \mathrm{e}^{-\frac{1}{T}(t-\tau)}\frac{K}{T}u(\tau)\,\mathrm{d}\tau \tag{3}$$

ここで, 周波数応答は定常状態を考えているので, $t \to \infty$ とすると (3) 式の右辺第 1 項は 0 に収束し,

$$y(t) = \frac{K}{T}\int_0^t \mathrm{e}^{-\frac{1}{T}(t-\tau)}u(\tau)\,\mathrm{d}\tau \tag{4}$$

を考えればよいことになる. 周波数応答において, 入力として (4) 式の右辺の $u(t)$ を $u(t) = A\sin\omega t$ と考えればよいが, $u(t)$ の代わりにつぎの入力 $v(t)$ を加えると考えよう.

$$v(t) = A\cos\omega t + jA\sin\omega t = A\mathrm{e}^{j\omega t} \tag{5}$$

これは計算を簡単にするためであり, (4) 式の $u(t)$ の代わりに (5) 式の $v(t)$ が加えられたとして応答 $y_v(t)$ を計算すると, その虚数部分が $u(t) = A\sin\omega t$ とした場合の応答 $y(t)$ となる (j は虚数単位である).

$y_v(t)$ を計算するとつぎとなる.

$$y_v(t) = \frac{K}{T} \int_0^t e^{-\frac{1}{T}(t-\tau)} A e^{j\omega\tau} \, d\tau = \frac{KA}{T} e^{-\frac{1}{T}t} \int_0^t e^{\left(j\omega + \frac{1}{T}\right)\tau} \, d\tau$$

$$= \frac{KA}{T} e^{-\frac{1}{T}t} \left[\frac{1}{j\omega + \frac{1}{T}} e^{\left(j\omega + \frac{1}{T}\right)\tau} \right]_0^t = \frac{KA}{T} \frac{1}{j\omega + \frac{1}{T}} e^{-\frac{1}{T}t} \left(e^{\left(j\omega + \frac{1}{T}\right)t} - 1 \right)$$

$$= \frac{KA}{T} \frac{1}{j\omega + \frac{1}{T}} \left(e^{j\omega t} - e^{-\frac{1}{T}t} \right) \tag{6}$$

ここで，周波数応答は定常状態を考えているので，$t \to \infty$ とすると (6) 式の右辺の $e^{-\frac{1}{T}t}$ は 0 に収束するので (6) 式は

$$y_v(t) = \frac{KA}{T} \frac{1}{j\omega + \frac{1}{T}} e^{j\omega t} = \frac{K}{j\omega T + 1} A e^{j\omega t} \tag{7}$$

となる．ここでは $\dfrac{K}{j\omega T + 1}$ は伝達関数 $G(s) = \dfrac{K}{Ts + 1}$ において $s = j\omega$ としたものとなるので，$G(j\omega)$ はつぎのとおり複素数で表される [1]．

$$G(j\omega) = \frac{K}{j\omega T + 1} = \frac{K(-j\omega T + 1)}{(j\omega T + 1)(-j\omega T + 1)}$$

$$= \frac{K(-j\omega T + 1)}{\omega^2 T^2 + 1} = \frac{K}{\omega^2 T^2 + 1} - j \frac{K\omega T}{\omega^2 T^2 + 1} \tag{8}$$

このとき，$G(j\omega)$ の大きさと偏角はつぎで与えられる．

$$|G(j\omega)| = \left| \frac{K}{j\omega T + 1} \right| = \sqrt{\left(\frac{K}{\omega^2 T^2 + 1} \right)^2 + \left(\frac{-K\omega T}{\omega^2 T^2 + 1} \right)^2}$$

$$= \sqrt{\frac{K^2 + K^2 \omega^2 T^2}{(\omega^2 T^2 + 1)^2}} = K \sqrt{\frac{1 + \omega^2 T^2}{(\omega^2 T^2 + 1)^2}}$$

$$= K \sqrt{\frac{1}{\omega^2 T^2 + 1}} = K \frac{1}{\sqrt{(\omega T)^2 + 1}} \tag{9}$$

$$\angle G(j\omega) = \angle \frac{K}{j\omega T + 1} = \tan^{-1} \frac{\mathrm{Im}\,[G(j\omega)]}{\mathrm{Re}\,[G(j\omega)]} = \tan^{-1} \frac{-\dfrac{K\omega T}{\omega^2 T^2 + 1}}{\dfrac{K}{\omega^2 T^2 + 1}}$$

$$= -\tan^{-1} \omega T \tag{10}$$

したがって $G(j\omega)$ を極形式で表すと

$$G(j\omega) = |G(j\omega)| \, e^{j\angle G(j\omega)} = \left| \frac{K}{j\omega T + 1} \right| e^{j\angle \frac{K}{j\omega T + 1}} \tag{11}$$

となる．これより (7) 式はつぎとなる．

---

1) $s = j\omega$ とした $G(j\omega)$ を周波数伝達関数と呼ぶ．詳しくは 12.4 節で学ぶ．

$$y_v(t) = \frac{K}{j\omega T + 1} A\mathrm{e}^{j\omega t} = G(j\omega) A\mathrm{e}^{j\omega t} = \left| \frac{K}{j\omega T + 1} \right| \mathrm{e}^{j\angle \frac{K}{j\omega T+1}} A\mathrm{e}^{j\omega t}$$

$$= \left| \frac{K}{j\omega T + 1} \right| A\mathrm{e}^{j\left(\omega t + \angle \frac{K}{j\omega T+1}\right)} = K\frac{1}{\sqrt{(\omega T)^2 + 1}} A\mathrm{e}^{j(\omega t - \tan^{-1}\omega T)}$$

$$= K\frac{1}{\sqrt{(\omega T)^2 + 1}} A\left(\cos\left(\omega t - \tan^{-1}\omega T\right) + j\sin\left(\omega t - \tan^{-1}\omega T\right)\right)$$

$$\tag{12}$$

よって $y_v(t)$ のうち虚数部分のみを取り出すことにより，$u(t)=A\sin\omega t$ に対応した応答 $y(t)$ はつぎとなることがわかる．

$$y(t) = K\frac{1}{\sqrt{(\omega T)^2 + 1}} A\sin\left(\omega t - \tan^{-1}\omega T\right) \tag{13}$$

ここで図 11.2 (b) において 0 秒から 3 秒まで出力が一定の正弦波にならないのは，それぞれ (3) 式の右辺第 1 項，(6) 式の右辺括弧内第 2 項の影響である．

⚙ ナイキストの安定判別法の導出

ここでは，ナイキストの安定判別法の導出を考える．(13.10) 式の分子，分母の多項式を

$$1 + P(s)\,C(s) = \frac{N_p(s)\,N_c(s) + D_p(s)\,D_c(s)}{D_p(s)\,D_c(s)} = \frac{(s - z_1)\cdots(s - z_n)}{(s - p_1)\cdots(s - p_n)}, \quad (n = n_p + n_c)$$

のように因数分解して表現したところから始めよう [2]．つまり

閉ループ極：$z_1, ..., z_n$　　　開ループ極：$p_1, ..., p_n$

であり，$p_1, ..., p_n$ のうち不安定なものの個数 P を知っており，$z_1, ..., z_n$ の中で不安定なものの個数 Z を知ることが目的である．

偏角の原理

ここでは，ナイキストの安定判別法の導出に有用な偏角の原理と呼ばれる複素関数の性質を考えよう．$F(s) = 1 + L(s) = 1 + P(s)C(s)$ とする．

$$F(s) = 1 + L(s) = 1 + P(s)\,C(s) = \frac{(s - z_1)\cdots(s - z_n)}{(s - p_1)\cdots(s - p_n)}$$

$F(s)$ の極 $p_1, ..., p_n$ と零点 $z_1, ..., z_n$ は，たとえば複素平面上では図 1 (a) のように分布している．

複素平面上に，図 1 (a) に示す適当な閉曲線 C を考えよう [3]．さらに，この閉曲線 C 上を時計回りに 1 周する変数 $\bar{s}$ を考える．ここでは，変数 $\bar{s}$ が閉曲線 C 上を時計回りに 1 周

---

[2] (13.4), (13.5) 式に合わせた補足をしておくと，$D_p(s)D_c(s) = (s - p_1^p)\cdots(s - p_{n_p}^p) \times (s - p_1^c)\cdots(s - p_{n_c}^c) = (s - p_1)\cdots(s - p_n)$ とおいただけであり，$N_p(s)N_c(s) + D_p(s)D_c(s) = k_p(s - z_1^p)\cdots(s - z_{m_p}^p) \times k_c(s - z_1^c)\cdots(s - z_{m_c}^c) + (s - p_1^p)\cdots(s - p_{n_p}^p) \times (s - p_1^c)\cdots(s - p_{n_c}^c)$ を改めて因数分解したものを $(s - z_1)\cdots(s - z_n)$ とおいている．

[3] ここでは，閉曲線 C が極 $p_1, ..., p_n$ や零点 $z_1, ..., z_n$ の上を通過していることはないとする．

する際，図1(b) に示す，$F(\bar{s})$ がどのような軌跡を描くのか，特に $F(\bar{s})$ が原点の周りを何周するのか，つまり $F(\bar{s})$ の偏角 $\angle F(\bar{s})$ がどれだけ変化するのかを調べよう．

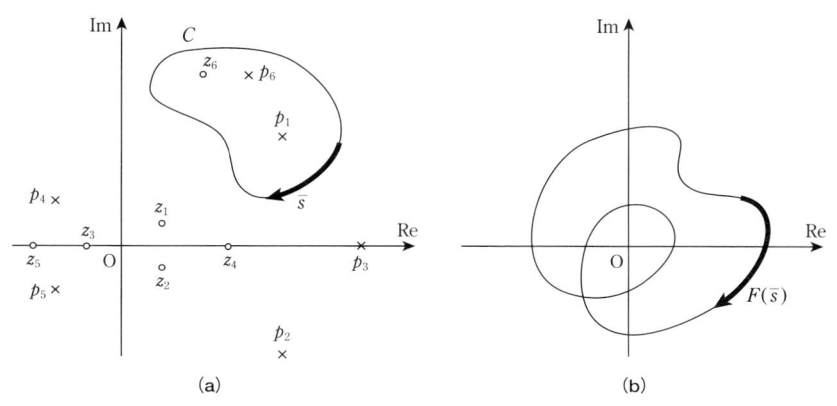

図1　閉曲線 C 上を時計回りに1周する変数 $\bar{s}$ とそのときの像 $F(\bar{s})$

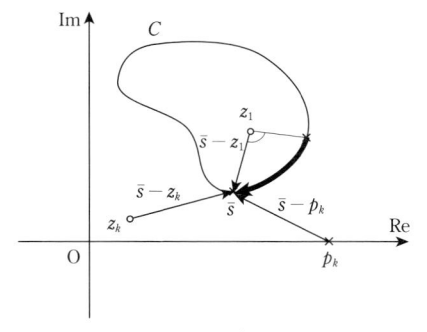

図2　$\angle(\bar{s} - z_1)$ の総変化量は $-360°$

　まずはじめに簡単な場合を考える．図2に示すとおり，閉曲線 C で囲まれる領域に1つの零点 z_1 だけが含まれていたとしよう．図2で変数 $\bar{s}$ が閉曲線 C 上を時計回りに一周する様子を考えればわかるように，$\angle(\bar{s} - z_1)$ の総変化量は $-360°$，つまり時計回りに1回転となる．一方，閉曲線 C で囲まれる領域の外側にある零点 z_k や極 p_k についての偏角 $\angle(\bar{s} - z_k)$ や $\angle(\bar{s} - p_k)$ は，変数 $\bar{s}$ が閉曲線 C を1周する際に上下動はするものの，その正味の変化量は $0°$ である．$F(\bar{s})$ の偏角 $\angle F(\bar{s})$ は，

$$\angle F(\bar{s}) = \angle(\bar{s} - z_1) + \cdots + \angle(\bar{s} - z_n) - \angle(\bar{s} - p_1) - \cdots - \angle(\bar{s} - p_n) \quad (22)$$

であるから，$\angle F(\bar{s})$ の総変化量は，$\angle(\bar{s} - z_1)$ の総変化量に等しく $-360°$ となる．つまり，つぎのことがわかる．

閉曲線 C が零点を1つのみ囲んでいる→
$F(\bar{s})$ は原点を時計回りに1回転

つぎに，閉曲線 C で囲まれる領域の内部に Z 個の零点のみが含まれている場合を考えよう．この場合も図2で考えたのと同じように，閉曲線 C で囲まれる領域の内部にある $z_1, ..., z_Z$ についての偏角 $\angle(\bar{s} - z_1), ..., \angle(\bar{s} - z_Z)$ の総変化量は，それぞれ $-360°$ である．(22) 式より，これらの和が $\angle F(\bar{s})$ の総変化量となるから，つぎのことがわかる．

閉曲線 C が零点を Z 個のみ囲んでいる→
$F(\bar{s})$ は原点を時計回りに Z 回転

それでは，閉曲線 C で囲まれる領域に1つの極 p_1 だけが含まれている場合はどうであろうか．図2の z_1 を p_1 で置き換えればわかるように，この場合も $\angle(\bar{s} - p_1)$ の総変化量は $-360°$ である．このとき (22) 式から，$\angle F(\bar{s})$ の総変化量は $-\angle(\bar{s} - p_1)$ の総変化量であり，$360°$ となる．つまり反時計回りに1回転であり，

閉曲線 C が極を1つのみ囲んでいる→
$F(\bar{s})$ は原点を時計回りに -1 回転

となる．ここでは，時計回りの回転数を正の数で，反時計回りの回転数を負の数で数えることにする．
一般に閉曲線 C が Z 個の零点と P 個の極を囲んでいたとすると，これまでの考察からわかるように

閉曲線 C が零点を Z 個，極を P 個囲んでいる→
$F(\bar{s})$ は原点を時計回りに $Z-P$ 回転

となる．この複素関数の性質を利用して，つぎにナイキストの安定判別法を導出しよう．

ナイキストの安定判別法の導出

ここでは簡単のため，開ループ伝達関数 $L(s) = P(s)C(s)$ は，$s = 0$ や $s = \pm j\omega_n$ といった，虚軸上の極を持たないと仮定する．248ページと同様に $F(s) = 1 + L(s)$ とする．$F(s)$ の零点 $z_1, ..., z_n$ （閉ループ極）のうち不安定な Z 個と極 $p_1, ..., p_n$ （開ループ極）のうち不安定な P 個が，右半平面に存在している．閉曲線 C として，ここでは図3(a)に示す閉曲線を考えよう．閉曲線 C は，虚軸上を通る直線と半円の外周になっている．ただし，ここ

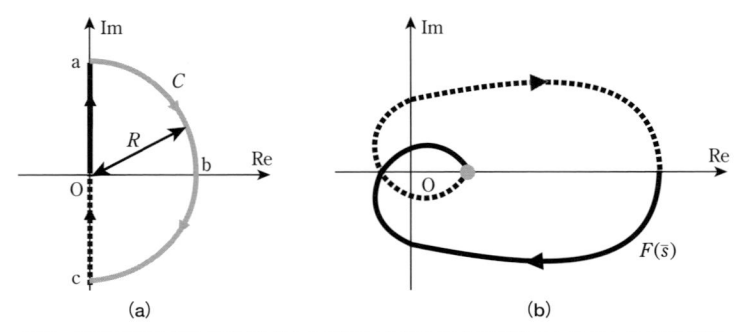

図3　右半平面を覆う閉曲線 C 上を時計回りに1周する変数 $\bar{s}$ とそのときの像 $F(\bar{s})$

で閉曲線 C の半径 R は，その大きさをいくらでも大きくした $R \to \infty$ の極限を考える．つまり，閉曲線 C は複素平面の右側半分をすべて囲んでいる．したがって，$F(s) = 1 + L(s)$ の P 個の不安定な極と Z 個の不安定な零点は，すべて閉曲線 C で囲まれる領域に含まれている．

変数 $\bar{s}$ が閉曲線 C 上を時計回りに 1 周するときの像 $F(\bar{s})$ を考えよう．偏角の原理と閉曲線 C で囲まれる領域の内部には P 個の不安定な極と Z 個の不安定な零点が含まれていることから，まず

$F(\bar{s})$ は原点を時計回りに $Z - P$ 回転

となる．さらに $F(s) = 1 + L(s)$ であったから，変数 $\bar{s}$ が閉曲線 C 上を時計回りに 1 周するときの $L(\bar{s})$ の軌跡を考えると，これは $F(\bar{s})$ を 1 ずらしただけあり，

$L(\bar{s})$ は点 $-1 + j0$ を時計回りに $Z - P$ 回転 (23)

となる．

図 4 の軌跡 $L(\bar{s})$ についてもう少し詳しく見てみよう．変数 $\bar{s}$ が閉曲線 C 上を原点 O から点aへ向かって進むとする．このとき $\bar{s} = j\omega$ で ω は $0 \to \infty$ と変化する．したがって $L(\bar{s}) = L(j\omega)$ であり，これは $L(s)$ のベクトル軌跡そのものである．つぎに変数 $\bar{s}$ は点aから点bを経由して点cへと進む．このとき，$L(s)$ は厳密にプロパーな伝達関数であり，また $R \to \infty$ の極限を考えていることから，この間ずっと $L(\bar{s}) = 0$ となる．最後に変数 $\bar{s}$ は，点cから原点 O へと進むので，$\bar{s} = -j\omega$，$\omega = \infty \to 0$ である．このとき $L(-j\omega) = \overline{L(j\omega)}$ であることに注意すると，$L(-j\omega)$ の軌跡は $L(s)$ のベクトル軌跡を実軸対称に描くだけで得られる．

図 4 に示す $L(\bar{s})$ の軌跡は，基本的には $L(s)$ のベクトル軌跡を描くだけで得られることがわかった．$L(\bar{s})$ の軌跡は，**ナイキスト軌跡**と呼ばれる．それでは実際にナイキスト軌跡を描いたとして，これが点 $-1 + j0$ を時計回りに回転する数を数えよう．この回転数を N とすると，(23) より，$N = Z - P$ となる．P は不安定な開ループ極の数であり，すでに制御技術者が知っている値であった．N はナイキスト軌跡を描いて実際に数えればよい．これにより，$Z = N + P$ つまり不安定な閉ループ極の数がわかる．このようにして Z の値を求める手順を**ナイキストの安定判別法**という．

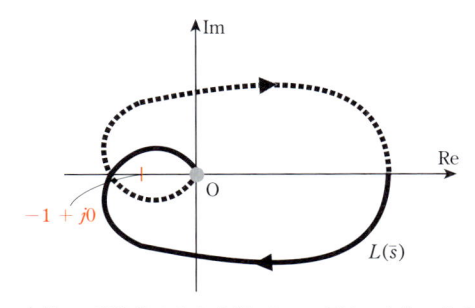

図 4　変数 $\bar{s}$ が閉曲線 C 上を時計回りに 1 周するときの像 $L(\bar{s})$

最後に補足を述べておく．ここでは，開ループ伝達関数 $L(s)$ が虚軸上に極を持たないと仮定した．虚軸上の $s = 0$ や $s = \pm j\omega_n$ などが開ループ極として存在すると，図3(a)の原点 O から点 a へ ω が移動するときに，極の部分で $L(j\omega)$ の軌跡がちぎれてしまう．よって，閉じたナイキスト軌跡が描けず，点 $-1 + j0$ を回る回数を考えることができない．虚軸上に極がある場合は，図3(a)の閉曲線を少し修正して，ナイキストの安定判別法を適用する必要がある．具体的な修正の手順は，参考文献 [2] や [5] などで説明されている．なお，開ループ伝達関数 $L(s)$ に $s = 0$ の極が1つだけあり，残りはすべて安定極になっている場合は，13.5 節の簡略化されたナイキストの安定判別法を使うことができる．

演習問題の解答

⚙ 講義 01

(1)　$v(t) = x'(t) = \lim_{h \to 0} \dfrac{x(t + h) - x(t)}{h}$,　$a(t) = v'(t) = \lim_{h \to 0} \dfrac{v(t + h) - v(t)}{h}$

(2)　(1.7) 式において，$a = 2$，$C_0 = 3$ とすれば $y(t) = 3\mathrm{e}^{2t}$.

(3)　a の値が負側に大きくなるほど，初期値から 0 へ早く収束するので，$a = -0.5$，-2.0 のグラフは図 A.1 となる．

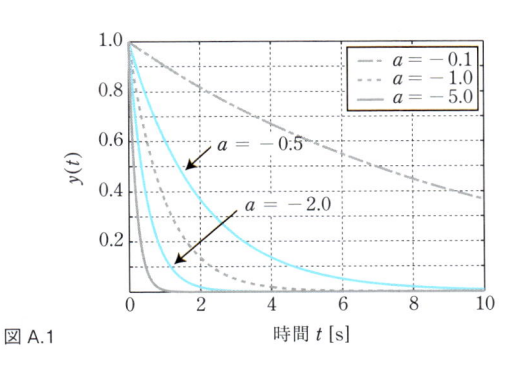

図 A.1

(4)　K は定数であるので，(1.6) 式の解き方と同様にしてつぎのように解くことができる．

$$\frac{\mathrm{d}y(t)}{\mathrm{d}t} = -a\,(y(t) - K) \Rightarrow \frac{\mathrm{d}y(t)}{y(t) - K} = -a\,\mathrm{d}t \Rightarrow \log(y(t) - K) = -at + C$$

$$\Rightarrow y(t) - K = \mathrm{e}^{-at + C'} \Rightarrow y(t) = K + C\mathrm{e}^{-at} \ (C = \mathrm{e}^{C'})$$

(5)　(1.11) 式において，紙コップとマグカップの場合の a をそれぞれ a_p，a_m とすると，(1.12) 式はつぎで表される．

$$y(t) = K + C\mathrm{e}^{-a_p t},\ \ y(t) = K + C\mathrm{e}^{-a_m t}$$

実際の現象では，紙コップのコーヒーの方がマグカップよりも冷めやすい．つまり，紙コップはマグカップに比べて，$y(t)$ の値が早く K に収束する．また図 1.4 からも，指数関数はべき指数が小さい方が収束が早いという性質を持つ．よって，a_p と a_m の大小関係はつぎで表される．

$$-a_p < -a_m \ \ \Rightarrow \ \ a_p > a_m$$

(6)　自転車に乗る際の目標は，自転車と体が転ばないように全体のバランスをとりつつペダルを漕ぐことである．その際は無意識かもしれないが，さまざまな感覚器官（目や三半規管など）で周りの状態（道の状態，勾配，凹凸，道幅など）を感知し，それを脳に伝

えている．脳はこれらの情報をもとに，状況を判断して適切な指令を筋肉に出し，体が動いて自転車に乗っている．はじめて自転車に乗る人が上手く乗れないのは，感知した周りの状態から，適切な動きがとれないためである．ここで，周りの状況がまったくわからない，たとえば目を閉じて自転車に乗ることはかなり難しい．すなわち，周りの状況と自転車と体の状況が比較できなければ，自転車に上手く乗ることができない．

このことと，図 1.9 より，フィードバック制御とは制御対象（自転車と体）の状況と目標とを比較し，コントローラ（脳など）が適切な動きとなる指令を出し，適切に制御対象を動かすことである．

(7) $\displaystyle \int_0^\infty \mathrm{e}^{-at}\mathrm{d}t = \left[-\frac{1}{a}\mathrm{e}^{-at} \right]_0^\infty = -\left(-\frac{1}{a} \right) = \frac{1}{a}$

(8) $\displaystyle \int_0^\infty t\mathrm{e}^{-at}\mathrm{d}t = \int_0^\infty t\left(-\frac{1}{a}\mathrm{e}^{-at} \right)'\mathrm{d}t = \left[-\frac{1}{a}t\mathrm{e}^{-at} \right]_0^\infty - \int_0^\infty \left(-\frac{1}{a}\mathrm{e}^{-at} \right)\mathrm{d}t$

$\displaystyle \qquad = \int_0^\infty \frac{1}{a}\mathrm{e}^{-at}\mathrm{d}t = \left[-\frac{1}{a^2}\mathrm{e}^{-at} \right]_0^\infty = -\left(-\frac{1}{a^2} \right) = \frac{1}{a^2}$

(9) $\displaystyle \int \mathrm{e}^t\sin t\,\mathrm{d}t = \mathrm{e}^t\sin t - \int \mathrm{e}^t\cos t\,\mathrm{d}t$

ここで

$$\int \mathrm{e}^t\cos t\,\mathrm{d}t = \mathrm{e}^t\cos t + \int \mathrm{e}^t\sin t\,\mathrm{d}t$$

となるので，これを第 1 式に代入して整理すると，つぎとなる．

$$\int \mathrm{e}^t\sin t\,\mathrm{d}t = \mathrm{e}^t\sin t - \mathrm{e}^t\cos t - \int \mathrm{e}^t\sin t\,\mathrm{d}t$$

$$\int \mathrm{e}^t\sin t\,\mathrm{d}t = \frac{1}{2}\mathrm{e}^t(\sin t - \cos t) + C$$

ここで C は積分定数（以下同様）．

(10) $\displaystyle \int \mathrm{e}^t\cos t\,\mathrm{d}t = \mathrm{e}^t\cos t + \int \mathrm{e}^t\sin t\,\mathrm{d}t$

ここで

$$\int \mathrm{e}^t\sin t\,\mathrm{d}t = \mathrm{e}^t\sin t - \int \mathrm{e}^t\cos t\,\mathrm{d}t$$

となるので，これを第 1 式に代入して整理すると，つぎとなる．

$$\int \mathrm{e}^t\cos t\,\mathrm{d}t = \mathrm{e}^t\cos t + \mathrm{e}^t\sin t - \int \mathrm{e}^t\cos t\,\mathrm{d}t$$

$$\int \mathrm{e}^t\cos t\,\mathrm{d}t = \frac{1}{2}\mathrm{e}^t(\cos t + \sin t) + C$$

⚙ 講義 02

(1) 図 2.11 の運動方程式はつぎで表される．

$$M\ddot{x}(t) + D\dot{x}(t) = f(t)$$

(2) 図 2.12 の運動方程式はつぎで表される.

$$M\ddot{x}(t) + D\dot{x}(t) + Kx(t) = f(t)$$

(3) (2.6) 式より，$J\dfrac{\mathrm{d}^2\theta(t)}{\mathrm{d}t^2} = \tau(t)$. ここで，$\dot{\omega}(t) = \dfrac{\mathrm{d}^2\theta(t)}{\mathrm{d}t^2}$ であるのでつぎが得られる.

$$J\dot{\omega}(t) = \tau(t) \quad \Rightarrow \quad \dot{\omega}(t) = \frac{1}{J}\tau(t)$$

(4) $u(t) = v_{\text{in}}(t)$，$v_R(t) + v_C(t) = v_{\text{in}}(t)$ より，つぎが得られる.

$$Ri(t) + \frac{1}{C}\int_0^t i(\tau)\,\mathrm{d}\tau = u(t)$$

また，$y(t) = v_{out}(t) = \dfrac{1}{C}\displaystyle\int_0^t i(\tau)\,\mathrm{d}\tau$ の両辺を微分し，上式に代入するとつぎが得られる.

$$RC\frac{\mathrm{d}y(t)}{\mathrm{d}t} + y(t) = u(t)$$

(5) $y(t) = i(t)$ とすると，$Ry(t) + \dfrac{1}{C}\displaystyle\int_0^t y(\tau)\,\mathrm{d}\tau = u(t)$ となり，両辺を t で微分するとつぎが得られる.

$$R\frac{\mathrm{d}y(t)}{\mathrm{d}t} + \frac{1}{C}y(t) = \frac{\mathrm{d}u(t)}{\mathrm{d}t}$$

(6) 問題文の温度変化の原理より，微分方程式はつぎとなる.

$$C\frac{\mathrm{d}\theta(t)}{\mathrm{d}t} + k\theta(t) = q(t)$$

(7) 物体の基準点に対する変位（絶対変位）は $x(t) + y(t)$ であり，ばねとダンパの変位は $y(t)$ である．よって，運動方程式はつぎとなる.

$$M(\ddot{x}(t) + \ddot{y}(t)) + D\dot{y}(t) + Ky(t) = 0$$

(8) 与式に与えられた条件を代入すると，つぎが得られる.

$$C\frac{\mathrm{d}h(t)}{\mathrm{d}t} = u(t) - \frac{1}{R}h(t)$$

これを整理すると，関係式はつぎとなる.

$$RC\frac{\mathrm{d}h(t)}{\mathrm{d}t} + h(t) = Ru(t)$$

(9) 左右のタンクをそれぞれタンク 1, 2 と呼ぶ．タンク 1 の流入流量は $q_{i1}(t)$，流出流量は左右タンクの水位差 $h_1(t) - h_2(t)$ に比例する．タンク 2 の流入流量は左右タンクの水位差 $h_1(t) - h_2(t)$ に比例し，流出流量は $q_{o2}(t)$ である．これより問題 (8) を参考にすると，微分方程式はつぎとなる.

$$C_1\frac{\mathrm{d}h_1(t)}{\mathrm{d}t} = q_{i1}(t) - \frac{1}{R_1}\left(h_1(t) - h_2(t)\right)$$

$$C_2\frac{\mathrm{d}h_2(t)}{\mathrm{d}t} = \frac{1}{R_1}\left(h_1(t) - h_2(t)\right) - q_{o2}(t)$$

ここで$q_{o2}(t) = \dfrac{1}{R_2}h_2(t)$となるので，整理すると微分方程式はつぎとなる．

$$\frac{\mathrm{d}h_1(t)}{\mathrm{d}t} = -\frac{1}{C_1 R_1}(h_1(t) - h_2(t)) + \frac{1}{C_1}q_{i1}(t)$$

$$\frac{\mathrm{d}h_2(t)}{\mathrm{d}t} = \frac{1}{C_2 R_1}(h_1(t) - h_2(t)) - \frac{1}{C_2 R_2}h_2(t)$$

(10) ねじれ角の回転角速度はモータと負荷の回転角速度の差となる．モータは入力トルクにより回転するが，モータの粘性摩擦力とねじれ角による影響を受ける．負荷はねじれ角により回転するが，負荷の粘性摩擦力の影響を受ける．これより，与えられた2慣性システムの運動方程式はつぎとなる．

$$\frac{\mathrm{d}\theta(t)}{\mathrm{d}t} = \omega_1(t) - \omega_2(t), \quad J_1\frac{\mathrm{d}\omega_1(t)}{\mathrm{d}t} = -B_1\omega_1(t) - K\theta(t) + \tau_1(t)$$

$$J_2\frac{\mathrm{d}\omega_2(t)}{\mathrm{d}t} = -B_2\omega_2(t) + K\theta(t)$$

⚙ 講義 03

以後の解答では，微分方程式の両辺をラプラス変換する際，すべての初期値を0とする．

(1) $f(t)$ を入力，$x(t)$ を出力とすると，マス−ばね−ダンパシステムは

$$M\ddot{x}(t) + D\dot{x}(t) + Kx(t) = f(t)$$

と表すことができる．両辺をラプラス変換すると，つぎが得られる．

$$Ms^2 X(s) + DsX(s) + KX(s) = F(s)$$

よって，$G(s) = \dfrac{X(s)}{F(s)}$ より，伝達関数はつぎとなる．$G(s) = \dfrac{1}{Ms^2 + Ds + K}$

(2) 講義 02 の演習問題 (4) より，$u(t) = v_{\mathrm{in}}(t)$，$y(t) = v_{\mathrm{out}}(t)$ のときの関係式は

$$RC\frac{\mathrm{d}y(t)}{\mathrm{d}t} + y(t) = u(t)$$

となる．両辺をラプラス変換するとつぎが得られる．

$$RCsY(s) + Y(s) = U(s)$$

よって，$G(s) = \dfrac{Y(s)}{U(s)}$ より，伝達関数はつぎとなる．$G(s) = \dfrac{1}{RCs + 1}$

また，$y(t) = i(t)$ とすると，同様に講義 02 の演習問題 (5) より，

$$R\frac{\mathrm{d}y(t)}{\mathrm{d}t} + \frac{1}{C}y(t) = \frac{\mathrm{d}u(t)}{\mathrm{d}t}$$

となるので，両辺をラプラス変換するとつぎが得られる．

$$RsY(s) + \frac{1}{C}Y(s) = sU(s)$$

よって，$G(s) = \dfrac{Y(s)}{U(s)}$ より，伝達関数はつぎとなる．$G(s) = \dfrac{Cs}{RCs + 1}$

(3) 図 3.10 (a) の信号を式でそれぞれ表すと，つぎが得られる．

$$Y_1 = G_1(U - Y_2), \quad Y_2 = G_2 Y_1$$

Y_2 の式を Y_1 の式の右辺に代入して変形すると，つぎが得られる．

$$Y_1 = G_1(U - G_2 Y_1) \quad \Rightarrow \quad Y_1 = \frac{G_1}{1 + G_1 G_2} U$$

　同様にして，ポジティブフィードバックの U から Y_1 までの伝達関数 $G(s) = \dfrac{Y_1}{U}$ を求める．図 3.10 (b) の信号を式でそれぞれ表すと，つぎが得られる．

$$Y_1 = G_1(U + Y_2), \quad Y_2 = G_2 Y_1$$

Y_2 の式を Y_1 の式の右辺に代入して変形すると，つぎが得られる．

$$Y_1 = G_1(U + G_2 Y_1) \quad \Rightarrow \quad Y_1 = \frac{G_1}{1 - G_1 G_2} U$$

よって，U から Y_1 までの伝達関数は $\dfrac{G_1}{1 - G_1 G_2}$

(4) ラプラス変換の定義：$F(s) = \mathcal{L}[f(t)] = \displaystyle\int_0^\infty f(t)\,\mathrm{e}^{-st}\,\mathrm{d}t$ より，

$$\mathcal{L}[\mathrm{e}^{-at}] = \int_0^\infty (\mathrm{e}^{-at})\mathrm{e}^{-st}\,\mathrm{d}t = -\frac{1}{s + a}\,[\mathrm{e}^{-(s+a)t}]_0^\infty = \frac{1}{s + a}$$

(5) (3.67) 式より $\sin \omega t$ はつぎで表される．

$$\sin \omega t = \frac{\mathrm{e}^{j\omega t} - \mathrm{e}^{-j\omega t}}{j2}$$

よって，(4) と同様に計算すると $\mathcal{L}[\sin \omega t]$ はつぎで表される．

$$\mathcal{L}[\sin \omega t] = \int_0^\infty (\sin \omega t)\mathrm{e}^{-st}\,\mathrm{d}t = \int_0^\infty \left(\frac{\mathrm{e}^{j\omega t} - \mathrm{e}^{-j\omega t}}{j2} \right) \mathrm{e}^{-st}\,\mathrm{d}t$$

$$= \frac{1}{j2} \left\{ \left[\frac{-1}{s - j\omega}\,\mathrm{e}^{-(s-j\omega)t} \right]_0^\infty - \left[\frac{-1}{s + j\omega}\,\mathrm{e}^{-(s+j\omega)t} \right]_0^\infty \right\}$$

$$= \frac{1}{j2} \left(\frac{1}{s - j\omega} - \frac{1}{s + j\omega} \right) = \frac{\omega}{s^2 + \omega^2}$$

同様に $\mathcal{L}[\cos \omega t]$ はつぎで表される．

$$\mathcal{L}[\cos \omega t] = \int_0^\infty (\cos \omega t)\mathrm{e}^{-st}\,\mathrm{d}t = \int_0^\infty \left(\frac{\mathrm{e}^{j\omega t} + \mathrm{e}^{-j\omega t}}{2} \right) \mathrm{e}^{-st}\,\mathrm{d}t$$

$$= \frac{1}{2} \left\{ \left[-\frac{1}{s - j\omega}\,\mathrm{e}^{-(s-j\omega)t} \right]_0^\infty + \left[-\frac{1}{s + j\omega}\,\mathrm{e}^{-(s+j\omega)t} \right]_0^\infty \right\}$$

$$= \frac{1}{2} \left(\frac{1}{s - j\omega} + \frac{1}{s + j\omega} \right) = \frac{s}{s^2 + \omega^2}$$

(6) (3.57), (3.58) 式より $\mathcal{L}[\dot{h}(t)] = sH(s) = F(s)$. ここで, $\int_0^t f(\tau)\,\mathrm{d}\tau = h(t)$ であるから,

$$\mathcal{L}\left[\int_0^t f(\tau)\,\mathrm{d}\tau\right] = \mathcal{L}[h(t)] = H(s) = \frac{1}{s}F(s)$$

(7) $C\dfrac{\mathrm{d}\theta(t)}{\mathrm{d}t} + k\theta(t) = q(t)$ の両辺をラプラス変換すると,

$$Cs\theta(s) + k\theta(s) = Q(s) \Rightarrow (Cs + k)\,\theta(s) = Q(s)$$

となるので, 伝達関数はつぎとなる.

$$G(s) = \frac{\theta(s)}{Q(s)} = \frac{1}{Cs + k}$$

(8) $M(\ddot{x}(t) + \ddot{y}(t)) + D\dot{y}(t) + Ky(t) = 0$ の両辺をラプラス変換すると,

$$M(s^2 X(s) + s^2 Y(s)) + DsY(s) + KY(s) = 0$$

となるので, 伝達関数はつぎとなる.

$$G(s) = \frac{Y(s)}{X(s)} = -\frac{Ms^2}{Ms^2 + Ds + K}$$

(9) G_3, G_4 は G_1 の出力側にある加え合わせ点へのフィードバック要素となっているので, 図 3.25 は図 A.2 に変換できる. G_3 に関するフィードバック結合を変換すると図 A.3 となる. そして, 直列結合を変換すると図 A.4 となる. さらに, G_4 に関するフィードバック結合を変換すると図 A.5 となる. 最後に, 直列結合を変換すると図 A.6 となる.

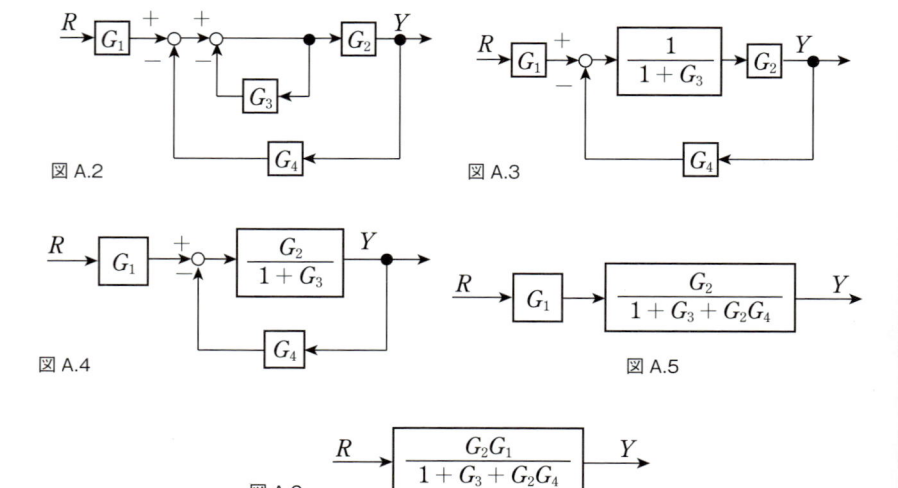

図 A.2　　図 A.3

図 A.4　　図 A.5

図 A.6

(10) G_2 に入力される信号は $G_3 R$ と $G_1(R - HY)$ を足し合わせたものになるので, 図 3.26 は図 A.7 に変換でき, フィードバック結合を変換すると図 A.8 となる. 最後に, 直列結

合をまとめると図 A.9 となる.

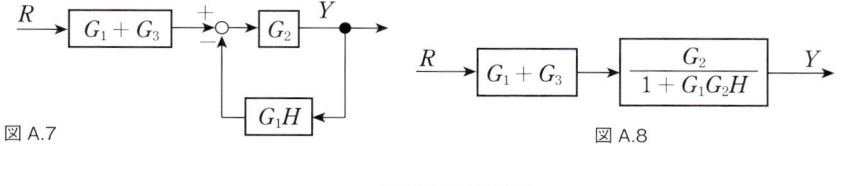

図 A.7

図 A.8

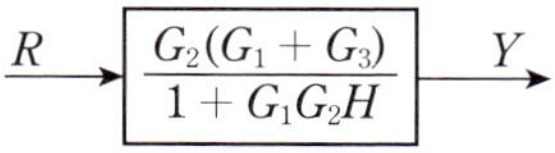

図 A.9

(11) 講義 02 の演習問題 (10) で得られた各式をそれぞれラプラス変換して整理するとつぎとなる.

$$s\theta(s) = \omega_1(s) - \omega_2(s) \tag{1}$$

$$(J_1 s + B_1)\,\omega_1(s) = -K\theta(s) + \tau_1(s) \tag{2}$$

$$(J_2 s + B_2)\,\omega_2(s) = K\theta(s) \tag{3}$$

(1) 式を (2), (3) 式に代入するとつぎとなる.

$$(J_1 s + B_1)\,\omega_1(s) = -\frac{K}{s}\,(\omega_1(s) - \omega_2(s)) + \tau_1(s) \tag{4}$$

$$(J_2 s + B_2)\,\omega_2(s) = \frac{K}{s}\,(\omega_1(s) - \omega_2(s)) \tag{5}$$

ブロック線図を描く場合は, (4), (5) 式をつぎのとおり変形する.

$$\omega_1(s) = \frac{1}{J_1 s + B_1}\left\{\frac{-K}{s}\,(\omega_1(s) - \omega_2(s)) + \tau_1(s)\right\} \tag{6}$$

$$\omega_2(s) = \frac{1}{J_2 s + B_2}\,\frac{K}{s}\,(\omega_1(s) - \omega_2(s)) \tag{7}$$

各変数の関係に注意すると (6), (7) 式のブロック線図は A.10 で表すことができる. フィードバック信号における矢印の足し合わせを解消するために, 図 A.10 を図 A.11 のように変換する. 内側のフィードバック結合を変換すると, 図 A.12 となる. 直列結合の部分をまとめると, 図 A.13 となる. さらに, フィードバック結合を変換すると最終的なブロック線図は図 A.14 となる.

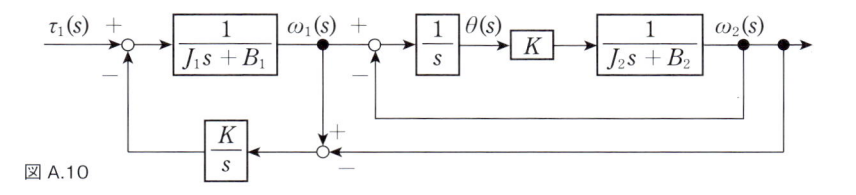

図 A.10

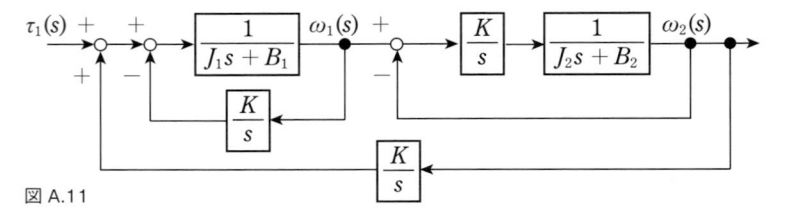

図 A.11

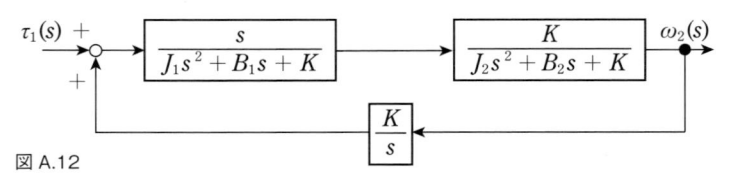

図 A.12

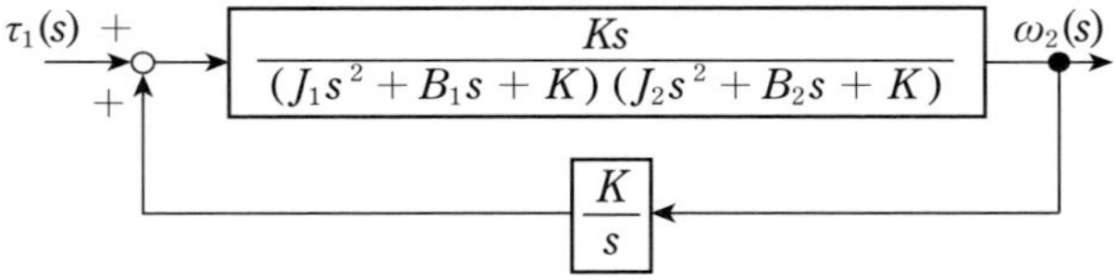

$$\tau_1(s) \xrightarrow{\quad +\quad} \boxed{\dfrac{Ks}{(J_1 s^2 + B_1 s + K)(J_2 s^2 + B_2 s + K)}} \xrightarrow{\quad} \omega_2(s)$$

$$\boxed{\dfrac{K}{s}}$$

図 A.13

$$\tau_1(s) \xrightarrow{\quad} \boxed{\dfrac{K}{J_1 J_2 s^3 + (J_1 B_2 + J_2 B_1)\, s^2 + (J_1 K + J_2 K + B_1 B_2)\, s + B_1 K + B_2 K}} \xrightarrow{\quad} \omega_2(s)$$

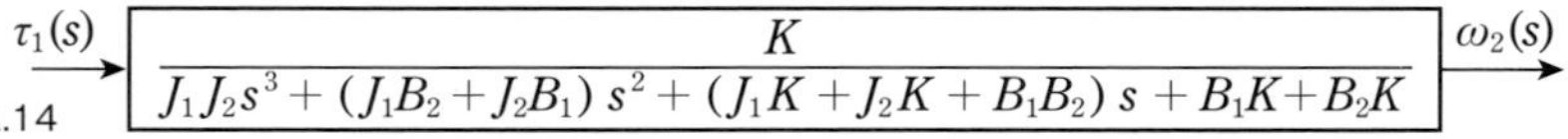

図 A.14

数式変形による場合，(4) 式を整理するとつぎとなる．

$$\left(J_1 s + B_1 + \frac{K}{s}\right)\omega_1(s) = \frac{K}{s}\omega_2(s) + \tau_1(s)$$

$$\omega_1(s) = \frac{s}{J_1 s^2 + B_1 s + K}\left(\frac{K}{s}\omega_2(s) + \tau_1(s)\right)$$

$$= \frac{K}{J_1 s^2 + B_1 s + K}\omega_2(s) + \frac{s}{J_1 s^2 + B_1 s + K}\tau_1(s)$$

また，(5) 式を整理するとつぎとなる．

$$\omega_2(s) = \frac{s}{J_2 s^2 + B_2 s + K}\frac{K}{s}\omega_1(s)$$

$$= \frac{K}{J_2 s^2 + B_2 s + K}\left(\frac{K}{J_1 s^2 + B_1 s + K}\omega_2(s) + \frac{s}{J_1 s^2 + B_1 s + K}\tau_1(s)\right) (6)$$

ここで記述を簡単にするため，$A = J_1 s^2 + B_1 s + K$，$B = J_2 s^2 + B_2 s + K$ とし (6) 式を整理すると，

$$\left(1 - \frac{K^2}{AB}\right)\omega_2(s) = \frac{Ks}{AB}\tau_1(s)$$

$$\omega_2(s) = \frac{Ks}{AB - K^2}\tau_1(s)$$

となる．ここで

$$\frac{Ks}{AB - K^2} = \frac{Ks}{(J_1 s^2 + B_1 s + K)(J_2 s^2 + B_2 s + K) - K^2}$$

$$= \frac{Ks}{J_1 J_2 s^4 + (J_1 B_2 + J_2 B_1) s^3 + (J_1 K + J_2 K + B_1 B_2) s^2 + (B_1 K + B_2 K) s}$$

である．よって，伝達関数はつぎとなる．

$$G(s) = \frac{\omega_2(s)}{\tau_1(s)} = \frac{K}{J_1 J_2 s^3 + (J_1 B_2 + J_2 B_1) s^2 + (J_1 K + J_2 K + B_1 B_2) s + B_1 K + B_2 K}$$

⚙ 講義 04

以後の解答では，微分方程式の両辺をラプラス変換する際，特に指定のある場合を除いて，すべての初期値を 0 とする．

(1) 微分方程式の両辺に e^{2t} をかけると，つぎが得られる．

$$e^{2t}\dot{y}(t) + e^{2t} 2y(t) = e^{2t} 2u(t)$$

左辺を整理すると，$\dfrac{\mathrm{d}}{\mathrm{d}t}(e^{2t} y(t)) = e^{2t} 2u(t)$ となり，両辺を区間 0 から t で積分すると，C を積分定数として，つぎが得られる．

$$e^{2t} y(t) = \int_0^t e^{2\tau} 2u(\tau)\,\mathrm{d}\tau + C \quad \Rightarrow \quad y(t) = 2\int_0^t e^{-2(t-\tau)} u(\tau)\,\mathrm{d}\tau + e^{-2t} C$$

題意より，$y(0) = e^{-2 \times 0} C = C = 0$ となる．入力を $u(t) = \delta(t)$ とし，(4.4) 式のデルタ関数の性質を用いると，$y(t)$ はつぎで求められる．

$$y(t) = 2e^{-2(t-0)} = 2e^{-2t}$$

(2) (4.5) 式の両辺をラプラス変換して整理すると，

$$(s + a)Y(s) = bU(s), \quad (Y(s) = \mathcal{L}[y(t)],\ U(s) = \mathcal{L}[u(t)])$$

$$Y(s) = \frac{b}{s + a} U(s)$$

となる．よって，$U(s)$ から $Y(s)$ までの伝達関数 $G(s)$ は $G(s) = \dfrac{b}{s + a}$．(3.43) 式との対応をとるため，$G(s)$ の分子分母を a で割ると，つぎが得られる．

$$G(s) = \frac{\dfrac{b}{a}}{\dfrac{1}{a} s + 1}$$

よって，$T = \dfrac{1}{a}$，$K = \dfrac{b}{a}$ となる．これより，$a = \dfrac{1}{T}$，$b = Ka = \dfrac{K}{T}$ となり，(4.11) 式に代入すると，(3.43) 式の応答はつぎで表される．

$$y(t) = e^{-\frac{1}{T}t} y(0) + \int_0^t e^{-\frac{1}{T}(t-\tau)} \frac{K}{T} u(\tau) \, d\tau$$

(3) 微分方程式の両辺をラプラス変換すると，$sY(s) = -2Y(s) + 2U(s)$ が得られる．よって，$U(s)$ と $Y(s)$ の関係はつぎで表される．

$$Y(s) = G(s)U(s), \quad G(s) = \frac{2}{s + 2}$$

インパルス応答は $U(s) = 1$ より，ラプラス変換表を用いてつぎで計算できる．

$$y(t) = \mathcal{L}^{-1}[Y(s)] = \mathcal{L}^{-1}\left[\frac{2}{s + 2} \times 1\right] = 2e^{-2t}$$

単位ステップ応答は $U(s) = \dfrac{1}{s}$ より，$y(t) = \mathcal{L}^{-1}[Y(s)] = \mathcal{L}^{-1}\left[\dfrac{2}{s(s + 2)}\right]$ となる．いま，$\dfrac{2}{s(s + 2)}$ をつぎのとおり部分分数展開する．

$$\frac{2}{s(s + 2)} = \frac{k_1}{s} + \frac{k_2}{s + 2}, \quad (k_1, \ k_2 : \text{定数})$$

よって，条件式 $k_1 + k_2 = 0$，$2k_1 = 2$ より，$k_1 = 1$，$k_2 = -1$ となり，単位ステップ応答 $y(t)$ は，ラプラス変換表を用いてつぎで計算できる．

$$y(t) = \mathcal{L}^{-1}\left[\frac{2}{s(s + 2)}\right] = \mathcal{L}^{-1}\left[\frac{1}{s} - \frac{1}{s + 2}\right] = 1 - e^{-2t}$$

(4) 高さが h のステップ信号をラプラス変換すると，$\mathcal{L}[h] = \dfrac{h}{s}$ となる．よって，$Y(s) = \dfrac{b}{s + a} U(s)$，$U(s) = \dfrac{h}{s}$ となり，(4.26) 式はつぎで表される．

$$y(t) = \mathcal{L}^{-1}[G(s) U(s)] = \mathcal{L}^{-1}\left[\frac{bh}{s(s + a)}\right] = \frac{bh}{a}(1 - e^{-at})$$

(5) 微分方程式の両辺をラプラス変換すると，つぎで表される．

$$(Ms + c_v) V(s) = F(s)$$

これより，$F(s)$ と $V(s)$ の関係はつぎで表される．

$$V(s) = G(s)F(s), \quad G(s) = \frac{1}{Ms + c_v} = \frac{K}{Ts + 1}, \quad \left(K = \frac{1}{c_v}, \ T = \frac{M}{c_v}\right)$$

$F(s) = 1$ より速度 $v(t)$ はつぎで表される．

$$v(t) = \mathcal{L}^{-1}[G(s) F(s)] = \mathcal{L}^{-1}\left[\frac{K}{Ts + 1} \times 1\right] = \frac{K}{T} \mathcal{L}^{-1}\left[\frac{1}{s + \frac{1}{T}}\right] = \frac{K}{T} e^{-\frac{1}{T}t}$$

これより，$v(0) = \dfrac{K}{T} = \dfrac{1}{M}$ となり，$M \ (> 0)$ が大きくなると，$t = 0$ での物体の速度

は小さくなる．さらに，$-\dfrac{1}{T} = -\dfrac{c_v}{M}$ となるから，$\dfrac{c_v}{M}$ が大きくなると[1]，衝撃的に与えられた力に対して，物体の速度はより早く 0 に収束する．すなわち，物体はより速やかに停止する．

(6)

i)　$x(0) = 0\,\mathrm{m}$ として (4.27) 式の両辺をラプラス変換し整理すると，

$$(ds + k)X(s) = F(s) \quad \Rightarrow \quad X(s) = \frac{1}{ds + k}F(s)$$

が得られ，$F(s)$ から $X(s)$ までの伝達関数 $G(s)$ は，つぎで表される．

$$G(s) = \frac{1}{ds + k}$$

ii)　インパルス応答は，$F(s) = \mathcal{L}[\delta(t)] = 1$ より，つぎで表される．

$$x(t) = \mathcal{L}[G(s) \times 1] = \mathcal{L}^{-1}\left[\frac{1}{ds + k}\right] = \frac{1}{d}\mathcal{L}^{-1}\left[\frac{1}{s + \dfrac{k}{d}}\right] = \frac{1}{d}\mathrm{e}^{-\frac{k}{d}t}$$

iii)　単位ステップ応答は，$F(s) = \mathcal{L}[1] = \dfrac{1}{s}$ より，

$$x(t) = \mathcal{L}^{-1}\left[\frac{1}{s(ds + k)}\right]$$

となる．上式のカッコ内をつぎのように部分分数展開する．

$$\frac{1}{s(ds + k)} = \frac{k_1}{s} + \frac{k_2}{ds + k}$$

これより，条件式 $k_1 d + k_2 = 0$，$k_1 k = 1$ が得られ，$k_1 = \dfrac{1}{k}$，$k_2 = -k_1 d = -\dfrac{d}{k}$ と求められる．したがって，単位ステップ応答は，つぎで表される．

$$x(t) = \mathcal{L}^{-1}\left[\frac{1}{k}\left(\frac{1}{s} - \frac{d}{ds + k}\right)\right] = \frac{1}{k}\left\{\mathcal{L}^{-1}\left[\frac{1}{s}\right] - \mathcal{L}^{-1}\left[\frac{1}{s + \dfrac{k}{d}}\right]\right\}$$

$$= \frac{1}{k}\left(1 - \mathrm{e}^{-\frac{k}{d}t}\right)$$

　このようなばねとダンパが並列接続されたモデルは，車両のサスペンションなどに頻繁に現れ，振動工学の分野では，フォークトモデル (Voigt model) と呼ばれている．

(7)

i)　$x(0) = 0\,\mathrm{m}$，$f(0) = 0\,\mathrm{N}$ として (4.28) 式の両辺をラプラス変換し整理すると，

$$sX(s) = \left(\frac{s}{k} + \frac{1}{d}\right)F(s) \quad \Rightarrow \quad F(s) = \frac{s}{\dfrac{s}{k} + \dfrac{1}{d}}X(s) = \frac{dks}{ds + k}X(s)$$

---

1)　物体と床面との粘性摩擦係数 $c_v > 0$ が大きくなるか，物体の質量 $M > 0$ が小さくなるかのどちらか，または両方によって，$\dfrac{1}{T}$ は大きくなる．

が得られ，$X(s)$ から $F(s)$ までの伝達関数 $G(s)$ は，つぎで表される．

$$G(s) = \frac{dks}{ds + k}$$

ii）　単位ステップ応答は，$X(s) = \mathcal{L}[1] = \frac{1}{s}$ より，つぎで表される．

$$f(t) = \mathcal{L}^{-1}\left[\frac{dks}{s(ds + k)}\right] = \mathcal{L}^{-1}\left[\frac{dk}{ds + k}\right] = \mathcal{L}^{-1}\left[\frac{k}{s + \frac{k}{d}}\right] = k\mathrm{e}^{-\frac{k}{d}t}$$

　この結果から，ばねとダンパを直列結合した系にステップ状の変位を与えた場合，$t = 0$ でばねは 1 m 伸びて $f(0) = k \times 1\,\mathrm{N}$ となるが，時間の経過とともに力の大きさは単調に減少し，$t \to \infty$ では 0 になることがわかる．これは，時間の経過とともにばねの変位 $x_1(t)$ [m] は 0 に近づき，その反面，ダンパの変位が 1 m に近づくことを意味している．ダンパの抵抗力は速度 $\dot{x}_2(t)$ [m/s] に比例し，変位の値が変わってもその力は 0 N のままであるから，$t \to \infty$ では $x_1(t) \to 0\,\mathrm{m}, x_2(t) \to 1\,\mathrm{m}$ となる．

　このように，ばねとダンパが直列接続されたモデルは，並列接続されたモデル（フォークトモデル）とは異なるふるまいをする．プラスチックやゴムなどはこのような性質（粘弾性という）を持っている．振動工学の分野では，このモデルはマックスウェルモデル（Maxwell model）と呼ばれている．

(8)

i）　(4.29) 式の両辺を $v(0) = 0$ としてラプラス変換し整理すると，

$$(ms + c)V(s) = b\omega(s) \quad \Rightarrow \quad V(s) = \frac{b}{ms + c}\omega(s)$$

が得られ，$\omega(s)$ から $V(s)$ までの伝達関数 $G(s)$ は，つぎで表される．

$$G(s) = \frac{b}{ms + c}$$

ii）　ステップ応答 $v(t)$ は，$\omega(s) = \mathcal{L}[W_0] = \frac{W_0}{s}$ より，

$$v(t) = \mathcal{L}^{-1}\left[G(s)\frac{W_0}{s}\right] = \mathcal{L}^{-1}\left[\frac{W_0 b}{s(ms + c)}\right]$$

となる．上式のカッコ内をつぎのように部分分数展開する．

$$\frac{W_0 b}{s(ms + c)} = \frac{k_1}{s} + \frac{k_2}{ms + c}$$

これより，条件式 $k_1 m + k_2 = 0$，$k_1 c = W_0 b$ が得られ，$k_1 = \frac{W_0 b}{c}$，$k_2 = -\frac{W_0 bm}{c}$ と求められる．したがって，ステップ応答 $v(t)$ は，つぎで表される．

$$v(t) = \frac{W_0 b}{c}\left(\mathcal{L}^{-1}\left[\frac{1}{s} - \frac{m}{ms + c}\right]\right) = \frac{W_0 b}{c}\left(\mathcal{L}^{-1}\left[\frac{1}{s}\right] - \mathcal{L}^{-1}\left[\frac{1}{s + \frac{c}{m}}\right]\right)$$

$$= \frac{W_0 b}{c}\left(1 - \mathrm{e}^{-\frac{c}{m}t}\right)$$

(4.30) 式の両辺を $y(0) = T_0$ としてラプラス変換すると,

$$sY(s) - T_0 = -aY(s) + \frac{aK}{s} + bU(s)$$

となり, $U(s)$ と $Y(s)$ の関係は, $(s + a)Y(s) = \frac{aK}{s} + T_0 + bU(s)$ より,

$$Y(s) = \frac{aK}{s(s + a)} + \frac{T_0}{s + a} + \frac{b}{s + a}U(s)$$

となる. このシステムのステップ応答 $y(t)$ は, $U(s) = \frac{d}{s}$ より,

$$y(t) = \mathcal{L}^{-1}\left[\frac{aK}{s(s + a)} + \frac{T_0}{s + a} + \frac{bd}{s(s + a)}\right] = \mathcal{L}^{-1}\left[\frac{T_0}{s + a}\right] + \mathcal{L}^{-1}\left[\frac{aK + bd}{s(s + a)}\right]$$

となる. 上式のカッコ内をつぎのように部分分数展開する.

$$\frac{1}{s(s + a)} = \frac{k_1}{s} + \frac{k_2}{s + a}$$

これより, 条件式 $k_1 + k_2 = 0$, $k_1 a = 1$ が得られ, $k_1 = \frac{1}{a}$, $k_2 = -\frac{1}{a}$ と求められる. したがって, ステップ応答 $y(t)$ は, つぎで表される.

$$y(t) = \mathcal{L}^{-1}\left[\frac{T_0}{s + a}\right] + \frac{aK + bd}{a}\left(\mathcal{L}^{-1}\left[\frac{1}{s}\right] - \mathcal{L}^{-1}\left[\frac{1}{s + a}\right]\right)$$

$$= T_0 e^{-at} + \frac{aK + bd}{a}(1 - e^{-at}) = \frac{aK + bd}{a} + \left(T_0 - \frac{aK + bd}{a}\right)e^{-at}$$

$t \to \infty$ での y_∞ は, $a > 0$ より,

$$y_\infty = \lim_{t \to \infty} y(t) = \lim_{t \to \infty}\left\{\frac{aK + bd}{a} + \left(T_0 - \frac{aK + bd}{a}\right)e^{-at}\right\} = \frac{aK + bd}{a}$$

となる. (1.12) 式より, 熱を加えない場合のコーヒーの $t \to \infty$ での温度は K(気温)で あった[2]. これに対し, 大きさが d のステップ信号の形で熱を加え続けると, コーヒー の温度は室温にはならず, $y_\infty = \dfrac{aK + bd}{a}$ の一定値となる. この結果から, 与える熱 量の大きさ d, すなわちステップ信号の大きさを適切に与えることによって, コーヒー をちょうどよい温度に保つことができることがわかる.

⚙ 講義 05

以後の解答では, 微分方程式の両辺をラプラス変換する際, すべての初期値を 0 とする.

(1) (2.24) 式の両辺をラプラス変換すると, つぎで表される.

$$(J_c s + B)\,\omega(s) = \tau(s)$$

これより, $\tau(s)$ を入力として $\omega(s)$ を出力とする伝達関数 $G(s)$ は, つぎで表される.

---

2) 上式で $d = 0$ としたときに相当する.

$$G(s) = \frac{1}{J_c s + B} = \frac{K}{Ts + 1}, \quad \left(K = \frac{1}{B}, \quad T = \frac{J_c}{B} \right)$$

$\mathcal{L}[\tau(t)] = \mathcal{L}[\delta(t)] = 1$ より，インパルス応答はつぎで計算できる．

$$\omega(t) = \mathcal{L}^{-1}[\omega(s)] = \mathcal{L}^{-1}\left[\frac{K}{Ts+1} \times 1\right] = \frac{K}{T}\mathcal{L}^{-1}\left[\frac{1}{s+\frac{1}{T}}\right] = \frac{K}{T}\mathrm{e}^{-\frac{1}{T}t} = \frac{1}{J_c}\mathrm{e}^{-\frac{B}{J_c}t}$$

これより，J_c，B とインパルス応答の関係は，つぎにまとめられる．

- J_c が大きくなると，$t = 0$ で $\omega(0) = \dfrac{1}{J_c}$ であるから，インパルス応答は小さくなる．
- J_c が大きくなると，電機子コイルの回転角速度 $\omega(t)$ が 0 に収束する．すなわち，電機子コイルが停止するのは遅くなる．
- B が大きくなると，$\omega(t)$ が 0 に早く収束する．すなわち，電機子コイルが停止するのが早くなる．

(2) 微分方程式の両辺をラプラス変換すると，つぎで表される．

$$(Ms + c_v)\,V(s) = F(s)$$

したがって，$F(s)$ から $V(s)$ までの伝達関数 $G(s)$ は，つぎで表される．

$$G(s) = \frac{1}{Ms + c_v} = \frac{K}{Ts + 1}, \quad \left(K = \frac{1}{c_v}, \quad T = \frac{M}{c_v} \right)$$

$F(s) = \dfrac{1}{s}$ より，単位ステップ応答 $v(t)$ は $v(t) = \mathcal{L}^{-1}\left[\dfrac{K}{s(Ts + 1)}\right]$ となる．$\dfrac{K}{s(Ts + 1)}$ をつぎのとおり部分分数展開する．

$$\frac{K}{s(Ts + 1)} = \frac{k_1}{Ts + 1} + \frac{k_2}{s}, \quad (k_1, \ k_2 : \text{定数})$$

条件式 $k_1 + Tk_2 = 0$，$k_2 = K$ より $k_1 = -Tk_2 = -KT$，$k_2 = K$ となる．単位ステップ応答 $v(t)$ は，つぎで表される．

$$v(t) = \mathcal{L}^{-1}\left[\frac{K}{s(Ts + 1)}\right] = \mathcal{L}^{-1}\left[\frac{K}{s} - \frac{KT}{Ts + 1}\right] = K\left(\mathcal{L}^{-1}\left[\frac{1}{s}\right] - \mathcal{L}^{-1}\left[\frac{1}{s + \frac{1}{T}}\right]\right)$$

$$= K\left(1 - \mathrm{e}^{\frac{1}{T}t}\right) = \frac{1}{c_v}\left(1 - \mathrm{e}^{-\frac{c_v}{M}t}\right)$$

よって，M や c_v が変わると，単位ステップ応答はつぎのとおり変化する．

- c_v を大きくすると，$\mathrm{e}^{-\frac{c_v}{M}t}$ が 0 に収束するのが早くなる．また，定常値 $\lim\limits_{t \to \infty} v(t) = \dfrac{1}{c_v}$ より，c_v が大きくなるにともなって，$v(t)$ の速度の定常値は小さくなる．
- M を大きくすると，$\mathrm{e}^{-\frac{c_v}{M}t}$ が 0 に収束するのが遅くなり，$v(t)$ が定常値 $\dfrac{1}{c_v}$ に収束するのも遅くなる．なお，M の値は $v(t)$ の定常値の値そのものには影響を及ぼさない．

(3) $G(s)$ の極は，方程式 $Ts + 1 = 0$ の根であり，$s = -\dfrac{1}{T}$ となる．よって，$T = 10$ のときは $s = -\dfrac{1}{10}$，$T = 30$ のときは $s = -\dfrac{1}{30}$ である．図5.4 に $T = 10$，$T = 30$ の場合を重ねて描くと，図 A.15 となる．

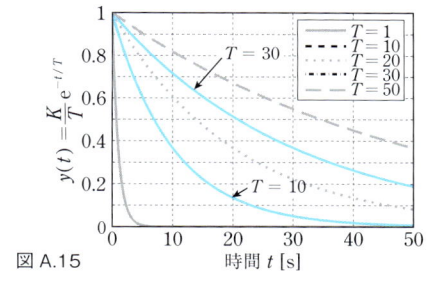
図 A.15

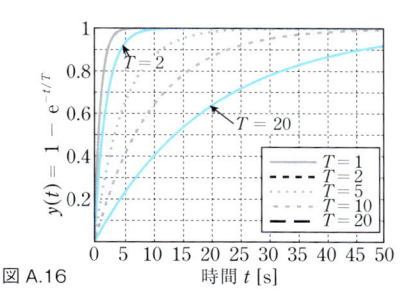
図 A.16

(4) 図 5.5 に $T = 2$, 20 のステップ応答を重ねて描くと図 A.16 となる.

(5) インパルス応答 $y_i(t)$ は (5.3) 式, 単位ステップ応答 $y_s(t)$ は (5.6) 式であるから,

$$\dot{y}_s(t) = K \times \left(\frac{1}{T} e^{-\frac{1}{T}t} \right) = \frac{K}{T} e^{-\frac{1}{T}t} = y_i(t)$$

が成り立つことがわかる. これより,

$$\dot{y}_s(0) = \frac{K}{T}$$

であり, 図 5.5 のような 1 次遅れ系の単位ステップ応答の $t = 0$ での接線の傾きは $\dfrac{K}{T}$ となることがわかる. なお, この関係は, 1 次遅れ系だけでなく, 一般の伝達関数についても同様に成立する. この理由は, $y_i(t) = \mathcal{L}^{-1}\left[G(s)\right]$, $y_s(t) = \mathcal{L}^{-1}\left[G(s)\dfrac{1}{s}\right]$ より明らかであろう.

(6) $k = 100\,\mathrm{N/m}$ のとき, 最終値 x_∞ は,

$$x_\infty = \lim_{t \to \infty} K\left(1 - e^{-\frac{1}{T}t}\right) = K = \frac{1}{k} = 0.01\,\mathrm{m}$$

また, $x(0.1) = 0.9x_\infty$ となる $d\,[\mathrm{N \cdot s/m}]$ は, $K\left(1 - e^{-\frac{1}{T} \times 0.1}\right) = 0.9x_\infty$ より, $e^{-\frac{0.1k}{d}} = 0.1$ となる. 両辺の自然対数をとり, $-\dfrac{0.1k}{d} = \log_e 0.1$. これより, $d = -\dfrac{0.1k}{\log_e 0.1}$ $= -\dfrac{10}{\log_e 0.1}\,\mathrm{N \cdot s/m}$. $\log_e 0.1 \fallingdotseq -2.3026$ より, $d \fallingdotseq 4.3429\,\mathrm{N \cdot s/m}$ となる.

(7) 単位ステップ応答は, $X(s) = \mathcal{L}[1] = \dfrac{1}{s}$ より,

$$f(t) = \mathcal{L}^{-1}\left[G(s)\frac{1}{s}\right] = \mathcal{L}^{-1}\left[\frac{K}{Ts + 1}\right] = \frac{K}{T} e^{-\frac{1}{T}t}$$

となる. $f(t) = 0.01f(0)$ となる時間 t は,

$$\frac{K}{T} e^{-\frac{1}{T}t} = 0.01 \frac{K}{T}$$

$$e^{-\frac{1}{T}t} = 0.01$$

となる. 両辺の自然対数をとり,

$$-\frac{1}{T}t = \log_e 0.01$$

これより，$t = -T\log_e 0.01 = -\frac{100}{1000}\log_e 0.01$．$\log_e 0.01 \fallingdotseq -4.6052$ より，
$t = 0.46052$ s

(8) ステップ応答は，$\omega(s) = \mathcal{L}[W_0] = \dfrac{W_0}{s}$ より，問題 (6) のように通常のステップ応答
を W_0 倍したものに等しいので，ステップ応答 $v(t)$ は，

$$v(t) = W_0 K\left(1 - e^{-\frac{1}{T}t}\right)$$

となる．$t \to \infty$ での速度 v_∞[m/s] は，

$$v_\infty = \lim_{t\to\infty} v(t) = \lim_{t\to\infty} W_0 K\left(1 - e^{-\frac{1}{T}t}\right) = W_0 K = \frac{W_0 b}{c}$$

これが目標速度 v_r [m/s] と一致するためのプロペラ角速度は，$\dfrac{W_0 b}{c} = v_r$ より，
$W_0 = \dfrac{cv_r}{b}$[rad/s] となる．整定時間 t_s は定常値の 95%の値なので，

$$v(t_s) = W_0 K\left(1 - e^{-\frac{1}{T}t_s}\right) = 0.95v_\infty = 0.95W_0 K$$

を満たす．これより，

$$e^{-\frac{1}{T}t_s} = 0.05$$

が得られ，両辺の自然対数をとると，

$$-\frac{1}{T}t_s = \log_e 0.05$$

これより，$t_s = -T\log_e 0.05$ [s] となる．$\log_e 0.05 \fallingdotseq -3.0$ より，$t_s \fallingdotseq 3.0T = 3.0\dfrac{m}{c}$[s]
となり，t_s は時定数 $T = \dfrac{m}{c}$[s]に比例する．

　T を小さくすることによって，より早く速度の最終値に達する速応性の高い船が実現
できる．そのためには，船の質量 m を小さくし，水の抵抗に関する比例定数 c [N·s/m]
を大きく（より水の抵抗が大きくなるように）船の形状を設計すればよいことになる．し
かし，操縦者が設定した目標速度 v_r [m/s] を実現するためのプロペラ角速度は
$W_0 = \dfrac{cv_r}{b}$[rad/s]であり，これは c に比例する．すなわち，船体の抵抗の大きさを大き
くして時定数を小さくすることによって速応性を向上させようとすると，速度維持には
より早くプロペラを回転させる必要があるため，燃料消費が多くなる．以上を考慮し，
速応性を表す時定数と速度維持のための燃料消費量の両方の観点から船を設計する必要
がある．

(9) $v_{\mathrm{in}}(t) = u_s(t) - u_s(t - L)$ のラプラス変換 $V_{\mathrm{in}}(s)$ はラプラス変換の性質 **LT5** を用いて,

$$V_{\mathrm{in}}(s) = \mathcal{L}[u_s(t) - u_s(t - L)] = \int_0^\infty 1 \times \mathrm{e}^{-st}\mathrm{d}t - \int_0^\infty u_s(t - L)\mathrm{e}^{-st}\mathrm{d}t$$

$$= \int_0^\infty 1 \times \mathrm{e}^{-st}\mathrm{d}t - \left(\int_0^L 0 \times \mathrm{e}^{-st}\mathrm{d}t + \int_L^\infty 1 \times \mathrm{e}^{-st}\mathrm{d}t\right)$$

$$= \int_0^\infty \mathrm{e}^{-st}\mathrm{d}t - \int_L^\infty \mathrm{e}^{-st}\mathrm{d}t = \left[-\frac{1}{s}\mathrm{e}^{-st}\right]_0^\infty - \left[-\frac{1}{s}\mathrm{e}^{-st}\right]_L^\infty = \frac{1}{s} - \frac{\mathrm{e}^{-Ls}}{s}$$

となる [3]. これより, 応答 $v_{\mathrm{out}}(t)$ は, つぎで表される.

$$v_{\mathrm{out}}(t) = \mathcal{L}^{-1}[G(s)\,V_{\mathrm{in}}(s)] = \mathcal{L}^{-1}\left[\frac{1 - \mathrm{e}^{-Ls}}{s\,(Ts + 1)}\right]$$

$$= \mathcal{L}^{-1}\left[\frac{1}{s\,(Ts + 1)}\right] - \mathcal{L}^{-1}\left[\frac{\mathrm{e}^{-Ls}}{s\,(Ts + 1)}\right]$$

ここで, $\mathcal{L}^{-1}\left[\dfrac{\mathrm{e}^{-Ls}}{s\,(Ts + 1)}\right]$ を部分分数展開すると,

$$\mathcal{L}^{-1}\left[\mathrm{e}^{-Ls}\left(\frac{1}{s} - \frac{T}{Ts + 1}\right)\right]$$

となるが, ラプラス変換の性質 **LT5** を用いると,

$$\mathcal{L}^{-1}\left[\mathrm{e}^{-Ls}\left(\frac{1}{s} - \frac{T}{Ts + 1}\right)\right] = f(t - L), \quad f(t - L) = 0 \; (0 \le t < L)$$

となる. ここで, $f(t) = \mathcal{L}^{-1}\left[\dfrac{1}{s} - \dfrac{T}{Ts + 1}\right]$ である. $f(t)$ は

$$f(t) = \mathcal{L}^{-1}\left[\frac{1}{s\,(Ts + 1)}\right] = \mathcal{L}^{-1}\left[\frac{1}{s}\right] - \mathcal{L}^{-1}\left[\frac{T}{Ts + 1}\right] = 1 - \mathrm{e}^{-\frac{1}{T}t}$$

となる. $f(t - L) = 0 \; (0 \le t < L)$ に注意し, $f(t)$ の t に $t - L$ を代入すると,

$$f(t - L) = \left(1 - \mathrm{e}^{-\frac{1}{T}(t - L)}\right)u_s(t - L), \quad u_s(t - L) = 0 \; (0 \le t < L)$$

となる. 以上より, 応答 $v_{\mathrm{out}}(t)$ は

$$v_{\mathrm{out}}(t) = 1 - \mathrm{e}^{-\frac{1}{T}t} - \left(1 - \mathrm{e}^{-\frac{1}{T}(t - L)}\right)u_s(t - L)$$

となる. $u_s(t - L)$ を用いずに表現すると, つぎとなる.

$$v_{\mathrm{out}}(t) = \begin{cases} 1 - \mathrm{e}^{-\frac{1}{T}t} & (0 \le t < L) \\ -\mathrm{e}^{-\frac{1}{T}t} + \mathrm{e}^{-\frac{1}{T}(t - L)} & (t \ge L) \end{cases}$$

---

[3] 積分 $\displaystyle\int_0^\infty u_s(t - L)\mathrm{e}^{-st}\mathrm{d}t$ は, $u_s(t - L) = 0$ の区間 $0 \le t \le L$ と $u_s(t - L) = 1$ の区間 $L < t$ に分けて積分している.

(1)

i) $G(s)$ の分母多項式を，$s^2 + 2\zeta\omega_n s + \omega_n^2$ の形で表すと，$\omega_n = \sqrt{8} = 2\sqrt{2}$，$\zeta = \dfrac{4}{2\omega_n} = \dfrac{4}{2 \times 2\sqrt{2}} = \dfrac{1}{\sqrt{2}} < 1$ となり，この系は不足減衰である．インパルス応答 $y(t)$ はつぎで求められる．

$$y(t) = \mathcal{L}^{-1}\left[\frac{8}{s^2 + 4s + 8} \times 1\right] = 4\mathcal{L}^{-1}\left[\frac{2}{(s+2)^2 + 2^2}\right] = 4e^{-2t}\sin 2t$$

ii) $\omega_n = \sqrt{4} = 2$，$\zeta = \dfrac{4}{2\omega_n} = \dfrac{4}{2 \times 2} = 1$ となり，この系は臨界減衰である．インパルス応答 $y(t)$ はつぎで求められる．

$$y(t) = \mathcal{L}^{-1}\left[\frac{4}{(s+2)^2} \times 1\right] = 4te^{-2t}$$

iii) $\omega_n = \sqrt{2}$，$\zeta = \dfrac{4}{2\omega_n} = \dfrac{4}{2 \times \sqrt{2}} = \sqrt{2} > 1$ となり，この系は過減衰である．$G(s)$ の極は $-2 \pm \sqrt{2}$ となる．$G(s)$ をつぎのとおり部分分数展開する．

$$\frac{2}{s^2 + 4s + 2} = \frac{2}{(s + 2 - \sqrt{2})(s + 2 + \sqrt{2})} = \frac{k_1}{s + 2 - \sqrt{2}} + \frac{k_2}{s + 2 + \sqrt{2}}$$

よって，条件式 $k_1 + k_2 = 0$，$(2 + \sqrt{2})k_1 + (2 - \sqrt{2})k_2 = 2$ より，定数 k_1, k_2 は，$k_1 = \dfrac{\sqrt{2}}{2}$，$k_2 = -\dfrac{\sqrt{2}}{2}$ となる．よって，インパルス応答はつぎで求められる．

$$y(t) = \mathcal{L}^{-1}\left[\frac{\sqrt{2}}{2}\left(\frac{1}{s + 2 - \sqrt{2}} - \frac{1}{s + 2 + \sqrt{2}}\right) \times 1\right] = \frac{\sqrt{2}}{2}\left\{e^{-(2-\sqrt{2})t} - e^{-(2+\sqrt{2})t}\right\}$$

(2)

i) $G(s)$ の極は $-2 \pm j2$ となる．$U(s) = \dfrac{1}{s}$ より，単位ステップ応答は $y(t) = \mathcal{L}^{-1}[Y(s)] = \mathcal{L}^{-1}\left[G(s)\dfrac{1}{s}\right]$ で求められる．$G(s)\dfrac{1}{s}$ をつぎのとおり部分分数展開する．

$$\frac{8}{(s^2 + 4s + 8)}\frac{1}{s} = \frac{k_1}{s} + \frac{k_2}{s + 2 - j2} + \frac{k_3}{s + 2 + j2}$$

ここで，k_1, k_2, k_3 は定数である．よって，条件式 $k_1 + k_2 + k_3 = 0$，$4k_1 + (2 + j2)k_2 + (2 - j2)k_3 = 0$，$8k_1 = 8$ より，$k_1 = 1$，$k_2 = -\dfrac{1 + j}{j2}$，$k_3 = \dfrac{1 - j}{j2}$ となる．したがって，単位ステップ応答 $y(t)$ はつぎで求められる．

$$y(t) = \mathcal{L}^{-1}\left[\frac{1}{s}\right] - \frac{1}{j2}\left(\mathcal{L}^{-1}\left[\frac{1+j}{s+2-j2}\right] - \mathcal{L}^{-1}\left[\frac{1-j}{s+2+j2}\right]\right)$$

$$= 1 - \frac{1}{j2}\{(1+j)\,e^{(-2+j2)t} - (1-j)\,e^{-(2+j2)t}\}$$

$$= 1 - e^{-2t}(\cos 2t + \sin 2t) = 1 - \sqrt{2}\,e^{-2t}\left(\frac{1}{\sqrt{2}}\cos 2t + \frac{1}{\sqrt{2}}\sin 2t\right)$$

$$= 1 - \sqrt{2}\,e^{-2t}\left(\sin 2t\cos\frac{\pi}{4} + \cos 2t\sin\frac{\pi}{4}\right) = 1 - \sqrt{2}\,e^{-2t}\sin\left(2t + \frac{\pi}{4}\right)$$

ii)　$G(s)$ の極は -2（重根）となる．$G(s)\dfrac{1}{s}$ をつぎのとおり部分分数展開する．

$$\frac{4}{(s+2)^2}\frac{1}{s} = \frac{k_1}{s} + \frac{k_2 s + k_3}{(s+2)^2}$$

よって，条件式 $k_1 + k_2 = 0$, $4k_1 + k_3 = 0$, $4k_1 = 4$ より，$k_1 = 1$, $k_2 = -1$, $k_3 = -4$ となる．したがって，単位ステップ応答 $y(t)$ はつぎで求められる．

$$y(t) = \mathcal{L}^{-1}\left[\frac{1}{s} - \frac{s+4}{(s+2)^2}\right] = \mathcal{L}^{-1}\left[\frac{1}{s} - \frac{1}{s+2} - \frac{2}{(s+2)^2}\right]$$

$$= 1 - e^{-2t} - 2te^{-2t} = 1 - (1+2t)\,e^{-2t}$$

iii)　$G(s)$ の極は $-2 \pm \sqrt{2}$ となる．$G(s)\dfrac{1}{s}$ をつぎのとおり部分分数展開する．

$$\frac{2}{s^2+4s+2}\frac{1}{s} = \frac{k_1}{s} + \frac{k_2}{s+2-\sqrt{2}} + \frac{k_3}{s+2+\sqrt{2}}$$

よって，条件式 $k_1 + k_2 + k_3 = 0$, $4k_1 + (2+\sqrt{2})k_2 + (2-\sqrt{2})k_3 = 0$, $2k_1 = 2$ より，$k_1 = 1$, $k_2 = -\dfrac{2+\sqrt{2}}{2\sqrt{2}}$, $k_3 = \dfrac{2-\sqrt{2}}{2\sqrt{2}}$ となる．したがって，単位ステップ応答 $y(t)$ はつぎで求められる．

$$y(t) = \mathcal{L}^{-1}\left[\frac{1}{s} - \frac{1}{2\sqrt{2}}\left(\frac{2+\sqrt{2}}{s+2-\sqrt{2}} - \frac{2-\sqrt{2}}{s+2+\sqrt{2}}\right)\right]$$

$$= 1 - \frac{1}{2\sqrt{2}}\{(2+\sqrt{2})\,e^{-(2-\sqrt{2})t} - (2-\sqrt{2})\,e^{-(2+\sqrt{2})t}\}$$

(3)

i)　運動方程式は，$M\ddot{x}(t) + D\dot{x}(t) + Kx(t) = f(t)$ となる．すべての初期値を 0 として両辺をラプラス変換すると，つぎで表される．

$$(Ms^2 + Ds + K)X(s) = F(s)$$

したがって，$F(s)$ を入力，$X(s)$ を出力とする伝達関数 $G(s)$ は，つぎで表される．

$$G(s) = \frac{X(s)}{F(s)} = \frac{1}{Ms^2 + Ds + K}$$

ii)　インパルス応答 $x(t)$ は，$x(t) = \mathcal{L}^{-1}[G(s)]$ で求められる．

$M = 1$, $D = 5$, $K = 6$ の場合, $G(s) = \dfrac{1}{s^2 + 5s + 6}$ となる. $G(s)$ をつぎのとおり部分分数展開する.

$$\frac{1}{(s + 2)(s + 3)} = \frac{k_1}{s + 2} + \frac{k_2}{s + 3}$$

よって, 条件式 $k_1 + k_2 = 0$, $3k_1 + 2k_2 = 1$ より, $k_1 = 1$, $k_2 = -1$ となる. したがって, インパルス応答 $x(t)$ はつぎで表される.

$$x(t) = \mathcal{L}^{-1}\left[\frac{1}{s + 2} - \frac{1}{s + 3}\right] = e^{-2t} - e^{-3t}$$

$M = 1$, $D = 2$, $K = 6$ の場合, $G(s) = \dfrac{1}{s^2 + 2s + 6}$ となる. インパルス応答 $x(t)$ は, 前述の部分分数展開の方法を使っても求めることができるが, ここでは, 不足減衰系のインパルス応答の計算法を用いて, つぎのように求められる.

$$x(t) = \mathcal{L}^{-1}\left[\frac{1}{s^2 + 2s + 6}\right] = \mathcal{L}^{-1}\left[\frac{1}{(s + 1)^2 + 5}\right] = \frac{1}{\sqrt{5}}\,\mathcal{L}^{-1}\left[\frac{\sqrt{5}}{(s + 1)^2 + (\sqrt{5})^2}\right]$$
$$= \frac{1}{\sqrt{5}}\,e^{-t}\sin\sqrt{5}\,t$$

iii) $M = 1$, $D = 5$, $K = 6$ の場合, 極は -2, -3 であり, $G(s)\dfrac{1}{s}$ をつぎのとおり部分分数展開する.

$$\frac{1}{s^2 + 5s + 6}\frac{1}{s} = \frac{k_1}{s} + \frac{k_2}{s + 2} + \frac{k_3}{s + 3}$$

よって, 条件式 $k_1 + k_2 + k_3 = 0$, $5k_1 + 3k_2 + 2k_3 = 0$, $6k_1 = 1$ より, $k_1 = \dfrac{1}{6}$,
$k_2 = -\dfrac{1}{2}$, $k_3 = \dfrac{1}{3}$ となる. したがって, 単位ステップ応答 $x(t)$ はつぎで表される.

$$x(t) = \mathcal{L}^{-1}\left[\frac{1}{6}\left(\frac{1}{s} - \frac{3}{s + 2} + \frac{2}{s + 3}\right)\right] = \frac{1}{6}\left(1 - 3e^{-2t} + 2e^{-3t}\right)$$

$M = 1$, $D = 2$, $K = 6$ の場合, 極は $-1 \pm j\sqrt{5}$ であり, $G(s)\dfrac{1}{s}$ をつぎのとおり部分分数展開する.

$$\frac{1}{s^2 + 2s + 6}\frac{1}{s} = \frac{k_1}{s} + \frac{k_2}{s + 1 - j\sqrt{5}} + \frac{k_3}{s + 1 + j\sqrt{5}}$$

よって, 条件式 $k_1 + k_2 + k_3 = 0$, $2k_1 + (1 + j\sqrt{5})k_2 + (1 - j\sqrt{5})k_3 = 0$, $6k_1 = 1$
より, $k_1 = \dfrac{1}{6}$, $k_2 = -\dfrac{1}{j12\sqrt{5}}(1 + j\sqrt{5})$, $k_3 = \dfrac{1}{j12\sqrt{5}}(1 - j\sqrt{5})$ となる. したがって, 単位ステップ応答 $x(t)$ はつぎで表される.

$$x(t) = \frac{1}{6}\mathcal{L}^{-1}\left[\frac{1}{s} - \frac{1}{j2\sqrt{5}}\left(\frac{1+j\sqrt{5}}{s+1-j\sqrt{5}} - \frac{1-j\sqrt{5}}{s+1+j\sqrt{5}}\right)\right]$$

$$= \frac{1}{6}\left[1 - \frac{1}{j2\sqrt{5}}\left\{(1+j\sqrt{5})e^{-(1-j\sqrt{5})t} - (1-j\sqrt{5})e^{-(1+j\sqrt{5})t}\right\}\right]$$

$$= \frac{1}{6}\left\{1 - \frac{e^{-t}}{\sqrt{5}}\left(\sqrt{5}\cos\sqrt{5}\,t + \sin\sqrt{5}\,t\right)\right\}$$

$$= \frac{1}{6}\left\{1 - \frac{\sqrt{6}}{\sqrt{5}}e^{-t}\left(\frac{\sqrt{5}}{\sqrt{6}}\cos\sqrt{5}\,t + \frac{1}{\sqrt{6}}\sin\sqrt{5}\,t\right)\right\}$$

$$= \frac{1}{6}\left\{1 - \sqrt{\frac{6}{5}}e^{-t}\left(\sin\sqrt{5}\,t\cos\phi + \cos\sqrt{5}\,t\sin\phi\right)\right\}$$

$$= \frac{1}{6}\left\{1 - \sqrt{\frac{6}{5}}e^{-t}\sin\left(\sqrt{5}\,t + \phi\right)\right\}, \quad \phi = \tan^{-1}\frac{\sqrt{\frac{5}{6}}}{\frac{1}{\sqrt{6}}} = \tan^{-1}\sqrt{5}$$

(4) (6.16), (6.17) 式より，不足減衰での 2 次遅れ系の単位ステップ応答は，

$$y(t) = \mathcal{L}^{-1}\left[\frac{K\omega_n^2}{s(s^2 + 2\zeta\omega_n s + \omega_n^2)}\right]$$

$$= \mathcal{L}^{-1}\left[K\left(\frac{1}{s} - \frac{\zeta + j\sqrt{1-\zeta^2}}{j2\sqrt{1-\zeta^2}}\frac{1}{s + \zeta\omega_n - j\sqrt{1-\zeta^2}\,\omega_n}\right.\right.$$

$$\left.\left. + \frac{\zeta - j\sqrt{1-\zeta^2}}{j2\sqrt{1-\zeta^2}}\frac{1}{s + \zeta\omega_n + j\sqrt{1-\zeta^2}\,\omega_n}\right)\right]$$

$$= K\left[1 - \frac{e^{-\zeta\omega_n t}}{j2\sqrt{1-\zeta^2}}\left\{(\zeta + j\sqrt{1-\zeta^2})e^{j\sqrt{1-\zeta^2}\omega_n t} - (\zeta - j\sqrt{1-\zeta^2})e^{-j\sqrt{1-\zeta^2}\omega_n t}\right\}\right]$$

$$= K\left[1 - e^{-\zeta\omega_n t}\left\{\frac{\zeta}{\sqrt{1-\zeta^2}}\frac{e^{j\sqrt{1-\zeta^2}\omega_n t} - e^{-j\sqrt{1-\zeta^2}\omega_n t}}{j2} + \frac{e^{j\sqrt{1-\zeta^2}\omega_n t} + e^{-j\sqrt{1-\zeta^2}\omega_n t}}{2}\right\}\right]$$

$$= K\left\{1 - e^{-\zeta\omega_n t}\left(\frac{\zeta}{\sqrt{1-\zeta^2}}\sin\sqrt{1-\zeta^2}\,\omega_n t + \cos\sqrt{1-\zeta^2}\,\omega_n t\right)\right\}$$

$$= K\left\{1 - \frac{e^{-\zeta\omega_n t}}{\sqrt{1-\zeta^2}}\left(\underset{\cos\phi}{\underline{\zeta}}\sin\sqrt{1-\zeta^2}\,\omega_n t + \underset{\sin\phi}{\underline{\sqrt{1-\zeta^2}}}\cos\sqrt{1-\zeta^2}\,\omega_n t\right)\right\}$$

$$\text{※}\sqrt{\left(\frac{\zeta}{\sqrt{1-\zeta^2}}\right)^2 + 1^2} = \frac{1}{\sqrt{1-\zeta^2}}$$

$$= K\left\{1 - \frac{e^{-\zeta\omega_n t}}{\sqrt{1-\zeta^2}}\sin\left(\sqrt{1-\zeta^2}\,\omega_n t + \phi\right)\right\}, \phi = \tan^{-1}\frac{\sqrt{1-\zeta^2}}{\zeta}$$

(5) インパルス応答

$$y_i(t) = \frac{K\omega_n}{\sqrt{1-\zeta^2}} e^{-\zeta\omega_n t} \sin\sqrt{1-\zeta^2}\,\omega_n t$$

単位ステップ応答

$$y_s(t) = K\left\{1 - \frac{1}{\sqrt{1-\zeta^2}} e^{-\zeta\omega_n t} \sin\left(\sqrt{1-\zeta^2}\,\omega_n t + \phi\right)\right\}, \phi = \tan^{-1}\frac{\sqrt{1-\zeta^2}}{\zeta}$$

これより，

$$\dot{y}_s(t) = K\left\{\frac{\zeta\omega_n}{\sqrt{1-\zeta^2}} e^{-\zeta\omega_n t} \sin\left(\sqrt{1-\zeta^2}\,\omega_n t + \phi\right)\right.$$
$$\left. - \omega_n e^{-\zeta\omega_n t}\cos\left(\sqrt{1-\zeta^2}\,\omega_n t + \phi\right)\right\}$$
$$= \frac{K\omega_n}{\sqrt{1-\zeta^2}} e^{-\zeta\omega_n t}\left\{\zeta\sin\left(\sqrt{1-\zeta^2}\,\omega_n t + \phi\right)\right.$$
$$\left. - \sqrt{1-\zeta^2}\cos\left(\sqrt{1-\zeta^2}\,\omega_n t + \phi\right)\right\}$$

$$※\sqrt{\left(\frac{\zeta}{\sqrt{1-\zeta^2}}\right)^2 + 1^2} = \frac{1}{\sqrt{1-\zeta^2}}$$

$$= \frac{K\omega_n}{\sqrt{1-\zeta^2}} e^{-\zeta\omega_n t} \sin\left(\sqrt{1-\zeta^2}\,\omega_n t + \phi - \psi\right), \psi = \tan^{-1}\frac{\sqrt{1-\zeta^2}}{\zeta}$$

$\phi = \psi$ より，

$$\dot{y}_s(t) = \frac{K\omega_n}{\sqrt{1-\zeta^2}} e^{-\zeta\omega_n t} \sin\sqrt{1-\zeta^2}\,\omega_n t = y_i(t)$$

(6)

i)　(2.19) 式の両辺を初期条件 $v_{out}(0) = 0\,\text{V}$, $\dot{v}_{out}(0) = 0\,\text{V/s}$ としてラプラス変換すると，

$$\left(LCs^2 + RCs + 1\right)V_{out}(s) = V_{in}(s)$$

となり，伝達関数はつぎで表される．

$$G(s) = \frac{1}{LCs^2 + RCs + 1} = \frac{\dfrac{1}{LC}}{s^2 + \dfrac{R}{L}s + \dfrac{1}{LC}}$$

(6.1) 式の形で表すと，$\omega_n = \dfrac{1}{\sqrt{LC}}$，$K = 1$，$\zeta = \dfrac{R}{2L\omega_n} = \dfrac{R}{2L\sqrt{\dfrac{1}{LC}}} = \dfrac{R}{2}\sqrt{\dfrac{C}{L}}$ となる．

ii)　本講より，オーバーシュートは不足減衰 $(0 < \zeta < 1)$ のときのみ生じる．$\zeta = \dfrac{R}{2}\sqrt{\dfrac{C}{L}}$ より，単位ステップ応答にオーバーシュートが生じる条件は，

$$\frac{R}{2}\sqrt{\frac{C}{L}} < 1$$

不足減衰の単位ステップ応答 $v_{\text{out}}(t)$ は，88ページのまとめにより，

$$v_{\text{out}}(t) = K\left\{1 - \frac{\mathrm{e}^{-\zeta\omega_n t}}{\sqrt{1 - \zeta^2}}\sin\left(\sqrt{1 - \zeta^2}\,\omega_n t + \phi\right)\right\}, \quad \phi = \tan^{-1}\frac{\sqrt{1 - \zeta^2}}{\zeta}$$

となる[4]．オーバーシュートを生じる行き過ぎ時間 t_p において，$v_{\text{out}}(t)$ は最大値をとる．よって，$\dot{v}_{\text{out}}(t_p) = 0$ が成り立つ（最大値では接線の傾きが0になるから）．よって，$\dot{v}_{\text{out}}(t)$ は問題（5）から $G(s)$ のインパルス応答になり，不足減衰での2次遅れ系のインパルス応答から，

$$\dot{v}_{\text{out}}(t) = \frac{K\omega_n}{\sqrt{1 - \zeta^2}}\,\mathrm{e}^{-\zeta\omega_n t}\sin\sqrt{1 - \zeta^2}\,\omega_n t$$

となる．行き過ぎ時間 t_p は，$t > 0$ で最初に $\dot{v}_{\text{out}}(t) = 0$ となる時刻であり，$\sin\sqrt{1 - \zeta^2}\,\omega_n t_p = 0$ から，$\sqrt{1 - \zeta^2}\,\omega_n t_p = \pi$ が得られ，$t_p = \dfrac{\pi}{\sqrt{1 - \zeta^2}\,\omega_n}$ となる．このときの v_{out} は，

$$v_{\text{out}}(t_p) = K\left\{1 - \frac{\mathrm{e}^{-\frac{\pi\zeta}{\sqrt{1-\zeta^2}}}}{\sqrt{1 - \zeta^2}}\sin(\pi + \phi)\right\} = K\left\{1 + \frac{\mathrm{e}^{-\frac{\pi\zeta}{\sqrt{1-\zeta^2}}}}{\sqrt{1 - \zeta^2}}\sin\phi\right\}$$

$$= K\left(1 + \mathrm{e}^{-\frac{\pi\zeta}{\sqrt{1-\zeta^2}}}\right)$$

となる[5]．一方，単位ステップ応答 $v_{\text{out}}(t)$ の最終値 v_∞ は，

$$v_\infty = \lim_{t \to \infty}\left[K\left\{1 - \frac{\mathrm{e}^{-\zeta\omega_n t}}{\sqrt{1 - \zeta^2}}\sin\left(\sqrt{1 - \zeta^2}\,\omega_n t + \phi\right)\right\}\right] = K$$

であるから，オーバーシュート $O_s\,[\%]$ は，

$$\frac{v_{\text{out}}(t_p) - v_\infty}{v_\infty} \times 100 = 100\,\mathrm{e}^{-\frac{\pi\zeta}{\sqrt{1-\zeta^2}}}$$

となり，減衰比 $\zeta = \dfrac{R}{2}\sqrt{\dfrac{C}{L}}$ だけから決まることがわかる．

(7)

i) (2.24) 式の J_c を J に置き換えて整理すると，つぎとなる．

$$(L_a s + R_a)I_a(s) = V_a(s) - K_b\omega(s), \quad (Js + B)\omega(s) = K_\tau I_a(s)$$

$$\left\{\frac{(L_a s + R_a)(Js + B)}{K_\tau} + K_b\right\}\omega(s) = V_a(s)$$

---

4) 導出過程は演習問題（4）の解答を参照．

5) 演習問題（4）の三角関数の合成の際，$\phi = \tan^{-1}\dfrac{\sqrt{1 - \zeta^2}}{\zeta}$ であったので，$\cos\phi = \zeta$，$\sin\phi = \sqrt{1 - \zeta^2}$ とできる．

$$\omega(s) = \frac{K_\tau}{JL_a s^2 + (BL_a + JR_a)s + R_a B + K_b K_\tau} V_a(s)$$

$$\omega(s) = \frac{\dfrac{K_\tau}{JL_a}}{s^2 + \dfrac{BL_a + JR_a}{JL_a}s + \dfrac{R_a B + K_b K_\tau}{JL_a}} V_a(s)$$

この結果を $G(s) = \dfrac{K\omega_n^2}{s^2 + 2\zeta\omega_n s + \omega_n^2}$ と比較すると，つぎとなる．

$$\omega_n = \sqrt{\frac{R_a B + K_b K_\tau}{JL_a}},$$

$$\zeta = \frac{1}{2\omega_n} \times \frac{BL_a + JR_a}{JL_a} = \frac{1}{2\sqrt{\dfrac{R_a B + K_b K_\tau}{JL_a}}} \times \frac{BL_a + JR_a}{JL_a} = \frac{BL_a + JR_a}{2\sqrt{JL_a(R_a B + K_b K_\tau)}}$$

$$K = \frac{K_\tau}{JL_a} \times \frac{1}{\omega_n^2} = \frac{K_\tau}{JL_a} \times \frac{JL_a}{R_a B + K_b K_\tau} = \frac{K_\tau}{R_a B + K_b K_\tau}$$

ii) オーバーシュートは $\zeta \geq 1$ で生じなくなる．現在の設定の下で $J > J_c$ の範囲で ζ を計算すると，図 A.17 のように J に対して ζ は単調増加しており，$1 \times 10^{-3} \sim 1.5 \times 10^{-3}$ kg·m^2 のあたりで減衰比が 1 になっている．$(J_l)_{\min}$ [kg·m^2] を求めるため，$\zeta = 1$ とおいて整理すると，つぎのようになる．

$$R_a^2 J^2 - 2(BR_a + 2K_b K_\tau)L_a J + B^2 L_a^2 = 0$$

これを J について解くと，

$$J = \frac{(BR_a + 2K_b K_\tau) \pm \sqrt{(BR_a + 2K_b K_\tau)^2 - B^2 R_a^2}}{R_a^2} L_a$$

となり，諸量を代入すると，$J = 8.3920 \times 10^{-6}$，$1.1916 \times 10^{-3}$ kg·m^2 となる．いま，$J > J_c = 5.0 \times 10^{-4}$ kg·m^2 なので，$(J_l)_{\min} = 1.1916 \times 10^{-3} - 5.0 \times 10^{-4} = 6.9161 \times 10^{-4}$ kg·m^2 となる．

　このときの単位ステップ応答 $\omega(t)$ は，臨界減衰の場合であるから，

$$\omega(t) = \mathcal{L}^{-1}\left[G(s)\frac{1}{s}\right] = K\{1 - (1 + \omega_n t)e^{-\omega_n t}\}$$

となり，諸量と $J = 1.1916 \times 10^{-3}$ kg·m^2 を代入すると，

$$\omega(t) = 1.43\{1 - (1 + 541.96t)e^{-541.96t}\}$$

となる．概形は図 A.18 のようになる．

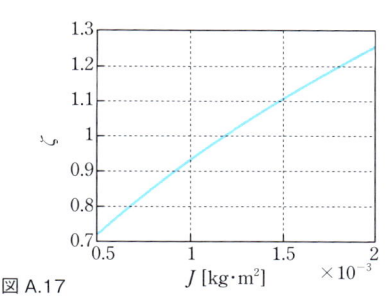
図 A.17

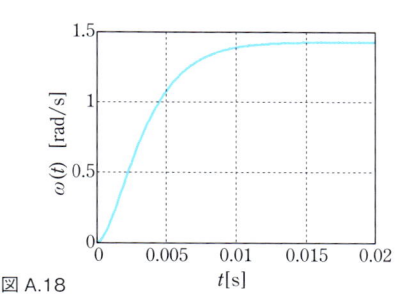
図 A.18

(8) すべての初期値を 0 としてラプラス変換すると，

$$(ms + c)V(s) = b\omega(s)$$

$\omega(s) = \dfrac{K_d}{T_d s + 1}\theta(s)$ を上式に代入すると，

$$(ms + c)V(s) = \dfrac{bK_d}{T_d s + 1}\theta(s)$$

$$V(s) = \dfrac{bK_d}{(ms + c)(T_d s + 1)}\theta(s)$$

$$= \dfrac{K}{(T_s s + 1)(T_d s + 1)}\theta(s), \quad K = \dfrac{bK_d}{c}, \quad T_s = \dfrac{m}{c}$$

ステップ応答は，$\theta(s) = \mathcal{L}[\theta_s] = \dfrac{\theta_s}{s}$ より，

$$v(t) = \mathcal{L}^{-1}\left[\dfrac{K}{(T_s s + 1)(T_d s + 1)} \times \dfrac{\theta_s}{s}\right] = \mathcal{L}^{-1}\left[\dfrac{K\theta_s}{s(T_s s + 1)(T_d s + 1)}\right]$$

となる．ここで，つぎのとおり部分分数展開する．

$$\dfrac{K\theta_s}{s(T_d s + 1)(T_s s + 1)} = \dfrac{k_1}{s} + \dfrac{k_2}{T_s s + 1} + \dfrac{k_3}{T_d s + 1}$$

これより，条件式 $T_d T_s k_1 + T_d k_2 + T_s k_3 = 0$, $(T_d + T_s)k_1 + k_2 + k_3 = 0$, $k_1 = K\theta_s$ が得られ，$k_1 = K\theta_s$, $k_2 = \dfrac{T_s^2 K\theta_s}{T_d - T_s}$, $k_3 = -\dfrac{T_d^2 K\theta_s}{T_d - T_s}$ となる．よって，ステップ応答 $v(t)$ は，つぎで表される．

$$v(t) = \mathcal{L}^{-1}\left[K\theta_s\left\{\dfrac{1}{s} + \dfrac{1}{T_d - T_s}\left(\dfrac{T_s^2}{T_s s + 1} - \dfrac{T_d^2}{T_d s + 1}\right)\right\}\right]$$

$$= K\theta_s\left\{1 + \dfrac{1}{T_d - T_s}\left(T_s e^{-\frac{1}{T_s}t} - T_d e^{-\frac{1}{T_d}t}\right)\right\}$$

(9)
i) 荷台の初期変位，速度を 0 とし，運動方程式の両辺をラプラス変換すると，

$$(m_d s^2 + ds + k)X(s) = F(s)$$

が得られ変形すると，伝達関数 $G(s)$ は，つぎで表される．

$$X(s) = G(s)F(s),$$

$$G(s) = \frac{1}{m_d s^2 + ds + k} = \frac{\frac{1}{m_d}}{s^2 + \frac{d}{m_d}s + \frac{k}{m_d}} = \frac{K\omega_n^2}{s^2 + 2\zeta\omega_n s + \omega_n^2},$$

$$\omega_n = \sqrt{\frac{k}{m_d}}, \quad \zeta = \frac{d}{2m_d\omega_n} = \frac{d}{2\sqrt{m_d k}}, \quad K = \frac{1}{m_d\omega_n^2} = \frac{1}{k}$$

ii) 地面に伝わる力 $f_g(t)$ は，

$$f_g(t) = kx(t) + d\dot{x}(t)$$

すべての初期値を 0 として両辺をラプラス変換すると，つぎとなる．

$$F_g(s) = (ds + k)X(s)$$

これより，$F(s)$ から $F_g(s)$ までの伝達関数 $H(s)$ は，

$$F_g(s) = (ds + k) \times G(s)F(s) = H(s)F(s),$$

$$H(s) = \frac{K\omega_n^2(ds + k)}{s^2 + 2\zeta\omega_n s + \omega_n^2} = \frac{2\zeta\omega_n s + \omega_n^2}{s^2 + 2\zeta\omega_n s + \omega_n^2}$$

$$※ K(ds + k) = \frac{m_d}{k}\left(\frac{d}{m_d}s + \frac{k}{m_d}\right) = \frac{1}{\omega_n^2}\left(2\zeta\omega_n s + \omega_n^2\right)$$

土砂を積み込んだときの $f_g(t)$ は，$F(s) = \mathcal{L}[m_s g] = \dfrac{m_s g}{s}$ より，

$$f_g(t) = \mathcal{L}^{-1}\left[\frac{m_s g\left(2\zeta\omega_n s + \omega_n^2\right)}{s\left(s^2 + 2\zeta\omega_n s + \omega_n^2\right)}\right]$$

で得られる．いま $\zeta < 1$ を考慮し，

$$\frac{2\zeta\omega_n s + \omega_n^2}{s\left(s^2 + 2\zeta\omega_n s + \omega_n^2\right)} = \frac{k_1}{s} + \frac{k_2}{s + \zeta\omega_n - j\sqrt{1 - \zeta^2}\,\omega_n} + \frac{k_3}{s + \zeta\omega_n + j\sqrt{1 - \zeta^2}\,\omega_n}$$

のように部分分数展開する．これより，条件式 $k_1 + k_2 + k_3 = 0$, $2\zeta\omega_n k_1 +$ $\left(\zeta\omega_n + j\sqrt{1 - \zeta^2}\,\omega_n\right)k_2 + \left(\zeta\omega_n - j\sqrt{1 - \zeta^2}\,\omega_n\right)k_3 = 2\zeta\omega_n$, $k_1\omega_n^2 = \omega_n^2$ が得られ，

$$k_1 = 1, \quad k_2 = \frac{\zeta - j\sqrt{1 - \zeta^2}}{2j\sqrt{1 - \zeta^2}}, \quad k_3 = -\frac{\zeta + j\sqrt{1 - \zeta^2}}{2j\sqrt{1 - \zeta^2}} \text{ となる．}$$

よって，$f_g(t)$ はつぎで表される．

$$f_g(t) = \mathcal{L}^{-1}\left[\frac{m_s g\left(2\zeta\omega_n s + \omega_n^2\right)}{s\left(s^2 + 2\zeta\omega_n s + \omega_n^2\right)}\right]$$

$$= \mathcal{L}^{-1}\left[m_s g\left(\frac{1}{s} + \frac{\zeta - j\sqrt{1-\zeta^2}}{2j\sqrt{1-\zeta^2}}\,\frac{1}{s + \zeta\omega_n - j\sqrt{1-\zeta^2}\,\omega_n}\right.\right.$$

$$\left.\left. - \frac{\zeta + j\sqrt{1-\zeta^2}}{2j\sqrt{1-\zeta^2}}\,\frac{1}{s + \zeta\omega_n + j\sqrt{1-\zeta^2}\,\omega_n}\right)\right]$$

$$= m_s g\left\{1 + \frac{\zeta - j\sqrt{1-\zeta^2}}{2j\sqrt{1-\zeta^2}}\,\mathrm{e}^{-\left(\zeta\omega_n - j\sqrt{1-\zeta^2}\,\omega_n\right)t} - \frac{\zeta + j\sqrt{1-\zeta^2}}{2j\sqrt{1-\zeta^2}}\,\mathrm{e}^{-\left(\zeta\omega_n + j\sqrt{1-\zeta^2}\,\omega_n\right)t}\right\}$$

$$= m_s g\left[1 + \mathrm{e}^{-\zeta\omega_n t}\left\{\frac{\zeta\left(\mathrm{e}^{j\sqrt{1-\zeta^2}\,\omega_n t} - \mathrm{e}^{-j\sqrt{1-\zeta^2}\,\omega_n t}\right)}{2j\sqrt{1-\zeta^2}}\right.\right.$$

$$\left.\left. - \frac{j\sqrt{1-\zeta^2}\left(\mathrm{e}^{j\sqrt{1-\zeta^2}\,t} + \mathrm{e}^{-j\sqrt{1-\zeta^2}\,\omega_n t}\right)}{2j\sqrt{1-\zeta^2}}\right\}\right]$$

$$= m_s g\left\{1 + \mathrm{e}^{-\zeta\omega_n t}\left(\frac{\zeta}{\sqrt{1-\zeta^2}}\sin\sqrt{1-\zeta^2}\,\omega_n t - \cos\sqrt{1-\zeta^2}\,\omega_n t\right)\right\}$$

$$= m_s g\left\{1 + \frac{\mathrm{e}^{-\zeta\omega_n t}}{\sqrt{1-\zeta^2}}\sin\left(\sqrt{1-\zeta^2}\,\omega_n t - \phi\right)\right\},\ \phi = \tan^{-1}\frac{\sqrt{1-\zeta^2}}{\zeta}$$

⚙ 講義 07

(1)

i)　「分母多項式」$= 0$ すなわち $s^2 + s + 5 = 0$ の根が極となり，つぎとなる．

$$\alpha, \beta = \frac{-1 \pm \sqrt{1 - 4\times 1\times 5}}{2} = \frac{-1 \pm j\sqrt{19}}{2}$$

実部は $-\dfrac{1}{2} < 0$ であり，システムは安定である．

ii)　システムは安定なので，最終値定理が使える．$U(s) = \dfrac{1}{s}$ より，$y(t)$ の定常値 y_∞ は
つぎで求められる．

$$y_\infty = \lim_{t\to\infty} y(t) = \lim_{s\to 0} sY(s) = \lim_{s\to 0} s\frac{2}{s^2 + s + 5}\frac{1}{s} = \frac{2}{5}$$

(2)

i)　$G(s)$ の分母多項式の係数は，1，3，-2 となり，負の値が存在する．したがって，
ラウスの安定判別法の条件 1 よりシステムは不安定である．さらに，$G(s)$ の分母多項
式は s の 2 次式であり，極はつぎとなる．

$$\alpha, \beta = \frac{-3 \pm \sqrt{3^2 - 4\times 1\times(-2)}}{2} = \frac{-3 \pm \sqrt{17}}{2}$$

したがって，$\dfrac{-3+\sqrt{17}}{2} > 0$ となり，不安定な極の数は 1 個である．

ii) $G(s)$ の分母多項式の係数は 1，5，2，20 となり，すべて正であるから，ラウスの安定判別法の条件 1 を満たす．つぎに，ラウス表（表 A.1）を作成する．ラウス数列は，上から順に $\{1, 5, -2, 20\}$ となり，途中で符号が 2 回変わる．ラウスの安定判別法の条件 2 よりシステムは不安定で，不安定な極の数は 2 個である．

s^3	1	2
s^2	5	20
s^1	$\dfrac{5 \times 2 - 1 \times 20}{5} = -2$	$\dfrac{5 \times 0 - 1 \times 0}{5} = 0$
s^0	$\dfrac{-2 \times 20 - 5 \times 0}{-2} = 20$	0

表 A.1

iii) $G(s)$ の分母多項式の係数は 1，8，32，80，100 となり，すべて正であるから，ラウスの安定判別法の条件 1 を満たす．つぎに，ラウス表（表 A.2）を作成する．ラウス数列は，上から順に $\left\{1,\ 8,\ 22,\ \dfrac{480}{11},\ 100\right\}$，となり，すべて正の値をとる．ラウスの安定判別法の条件 2 よりシステムは安定である．

s^4	1	32	100
s^3	8	80	
s^2	$\dfrac{8 \times 32 - 1 \times 80}{8} = 22$	$\dfrac{8 \times 100 - 1 \times 0}{8} = 100$	0
s^1	$\dfrac{22 \times 80 - 8 \times 100}{22} = \dfrac{480}{11}$	$\dfrac{22 \times 0 - 8 \times 0}{22} = 0$	
s^0	$\dfrac{480/11 \times 100 - 22 \times 0}{480/11} = 100$	0	

表 A.2

(3) システムが安定となる K の範囲を求めるために，ラウスの安定判別法を使う．条件 1 を考えると，$G(s)$ の分母多項式の係数は，1，2，5，1，K であるので，$K > 0$ が条件となる．条件 2 について調べるため，ラウス表（表 A.3）を作成する．

ラウス数列は，上から順に $\left\{1,\ 2,\ \dfrac{9}{2},\ \dfrac{9-4K}{9},\ K\right\}$ となる．すべて正の値とならなければならないので，システムが安定となる条件は，$\dfrac{9-4K}{9} > 0$，$K > 0$ より $0 < K < \dfrac{9}{4}$ となる．条件 1 の結果と合わせると，システムが安定となる定数 K の範囲は，$0 < K < \dfrac{9}{4}$．

	s^4	1	5	K
	s^3	2	1	
	s^2	$\dfrac{2 \times 5 - 1 \times 1}{2} = \dfrac{9}{2}$	$\dfrac{2 \times K - 1 \times 0}{2} = K$	0
	s^1	$\dfrac{\dfrac{9}{2} \times 1 - 2 \times K}{\dfrac{9}{2}} = \dfrac{9 - 4K}{9}$	$\dfrac{\dfrac{9}{2} \times 0 - 2 \times 0}{\dfrac{9}{2}} = 0$	
表 A.3	s^0	$\dfrac{(9 - 4K)/9 \times K - \dfrac{9}{2} \times 0}{(9 - 4K)/9} = K$	0	

(4)

i) $G(s)$ の極は $s = -1,\ -1 \pm j\sqrt{3}$ である．単位ステップ応答 $y(t)$ は，$y(t) = \mathcal{L}^{-1}\left[G(s)\dfrac{1}{s}\right]$ で得られる．

$$G(s)\frac{1}{s} = \frac{4}{s(s+1)(s^2 + 2s + 4)} = \frac{k_1}{s} + \frac{k_2}{s+1} + \frac{k_3 s + k_4}{s^2 + 2s + 4}$$

と部分分数展開する．よって，条件式 $k_1 + k_2 + k_3 = 0$，$3k_1 + 2k_2 + k_3 + k_4 = 0$，$6k_1 + 4k_2 + k_4 = 0$，$4k_1 = 4$ より，$k_1 = 1$，$k_2 = -\dfrac{4}{3}$，$k_3 = \dfrac{1}{3}$，$k_4 = -\dfrac{2}{3}$ となる．したがって，単位ステップ応答 $y(t)$ は，$s^2 + 2s + 4 = (s+1)^2 + 3$ であることを考慮し，つぎで表される．

$$\begin{aligned}
y(t) &= \mathcal{L}^{-1}\left[G(s)\frac{1}{s}\right] = \mathcal{L}^{-1}\left[\frac{1}{s} - \frac{4}{3(s+1)} + \frac{s-2}{3\{(s+1)^2 + 3\}}\right] \\
&= \mathcal{L}^{-1}\left[\frac{1}{s} - \frac{4}{3(s+1)} + \frac{s+1-3}{3\{(s+1)^2 + 3\}}\right] \\
&= \mathcal{L}^{-1}\left[\frac{1}{s} - \frac{4}{3(s+1)} + \frac{1}{3}\frac{s+1}{(s+1)^2 + 3} - \frac{1}{\sqrt{3}}\frac{\sqrt{3}}{(s+1)^2 + 3}\right] \\
&= 1 - \frac{4}{3}e^{-t} + \frac{1}{3}e^{-t}\left(\cos\sqrt{3}\,t - \sqrt{3}\,\sin\sqrt{3}\,t\right)
\end{aligned}$$

$\lim\limits_{t\to\infty}\dfrac{4}{3}e^{-t} = 0$，$\lim\limits_{t\to\infty}\dfrac{1}{3}e^{-t}\left(\cos\sqrt{3}\,t - \sqrt{3}\,\sin\sqrt{3}\,t\right) = 0$ より，$\lim\limits_{t\to\infty}y(t) = 1$ となる．この場合，極の実部はすべて負をとっており，単位ステップ応答は有限な値に収束する．

ii) $G(s)$ の極は，$(s-3)(s^2 + 5s + 6) = (s-3)(s+2)(s+3)$ より，$s = 3, -2, -3$ である．

$$\begin{aligned}
G(s)\frac{1}{s} &= \frac{18}{s(s-3)(s^2 + 5s + 6)} = \frac{18}{s(s-3)(s+2)(s+3)} \\
&= \frac{k_1}{s} + \frac{k_2}{s-3} + \frac{k_3}{s+2} + \frac{k_4}{s+3}
\end{aligned}$$

と部分分数展開する．よって，条件式 $k_1 + k_2 + k_3 + k_4 = 0$, $2k_1 + 5k_2 - k_4 = 0$, $-9k_1 + 6k_2 - 9k_3 - 6k_4 = 0$, $-18k_1 = 18$ より，$k_1 = -1$, $k_2 = \dfrac{1}{5}$, $k_3 = \dfrac{9}{5}$, $k_4 = -1$ となる．したがって，単位ステップ応答は，つぎで表される．

$$y(t) = \mathcal{L}^{-1}\left[G(s)\frac{1}{s}\right] = \mathcal{L}^{-1}\left[-\frac{1}{s} + \frac{1}{5(s-3)} + \frac{9}{5(s+2)} - \frac{1}{s+3}\right]$$

$$= -1 + \frac{1}{5}e^{3t} + \frac{9}{5}e^{-2t} - e^{-3t}$$

$t \to \infty$ で，極 $s = -2, -3$ に関係する応答 $\dfrac{9}{5}e^{-2t} - e^{-3t}$ は 0 に収束するが，$s = 3$ に対応する応答 $\dfrac{1}{5}e^{3t}$ は，単調増加して ∞ に発散する．この $s = 3 > 0$ の極に関係する応答の影響で，結局 $\lim\limits_{t\to\infty} y(t) = \infty$ となる．

iii) $G(s)$ の極は，$s = -2, 1 \pm j\sqrt{5}$ である．

$$G(s)\frac{1}{s} = \frac{12}{s(s+2)(s^2 - 2s + 6)} = \frac{k_1}{s} + \frac{k_2}{s+2} + \frac{k_3 s + k_4}{s^2 - 2s + 6}$$

と部分分数展開する．よって，条件式 $k_1 + k_2 + k_3 = 0$, $-2k_2 + 2k_3 + k_4 = 0$, $2k_1 + 6k_2 + 2k_4 = 0$, $12k_1 = 12$ より，$k_1 = 1$, $k_2 = -\dfrac{3}{7}$, $k_3 = -\dfrac{4}{7}$, $k_4 = \dfrac{2}{7}$ となる．

したがって，単位ステップ応答 $y(t)$ は，$s^2 - 2s + 6 = (s-1)^2 + 5$ であることを考慮し，つぎで表される．

$$y(t) = \mathcal{L}^{-1}\left[G(s)\frac{1}{s}\right] = \mathcal{L}^{-1}\left[\frac{1}{s} - \frac{3}{7(s+2)} + \frac{-4s+2}{7\{(s-1)^2 + 5\}}\right]$$

$$= \mathcal{L}^{-1}\left[\frac{1}{s} - \frac{3}{7(s+2)} + \frac{-4(s-1) - 2}{7\{(s-1)^2 + 5\}}\right]$$

$$= \mathcal{L}^{-1}\left[\frac{1}{s} - \frac{4}{3(s+2)} - \frac{4}{7}\frac{s-1}{(s-1)^2 + 5} - \frac{2}{7\sqrt{5}}\frac{\sqrt{5}}{(s-1)^2 + 5}\right]$$

$$= 1 - \frac{3}{7}e^{-2t} - \frac{2}{7}e^{t}\left(2\cos\sqrt{5}\,t + \frac{1}{\sqrt{5}}\sin\sqrt{5}\,t\right)$$

$t \to \infty$ で，極 $s = -2$ に関係する応答 $\dfrac{3}{7}e^{-2t}$ は 0 に収束するが，$s = 1 \pm j\sqrt{5}$ に対応する応答 $\dfrac{2}{7}e^{t}\left(2\cos\sqrt{5}\,t + \dfrac{1}{\sqrt{5}}\sin\sqrt{5}\,t\right)$ は，角周波数 $\sqrt{5}$ で振動しながら振幅が増加して ∞ に発散する．この実部が正の $s = 1 \pm j\sqrt{5}$ の極に関係する応答の影響で，結局 $\lim\limits_{t\to\infty} y(t) = \infty$ となる．

(5) $R(s)$ から $Y(s)$ までの伝達関数 $G(s)$ は，

$$G(s) = \frac{\dfrac{K}{s^2 + s + 1}}{1 + \dfrac{K}{s^2 + s + 1}} = \frac{K}{s^2 + s + 1 + K}$$

である．ラウスの安定判別法を用いても良いが，ここでは，$G(s)$ の極を求めて安定になる条件を導く．$s = \dfrac{-1 \pm \sqrt{1 - 4(1 + K)}}{2}$ となる．根号の中が負の場合，$s = \dfrac{-1 \pm j\sqrt{-1 + 4(1 + K)}}{2}$ となり，実部が負になるため $G(s)$ は常に安定である．根号の中が 0 になる場合も，$s = -\dfrac{1}{2}$ の二重極で $G(s)$ は安定である．根号の中の値が正になるとき，極は 2 つの異なる実数となり，そのうち値が正になる可能性のある極は $s = \dfrac{-1 + \sqrt{1 - 4(1 + K)}}{2}$ である．これが負になる条件を用いて，$G(s)$ が安定になる K の範囲は，つぎのようになる．

$$\frac{-1 + \sqrt{1 - 4(1 + K)}}{2} < 0 \quad \Rightarrow \quad K > -1$$

(6)　$R(s)$ から $Y(s)$ までの伝達関数 $G(s)$ は，

$$G(s) = \frac{\dfrac{K}{s^3 + 2s^2 + 2s + 1}}{1 + \dfrac{K}{s^3 + 2s^2 + 2s + 1}} = \frac{K}{s^3 + 2s^2 + 2s + 1 + K}$$

である．ここではラウスの安定判別法を使う．$G(s)$ の分母多項式の係数は $1, 2, 2, 1 + K$ である．条件 1 より，すべて同符合になる条件は，$K > -1$ である．つぎに，ラウス表（表 A.4）を作成すると，ラウス数列は，$\left\{1, 2, \dfrac{3 - K}{2}, 1 + K\right\}$ となる．したがって，$G(s)$ が安定になる K の範囲は，$3 - K > 0$，$1 + K > 0$ より $-1 < K < 3$ である．

s^3	1	2
s^2	2	$1 + K$
s^1	$\dfrac{2 \times 2 - 1 \times (1 + K)}{2} = \dfrac{3 - K}{2}$	$\dfrac{2 \times 0 - 1 \times 0}{2} = 0$
s^0	$\dfrac{(3 - K)/2 \times (1 + K) - 2 \times 0}{(3 - K)/2} = 1 + K$	0

表 A.4

(7)　$R(s)$ から $Y(s)$ までの伝達関数 $G(s)$ は，

$$G(s) = \frac{\dfrac{K(s - 1)}{s^3 + 2s^2 + 2s + 1}}{1 + \dfrac{K(s - 1)}{s^3 + 2s^2 + 2s + 1}} = \frac{K(s - 1)}{s^3 + 2s^2 + (2 + K)s + 1 - K}$$

である．ここでは，ラウスの安定判別法を使う．$G(s)$ の分母多項式の係数は $1, 2, 2 + K$，$1 - K$ である．条件 1 より，すべて同符合になる条件は，$-2 < K < 1$ である．つぎに，ラウス表（表 A.5）を作成すると，ラウス数列は，$\left\{1, 2, \dfrac{3 + 3K}{2}, 1 - K\right\}$ となる．すべて正となる条件は，$1 + K > 0$，$1 - K > 0$ より $-1 < K < 1$ である．条件 1 と条件 2 を合わせて考え，$G(s)$ が安定になる K の範囲は，$-1 < K < 1$ である．

	s^3	1	$2 + K$
	s^2	2	$1 - K$

	s^1	$\dfrac{2 \times (2 + K) - 1 \times (1 - K)}{2} = \dfrac{3 + 3K}{2}$	$\dfrac{2 \times 0 - 1 \times 0}{2} = 0$
表 A.5	s^0	$\dfrac{(3 + 3K)/2 \times (1 - K) - 2 \times 0}{(3 + 3K)/2} = 1 - K$	0

　問題 (6) と問題 (7) の制御対象の分母多項式は同一で，同じ極を持つ．両者の違いは分子多項式であり，問題 (7) では $s = 1$ に零点を持っている．問題 (6) では $-1 < K < 3$ でフィードバック制御系は安定である．これに対し，問題 (7) では $-1 < K < 1$ の範囲でフィードバック制御系は安定になり，フィードバック制御系が安定になる K の範囲が，問題 (6) と比べると，狭くなっている．この結果は，制御対象の極だけではなく，その零点も制御系の応答や安定性に影響を及ぼすことを示唆している．

(8)　$R(s)$ から $Y(s)$ までの伝達関数 $G(s)$ は，

$$G(s) = \frac{\dfrac{K_1 + \dfrac{K_2}{s}}{s^2 + s - 1}}{1 + \dfrac{K_1 + \dfrac{K_2}{s}}{s^2 + s - 1}} = \frac{K_1 + \dfrac{K_2}{s}}{s^2 + s - 1 + K_1 + \dfrac{K_2}{s}} = \frac{K_1 s + K_2}{s^3 + s^2 + (K_1 - 1)s + K_2}$$

である．ここでは，ラウスの安定判別法を使う．$G(s)$ の分母多項式の係数は $1, 1, K_1 - 1,$ K_2 である．条件 1 より，すべて同符合になる条件は，$K_1 > 1$，$K_2 > 0$ である．つぎに，ラウス表（表 A.6）を作成すると，ラウス数列は，$\{1, 1, K_1 - K_2 - 1, K_2\}$ であり，すべて正となる条件は，$K_1 > K_2 + 1$，$K_2 > 0$ である．条件 1 と条件 2 を合わせて考え，$G(s)$ が安定になる条件は，$K_1 > 1$，$K_2 > 0$，$K_1 > K_2 + 1$ である．

	s^3	1	$K_1 - 1$
	s^2	1	K_2

	s^1	$1 \times (K_1 - 1) - 1 \times K_2 = K_1 - K_2 - 1$	$1 \times 0 - 1 \times 0 = 0$
表 A.6	s^0	$\dfrac{(K_1 - K_2 - 1)K_2 - 1 \times 0}{K_1 - K_2 - 1} = K_2$	0

(9)　$R(s)$ から $Y(s)$ までの伝達関数 $G(s)$ は，

$$G(s) = \frac{\dfrac{K_1 + K_2 s}{(s - 2)(s + 3)(s + 5)}}{1 + \dfrac{K_1 + K_2 s}{(s - 2)(s + 3)(s + 5)}} = \frac{K_1 + K_2 s}{s^3 + 6s^2 + (K_2 - 1)s + K_1 - 30}$$

である．ここでは，ラウスの安定判別法を使う．$G(s)$ の分母多項式の係数は $1, 6, K_2 - 1,$ $K_1 - 30$ である．条件 1 より，すべて同符合になる条件は，$K_1 > 30$，$K_2 > 1$ である．つぎ

に，ラウス表（表 A.7）を作成すると，ラウス数列は，$\left\{1, 6, \dfrac{6K_2 - K_1 + 24}{6}, K_1 - 30\right\}$
であり，すべて正となる条件は，$K_1 < 6K_2 + 24$，$K_1 > 30$ である．条件 1 と条件 2 を
合わせて考え，$G(s)$ が安定になる条件は，$K_1 > 30$，$K_2 > 1$，$K_1 < 6K_2 + 24$ である．

表 A.7

s^3	1	$K_2 - 1$
s^2	6	$K_1 - 30$
s^1	$\dfrac{6 \times (K_2 - 1) - 1 \times (K_1 - 30)}{6} = \dfrac{6K_2 - K_1 + 24}{6}$	$\dfrac{6 \times 0 - 1 \times 0}{6} = 0$
s^0	$\dfrac{\dfrac{6K_2 - K_1 + 24}{6} \times (K_1 - 30) - 6 \times 0}{\dfrac{6K_2 - K_1 + 24}{6}} = K_1 - 30$	0

　問題 (8) と問題 (9) では，不安定極を持つ伝達関数に対して，パラメータ K_1，K_2 を
持つ伝達関数をフィードバック結合している．この結果は，不安定な制御対象に対して，
適切な伝達関数をフィードバック結合させることによって，フィードバック制御系全体
を安定にすることが可能であることを示している．フィードバック結合の持つこの性質
は非常に有用であり，講義 08 以降でより詳しく検討される．

(10)

i)　運動方程式のすべての初期値を 0 としてラプラス変換すると，

$$Js^2 \theta(s) = \tau(s) \quad \Rightarrow \quad \theta(s) = \frac{1}{Js^2} \tau(s) = \frac{1}{Js^2 (Ts + 1)} u(s)$$

となり，伝達関数は $G(s) = \dfrac{1}{Js^2 (Ts + 1)}$ となる．

ii)　図 7.4 のフィードバック制御系を考えたとき，$R(s)$ から $\theta(s)$ までの伝達関数は，

$$\frac{G(s) K}{1 + G(s)K} = \frac{\dfrac{K}{Js^2 (Ts + 1)}}{1 + \dfrac{K}{Js^2 (Ts + 1)}} = \frac{K}{Js^2 (Ts + 1) + K} = \frac{K}{JTs^3 + Js^2 + K}$$

となる．この伝達関数が安定となるかを判別するためにラウスの安定判別法を使う．伝
達関数の分母多項式の係数が，$JT > 0$，$J > 0$，0，K となる．s の 1 次の項は，K をいく
ら調整しても 0 のままであり，条件 1 を満たすことはできない．よって，図 7.4 の
フィードバック制御系ではフィードバック制御系を安定にすることは不可能である．
　つぎに，図 7.5 のフィードバック制御系では，$R(s)$ から $\theta(s)$ までの伝達関数は，

$$\frac{G(s)(K_1+K_2s)}{1+G(s)(K_1+K_2s)}=\frac{\dfrac{K_1+K_2s}{Js^2\,(Ts+1)}}{1+\dfrac{K_1+K_2s}{Js^2\,(Ts+1)}}=\frac{K_1+K_2s}{Js^2\,(Ts+1)+K_1+K_2s}$$

$$=\frac{K_2s+K_1}{JTs^3+Js^2+K_2s+K_1}$$

となる．よって，伝達関数の分母多項式のすべての係数をゼロでない値にすることが可能である．ラウスの安定判別法の条件 1 は，$JT>0,\ J>0,\ K_2>0,\ K_1>0$ で満たされる．つぎに，ラウス表（表 A.8）を作成すると，ラウス数列は，$\{JT,J,K_2-TK_1,K_1\}$ であり，すべて正となる条件は，$K_1<\dfrac{1}{T}K_2,\ K_1>0$ である．条件 1 と条件 2 を合わせて考え，このフィードバック制御系が安定になる条件は，$K_1>0,\ K_2>0,\ K_1<\dfrac{1}{T}K_2$ である．

s^3	JT	K_2
s^2	J	K_1
s^1	$\dfrac{JK_2-JTK_1}{J}=K_2-TK_1$	$\dfrac{J\times0-JT\times0}{J}=0$
s^0	$\dfrac{(K_2-TK_1)K_1-J\times0}{K_2-TK_1}=K_1$	0

表 A.8

⚙ 講義 08

フィードバック制御系の内部安定性を判別するためには，つぎの 4 つの伝達関数の極を調べればよい．

$$G_{ur}(s)=\frac{C(s)}{1+P(s)\,C(s)},\quad G_{ud}(s)=-\frac{P(s)\,C(s)}{1+P(s)\,C(s)}$$

$$G_{yr}(s)=-G_{ud}(s),\quad G_{yd}(s)=\frac{P(s)}{1+P(s)\,C(s)}$$

(1)

i)

$$G_{ur}(s)=\frac{s-1}{s^2+4s-4},\quad G_{ud}(s)=-\frac{1}{s^2+4s-4}$$

$$G_{yr}(s)=\frac{1}{s^2+4s-4},\quad G_{yd}(s)=\frac{s+5}{s^2+4s-4}$$

よって，4 つの伝達関数の極は，方程式 $s^2+4s-4=0$ を解いて $s=-2\pm2\sqrt{2}$ となり，$-2+2\sqrt{2}>0$ となるので，制御系は内部安定にはならない．

ii)

$$G_{ur}(s)=\frac{10(s-1)}{s^2+4s+5},\quad G_{ud}(s)=-\frac{10}{s^2+4s+5}$$

$$G_{yr}(s) = \frac{10}{s^2 + 4s + 5}, \quad G_{yd}(s) = \frac{s + 5}{s^2 + 4s + 5}$$

よって，4つの伝達関数の極は，方程式 $s^2 + 4s + 5 = 0$ を解いて $s = -2 \pm j$ となり，実部が $-2 < 0$ となるので，制御系は内部安定になる．

iii)

$$G_{ur}(s) = \frac{s - 3}{s + 2}, \quad G_{ud}(s) = -\frac{1}{s + 2}$$

$$G_{yr}(s) = \frac{1}{s + 2}, \quad G_{yd}(s) = \frac{s + 1}{(s + 2)(s - 3)}$$

よって，4つの伝達関数のうち，$G_{yd}(s)$ が不安定な極 $s = 3$ を持つため，制御系は内部安定にはならない．

iv)

$$G_{ur}(s) = \frac{s + 10}{(s + 11)(s - 2)}, \quad G_{ud}(s) = -\frac{1}{s + 11}$$

$$G_{yr}(s) = \frac{1}{s + 11}, \quad G_{yd}(s) = \frac{s - 2}{s + 11}$$

よって，4つの伝達関数のうち，$G_{ur}(s)$ が不安定な極 $s = 2$ を持つため，制御系は内部安定にはならない．

v)

$$G_{ur}(s) = \frac{s + 5}{2s + 3}, \quad G_{ud}(s) = -\frac{s + 1}{2s + 3}$$

$$G_{yr}(s) = \frac{s + 1}{2s + 3}, \quad G_{yd}(s) = \frac{(s + 1)(s + 2)}{(2s + 3)(s + 5)}$$

よって，4つの伝達関数の極は，$G_{ur}(s)$，$G_{ud}(s)$，$G_{yr}(s)$ が $s = -\dfrac{3}{2} < 0$，$G_{yd}(s)$ が $s = -\dfrac{3}{2}$，-5 となり，実部はすべて負である．したがって，制御系は内部安定になる．

(2) (8.6) 式を以下に再記する．

$$\begin{cases} E(s) = R(s) - Y(s) & (1) \\ U(s) = C(s)\,E(s) & (2) \\ Y(s) = P(s)\,(U(s) + D(s)) & (3) \end{cases}$$

はじめに，(8.7) 式を導く．(1) 式を (2) 式に代入すると，

$$U(s) = C(s)\,(R(s) - Y(s)) = C(s)\,R(s) - C(s)\,Y(s) \tag{4}$$

となる．(4) 式に，(3) 式を代入して整理すると，つぎが得られる．

$$U(s) = C(s)\,R(s) - C(s)\,P(s)\,(U(s) + D(s))$$

$$(1 + C(s)\,P(s))\,U(s) = C(s)\,R(s) - C(s)\,P(s)\,D(s)$$

$$U(s) = \frac{C(s)}{1 + P(s)\,C(s)}R(s) - \frac{P(s)\,C(s)}{1 + P(s)\,C(s)}D(s)$$

$$= G_{ur}(s)\,R(s) + G_{ud}\,D(s),$$

$$G_{ur}(s) = \frac{C(s)}{1 + P(s)\,C(s)}, \quad G_{ud}(s) = -\frac{P(s)\,C(s)}{1 + P(s)\,C(s)}$$

続いて，(8.8) 式を導く．(4) 式を (3) 式に代入して整理すると，つぎが得られる．

$$Y(s) = P(s)(C(s)R(s) - C(s)Y(s) + D(s))$$
$$(1 + P(s)C(s))Y(s) = P(s)C(s)R(s) + P(s)D(s)$$
$$Y(s) = \frac{P(s)C(s)}{1 + P(s)C(s)}R(s) + \frac{P(s)}{1 + P(s)C(s)}D(s)$$
$$= G_{yr}(s)R(s) + G_{yd}(s)D(s),$$

$$G_{yr}(s) = \frac{P(s)C(s)}{1 + P(s)C(s)}, \quad G_{yd}(s) = \frac{P(s)}{1 + P(s)C(s)}$$

なお，(8.7) 式導出の過程で，$C(s)$ と $P(s)$ の積 $C(s)P(s)$ の順番を入れかえて $P(s)C(s)$ とした．この入れかえは，この教科書で扱っている入力，出力の数がともに 1 つの系（1 入力 1 出力系）では可能であるが，入力，出力の数が複数個のシステム（多入力多出力系）の場合は，伝達関数が行列となるため，一般にこの入れかえはできなくなることに注意する．

(3) 最初に，$\Delta_T(s) = G'_{yr}(s) - G_{yr}(s)$ を計算する

$$\Delta_T(s) = \frac{(P(s) + \Delta(s))C(s)}{1 + (P(s) + \Delta(s))C(s)} - \frac{P(s)C(s)}{1 + P(s)C(s)}$$
$$= \frac{(P + \Delta)C(1 + PC) - PC\{1 + (P + \Delta)C\}}{\{1 + (P + \Delta)C\}(1 + PC)} \quad (※ (s) \text{ を省略した．})$$
$$= \frac{PC + PCPC + \Delta C + \Delta CPC - PC - PCPC - PC\Delta C}{\{1 + (P + \Delta)C\}(1 + PC)}$$
$$= \frac{\Delta(s)C(s)}{\{1 + (P(s) + \Delta(s))C(s)\}(1 + P(s)C(s))}$$

よって，$\Delta_c(s)$ はつぎで表される．

$$\Delta_c(s) = \frac{\Delta_T(s)}{G_{yr}(s)} = \frac{\Delta(s)}{1 + (P(s) + \Delta(s))C(s)}\frac{1}{P(s)}$$

(4) $R(s) = \mathcal{L}[r(t)] = \dfrac{1}{s}, \quad D(s) = \mathcal{L}[d(t)] = \dfrac{1}{s}, \quad t \geq 0$ とする．

問題 (1) iii) において，応答 $u(t)$, $y(t)$ は，それぞれつぎとなる．

$$u(t) = \mathcal{L}^{-1}[G_{ur}(s)R(s) + G_{ud}(s)D(s)] = \mathcal{L}^{-1}\left[\frac{s - 3}{s(s + 2)} - \frac{1}{s(s + 2)}\right]$$
$$= \mathcal{L}^{-1}\left[-\frac{2}{s} + \frac{3}{s + 2}\right] = -2 + 3\mathrm{e}^{-2t}$$

$$y(t) = \mathcal{L}^{-1}[G_{yr}(s)R(s) + G_{yd}(s)D(s)] = \mathcal{L}^{-1}\left[\frac{1}{s(s + 2)} + \frac{s + 1}{s(s + 2)(s - 3)}\right]$$
$$= \mathcal{L}^{-1}\left[\frac{1}{3s} - \frac{3}{5(s + 2)} + \frac{4}{15(s - 3)}\right] = \frac{1}{3} - \frac{3}{5}\mathrm{e}^{-2t} + \frac{4}{15}\mathrm{e}^{3t}$$

問題 (1) iii) の解答より，この制御系は内部安定でない．この場合は，制御量 $y(t)$ が $t \to \infty$ で ∞ に発散する．

問題 (1) iv) において，応答 $u(t)$, $y(t)$ は，それぞれつぎとなる．

$$u(t) = \mathcal{L}^{-1}\left[G_{ur}(s)R(s) + G_{ud}(s)D(s)\right] = \mathcal{L}^{-1}\left[\frac{s+10}{s(s+11)(s-2)} - \frac{1}{s(s+11)}\right]$$

$$= \mathcal{L}^{-1}\left[-\frac{6}{11s} + \frac{12}{143(s+11)} + \frac{6}{13(s-2)}\right] = -\frac{6}{11} + \frac{12}{143}\mathrm{e}^{-11t} + \frac{6}{13}\mathrm{e}^{2t}$$

$$y(t) = \mathcal{L}^{-1}\left[G_{yr}(s)R(s) + G_{yd}(s)D(s)\right] = \mathcal{L}^{-1}\left[\frac{1}{s(s+11)} + \frac{s-2}{s(s+11)}\right]$$

$$= \mathcal{L}^{-1}\left[-\frac{1}{11s} + \frac{12}{11(s+11)}\right] = -\frac{1}{11} + \frac{12}{11}\mathrm{e}^{-11t}$$

問題 (1) iv) の解答より，この制御系は内部安定でない．この場合は，操作量 $u(t)$ が $t \to \infty$ で∞に発散する．

問題 (1) v) において，応答 $u(t)$，$y(t)$ は，それぞれつぎとなる．

$$u(t) = \mathcal{L}^{-1}\left[G_{ur}(s)R(s) + G_{ud}(s)D(s)\right] = \mathcal{L}^{-1}\left[\frac{s+5}{s(2s+3)} - \frac{s+1}{s(2s+3)}\right]$$

$$= \mathcal{L}^{-1}\left[\frac{\frac{4}{3}}{s} - \frac{\frac{4}{3}}{s+\frac{3}{2}}\right] = \frac{4}{3} - \frac{4}{3}\mathrm{e}^{-\frac{3}{2}t}$$

$$y(t) = \mathcal{L}^{-1}\left[G_{yr}(s)R(s) + G_{yd}(s)D(s)\right] = \mathcal{L}^{-1}\left[\frac{s+1}{s(2s+3)} + \frac{(s+1)(s+2)}{s(2s+3)(s+5)}\right]$$

$$= \mathcal{L}^{-1}\left[\frac{7}{15s} + \frac{4}{21\left(s+\frac{3}{2}\right)} + \frac{12}{35(s+5)}\right] = \frac{7}{15} + \frac{4}{21}\mathrm{e}^{-\frac{3}{2}t} + \frac{12}{35}\mathrm{e}^{-5t}$$

問題 (1) v) の解答より，この制御系は内部安定である．この場合は，操作量 $u(t)$，制御量 $y(t)$ の両者が $t \to \infty$ でそれぞれ $\dfrac{4}{3}$，$\dfrac{7}{15}$ となり有界である．

(5)

i) この系に対して $u(t) = K_r T_r$ としたとき，目標値 T_r が一定の値であることを考慮すると，$U(s) = \dfrac{K_r T_r}{s}$ となるから，$y(t)$ はつぎで表される．

$$y(t) = \mathcal{L}^{-1}\left[\frac{aK}{s(s+a)} + \frac{T_0}{s+a} + \frac{bK_r T_r}{s(s+a)}\right] = \mathcal{L}^{-1}\left[\frac{T_0}{s+a}\right] + \mathcal{L}^{-1}\left[\frac{aK + bK_r T_r}{s(s+a)}\right]$$

$$= \mathcal{L}^{-1}\left[\frac{T_0}{s+a}\right] + \frac{aK + bK_r T_r}{a}\left(\mathcal{L}^{-1}\left[\frac{1}{s}\right] - \mathcal{L}^{-1}\left[\frac{1}{s+a}\right]\right)$$

$$= T_0\mathrm{e}^{-at} + \frac{aK + bK_r T_r}{a}(1 - \mathrm{e}^{-at}) = \frac{aK + bK_r T_r}{a} + \left(T_0 - \frac{aK + bK_r T_r}{a}\right)\mathrm{e}^{-at}$$

このときの $t \to \infty$ でのコーヒーの温度 y_∞ は，

$$y_\infty = \frac{aK + bK_r T_r}{a} = K + \frac{b}{a}K_r T_r$$

となる．これが T_r と一致するので，

$$K + \frac{b}{a} K_r T_r = T_r$$

となり，これを満たす定数（フィードフォワードコントローラ）K_r はつぎとなる．

$$K_r = \frac{a(T_r - K)}{bT_r}$$

ii) フィードフォワード制御の下で気温 K が $K - \Delta K$ に変化すると，単位ステップ応答は，K に $K - \Delta K$ を代入し，つぎで表される．

$$y(t) = \frac{a(K - \Delta K) + bK_r T_r}{a} + \left(T_0 - \frac{a(K - \Delta K) + bK_r T_r}{a}\right)e^{-at}$$

このときの $t \to \infty$ でのコーヒーの温度 y'_∞ は，

$$y'_\infty = K - \Delta K + \frac{b}{a} K_r T_r$$

となる．i) の結果のフィードフォワードコントローラ $K_r = \dfrac{a(T_r - K)}{bT_r}$ を代入すると，

$$y'_\infty = K - \Delta K + \frac{b}{a} K_r T_r = K - \Delta K + \frac{b}{a}\frac{a(T_r - K)}{bT_r}T_r = K - \Delta K + T_r - K$$

$$= T_r - \Delta K$$

となる [6]．よって，気温が ΔK だけ下がると，コーヒーの温度も同じ ΔK だけ下がる．このフィードフォワード制御系では，気温の変化は外乱とみなせる．フィードフォワード制御の性質より，外乱の影響はそのまま制御量に現れることがわかる．

(6) フィードバック制御である $u(t) = K_e(T_r - y(t))$ の両辺をラプラス変換すると，目標温度 T_r は $t \geq 0$ で一定値をとることを考慮すると，つぎとなる．

$$U(s) = K_e\left\{\frac{1}{s}T_r - Y(s)\right\}$$

これを $U(s)$ に代入すると，

$$Y(s) = \frac{aK}{s(s+a)} + \frac{T_0}{s+a} + \frac{b}{s+a}K_e\left\{\frac{1}{s}T_r - Y(s)\right\}$$

$$Y(s) = \frac{\dfrac{aK}{s(s+a)} + \dfrac{T_0}{s+a} + \dfrac{bK_e T_r}{s(s+a)}}{1 + \dfrac{bK_e}{s+a}} = \frac{aK + bK_e T_r}{s(s+a+bK_e)} + \frac{T_0}{s+a+bK_e}$$

となる．よって，$y(t)$ はつぎで表される．

---

[6] フィードフォワードコントローラ $K_r = \dfrac{a(T_r - K)}{bT_r}$ は，気温が K の場合を前提にして決定されており，その値は，アナログ回路やマイクロプロセッサ（マイコン）内のプログラムとして実装されている．よって，気温が変化したとしても K_r 中の K を $K - \Delta K$ に変えることはできないことに注意する．

$$y(t) = \mathcal{L}^{-1}\left[\frac{aK + bK_eT_r}{s(s + a + bK_e)} + \frac{T_0}{s + a + bK_e}\right]$$

$$= \mathcal{L}^{-1}\left[\frac{aK + bK_eT_r}{a + bK_e}\left(\frac{1}{s} - \frac{1}{s + a + bK_e}\right) + \frac{T_0}{s + a + bK_e}\right]$$

$$= \frac{aK + bK_eT_r}{a + bK_e}\left(1 - e^{-(a + bK_e)t}\right) + T_0 e^{-(a + bK_e)t}$$

$$= \frac{aK + bK_eT_r}{a + bK_e} + \left(T_0 - \frac{aK + bK_eT_r}{a + bK_e}\right)e^{-(a + bK_e)t}$$

このときの $t \to \infty$ での y_∞ は，$a + bK_e > 0$ となるように K_e を設定すると，

$$y_\infty = \frac{aK + bK_eT_r}{a + bK_e} = \frac{aK + aT_r - aT_r + bK_eT_r}{a + bK_e}$$

$$= \frac{(a + bK_e)T_r + a(K - T_r)}{a + bK_e} = T_r + \frac{a(K - T_r)}{a + bK_e}$$

となる．比例制御のパラメータ K_e を大きくするにしたがい，右辺第 2 項（の絶対値）は小さくなるため，y_∞ は目標温度 T_r に近づく．$K_e \to \infty$ で $y_\infty = T_r$ になるが，現実的ではない．しかし，本講でも述べたように，新たな制御要素を導入することによって，現実的な設定で $y_\infty = T_r$ とすることは可能である．

一方，気温が K から $K - \Delta K$ に変化したときの $t \to \infty$ でのコーヒーの温度 y'_∞ は，

$$y'_\infty = T_r + \frac{a(K - \Delta K - T_r)}{a + bK_e}$$

フィードフォワード制御の場合は，気温の変化がそのままコーヒーの温度の変化に現れていた．これに対し，フィードバック制御の場合は，K_e を大きくすることによって気温の変化がコーヒーの温度に与える影響が含まれる右辺第 2 項を小さくすることができる．

(7) $\theta(s) = \mathcal{L}[K_rv_r] = \dfrac{K_rv_r}{s}$ を用いて，速度 $v(t)$ は，

$$v(t) = \mathcal{L}^{-1}\left[\frac{K}{(T_ss + 1)(T_ds + 1)} \times \frac{K_rv_r}{s}\right]$$

$$= \mathcal{L}^{-1}\left[KK_rv_r\left(\frac{1}{s} + \frac{T_s^2}{T_d - T_s}\frac{1}{T_ss + 1} - \frac{T_d^2}{T_d - T_s}\frac{1}{T_ds + 1}\right)\right]$$

$$= KK_rv_r\left(1 + \frac{T_s}{T_d - T_s}e^{-\frac{1}{T_s}t} - \frac{T_d}{T_d - T_s}e^{-\frac{1}{T_d}t}\right)$$

となる．これより，速度の定常値 v_∞ は，$v_\infty = KK_rv_r$ となる．これが目標速度 v_r と一致する条件は，$KK_rv_r = v_r$ より，

$$K_r = \frac{1}{K} = \frac{c}{bK_d}$$

となる．また，プロペラが損傷して b の値が半分になった場合，速度の定常値が

$v'_\infty = KK_r v_r = \dfrac{0.5bK_d}{c} K_r v_r$ となる．これに先ほど求めた K_r を代入すると [7]，

$$v'_\infty = \frac{0.5bK_d}{c} \frac{c}{bK_d} v_r = 0.5v_r$$

と損傷前の半分になり，比例定数の変化の影響が，そのまま速度の定常値に現れることがわかる．

(8)　フィードバック制御系のブロック線図は図 A.19 のようになる．目標値 $V_r(s)$ から制御量 $V(s)$ までのフィードバック制御系の伝達関数 $G(s)$ は，つぎで表される．

$$G(s) = \frac{\dfrac{K_e K}{(T_s s + 1)(T_d s + 1)}}{1 + \dfrac{K_e K}{(T_s s + 1)(T_d s + 1)}} = \frac{K_e K}{(T_s s + 1)(T_d s + 1) + K_e K}$$

$$= \frac{K_e K}{T_s T_d s^2 + (T_s + T_d)s + K_e K + 1} = \frac{\dfrac{K_e K}{T_s T_d}}{s^2 + \dfrac{T_s + T_d}{T_s T_d} s + \dfrac{K_e K + 1}{T_s T_d}}$$

ここで，2 次遅れ系の係数と比較して，つぎを得る．

$$\omega_n = \sqrt{\frac{K_e K + 1}{T_s T_d}},$$

$$\zeta = \frac{1}{2\omega_n} \frac{T_s + T_d}{T_s T_d} = \frac{1}{2\sqrt{\dfrac{K_e K + 1}{T_s T_d}}} \frac{T_s + T_d}{T_s T_d} = \frac{T_s + T_d}{2\sqrt{T_s T_d (K_e K + 1)}},$$

$$C = \frac{1}{\omega_n^2} \frac{K_e K}{T_s T_d} = \frac{K_e K}{K_e K + 1}$$

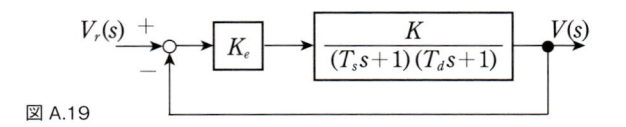

$$V_r(s) \xrightarrow{+} \bigcirc \xrightarrow{} \boxed{K_e} \xrightarrow{} \boxed{\dfrac{K}{(T_s s+1)(T_d s+1)}} \xrightarrow{} V(s)$$

図 A.19

この制御系が安定になる条件は，$\dfrac{T_s + T_d}{T_s T_d} > 0$, $\dfrac{K_e K + 1}{T_s T_d} > 0$ である [8]．K_e が関係するのは ω_n^2 の項であり，$\omega_n^2 > 0$ からつぎとなる．

$$\frac{K_e K + 1}{T_s T_d} > 0 \quad \Rightarrow \quad K_e > -\frac{1}{K} = -\frac{c}{bK_d}$$

さらに，制御系が過減衰，臨界減衰，不足減衰のどれになるかを決定するのは，ζ の

---

7) K_r は，アナログ回路やマイクロプロセッサ（マイコン）内のプログラムとして実装されているので，K_r 中の b は変化しないことに注意する．

8) 2 次遅れ系の場合，2 つの極の実部が負になる必要十分条件は，分母多項式の係数がすべて同符号であることが，2 次方程式の解の性質またはラウスの安定判別法から容易に示すことができる．

値による. $\zeta = \dfrac{T_s + T_d}{2\sqrt{T_s T_d\,(K_e K + 1)}}$ より, 過減衰となるのは,

$$\zeta = \frac{T_s + T_d}{2\sqrt{T_s T_d\,(K_e K + 1)}} > 1 \text{ より, } K_e < \frac{(T_s - T_d)^2}{4 T_s T_d K} = \frac{(T_s - T_d)^2 c}{4 T_s T_d b K_d} = C_c$$

$K_e = C_c$ で臨界減衰 ($\zeta = 1$), $K_e > C_c$ で不足減衰となる. 以上より,

(a) $-\dfrac{c}{bK_d} < K_e < C_c$：過減衰

(b) $K_e = C_c$：臨界減衰

(c) $K_e > C_c$：不足減衰

となる. 問題 (7) のフィードフォワード制御では, 制御系の応答は制御対象の極 $s = -\dfrac{1}{T_s},\ -\dfrac{1}{T_d}$ で決定され, ステップ応答はオーバーシュートを生じない. 一方, フィードバック制御により, 制御系は過減衰, 臨界減衰, オーバーシュートが生じる不足減衰のすべての状態を実現できる. すなわち, フィードバック制御を行ってパラメータ K_e を適切に調整することにより, 望ましい過渡特性を得ることができる.

つぎに, 制御系の定常特性について考える. ステップ信号 v_r を目標値としたときのフィードバック制御系の定常値 v_∞ は, 最終値定理を用いると,

$$v_\infty = \lim_{t \to \infty} v(t) = \lim_{s \to 0} s V(s) = \lim_{s \to 0} s G(s) \frac{v_r}{s}$$

$$= \lim_{s \to 0} \frac{\dfrac{K_e K}{T_s T_d} v_r}{s^2 + \dfrac{T_s + T_d}{T_s T_d} s + \dfrac{K_e K + 1}{T_s T_d}} = \frac{K_e K v_r}{K_e K + 1}$$

$$= \frac{K_e \dfrac{bK_d}{c} v_r}{K_e \dfrac{bK_d}{c} + 1} = \frac{K_e b K_d v_r}{K_e b K_d + c} = \frac{bK_d}{bK_d + \dfrac{c}{K_e}} v_r$$

となる. これより, K_e を大きくすると v_∞ は v_r に近づく. $K_e \to \infty$ の極限で $v_\infty = v_r$ となるが, これは偏差を ∞ 倍したものがスロットルレバーの操作量になるため現実的ではない. しかし, 本講でも述べたように, 新たな制御要素を導入することにより, 現実的な設定で $v_\infty = v_r$ とすることは可能である. プロペラ損傷時は, 比例定数 b が $0.5b$ に変化するので, 速度の定常値 v'_∞ は,

$$v'_\infty = \frac{0.5 K_e b K_d v_r}{0.5 K_e b K_d + c} = \frac{0.5 b K_d v_r}{0.5 b K_d + \dfrac{c}{K_e}}$$

となる. $v_\infty \neq v'_\infty$ ではあるが, 比例制御の設計パラメータである K_e を大きくすることにより, b の変化が速度の定常値に与える影響を小さくすることが可能である.

(9)

i) 図 3.21 の $V_a(s)$ から $\theta(s)$ までの伝達関数は,

$$\theta(s) = \frac{K_\tau}{s\,\{(J_c s + B)(L_a s + R_a) + K_\tau K_b\}} V_a(s)$$

となり，$s = 0$ の極が存在するため，安定ではない．フィードフォワード制御は，制御対象が安定な場合のみ適用可能であるため，この伝達関数に対するフィードフォワード制御は不可能である．

ii) 　図 8.5 において，目標値 $R(s)$ から制御量 $\theta(s)$ までの伝達関数 $T(s)$ は，

$$T(s) = \cfrac{\cfrac{K_p K_\tau}{s\{(J_c s + B)(L_a s + R_a) + K_\tau K_b\}}}{1 + \cfrac{K_p K_\tau}{s\{(J_c s + B)(L_a s + R_a) + K_\tau K_b\}}}$$

$$= \frac{K_p K_\tau}{s\{(J_c s + B)(L_a s + R_a) + K_\tau K_b\} + K_p K_\tau}$$

$$= \frac{\dfrac{K_p K_\tau}{J_c L_a}}{s^3 + a_2 s^2 + a_1 s + a_0},$$

$$a_2 = \frac{J_c R_a + B L_a}{J_c L_a}, \quad a_1 = \frac{B R_a + K_\tau K_b}{J_c L_a}, \quad a_0 = \frac{K_p K_\tau}{J_c L_a}$$

となる．ここで，ラウスの安定判別法を使う．伝達関数の分母多項式の係数は，$a_2 = \dfrac{J_c R_a + B L_a}{J_c L_a}$，$a_1 = \dfrac{B R_a + K_\tau K_b}{J_c L_a}$，$a_0 = \dfrac{K_p K_\tau}{J_c L_a}$ である．モータのすべての物理パラメータは正の値をとるため，$a_2 > 0$，$a_1 > 0$ である．$a_0 = \dfrac{K_p K_\tau}{J_c L_a} > 0$ であるから，$K_p > 0$ で条件 1 は満たされる．つぎにラウス表（表 A.9）を作成すると，ラウス数列は，

$$1, a_2 = \frac{J_c R_a + B L_a}{J_c L_a}, a_1 - \frac{a_0}{a_2} = \frac{B R_a + K_\tau K_b}{J_c L_a} - \frac{K_p K_\tau}{J_c R_a + B L_a}, a_0 = \frac{K_p K_\tau}{J_c L_a}$$

となるから，K_p が関係する部分が 0 より大きくなる条件は，

$$\frac{B R_a + K_\tau K_b}{J_c L_a} - \frac{K_p K_\tau}{J_c R_a + B L_a} > 0 \text{ より，} \quad K_p < \frac{(B R_a + K_\tau K_b)(J_c R_a + B L_a)}{K_\tau J_c L_a} \text{ および } K_p > 0$$

以上より，$0 < K_p < \dfrac{(B R_a + K_\tau K_b)(J_c R_a + B L_a)}{K_\tau J_c L_a}$ で $T(s)$ は安定になる．

s^3	1	a_1
s^2	a_2	a_0
s^1	$\dfrac{a_1 a_2 - a_0}{a_2} = a_1 - \dfrac{a_0}{a_2}$	0
s^0	$\dfrac{\dfrac{a_1 a_2 - a_0}{a_2} \times a_0 - a_2 \times 0}{\dfrac{a_1 a_2 - a_0}{a_2}} = a_0$	0

表 A.9

　目標値が単位ステップ信号で与えられた場合，角度の定常値 θ_∞ は，$T(s)$ が安定なときは最終値定理が適用でき，$R(s) = \dfrac{1}{s}$ を考慮すると，

$$\theta_\infty = \lim_{s \to 0} s\theta(s) = \lim_{s \to 0} sT(s)\frac{1}{s} = \lim_{s \to 0} \frac{\dfrac{K_p K_\tau}{J_c L_a}}{s^3 + a_2 s^2 + a_1 s + a_0} = 1$$

となる．これは，$T(s)$ が安定になる任意の K_p において，ステップ信号で目標値が与えられた際，時間が充分経過すると角度応答が目標値に一致することを意味している．

⚙ 講義 09

　フィードバック制御系の内部安定性を判別するためには，つぎの 4 つの伝達関数の極を調べればよい．

$$G_{ur}(s) = \frac{C(s)}{1 + P(s)\,C(s)}, \quad G_{ud}(s) = -\frac{P(s)\,C(s)}{1 + P(s)\,C(s)}$$

$$G_{yr}(s) = -G_{ud}(s)\cdot \quad G_{yd}(s) = \frac{P(s)}{1 + P(s)\,C(s)}$$

(1)　コントローラを $C(s) = K_p$ とするので，4 つの伝達関数はつぎで表される．

$$G_{ur}(s) = \frac{K_p(s-2)}{s-2+K_p}, \quad G_{ud}(s) = -\frac{K_p}{s-2+K_p}$$

$$G_{yr}(s) = \frac{K_p}{s-2+K_p}, \quad G_{yd}(s) = \frac{1}{s-2+K_p}$$

4 つの伝達関数の極 $p(K_p)$ は，$s-2+K_p = 0$ を解いて，$p(K_p) = 2 - K_p$ となる．よって，実部が -2 より小さくなる K_p の条件は，$2 - K_p < -2$ より，$K_p > 4$ となる．

(2)　コントローラを $C(s) = \dfrac{K_p s + K_i}{s}$ とするので，4 つの伝達関数はつぎで表される．

$$G_{ur}(s) = \frac{(K_p s + K_i)(s-2)}{s^2 + (K_p - 2)s + K_i}, \quad G_{ud}(s) = -\frac{K_p s + K_i}{s^2 + (K_p - 2)s + K_i}$$

$$G_{yr}(s) = \frac{K_p s + K_i}{s^2 + (K_p - 2)s + K_i}, \quad G_{yd}(s) = \frac{s}{s^2 + (K_p - 2)s + K_i}$$

4 つの伝達関数の極 $p(K_p, K_i)$ は，方程式 $s^2 + (K_p - 2)s + K_i = 0$ を解いて，

$$p(K_p, K_i) = \frac{-(K_p - 2) \pm \sqrt{(K_p - 2)^2 - 4K_i}}{2}$$

となる．したがって，$p(K_p, K_i)$ の実部が -2 未満になる条件はつぎで表される．
・$(K_p - 2)^2 - 4K_i > 0$ のとき：極は相異なる実数となるから，

$$\frac{-(K_p - 2) + \sqrt{(K_p - 2)^2 - 4K_i}}{2} < -2$$

・$(K_p - 2)^2 - 4K_i \leq 0$ のとき：$-\dfrac{(K_p - 2)}{2} < -2$ より，$K_p > 6$

(3)　$P(s)$ に対してラウスの安定判別法を使う．$P(s)$ の分母多項式 $s^3 + s^2 + 6s + 8$ の係

数は 1, 1, 6, 8 より, すべて正であるため条件 1 を満たす. 条件 2 について調べるため, ラウス表 (表 A.10) を作成する. ラウス数列は, 上から順に $\{1, 1, -2, 8\}$ となり, 符号が 2 回変わるから, $P(s)$ の不安定な極は 2 個である.

s^3	1	6
s^2	1	8
s^1	$\dfrac{1 \times 6 - 1 \times 8}{1} = -2$	$\dfrac{1 \times 0 - 1 \times 0}{1} = 0$
s^0	$\dfrac{-2 \times 8 - 1 \times 0}{-2} = 8$	0

表 A.10

$P(s)$ に P 制御法を適用した場合, 4 つの伝達関数 $G_{ur}(s)$, $G_{ud}(s)$, $G_{yr}(s)$, $G_{yd}(s)$ は, つぎで表される.

$$G_{ur}(s) = \frac{K_p(s^3 + s^2 + 6s + 8)}{s^3 + s^2 + 6s + K_p + 8}, \quad G_{ud}(s) = -\frac{K_p}{s^3 + s^2 + 6s + K_p + 8}$$

$$G_{yr}(s) = \frac{K_p}{s^3 + s^2 + 6s + K_p + 8}, \quad G_{yd}(s) = \frac{1}{s^3 + s^2 + 6s + K_p + 8}$$

4 つの伝達関数の分母多項式は $s^3 + s^2 + 6s + K_p + 8$ となる. ラウスの安定判別法を使い, 制御系が安定となる K_p の範囲を求める. 分母多項式の係数は 1, 1, 6, $K_p + 8$ となるから, 条件 1 より $K_p + 8 > 0$, すなわち $K_p > -8$ となる. 条件 2 について調べるため, ラウス表 (表 A.11) を作成する. ラウス数列は, 上から順に $\{1, 1, -K_p - 2, K_p + 8\}$ となる. これより, $-K_p - 2 > 0$ かつ $K_p + 8 > 0$ が得られ, 条件 1 と合わせて考えると, 制御系が安定となる K_p の範囲は, $-8 < K_p < -2$ となる. 以上より, 不安定な $P(s)$ に P 制御法を適用し, フィードバック制御系を安定にすることができる.

s^3	1	6
s^2	1	$K_p + 8$
s^1	$\dfrac{1 \times 6 - 1 \times (K_p + 8)}{1} = -K_p - 2$	$\dfrac{1 \times 0 - 1 \times 0}{1} = 0$
s^0	$\dfrac{(-K_p - 2) \times (K_p + 8) - 1 \times 0}{-K_p - 2} = K_p + 8$	0

表 A.11

(4) $G_{yr}(s)$ は, つぎで表される.

$$G_{yr}(s) = \frac{K_p s + K_i}{Ms^3 + Ds^2 + (K + K_p)s + K_i}$$

ラウスの安定判別法を使い, $G_{yr}(s)$ が安定になる K_p, K_i の範囲を求める. $G(s)$ の分母多項式の係数は $M, D, K + K_p, K_i$ である. $M > 0$, $D > 0$, $K > 0$ を考慮すると, 条件 1 より, すべて同符合になる条件は, $K_p > -K$, $K_i > 0$ である. つぎに, ラウス表 (表 A.12) を作成すると, ラウス数列は $\left\{ M, D, \dfrac{D(K + K_p) - MK_i}{D}, K_i \right\}$. これより, $\dfrac{D(K + K_p) - MK_i}{D} = K + K_p - \dfrac{MK_i}{D} > 0$, $K_i > 0$ となる.

条件 1 と条件 2 を合わせて考え，$G(s)$ が安定になる K の範囲は，

$$K_p > \frac{M}{D} K_i - K, \quad K_p > -K, K_i > 0$$

となる．

s^3	M	$K + K_p$
s^2	D	K_i
s^1	$\dfrac{D(K + K_p) - MK_i}{D}$	$\dfrac{D \times 0 - M \times 0}{D} = 0$
s^0	$\dfrac{\dfrac{D(K + K_p) - MK_i}{D} \times K_i - D \times 0}{\dfrac{D(K + K_p) - MK_i}{D}} = K_i$	0

表 A.12

(5) 図 9.13 において，$C(s)$ を $K_p \geq 0$ とおいて，$R(s)$ から $V(s)$ までの伝達関数 $G_P(s)$ を求めると，

$$G_P(s) = \frac{K_p P(s)}{1 + K_p P(s)} = \frac{\dfrac{K_p}{Ms + D}}{1 + \dfrac{K_p}{Ms + D}} = \frac{K_p}{Ms + D + K_p}$$

となる．フィードバック制御系の極は，$s = -\dfrac{D + K_p}{M} = -(0.1 + K_p)$ となり，K_p を大きくしていくと，フィードバック制御系の極は $-\infty$ に近づく．

(6) $C(s) = K_p + \dfrac{K_i}{s}$ とおいて，$R(s)$ から $V(s)$ までの伝達関数 $G_{PI}(s)$ を求めると，

$$G_{PI}(s) = \frac{\dfrac{K_p + \dfrac{K_i}{s}}{Ms + D}}{1 + \dfrac{K_p + \dfrac{K_i}{s}}{Ms + D}} = \frac{K_p s + K_i}{Ms^2 + (D + K_p)s + K_i}$$

となる．フィードバック制御系の極は，つぎとなる．

$$s = \frac{-(D + K_p) \pm \sqrt{(D + K_p)^2 - 4MK_i}}{2M}$$

$K_p = 1$ に固定して $K_i > 0$ とすると，$s = \dfrac{-1.1 \pm \sqrt{1.21 - 4K_i}}{2}$ となる．$1.21 - 4K_i > 0$，すなわち $K_i < 0.3025$ でフィードバック制御系の極は 2 つの異なる実数根を持つ．また，$K_i = 0.3025$ で $s = -0.55$ の二重極となる．$K_i > 0.3025$ では共役複素極 $s = \dfrac{-1.1 \pm j\sqrt{4K_i - 1.21}}{2}$ となる．

(7) $C(s) = K_p + \dfrac{K_i}{s} + K_d s$ とおいて，$R(s)$ から $V(s)$ までの伝達関数 $G_{PID}(s)$ を求める

と，

$$G_{PID}(s) = \cfrac{\cfrac{K_p + \cfrac{K_i}{s} + K_d s}{Ms + D}}{1 + \cfrac{K_p + \cfrac{K_i}{s} + K_d s}{Ms + D}} = \frac{K_d s^2 + K_p s + K_i}{(M + K_d)s^2 + (D + K_p)s + K_i}$$

となる．フィードバック制御系の極は，つぎとなる．

$$s = \frac{-(D + K_p) \pm \sqrt{(D + K_p)^2 - 4(M + K_d)K_i}}{2(M + K_d)}$$

$K_p = 1,\ K_i = 0.1$ に固定して $K_d > 0$ とすると，$s = \dfrac{-1.1 \pm \sqrt{1.21 - 0.4(1 + K_d)}}{2(1 + K_d)}$ となる．$(D + K_p)^2 - 4(M + K_d)K_i = 1.21 - 0.4(1 + K_d) > 0$，すなわち $K_d < \dfrac{81}{40}$ で 2 つの異なる実数根を持つ．また，$K_d = \dfrac{81}{40}$ で $s = \dfrac{-1.1}{2\left(1 + \dfrac{81}{40}\right)} = -\dfrac{2}{11}$ の二重極となる．

$K_d > \dfrac{81}{40}$ では共役複素極 $s = \dfrac{-1.1 \pm j\sqrt{0.4(1 + K_d) - 1.21}}{2(1 + K_d)}$ となる．

(8) 図 9.14 において，$R(s)$ から $Y(s)$ までのフィードバック制御系の伝達関数は，つぎで表される．

$$Y(s) = \frac{aK}{s(s + a)} + \frac{T_0}{s + a} + \frac{b}{s + a}\left\{\left(K_p + \frac{K_i}{s}\right)(R(s) - Y(s))\right\}$$

$$Y(s) = \frac{\dfrac{aK}{s(s + a)} + \dfrac{T_0}{s + a} + \dfrac{(K_p s + K_i)b}{s(s + a)}R(s)}{1 + \dfrac{(K_p s + K_i)b}{s(s + a)}}$$

$$Y(s) = \frac{T_0 s + aK}{s^2 + (a + bK_p)s + bK_i} + \frac{(K_p s + K_i)b}{s^2 + (a + bK_p)s + bK_i}R(s)$$

フィードバック制御系が安定になる条件は，上式の分母多項式は s の 2 次多項式であることを考慮すると，$a + bK_p > 0,\ bK_i > 0$ である[9] から，$K_p,\ K_i$ の範囲はつぎとなる．

$$K_p > -\frac{a}{b}, \quad K_i > 0$$

さらに，温度目標値 $r(t) = T_r$ において，$R(s) = \mathcal{L}[T_r] = \dfrac{T_r}{s}$ となる．このとき，コーヒーの温度 $y(t)$ は，

$$y(t) = \mathcal{L}^{-1}\left[\frac{T_0 s + aK}{s^2 + (a + bK_p)s + bK_i} + \frac{(K_p s + K_i)b}{s^2 + (a + bK_p)s + bK_i}\frac{T_r}{s}\right]$$

---

[9] 2 次方程式の解を直接求めるか，ラウスの安定判別法で確認してみよう．

となる. $s^2 + (a + bK_p)s + bK_i$ は s の 2 次式であり，2 次遅れ系の分母多項式 $s^2 + 2\zeta\omega_n s + \omega_n^2$ と同じ形を持つ. 2 次遅れ系の過渡応答の性質より，$\zeta \geq 1$ であればステップ応答には三角関数が現れないため，振動的にならずオーバーシュートは発生しない. いま，$s^2 + (a + bK_p)s + bK_i = s^2 + 2\zeta\omega_n s + \omega_n^2$ とすると，

$$\omega_n = \sqrt{bK_i}, \quad \zeta = \frac{a + bK_p}{2\omega_n} = \frac{a + bK_p}{2\sqrt{bK_i}}$$

より，$y(t)$ にオーバーシュートが現れない条件は，$\dfrac{a + bK_p}{2\sqrt{bK_i}} \geq 1$ となる.

つぎに，同様の目標値が与えられたときの $y(t)$ の定常値 $\lim_{t\to\infty} y(t)$ は，フィードバック制御系が安定であることから最終値定理が適用可能で，

$$\lim_{t\to\infty} y(t) = \lim_{s\to 0} sY(s)$$

$$= \lim_{s\to 0} s\left\{ \frac{T_0 s + aK}{s^2 + (a + bK_p)s + bK_i} + \frac{(K_p s + K_i)b}{s^2 + (a + bK_p)s + bK_i} \frac{T_r}{s} \right\}$$

$$= \frac{bK_i T_r}{bK_i} = T_r$$

となる. したがって，PI 制御によるフィードバック系が安定に設計されていれば，コーヒーの温度の定常値は目標温度 T_r に誤差なく一致する. これは，講義 08 で検討した P 制御の場合と比べて PI 制御の優位な点といえる.

(9) 図 9.6 のブロック線図において，$R(s)$ から $Y(s)$ までの伝達関数 $G_{yr}(s)$ は，

$$G_{yr}(s) = \frac{\dfrac{K_p + \dfrac{K_i}{s} + K_d s}{(s - 1)(s - 2)}}{1 + \dfrac{K_p + \dfrac{K_i}{s} + K_d s}{(s - 1)(s - 2)}} = \frac{K_d s^2 + K_p s + K_i}{s^3 + (K_d - 3)s^2 + (K_p + 2)s + K_i}$$

となる. フィードバック制御系の極が $-1, -2, -3$ になるということは，

$$s^3 + (K_d - 3)s^2 + (K_p + 2)s + K_i = (s + 1)(s + 2)(s + 3)$$

となることを意味する. 右辺を展開して整理し，係数を比較すると，

$$s^3 + (K_d - 3)s^2 + (K_p + 2)s + K_i = s^3 + 6s^2 + 11s + 6$$

ただちに，$K_p = 9, K_i = 6, K_d = 9$ となる.

⚙ 講義 10

(1) 目標値 $R(s)$ から偏差 $E(s)$ までの伝達関数 $G_{er}(s)$ を求めると，

$$G_{er}(s) = \frac{1}{1 + P(s)\,C(s)} = \frac{s^2 + 5s + 10}{s^2 + 6s + 13}$$

となる. $G_{er}(s)$ の極は $-3 \pm j2$ となり，安定となる. $R(s) = \dfrac{1}{s}$ であるから，目標値に

対する定常偏差 e_∞ は最終値定理よりつぎで求められる.

$$e_\infty = \lim_{s \to 0} s E(s) = \lim_{s \to 0} s G_{er}(s) R(s) = \lim_{s \to 0} s \frac{s^2 + 5s + 10}{s^2 + 6s + 13} \frac{1}{s} = \frac{10}{13}$$

(2) 目標値 $R(s)$,外乱 $D(s)$ から偏差 $E(s)$ までの伝達関数はつぎで表される.

$$E(s) = \frac{1}{1 + P(s)\,C(s)} R(s) - \frac{P(s)}{1 + P(s)\,C(s)} D(s)$$

$$= \frac{s^2(s + 3)}{s^3 + 3s^2 + 2s + 2} R(s) - \frac{s(s + 1)}{s^3 + 3s^2 + 2s + 2} D(s)$$

目標値が単位ランプ信号,外乱が 0 の場合は,$R(s) = \dfrac{1}{s^2}$,$D(s) = 0$ より,(10.4) 式 e_∞^r は,最終値定理よりつぎで求められる.

$$e_\infty^r = \lim_{s \to 0} s \frac{s^2\,(s + 3)}{s^3 + 3s^2 + 2s + 2} \frac{1}{s^2} = 0$$

一方,目標値を 0,外乱が単位ランプ信号の場合は,$R(s) = 0$,$D(s) = \dfrac{1}{s^2}$ より,(10.5) 式 e_∞^d はつぎで求められる.

$$e_\infty^d = \lim_{s \to 0} s \frac{s(s + 1)}{s^3 + 3s^2 + 2s + 2} \frac{1}{s^2} = -\frac{1}{2}$$

なお,この制御系が内部安定となることは,ラウスの安定判別法などを用いて確認することができる.ここでは,コントローラ $C(s)$ は $s = 0$ に 1 個の極を持つが,$P(s)$ も $s = 0$ に 1 個の極を持つため,$L(s) = P(s)C(s)$ が持つ $s = 0$ の極が合計 2 個となり(2 型の制御系),単位ランプ信号で与えられる目標値($R(s) = \dfrac{1}{s^2}$)に対する定常偏差は 0 となる.一方,外乱に対する定常偏差は 0 でない有限値となる.

(3) 制御系が内部安定になる K_p の範囲は,4 つの伝達関数の分母多項式が $s - 2 + K_p$ となり,極が $2 - K_p$ となることから,$K_p > 2$ となる.さらに,目標値 $R(s)$ と偏差 $E(s)$ の関係は,

$$E(s) = \frac{1}{1 + P(s)\,C(s)} R(s) = \frac{s - 2}{s - 2 + K_p} R(s)$$

となる.目標値を高さ r のステップ信号とすると,$\mathcal{L}[r] = \dfrac{r}{s}$ である.最終値定理を用いて目標値に対する定常偏差 e_∞^r を計算すると,つぎが得られる.

$$e_\infty^r = \lim_{s \to 0} s \frac{s - 2}{s - 2 + K_p} \frac{r}{s} = \frac{-2r}{K_p - 2}$$

ステップ信号の目標値に対する定常偏差が 5% 以内になるためには,つぎの不等式を満たす必要がある.

$$\left| \frac{-2r}{K_p - 2} \right| < 0.05 \,|r|$$

よって,この不等式を K_p について解くと,条件を満たす K_p の範囲は,$K_p > 42$.

(4) 内部モデル原理より，ステップ信号を目標値としたときの定常偏差を 0 にするためには，制御系が安定で，かつ $C(s)$ が $s = 0$ に最低 1 個の極を持つ必要がある．例として，講義 09 で考えた PI 制御

$$C(s) = \frac{K_p s + K_i}{s}$$

を適用する．この場合，内部安定性の条件となる 4 つの伝達関数の分母多項式は，$s^2 + (K_p - 2)s + K_i$ となる．極を直接求めるか，ラウスの安定判別法などにより，制御系が安定になる K_p，K_i の範囲は，$K_p > 2$，$K_i > 0$ となる．このとき，目標値をステップ信号にした場合の定常偏差 e_∞^r は，

$$E(s) = \frac{1}{1 + P(s)C(s)} R(s) = \frac{s(s - 2)}{s^2 + (K_p - 2)s + K_i} R(s)$$

より，最終値定理を用いて，つぎのように得られる．

$$e_\infty^r = \lim_{s \to 0} s \frac{s(s - 2)}{s^2 + (K_p - 2)s + K_i} \frac{r}{s} = 0$$

(5) 伝達関数 $G_{er}(s)$ および $G_{ed}(s)$ はつぎで表される．

$$G_{er}(s) = \frac{1}{1 + \dfrac{KK_p}{(T_s s + 1)(T_d s + 1)}} = \frac{(T_s s + 1)(T_d s + 1)}{T_s T_d s^2 + (T_s + T_d)s + 1 + KK_p}$$

$$G_{ed}(s) = -\frac{\dfrac{K}{(T_s s + 1)(T_d s + 1)}}{1 + \dfrac{KK_p}{(T_s s + 1)(T_d s + 1)}} = -\frac{K}{T_s T_d s^2 + (T_s + T_d)s + 1 + KK_p}$$

$T_s > 0, T_d > 0$ より，フィードバック制御系は，$1 + KK_p > 0$ すなわち $K_p > -\dfrac{1}{K}$ で安定になる．

目標値や外乱を単位ステップ信号としたときの定常偏差は，

$$e_\infty^r = \lim_{s \to 0} s \frac{(T_s s + 1)(T_d s + 1)}{T_s T_d s^2 + (T_s + T_d)s + 1 + KK_p} \frac{1}{s} = \frac{1}{1 + KK_p}$$

$$e_\infty^d = \lim_{s \to 0} s \frac{K}{T_s T_d s^2 + (T_s + T_d)s + 1 + KK_p} \frac{1}{s} = \frac{K}{1 + KK_p}$$

目標値や外乱を単位ランプ信号としたときの定常偏差は，

$$e_\infty^r = \lim_{s \to 0} s \frac{(T_s s + 1)(T_d s + 1)}{T_s T_d s^2 + (T_s + T_d)s + 1 + KK_p} \frac{1}{s^2} = \infty$$

$$e_\infty^d = \lim_{s \to 0} s \frac{K}{T_s T_d s^2 + (T_s + T_d)s + 1 + KK_p} \frac{1}{s^2} = \infty$$

となる．これより，P 制御では目標値や外乱が単位ステップ信号であれば，比例ゲイン K_p を制御系が安定な範囲内で大きくとることによって，定常偏差を少なくすることができる．ただし，操作量が大きくなるので，その制約に注意する必要がある．また，目標

値や外乱が単位ランプ信号の場合，定常偏差は ∞ になるので，単位ランプ信号の目標値や外乱に対する定常特性に関する制御仕様が存在する場合，比例制御の採用は得策ではない．

(6) 伝達関数 $G_{er}(s)$ および $G_{ed}(s)$，つぎで表される．

$$G_{er}(s) = \cfrac{1}{1 + \cfrac{K\left(K_p + \cfrac{K_i}{s}\right)}{(T_s s + 1)(T_d s + 1)}} = \cfrac{1}{1 + \cfrac{K(K_p s + K_i)}{s(T_s s + 1)(T_d s + 1)}}$$

$$= \frac{s(T_s s + 1)(T_d s + 1)}{T_s T_d s^3 + (T_s + T_d)s^2 + (1 + KK_p)s + KK_i}$$

$$G_{ed}(s) = -\cfrac{\cfrac{K}{(T_s s + 1)(T_d s + 1)}}{1 + \cfrac{K\left(K_p + \cfrac{K_i}{s}\right)}{(T_s s + 1)(T_d s + 1)}} = -\cfrac{\cfrac{K}{(T_s s + 1)(T_d s + 1)}}{1 + \cfrac{K(K_p s + K_i)}{s(T_s s + 1)(T_d s + 1)}}$$

$$= -\frac{Ks}{T_s T_d s^3 + (T_s + T_d)s^2 + (1 + KK_p)s + KK_i}$$

ここでは，ラウスの安定判別法を使う．$G_{er}(s)$，$G_{ed}(s)$ の分母多項式の係数は $T_s T_d$, $T_s + T_d$, $1 + KK_p$, KK_i である．条件1より，すべて同符合になる条件は，$1 + KK_p > 0$, $KK_i > 0$ すなわち $K_p > -\dfrac{1}{K}$, $K_i > 0$ である．つぎに，ラウス表（表 A.13）を作成すると，ラウス数列は $\left\{ T_s T_d,\ T_s + T_d,\ 1 + KK_p - \dfrac{T_s T_d KK_i}{T_s + T_d},\ KK_i \right\}$ であり，すべて正となる条件は，$1 + KK_p - \dfrac{T_s T_d KK_i}{T_s + T_d} > 0$ すなわち $K_i < \dfrac{T_s + T_d}{T_s T_d K}(KK_p + 1)$, $K_i > 0$ である．条件1と条件2を合わせて考え，フィードバック制御系が安定になる K_p, K_i の範囲は，$K_p > -\dfrac{1}{K}$, $0 < K_i < \dfrac{T_s + T_d}{T_s T_d K}(KK_p + 1)$ となる．

s^3	$T_s T_d$	$1 + KK_p$
s^2	$T_s + T_d$	KK_i
s^1	$\dfrac{(T_s + T_d)(1 + KK_p) - T_s T_d KK_i}{T_s + T_d} = 1 + KK_p - \dfrac{T_s T_d KK_i}{T_s + T_d}$	0
s^0	$\dfrac{\dfrac{(T_s + T_d)(1 + KK_p) - T_s T_d KK_i}{T_s + T_d} KK_i}{\dfrac{(T_s + T_d)(1 + KK_p) - T_s T_d KK_i}{T_s + T_d}} = KK_i$	0

表 A.13

目標値や外乱を単位ステップ信号としたときの定常偏差は，

$$e_\infty^r = \lim_{s \to 0} s \frac{s(T_s s + 1)(T_d s + 1)}{T_s T_d s^3 + (T_s + T_d)s^2 + (1 + KK_p)s + KK_i} \frac{1}{s} = 0$$

$$e_\infty^d = \lim_{s \to 0} s \frac{Ks}{T_s T_d s^3 + (T_s + T_d)s^2 + (1 + KK_p)s + KK_i} \frac{1}{s} = 0$$

目標値や外乱を単位ランプ信号としたときの定常偏差は，

$$e_\infty^r = \lim_{s \to 0} s \frac{s(T_s s + 1)(T_d s + 1)}{T_s T_d s^3 + (T_s + T_d)s^2 + (1 + KK_p)s + KK_i} \frac{1}{s^2} = \frac{1}{KK_i}$$

$$e_\infty^d = \lim_{s \to 0} s \frac{Ks}{T_s T_d s^3 + (T_s + T_d)s^2 + (1 + KK_p)s + KK_i} \frac{1}{s^2} = \frac{1}{K_i}$$

となる．これより，PI 制御では，目標値や外乱がステップ信号であれば，内部モデル原理が満たされ，定常偏差を 0 にできる．一方，目標値や外乱がランプ信号の場合，P 制御とは異なり定常偏差は有限な値をとる．積分ゲイン K_i を大きくすることによって定常偏差を小さくできるが，その際のフィードバック制御系の安定性を確保するため，$K_i < \dfrac{T_s + T_d}{T_s T_d K}(KK_p + 1)$ を満たすように比例ゲイン K_p を設定する必要がある．また，定常偏差を 0 にするためには，コントローラに因子 $\dfrac{1}{s^2}$ を入れる必要がある．

(7) フィードバック制御系の目標値（角度）から偏差までの伝達関数 $G_{er}(s)$ および外乱から偏差までの伝達関数 $G_{ed}(s)$ は，PD 制御を仮定すると，つぎで表される．

$$G_{er}(s) = \frac{1}{1 + \dfrac{K_p + K_d s}{Js^2(Ts + 1)}} = \frac{Js^2(Ts + 1)}{JTs^3 + Js^2 + K_d s + K_p}$$

$$G_{ed}(s) = -\frac{\dfrac{1}{Js^2(Ts + 1)}}{1 + \dfrac{K_p + K_d s}{Js^2(Ts + 1)}} = -\frac{1}{JTs^3 + Js^2 + K_d s + K_p}$$

制御系が安定となる比例ゲイン K_p，微分ゲイン K_d の範囲をラウスの安定判別法を使って求める．$G_{er}(s), G_{ed}(s)$ の分母多項式の係数は K_p, K_d, J, JT である．$J > 0$，$T > 0$ を考慮すると，条件 1 より，係数がすべて同符合になる条件は，$K_d > 0$，$K_p > 0$ である．つぎに，ラウス表（表 A.14）を作成すると，ラウス数列は，$\{JT, J, K_d - TK_p, K_p\}$ であり，すべて正となる条件は，$K_d - TK_p > 0$，$K_p > 0$ である．条件 1 と条件 2 を合わせて考え，フィードバック制御系が安定になる K_p, K_d の範囲は，$K_p > 0$，$K_d > TK_p$ となる．

s^3	JT	K_d
s^2	J	K_p
s^1	$\dfrac{JK_d - JTK_p}{J} = K_d - TK_p$	0
s^0	$\dfrac{(K_d - TK_p)K_p}{K_d - TK_p} = K_p$	

表 A.14

目標値や外乱が単位ステップ信号のときの定常偏差は，

$$e_\infty^r = \lim_{s \to 0} s \frac{Js^2(Ts + 1)}{JTs^3 + Js^2 + K_d s + K_p} \frac{1}{s} = 0$$

$$e_\infty^d = \lim_{s \to 0} s \frac{1}{JTs^3 + Js^2 + K_d s + K_p} \frac{1}{s} = \frac{1}{K_p}$$

これより，制御対象が積分特性を持ち $(s = 0$ の極を持つ$)$，コントローラが $s = 0$ の極を持たない場合でも目標値に対する定常偏差は 0 になるが，外乱に対する定常偏差は 0 にならないことがわかる．フィードバック制御系に，ステップ関数が外乱として混入する場合，PD 制御では充分ではないことを示している．

(8) PID 制御の場合，目標値（角度）から偏差までの伝達関数 $G_{er}(s)$ および外乱から偏差までの伝達関数 $G_{ed}(s)$ は，つぎで表される．

$$G_{er}(s) = \frac{1}{1 + \dfrac{K_p + \dfrac{K_i}{s} + K_d s}{Js^2\,(Ts + 1)}} = \frac{Js^3\,(Ts + 1)}{JTs^4 + Js^3 + K_d s^2 + K_p s + K_i}$$

$$G_{ed}(s) = -\frac{\dfrac{1}{Js^2\,(Ts + 1)}}{1 + \dfrac{K_p + \dfrac{K_i}{s} + K_d s}{Js^2\,(Ts + 1)}} = -\frac{s}{JTs^4 + Js^3 + K_d s^2 + K_p s + K_i}$$

制御系が安定となる比例ゲイン K_p，積分ゲイン K_i，微分ゲイン K_d の範囲をラウスの安定判別法を使って求める．$G_{er}(s), G_{ed}(s)$ の分母多項式の係数は JT, J, K_d, K_p, K_i である．$J > 0$，$T > 0$ を考慮すると，条件 1 より，係数がすべて同符合になる条件は，$K_d > 0$，$K_p > 0$，$K_i > 0$ である．つぎに，ラウス表（表 A.15）を作成すると，ラウス数列は $\left\{ JT, J, K_d - TK_p, K_p - \dfrac{JK_i}{K_d - TK_p}, K_i \right\}$ であり，すべて正となる条件は，$K_d - TK_p > 0$，$K_p - \dfrac{JK_i}{K_d - TK_p} > 0$，$K_i > 0$ である．条件 1 と条件 2 より，フィードバック制御系が安定になる K_p, K_d の範囲は，$K_p > 0$，$K_d > TK_p$，$K_p > \dfrac{JK_i}{K_d - TK_p}$，$K_i > 0$ となる．

表 A.15

s^4	JT	K_d	K_i
s^3	J	K_p	
s^2	$\dfrac{JK_d - JTK_p}{J} = K_d - TK_p$	$\dfrac{JK_i - JT \times 0}{J} = K_i$	
s^1	$\dfrac{(K_d - TK_p)K_p - JK_i}{K_d - TK_p}$	0	
s^0	$\dfrac{\dfrac{(K_d - TK_p)K_p - JK_i}{K_d - TK_p}K_i - (K_d - TK_p) \times 0}{\dfrac{(K_d - TK_p)K_p - JK_i}{K_d - TK_p}} = K_i$		

目標値や外乱が単位ステップ信号のときの定常偏差は，

$$e_\infty^r = \lim_{s \to 0} s \frac{Js^3(Ts+1)}{JTs^4 + Js^3 + K_d s^2 + K_p s + K_i} \frac{1}{s} = 0$$

$$e_\infty^d = \lim_{s \to 0} s \frac{s}{JTs^4 + Js^3 + K_d s^2 + K_p s + K_i} \frac{1}{s} = 0$$

となり，この場合は，外乱がステップ信号の場合でも定常偏差は0になる．

　積分制御は，偏差の過去の値を積分して積分ゲインをかけたものが操作量になる．この例において，積分制御の項は，外乱の影響でロボットアームが目標角度に到達しないときに偏差が積分（累積）されることで操作量が大きくなり，その操作量でアームが駆動されて最終的に目標角度に追従するようにはたらく．そのような場合，積分制御の項から発生する操作量は，一般に大きくなる傾向がある．エネルギー効率の観点から考えると，より小さい操作量で制御することも重要である．この例において，もし外乱が制御系に混入することがほとんどない場合は，制御対象自体が積分器を2個持っていることを考慮すると，目標値に対する定常偏差は0にできる [10] ため，前問の PD 制御で充分であるともいえる．このように，コントローラを内部モデル原理を満たすように設計するべきかどうかは，目標値や外乱の性質に基づいて設定される制御仕様によって異なってくることに注意する．

(9)

i)　図 10.3 の制御系の $R(s)$ から $Y(s)$ までの伝達関数 $G_{yr}(s)$ において $K_2 = 1$ を代入すると，

$$G_{yr}(s) = \frac{\dfrac{K_1 K_2}{s+2}}{1 + \dfrac{K_2}{s+2}} = \frac{K_1 K_2}{s+2+K_2} = \frac{K_1}{s+3}$$

となり，フィードバック制御系の極は $s = -3$ なので安定である．単位ステップ信号を目標値としたときの $y(t) = \mathcal{L}^{-1}[Y(s)]$ の定常値 y_∞ は，最終値定理を用いて，

$$y_\infty = \lim_{s \to 0} s Y(s) = \lim_{s \to 0} s \frac{K_1}{s+3} \frac{1}{s} = \frac{K_1}{3}$$

となる．$K_1 = 3$ とすると，$y_\infty = 1$ とすることが可能になる．

　一方，図 10.4 の PI 制御系の $R(s)$ から $Y(s)$ までの伝達関数 $G_{yr}(s)$ において $K_p = K_i = 1$ を代入すると，

$$G_{yr}(s) = \frac{\dfrac{K_p + \dfrac{K_i}{s}}{s+2}}{1 + \dfrac{K_p + \dfrac{K_i}{s}}{s+2}} = \frac{K_p s + K_i}{s^2 + (K_p + 2)s + K_i} = \frac{s+1}{s^2 + 3s + 1}$$

となり，フィードバック制御系の極は $s = \dfrac{-3 \pm \sqrt{5}}{2} < 0$ より安定である．目標値を単位ステップ信号とした場合の $y(t) = \mathcal{L}^{-1}[Y(s)]$ の定常値 y_∞ は，最終値定理より，

---

[10] 単位ランプ信号の目標値に対しても定常偏差は0にできる．確かめてみよう．

$$y_\infty = \lim_{s \to 0} sY(s) = \lim_{s \to 0} s \frac{s+1}{s^2+3s+1} \frac{1}{s} = 1$$

となり，目標値と一致する．

ii)　制御対象の伝達関数が $\dfrac{1}{s+2}$ から $\dfrac{1}{s+3}$ に変化したとき，図 10.3 の制御系の $R(s)$ から $Y(s)$ までの伝達関数 $G_{yr}(s)$ において $K_1 = 3$，$K_2 = 1$ を代入すると，

$$G_{yr}(s) = \frac{\dfrac{K_1 K_2}{s+3}}{1 + \dfrac{K_2}{s+3}} = \frac{K_1 K_2}{s+3+K_2} = \frac{3}{s+4}$$

となる．フィードバック制御系の極は $s = -4$ なので，制御系の変化に対しても安定性は保たれている．単位ステップ信号を目標値としたときの $y(t)$ の定常値 y_∞ は，

$$y_\infty = \lim_{s \to 0} s \frac{3}{s+4} \frac{1}{s} = \frac{3}{4}$$

となる．したがって，図 10.3 の制御系では，制御対象の伝達関数が変化すると，フィードバック系の安定性が確保されていても，制御対象の変化前に実現された定常特性が維持できない．

　一方，図 10.4 の PI 制御系においては，制御対象の変化後の $R(s)$ から $Y(s)$ までの伝達関数 $G_{yr}(s)$ において $K_p = K_i = 1$ を代入すると，

$$G_{yr}(s) = \frac{\dfrac{K_p + \dfrac{K_i}{s}}{s+3}}{1 + \dfrac{K_p + \dfrac{K_i}{s}}{s+3}} = \frac{K_p s + K_i}{s^2 + (3+K_p)s + K_i} = \frac{s+1}{s^2+4s+1}$$

となり，フィードバック制御系の極は $s = -2 \pm \sqrt{3} < 0$ なので，制御系は安定である．単位ステップ信号を目標値としたときの $y(t)$ の定常値 y_∞ は，

$$y_\infty = \lim_{s \to 0} sY(s) = \lim_{s \to 0} s \frac{s+1}{s^2+4s+1} \frac{1}{s} = 1$$

となり，目標値と一致することがわかる．これより，内部モデル原理を満たすようにコントローラを設計すれば，制御対象が変化したとしても，制御系の安定性が確保されていれば，コントローラ設計時に設定された制御系の定常特性は維持できることがわかる．

⚙ 講義 11

(1)　対数の性質 $\log_{10}(10^a \times A) = \log_{10} 10^a + \log_{10} A = a + \log_{10} A$ を使うと，$0.01 = 10^{-2}$ から 0.01 刻みで与えられる実数は 10 を底とする対数よりつぎに変換できる．

$$\log_{10}0.01 = \log_{10}(0.01 \times 1) = \log_{10}10^{-2} = -2$$

$$\log_{10}0.02 = \log_{10}(0.01 \times 2) = \log_{10}10^{-2} + \log_{10}2 = -2 + 0.301\cdots$$

$$\log_{10}0.03 = \log_{10}(0.01 \times 3) = \log_{10}10^{-2} + \log_{10}3 = -2 + 0.477\cdots$$

$$\vdots$$

$$\log_{10}0.08 = \log_{10}(0.01 \times 8) = \log_{10}10^{-2} + \log_{10}8 = -2 + 0.903\cdots$$

$$\log_{10}0.09 = \log_{10}(0.01 \times 9) = \log_{10}10^{-2} + \log_{10}9 = -2 + 0.954\cdots$$

$$\log_{10}0.1 = \log_{10}(0.1 \times 1) = \log_{10}10^{-1} = -1$$

以後，同様にして 0.1 から 1 まで 0.1 刻み，1 から 10 まで 1 刻み，10 から 100 まで 10 刻みで実数を対数に変換すると表 A.16 ができる．したがって，0.01 と 0.1 の間隔と 0.1 と 1 の間隔は，対数上ではともに 1 であることがわかる．また，0.01 と 0.02 の間隔と 0.1 と 0.2 の間隔を比較すると，対数上ではともに 0.301… となる．表 A.17 より，他の間隔において，桁が違っても対数上の間隔は同じとなる．これより，実数を対数のスケールで表した数直線で表すと図 A.20 となる．以上より，ボード線図（片対数グラフ）の横軸において，桁が違っても隣り合う数同士の間隔は同じとなることがわかる．

表 A.16

$\log_{10}X$ ＼ A	1	2	3	$\cdots$	8	9
$\log_{10}(10^{-2} \times A)$	-2	$-2+0.301\cdots$	$-2+0.477\cdots$	$\cdots$	$-2+0.903\cdots$	$-2+0.954\cdots$
$\log_{10}(10^{-1} \times A)$	-1	$-1+0.301\cdots$	$-1+0.477\cdots$	$\cdots$	$-1+0.903\cdots$	$-1+0.954\cdots$
$\log_{10}(10^{0} \times A)$	0	$0.301\cdots$	$0.477\cdots$	$\cdots$	$0.903\cdots$	$0.954\cdots$
$\log_{10}(10^{1} \times A)$	1	$1+0.301\cdots$	$1+0.477\cdots$	$\cdots$	$1+0.903\cdots$	$1+0.954\cdots$

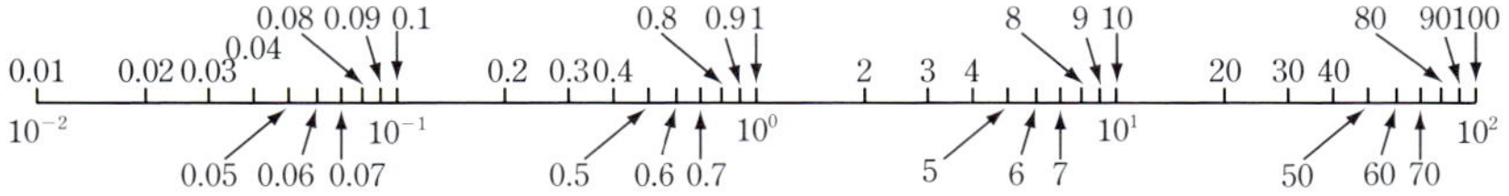

図 A.20

(2) $T = 0.1$ のとき： $y(t) = \dfrac{1}{\sqrt{0.01\omega^2 + 1}} A\sin(\omega t - \tan^{-1}0.1\omega)$

$T = 10$ のとき： $y(t) = \dfrac{1}{\sqrt{100\omega^2 + 1}} A\sin(\omega t - \tan^{-1}10\omega)$

(3) (2) で得られた式に ω の値を代入すれば表 A.17 が得られる．

表 A.17

T \ ω	10^{-4}	10^{-3}	10^{-2}	10^{-1}	10^{0}	10^{1}	10^{2}	10^{3}	10^{4}
0.1	1	1	1	1	1	$\dfrac{1}{\sqrt{2}}$	$\dfrac{1}{10}$	$\dfrac{1}{10^2}$	$\dfrac{1}{10^3}$
10	1	1	1	$\dfrac{1}{\sqrt{2}}$	$\dfrac{1}{10}$	$\dfrac{1}{10^2}$	$\dfrac{1}{10^3}$	$\dfrac{1}{10^4}$	$\dfrac{1}{10^5}$

(4) $T = 0.1,\ 10$ の場合，折れ点周波数はそれぞれ 10，0.1 [rad/s] となる．また位相線図は折れ点周波数において 45°遅れる．ゲイン・位相線図の概形は他の T と同じとなるので，求めるボード線図は図 A.21 となる（ゲイン線図は折れ線近似）．

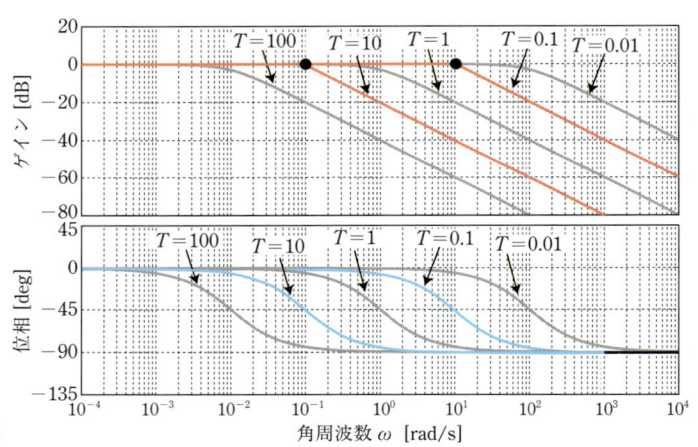

図 A.21

(5) システムが不安定ということは，出力，つまり周波数応答が発散するということである．よって，出力の振幅を測定することができないため．

(6) $\omega = 1$ の場合，$g = -20\log_{10} 1 = 0$ となるのでゲインは 0 dB となることがわかる．また，ある角周波数を ω_1 として，$\omega = \omega_1$ のゲイン g_1 と $\omega = 10\omega_1$ のゲイン g_{10} との差は

$$g_1 - g_{10} = -20\log_{10}\omega_1 + 20\log_{10} 10\omega_1 = -20\log_{10}\omega_1 + 20 + 20\log_{10}\omega_1 = 20$$

この関係は ω が 10 倍されると ω の値に無関係にゲインは 20 dB 下がることを意味する．したがって，ゲインは $\omega = 1(= 10^0)$ で 0 dB となり，勾配は -20 dB/dec の直線となることがわかる．

(7)

i) $\quad 20\log_{10} 0.01 = 20\log_{10} 10^{-2} = -2 \times 20\log_{10} 10 = -40\,\mathrm{dB}$

$\quad 20\log_{10} 0.1 = 20\log_{10} 10^{-1} = -1 \times 20\log_{10} 10 = -20\,\mathrm{dB}$

$\quad 20\log_{10} 0.5 = 20\log_{10} \dfrac{5}{10} = 20\log_{10}\dfrac{1}{2} = 20\,(\log_{10} 1 - \log_{10} 2) \fallingdotseq -6.02\,\mathrm{dB}$

$\quad 20\log_{10} \dfrac{1}{\sqrt{2}} = 20\,(\log_{10} 1 - \log_{10}\sqrt{2}\,) = -\dfrac{1}{2} \times 20\log_{10} 2 \fallingdotseq -3.01\,\mathrm{dB}$

ii)
$$20\log_{10}1 = 0\,\mathrm{dB}, \quad 20\log_{10}\sqrt{2} = \frac{1}{2} \times 20\log_{10}2 \fallingdotseq 3.01\,\mathrm{dB}$$

$$20\log_{10}2 \fallingdotseq 6.02\,\mathrm{dB}, \quad 20\log_{10}10 = 20\log_{10}10^1 = 20\,\mathrm{dB}$$

$$20\log_{10}100 = 20\log_{10}10^2 = 2 \times 20\log_{10}10 = 40\,\mathrm{dB}$$

(8) 低周波帯域でゲインが一定となり，10^1 rad/s 以降は -20 dB/dec の傾きでゲインが減少している．また位相は $0°$ から $-45°$ を経て $-90°$ まで遅れる．これは 1 次遅れ系のボード線図を表していると考えらえる．このとき折れ点周波数は 10^1 rad/s，低周波数帯域でのゲインは -40 dB より，このシステムの伝達関数はつぎで与えらえる．

$$G(s) = \frac{0.01}{\dfrac{1}{10}s + 1} = \frac{0.01}{0.1s + 1}$$

(9)
i) 角周波数が 0.1 rad/s のとき，ゲインはほぼ 0 dB，位相は $0°$ より少し下にある．よって振幅は入力の振幅とほぼ同じ，角周波数は同じ，位相は負の値より，つぎとなる．

$$B_1 = 1, \omega_1 = 0.1, \phi_1 = -5.78° \quad (位相に関しては概略値でよい)$$

ii) 角周波数が 100 rad/s のとき，ゲインはほぼ -40 dB，位相はほぼ $-90°$ である．よって振幅は入力の振幅のほぼ $\dfrac{1}{100}$，角周波数は同じ，位相はほぼ $-90°$ であり，つぎとなる．

$$B_1 = \frac{1}{100}, \omega_1 = 100, \phi_1 = -89.4° \quad (位相に関しては概略値でよい)$$

(10)
i) 角周波数が 0.1 rad/s のとき，ゲインはほぼ 0 dB，位相は $0°$ より少し下にある．よって振幅は入力の振幅とほぼ同じ，角周波数は同じ，位相は負の値より，つぎとなる．

$$B_2 = 1, \omega_2 = 0.1, \phi_2 = -0.575° \quad (位相に関しては概略値でよい)$$

ii) 角周波数が 100 rad/s のとき，ゲインはほぼ -20 dB，位相はほぼ $-90°$ である．よって振幅は入力の振幅のほぼ $\dfrac{1}{10}$，角周波数は同じ，位相はほぼ $-90°$ であり，つぎとなる．

$$B_2 = \frac{1}{10}, \omega_2 = 100, \phi_2 = -84.3° \quad (位相に関しては概略値でよい)$$

⚙ 講義 12

(1)
i) 与えられた伝達関数をつぎのとおり分解する．

$$G(s) = \frac{20}{s + 2} = 10 \times \frac{1}{\dfrac{1}{2}s + 1}$$

比例要素 $G_1(s) = 10$ と 1 次遅れ要素 $G_2(s) = \dfrac{1}{\dfrac{1}{2}s + 1}$ （折れ点周波数は 2 rad/s）に分

解できるので，ゲイン線図の折れ線近似を描くと図 A.22 となる．

ii)　与えられた伝達関数をつぎのとおり分解する．

$$G(s) = \frac{10}{s(s+1)} = 10 \times \frac{1}{s} \times \frac{1}{s+1}$$

比例要素 $G_1(s) = 10$ と積分要素 $G_2(s) = \dfrac{1}{s}$ と 1 次遅れ要素 $G_3(s) = \dfrac{1}{s+1}$ に分解できるので，ゲイン線図の折れ線近似を描くと図 A.23 となる．

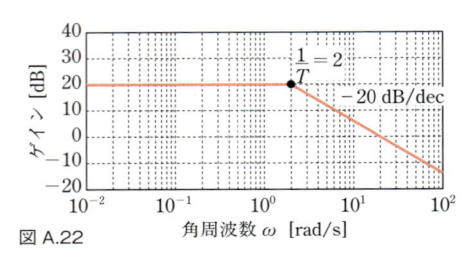
図 A.22

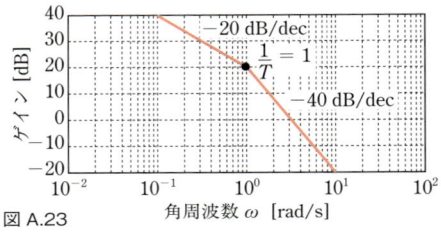
図 A.23

iii)　与えられた伝達関数をつぎのとおり分解する．

$$G(s) = \frac{2s+10}{(s+1)(s+10)} = \left(\frac{1}{5}s+1\right) \times \frac{1}{s+1} \times \frac{1}{\frac{1}{10}s+1}$$

1 次進み要素 $G_1(s) = \dfrac{1}{5}s+1$ と 1 次遅れ要素 $G_2(s) = \dfrac{1}{s+1}$，$G_3(s) = \dfrac{1}{\frac{1}{10}s+1}$ に分解できるので，ゲイン線図の折れ線近似を描くと図 A.24 となる．

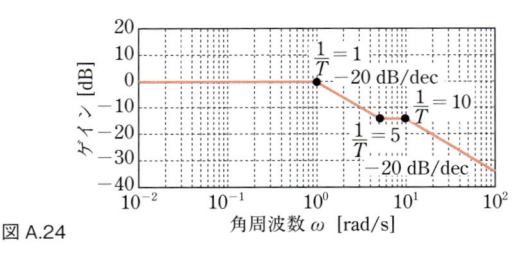
図 A.24

(2)　ω の値が $10^{-3} \sim 10^0$ rad/s の間は，ゲインは一定値 20 dB で，$10^0 \sim 5$ rad/s の間は，ゲインは -40 dB/dec で減少している．したがって，折れ点周波数 $\dfrac{1}{T} = 1$ rad/s で 1 次遅れ要素 $\dfrac{1}{s+1}$ をかけ合わせた特性が必要となるので，$G_1(s) = \dfrac{1}{(s+1)^2}$ となる．また，低周波数帯域でのゲインは一定となり 20 dB であるので，$G_2(s) = 10$ となる．つぎに，$5 \sim 10^1$ rad/s まではゲインは一定となっている．このとき -40 dB/dec のゲインの傾きを打ち消すために 1 次進み要素をかけ合わせた特性が必要となるので，$G_3(s) = (0.2s+1)^2$ となる．10^1 rad/s からはゲインは -20 dB/dec で減少しているた

め1次遅れ要素の特性が必要となるので，$G_4(s) = \dfrac{1}{0.1s + 1}$ となる．以上より，求める伝達関数はつぎとなる．

$$G(s) = G_1(s)\, G_2(s)\, G_3(s)\, G_4(s) = \frac{1}{(s + 1)^2}\, 10\, (0.2s + 1)^2\, \frac{1}{0.1s + 1}$$

$$= \frac{10\, (0.2s + 1)^2}{(0.1s + 1)\, (s + 1)^2}$$

(3) 周波数伝達関数，大きさ，位相は，それぞれつぎで表される．

$$G(j\omega) = \frac{1}{j\omega + 1} = \frac{1}{\omega^2 + 1} - j\, \frac{\omega}{\omega^2 + 1}$$

$$|G(j\omega)| = \sqrt{\frac{1}{(\omega^2 + 1)^2} + \frac{\omega^2}{(\omega^2 + 1)^2}} = \frac{\sqrt{\omega^2 + 1}}{\omega^2 + 1} = \frac{1}{\sqrt{\omega^2 + 1}}$$

$$\angle G(j\omega) = \tan^{-1} \frac{-\dfrac{\omega}{\omega^2 + 1}}{\dfrac{1}{\omega^2 + 1}} = -\tan^{-1} \omega$$

$\omega = 0$，1 と $\omega \to +\infty$ のときの大きさと位相はそれぞれ表 A.18 となり，ベクトル軌跡は図 A.25 となる．

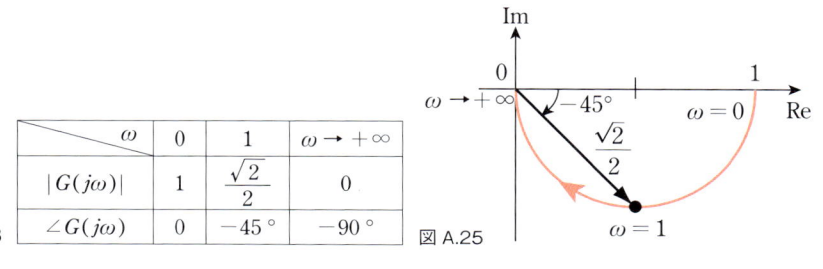

表 A.18

ω	0	1	$\omega \to +\infty$
$\lvert G(j\omega) \rvert$	1	$\dfrac{\sqrt{2}}{2}$	0
$\angle G(j\omega)$	0	$-45\,^\circ$	$-90\,^\circ$

図 A.25

(4)

i) $\quad G(j\omega) = \dfrac{1}{2j\omega + 1} = \dfrac{-2j\omega + 1}{(2j\omega + 1)\,(-2j\omega + 1)}$

$$= \frac{1 - 2j\omega}{4\omega^2 + 1} = \frac{1}{4\omega^2 + 1} - j\, \frac{2\omega}{4\omega^2 + 1}$$

よって

$$\mathrm{Re}\,[G(j\omega)] = \frac{1}{4\omega^2 + 1}, \quad \mathrm{Im}\,[G(j\omega)] = -\frac{2\omega}{4\omega^2 + 1}$$

となる．したがって，大きさと偏角はつぎとなる．

$$|G(j\omega)| = \sqrt{\left(\frac{1}{4\omega^2 + 1}\right)^2 + \left(-\frac{2\omega}{4\omega^2 + 1}\right)^2} = \sqrt{\frac{4\omega^2 + 1}{(4\omega^2 + 1)^2}} = \frac{1}{\sqrt{(2\omega)^2 + 1}}$$

$$\angle G(j\omega) = \tan^{-1} \frac{-\dfrac{2\omega}{4\omega^2 + 1}}{\dfrac{1}{4\omega^2 + 1}} = -\tan^{-1} 2\omega$$

つぎに，$x = \mathrm{Re}[G(j\omega)]$，$y = \mathrm{Im}[G(j\omega)]$ とし，記載の簡単のため $\alpha = 2\omega$ とすると

$$x = \frac{1}{\alpha^2 + 1}, \quad y = -\frac{\alpha}{\alpha^2 + 1}$$

これより

$$\alpha^2 = \frac{1 - x}{x}, \quad y^2 = \frac{\alpha^2}{(\alpha^2 + 1)^2}$$

となるので，つぎのとおり α^2 を消去するように計算する．

$$(1 + 2\alpha^2 + \alpha^4)y^2 = \alpha^2 \Rightarrow y^2 + 2\alpha^2 y^2 + \alpha^4 y^2 = \alpha^2$$

$$y^2 + \frac{2(1 - x)}{x}y^2 + \frac{1 - 2x + x^2}{x^2}y^2 = \frac{1 - x}{x} \Rightarrow y^2 + x^2 - x = 0$$

よって，$\left(x - \dfrac{1}{2}\right)^2 + y^2 = \left(\dfrac{1}{2}\right)^2$ と変形できるので，これは中心が $\left(\dfrac{1}{2}, 0\right)$，半径が $\dfrac{1}{2}$ の円を表している．$\omega > 0$ のとき $y < 0$ であるので，ベクトル軌跡はこの円の下半分となる．

ii) $G(j\omega) = \dfrac{2}{j\omega + 1} = \dfrac{2(-j\omega + 1)}{(j\omega + 1)(-j\omega + 1)} = \dfrac{-2j\omega + 2}{\omega^2 + 1} = \dfrac{2}{\omega^2 + 1} - j\dfrac{2\omega}{\omega^2 + 1}$

よって

$$\mathrm{Re}\,[G(j\omega)] = \frac{2}{\omega^2 + 1}, \quad \mathrm{Im}\,[G(j\omega)] = -\frac{2\omega}{\omega^2 + 1}$$

となる．したがって，大きさと偏角はつぎとなる．

$$|G(j\omega)| = \sqrt{\left(\frac{2}{\omega^2 + 1}\right)^2 + \left(-\frac{2\omega}{\omega^2 + 1}\right)^2} = \sqrt{\frac{4(\omega^2 + 1)}{(\omega^2 + 1)^2}} = \frac{2}{\sqrt{\omega^2 + 1}}$$

$$\angle G(j\omega) = \tan^{-1} \frac{-\dfrac{2\omega}{\omega^2 + 1}}{\dfrac{2}{\omega^2 + 1}} = -\tan^{-1} \omega$$

つぎに，$x = \mathrm{Re}[G(j\omega)]$，$y = \mathrm{Im}[G(j\omega)]$ とすると

$$x = \frac{2}{\omega^2 + 1}, \quad y = -\frac{2\omega}{\omega^2 + 1}$$

これより

$$\omega^2 = \frac{2 - x}{x}, \quad y^2 = \frac{4\omega^2}{\omega^4 + 2\omega^2 + 1}$$

となるので，つぎのとおり α^2 を消去するように計算する．

$$(\omega^4 + 2\omega^2 + 1)y^2 = 4\omega^2 \Rightarrow \omega^4 y^2 + 2\omega^2 y^2 + y^2 = 4\omega^2$$

$$\frac{4 - 4x + x^2}{x^2}y^2 + \frac{2(2-x)}{x}y^2 + y^2 = \frac{4(2-x)}{x} \Rightarrow y^2 + x^2 - 2x = 0$$

よって，$(x-1)^2 + y^2 = 1^2$ と変形できるので，これは中心が $(1, 0)$，半径が 1 の円を表している．$\omega > 0$ のとき $y < 0$ であるので，ベクトル軌跡はこの円の下半分となる．

(5)　$G_1(s)$，$G_2(s)$ はそれぞれ折れ点周波数が $1\,\text{rad/s}$，$10\,\text{rad/s}$ であるので，

$$G_1(s) = \frac{1}{s+1}, \quad G_2(s) = \frac{1}{0.1s+1}$$

となる．よって

$$G_3(s) = 10 \times G_1(s) \times G_2(s) = \frac{10}{(s+1)(0.1s+1)}$$

となるので，$G_3(s)$ のボード線図は図 A.26 となる．

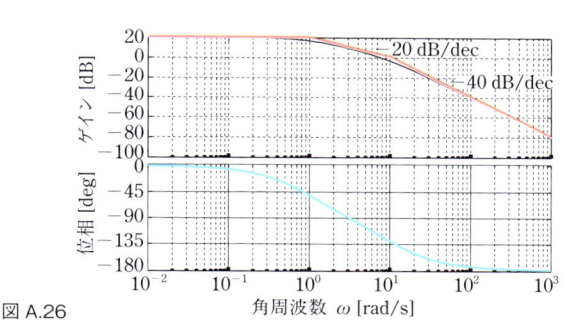

図 A.26

(6)

i)　角周波数が $0.1\,\text{rad/s}$ のとき，ゲインはほぼ $20\,\text{dB}$，位相は $0\,°$ より少し下にある．よって振幅は入力の振幅のほぼ 10 倍，角周波数は同じ，位相は負の値より，つぎとなる．

$$B_3 = 10, \omega_3 = 0.1, \phi_3 = -6.29\,°（位相に関しては概略値でよい）$$

ii)　角周波数が $100\,\text{rad/s}$ のとき，ゲインはほぼ $-40\,\text{dB}$，位相はほぼ $-180\,°$ である．よって振幅は入力の振幅のほぼ $\dfrac{1}{100}$，角周波数は同じ，位相はほぼ $-180\,°$ より，つぎとなる．

$$B_3 = \frac{1}{100}, \quad \omega_3 = 100, \quad \phi_3 = -174\,°（位相に関しては概略値でよい）$$

(7)

i)　$B_4 = 1$，$\omega_4 = 0.1$，$\phi_4 = 0\,°$

ii)　$B_4 = 10$，$\omega_4 = 10$，$\phi_4 = -90\,°$

(8)　図 A は振動的な応答であり，ボード線図は共振を有する．したがって $G_4(s)$ のステップ応答である．図 B は定常値が 10 であるので $G_3(s)$ のステップ応答である．図 C と図

Dを比較すると，図Dの方が定常値1に収束する時間が遅い．したがって図Cが $G_2(s)$，図Dが $G_1(s)$ のステップ応答である．

(9) $G(j\omega) = \dfrac{1}{j\omega(j\omega + 1)} = -\dfrac{\omega}{\omega^3 + \omega} - j\dfrac{1}{\omega^3 + \omega}$ となるので，これまでの計算と同様にしてつぎとなる．

$$|G(j\omega)| = \dfrac{1}{|\omega|}\dfrac{1}{\sqrt{\omega^2 + 1}}$$

$$\angle G(j\omega) = \angle\dfrac{1}{j\omega} + \angle\dfrac{1}{j\omega + 1} = -\angle j\omega - \angle(j\omega + 1) = -\dfrac{\pi}{2} - \tan^{-1}\omega$$

(10) $\omega = 0$ のとき $|G(j0)| = \infty$，$\angle G(j0) = -\dfrac{\pi}{2}$，$\omega = 1$ のとき，$|G(j1)| = \dfrac{1}{\sqrt{2}}$，$\angle G(j1) = -\dfrac{3\pi}{4}$ $(= -135°)$，$\omega = \infty$ のとき，$|G(j\infty)| = 0$，$\angle G(j\infty) = -\pi$ $(= -180°)$ となる．よってベクトル軌跡の概形は表 12.1 の「1 次遅れ系 + 積分要素」と同じ形となる．

⚙ 講義 13

(1)

i) 「入力 r, d から出力 y, u までの4つの伝達関数がすべて安定」あるいは，「特性多項式 $\phi(s) = 0$ の根の実数部がすべて負」となっている．

ii) $N_p(s) = s + 2, D_p(s) = (s + 1)(s + 3), N_c(s) = (s + 1)(s + 6), D_c(s) = s$ より，

$$\phi(s) = N_p(s)N_c(s) + D_p(s)D_c(s) = (s + 1)(s + 2)(s + 6) + (s + 1)(s + 3)s$$
$$= (s + 1)((s + 2)(s + 6) + s(s + 3)) = (s + 1)(2s^2 + 11s + 12).$$

iii) $\phi(s) = 0$ の根を求めると $-1, -4, -3/2$ であり，すべて（実数部が）負であるので，フィードバック制御系は内部安定である．

(2)

i) 伝達関数 $\dfrac{1}{s + 1}$ のベクトル軌跡は図 A.27 (a) のとおり．例 12.3 も参照．

ii) $C_2(s) = 1/s$ のベクトル軌跡は図 A.27 (b) のとおり．例 12.4 も参照．

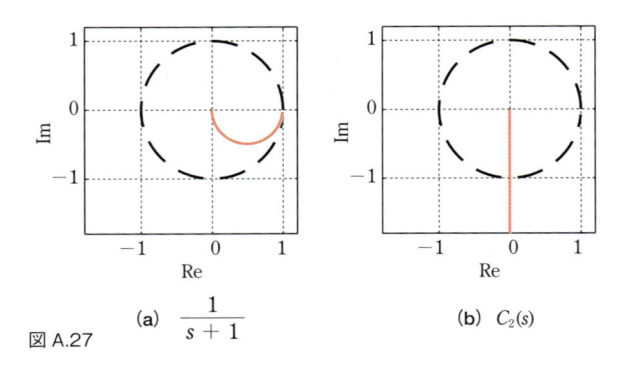

図 A.27 　　(a) $\dfrac{1}{s + 1}$ 　　(b) $C_2(s)$

iii) $L_2(j\omega) = \dfrac{1}{j\omega}\left(\dfrac{1}{j\omega + 1}\right)^2$ であるので，$\left|\dfrac{1}{j\omega}\right| = \dfrac{1}{|\omega|}$ と $\left|\dfrac{1}{j\omega + 1}\right| = \dfrac{1}{\sqrt{\omega^2 + 1}}$ より，$|L_2(j\omega)| = \left|\dfrac{1}{j\omega}\right|\left|\dfrac{1}{j\omega + 1}\right|^2 = \dfrac{1}{|\omega|(\omega^2 + 1)}$．

同様に，$\angle\dfrac{1}{j\omega} = -\dfrac{\pi}{2}$ と $\angle\dfrac{1}{j\omega + 1} = -\tan^{-1}\omega$ より，$\angle L_2(j\omega) = \angle\dfrac{1}{j\omega} + 2\angle\dfrac{1}{j\omega + 1}$ $= -\dfrac{\pi}{2} - 2\tan^{-1}\omega$．

iv) $|L_2(j0)| = \infty,\ \angle L_2(j0) = -\pi/2$．

v) $\lim_{\omega \to \infty}|L_2(j\omega)| = 0,\ \lim_{\omega \to \infty}\angle L_2(j\omega) = -3\pi/2$．

vi) $\angle L_2(j0) = -\pi/2$ より，(c) ではない．$\lim_{\omega \to \infty}\angle L_2(j\omega) = -3\pi/2$ より (a) ではない．したがって (b)．

vii) $L_2(s)$ には，簡略化されたナイキストの安定判別法が適用できる．図 13.14 (b) のベクトル軌跡上を進むとき，点 $-1 + j0$ を常に左手に見ているので，フィードバック制御系は内部安定である．

(3)
i) $P(s)$ のボード線図（折れ線近似）は，図 A.28 (a) のとおり．$\dfrac{1}{s + 1}$ のボード線図を 2 つ加え合わせれば得られることに注意する．

ii) $L_1(s)$ のボード線図（折れ線近似）は図 A.28 (b) のとおり．$P(s)$ と $C_1(s)$ のボード線図を加え合わせれば得られることに注意する．なお近似なしの $L_1(s)$ のボード線図は図 13.16 (a) のとおり．両図を比較してみよう．

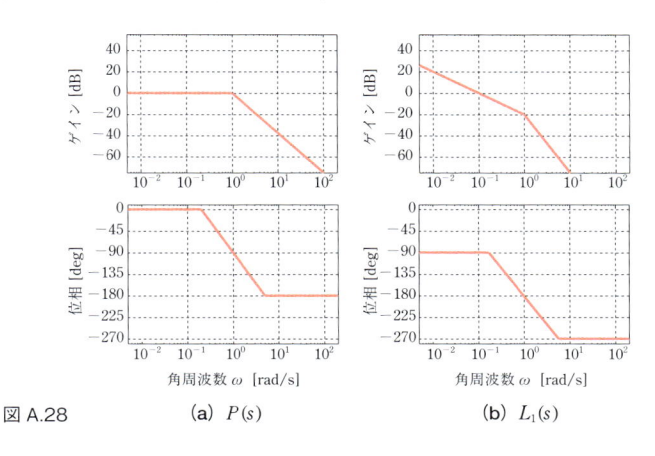

図 A.28　　(a) $P(s)$　　(b) $L_1(s)$

iii) $90°$

(4)
i) $C_1(s)$ を適用した場合は $90°$ 弱，$C_2(s)$ を適用した場合は $20°$ 程度，$C_3(s)$ を適用した場合はほぼ $0°$ とそれぞれ読み取れる．

ii) いずれの場合も，簡略化されたナイキストの安定判別法が適用できる．$C_1(s)$, $C_2(s)$

を適用した場合は，位相余裕があるので，フィードバック制御系はそれぞれ内部安定．$C_3(s)$ を適用した場合は，位相余裕がほぼ $0°$ なので，安定と不安定の間のような状態にある．

iii) $C_1(s)$, $C_2(s)$ を適用した場合は，それぞれ内部安定ではあるものの，位相余裕が $20°$ 程度と小さい $C_2(s)$ の場合は振動的な応答を示す．したがって，$C_1(s)$ を適用した場合は (a)，$C_2(s)$ を適用した場合は (b)．$C_3(s)$ を適用した場合は，安定と不安定の間のような状態であり，振動の持続する (c) のような応答が得られる．

(5)

i) $N_p(s) = 1(m_p = 0), D_p(s) = s - 1(n_p = 1), N_c(s) = s - 1(m_c = 1), D_c(s) = s + 1(n_c = 1)$.

ii) $L(s) = P(s) C(s) = \dfrac{1}{s+1} \cdot D_p(s)D_c(s) = (s-1)(s+1) = 0$ より，開ループ極は 1 と -1．したがって不安定な開ループ極の数は $Z = 1$．

iii) $L(s) = 1/(s+1)$ より，ナイキスト軌跡は図 A.27 (a) と同じ．したがって点 $-1 + j0$ を囲む回数は $N = 0$．$N = Z - P$ より $P = 1$ であり，不安定な閉ループ極が 1 つ存在し，フィードバック制御系は内部安定ではない．

(6) $L(s)$ の周波数伝達関数を求めるとつぎとなる．

$$L(j\omega) = \frac{20}{j\omega(-\omega^2 + j5\omega + 2)} = \frac{-100\omega^2 - j20(-\omega^3 + 2\omega)}{(-5\omega^2)^2 + (-\omega^3 + 2\omega)^2}$$

位相が $-180°$ のとき，虚部は 0 となるので，位相交差周波数は $\omega_{\mathrm{pc}} = \sqrt{2}$ rad/s となる．このとき $L(j\omega_{\mathrm{pc}}) = -2$ となり $|L(j\omega_{\mathrm{pc}})| = 2$ となる．よって，GM $= \dfrac{1}{2} ≒ -6.02$ dB となるので，不安定となる．

(7) $L(s)$ の周波数伝達関数を求めるとつぎとなる．

$$L(j\omega) = \frac{K}{j\omega(-\omega^2 + j2\omega + 1)} = \frac{-2K\omega^2 + jK(\omega^3 - \omega)}{(2\omega^2)^2 + (\omega^3 - \omega)^2}$$

虚部が 0 となる ω の値は，$\omega_0 = 1$．これを上式に代入するとつぎが求められる．

$$L(j\omega_0) = \frac{-2K}{4} = -\frac{K}{2}$$

したがって，$L(j\omega)$ のベクトル軌跡と実軸との交点は $-\dfrac{K}{2} + j0$ となる．よって，ナイキストの安定判別法により $0 < K < 2$ のとき，ベクトル軌跡は $-1 + j0$ を左に見て実軸を横切ることになるので，安定となる．

⚙ 講義 14

(1) $\displaystyle\lim_{\omega \to 0} |L_0(j\omega)| = -20$ dB．

(2)

i) $\omega_{\mathrm{gc}} = 10^{-1}$ rad/s 程度，PM $= 80°$ 程度，$\displaystyle\lim_{\omega \to 0} |L_1(j\omega)| = \infty$．

ii) $\displaystyle\lim_{\omega \to 0} |L_0(j\omega)| = -20$ dB と定数値にとどまっているのに対し，$L_1(s)$ では，ゲイン特性が低周波数帯域で -20 dB/dec の傾きを持つことから，$\omega \to 0$ のときゲインが増加し

$\lim\limits_{\omega \to 0} |L_1 (j\omega)| = \infty$ となっている．これにより，ステップ応答に対する定常偏差を除去することができている．

(3)

i) $\omega_{gc} = 0.7$ rad/s 程度，PM $= 20\,°$程度，$\lim\limits_{\omega \to 0} |L_2 (j\omega)| = \infty$.

ii) $L_1(s)$ での $\omega_{gc} = 10^{-1}$ rad/s に対し，$L_2(s)$ では $\omega_{gc} = 0.7$ rad/s とゲイン交差周波数を高くすることができている．これにより制御系の速応性が向上し，ステップ応答の立ち上がりが早くなっている．

iii) $L_1(s)$ での PM $= 80\,°$に対し，$L_2(s)$ では PM $= 20\,°$と位相余裕が減少している．このため制御系の安定余裕が劣化し，ステップ応答が振動的になっている．

(4)

i) $\omega_{gc} = 0.8$ rad/s 程度，PM $= 45\,°$程度，$\lim\limits_{\omega \to 0} |L_3 (j\omega)| = \infty$.

ii) $L_2(s)$ で PM $= 20\,°$まで減少していた位相余裕が，位相進みコントローラにより，PM $= 45\,°$まで増加している．これにより制御系の余裕が向上し，振動的な振る舞いが抑制された．

(5)

i) $L_2(s)$ のボード線図を図 A.29 に示す．

ii) $L_1(s)$ のゲイン交差周波数 $\omega_{gc} = 10$ rad/s，$L_2(s)$ のゲイン交差周波数 $\omega_{gc} = 100$ rad/s．

iii) $L_1(s)$ と $L_2(s)$ を比較すると，$L_2(s)$ の方がゲイン交差周波数 ω_{gc} が高い．したがって速応性に優れている．よって，$L_1(s)$ に対応するのは図 14.23 (a) のステップ応答，$L_2(s)$ に対応するのは図 14.23 (b) のステップ応答である．

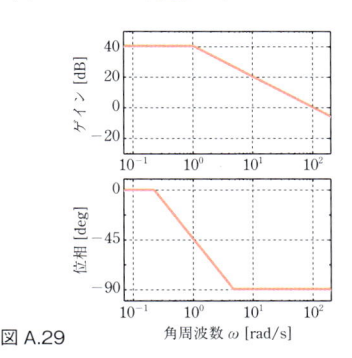

図 A.29

(6)

i) $L_1(s)$ のボード線図を図 A.30 (a) に示す．

ii) $\omega_{gc} = 10$ rad/s，PM $= 90\,°$，$\lim\limits_{\omega \to 0} L_1 (j\omega) = 20$ dB．

(7)

i) $L_2(s)$ のボード線図を図 A.30 (b) に示す．

ii) $\omega_{gc} = 3$ rad/s 程度，PM $= 20\,°$程度，$\lim\limits_{\omega \to 0} L_2 (j\omega) = \infty$.

(8)

i) $L_3(s)$ のボード線図を図 A.31 に示す．

ii) $\omega_{gc} = 10$ rad/s，PM $= 45\,°$程度，$\lim\limits_{\omega \to 0} L_2(j\omega) = \infty$.

iii)　$\lim_{\omega \to 0} L_1(j\omega) = 20\,\mathrm{dB}$ であるため，$L_1(s)$ に対応するステップ応答には定常偏差が生じる．したがって図 14.26(a)．$L_2(s)$ は，PM $= 20°$程度と位相余裕が小さいため，振動的な応答を示す．したがって図 14.26(b)．$L_3(s)$ では，位相進みコントローラにより，PM $= 45°$と位相余裕も改善されている．したがって図 14.26(c)．

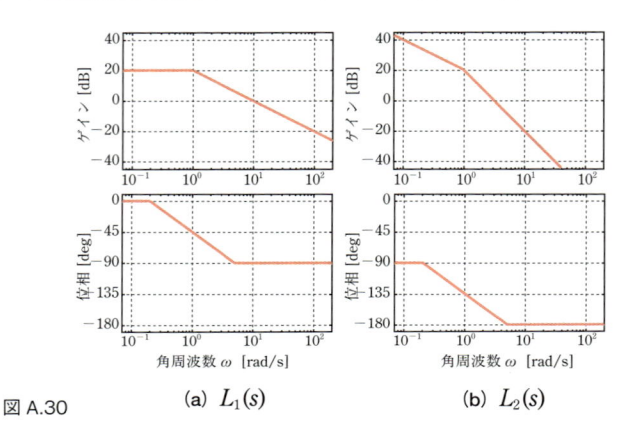

図 A.30　　　(a) $L_1(s)$　　　　　(b) $L_2(s)$

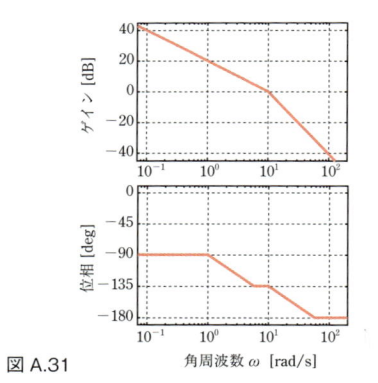

図 A.31

参考文献

[1] 須田信英 編著：PID 制御，朝倉書店（1992）

[2] 杉江俊治，藤田政之：フィードバック制御入門，コロナ社（1999）

[3] 足立修一：MATLAB による制御工学，東京電機大学出版局（1999）

[4] 井上和夫 監修，川田昌克，西岡勝博：MATLAB/Simulink によるわかりやすい制御工学，森北出版（2001）

[5] 吉川恒夫：古典制御論，昭晃堂（2004）

[6] 添田喬，中溝高好：自動制御の講義と演習，日新出版（1988）

[7] 片山徹：新版 フィードバック制御の基礎，朝倉書店（2002）

[8] 示村悦二郎：自動制御とは何か，コロナ社（1990）

以上が本書の執筆において参考にした主な書籍であるが，その他にもさまざまな書籍，学術論文，解説記事などを参考にした．さらに学習を進めたい場合は，まず上記書籍を参考にするとよい．

制御系 CAD を使いながら制御工学の勉強を進めるのであれば，ほぼすべてを網羅していると思われる，つぎの書籍を参考にするとよい．制御系 CAD を使って制御の解析や設計問題を解くための方法が示してあり，原書は英語圏での学習書としてロングセラーとなっている．

[9] 尾形克彦 著，石川潤 訳：制御のための MATLAB，東京電機大学出版局（2010）

制御系 CAD を使わずに紙と筆記具だけで具体的に問題を解きながら理解したい場合は，つぎの書籍を参考にするとよい．本書でも取り扱った内容が，演習問題をたくさん解くことにより，さらに理解できると思われる．

[10] 森泰親：演習で学ぶ基礎制御工学，森北出版（2004）

[11] 森泰親：演習で学ぶ PID 制御，森北出版（2009）

制御工学について，具体的にどのように実際のシステムに適用できるのかを知りたい場合は，つぎの書籍を参考にするとよい．

[12] 松原厚：精密位置決め・送り系設計のための制御工学，森北出版（2008）

[13] 廣田幸嗣，足立修一 編著，出口欣高，小笠原悟司：電気自動車の制御システム，東京電機大学出版局（2009）

[14] 松日楽信人，大明準治：わかりやすいロボットシステム入門 改訂 2 版，オーム社（2010）

特に，[14] はロボットの制御について，一連の流れをつかむことができる．その他にも多くの良書があり，枚挙にいとまがない．書店やウェブサイトを通じて気に入った書籍を見つけ，1 冊を丁寧に読み込むことが大切である．

索 引

著者紹介

佐藤和也（さとうかずや） 博士（工学）
　1996 年　九州工業大学大学院工学研究科設計生産工学専攻修了
　現　在　佐賀大学教育研究院自然科学域理工学系 教授
　【執筆箇所：講義 01 ～ 03，講義 11 ～ 12，付録】

平元和彦（ひらもとかずひこ） 博士（工学）
　1994 年　秋田大学大学院鉱山学研究科生産機械工学専攻修了
　現　在　新潟大学大学院自然科学研究科 教授
　【執筆箇所：講義 04 ～ 10】

平田研二（ひらたけんじ） 博士（情報科学）
　1999 年　北陸先端科学技術大学院大学情報科学研究科情報システム
　　　　　学専攻修了
　現　在　富山大学 学術研究部 工学系 教授
　【執筆箇所：講義 13 ～ 14，付録】

NDC548.3　　　334p　　　21cm

はじめての制御工学（せいぎょこうがく）　改訂第2版（かいていだいにはん）

　2018 年 11 月 19 日　第 1 刷発行
　2023 年 2 月 2 日　第 11 刷発行

著　者　佐藤和也（さとうかずや）・平元和彦（ひらもとかずひこ）・平田研二（ひらたけんじ）
発行者　髙橋明男
発行所　株式会社　講談社
　　　　〒 112-8001　東京都文京区音羽 2-12-21
　　　　　販売　(03) 5395-4415
　　　　　業務　(03) 5395-3615

KODANSHA

編　集　株式会社　講談社サイエンティフィク
　　　　代表　堀越俊一
　　　　〒 162-0825　東京都新宿区神楽坂 2-14　ノービィビル
　　　　　編集　(03) 3235-3701
Ｄ Ｔ Ｐ　株式会社エヌ・オフィス
印刷所　株式会社平河工業社
製本所　大口製本印刷株式会社